全国大学生数学竞赛丛书

全国大学生数学竞赛参赛指南

佘志坤　主编

全国大学生数学竞赛命题组　编

科学出版社

北　京

内 容 简 介

本书是中国数学会数学竞赛委员会全国大学生数学竞赛工作组推荐用书，由全国大学生数学竞赛命题组编写，旨在为参赛学生提供报名指导、竞赛方向和思维训练. 内容包括全国大学生数学竞赛文件，即章程、实施细则、考试内容，历届全国大学生数学竞赛初赛、决赛试题及参考解答(含数学专业类与非数学专业类)，历届全国大学生数学竞赛参赛情况及决赛获奖名单. 本书试题和参考解答，经全国大学生数学竞赛命题组重新梳理修正，题目准确，解答详尽.

本书可作为全国大学生数学竞赛的备考用书，也可作为考研复习资料，还可为大学生的课外思维训练和数学能力拓展提供有价值的参考.

图书在版编目(CIP)数据

全国大学生数学竞赛参赛指南/佘志坤主编；全国大学生数学竞赛命题组编. 一北京：科学出版社，2022.2

(全国大学生数学竞赛丛书)

ISBN 978-7-03-071442-8

Ⅰ. ①全… Ⅱ. ①佘… ②全… Ⅲ. ①高等数学-高等学校-教学参考资料
Ⅳ. ①O13

中国版本图书馆 CIP 数据核字(2022)第 025534 号

责任编辑：胡海霞 李香叶 / 责任校对：杨聪敏
责任印制：吴兆东 / 封面设计：蓝正设计

科学出版社出版
北京东黄城根北街 16 号
邮政编码：100717
http://www.sciencep.com
天津市新科印刷有限公司印刷
科学出版社发行 各地新华书店经销
*
2022 年 2 月第 一 版 开本: 787 × 1092 1/16
2024 年 9 月第九次印刷 印张: 24 1/4
字数：575 000

定价: 59.80 元

(如有印装质量问题，我社负责调换)

《全国大学生数学竞赛参赛指南》编委会

主　　编：佘志坤

副 主 编：高宗升　樊启斌　楼红卫

编　　者：（按姓氏拼音排序）

陈发来　樊启斌　冯良贵

高宗升　李辉来　李继成

梁汉营　楼红卫　佘志坤

王长平　吴　敏　周泽华

出版说明

全国大学生数学竞赛是由中国数学会主办、面向本科学生的全国性高水平学科竞赛，旨在激励大学生学习数学的兴趣，培养他们分析问题、解决问题的能力，为青年学子搭建一个展示数学思维能力和学习成果的平台.

全国大学生数学竞赛自 2009 年开展以来，得到了全国各赛区和各高校的大力支持和帮助. 在各赛区和承办单位的辛勤努力下，该赛事已经连续成功举办了 12 届. 参赛高校由首届的 400 多所达到第十二届的近 900 所，参赛人数也由首届的 2 万多人达到第十二届的 20 多万人，在全国高校中产生了广泛的影响. 这 12 届的承办单位分别是国防科技大学、北京航空航天大学、同济大学、电子科技大学、中国科学技术大学、华中科技大学、福建师范大学、北京科技大学、西安交通大学、哈尔滨工业大学、武汉大学、吉林大学. 在此，对各赛区、各高校和各承办单位的大力支持与帮助表示衷心的感谢！

竞赛试题是全国大学生数学竞赛的重要组成部分. 试题分初赛和决赛两类，每类又分为数学专业类和非数学专业类两种. 竞赛试题凝聚了竞赛组织者、命题专家和广大竞赛工作者的智慧与心血. 最近发现，有些出版社、网站、公众号等公共媒体，未经许可，擅自以营利为目的，出版、登载竞赛试题及答案，并且错误频出. 这种有损知识产权的行为严重伤害了全国大学生数学竞赛的声誉. 为了保护知识产权，帮助大学生和热爱数学的人士更好地了解这项全国性赛事，并对有志参加数学竞赛的大学生进行数学竞赛指导，经过与科学出版社协商，全国大学生数学竞赛命题组决定出版这本参赛指南. 特别说明，未经许可，任何出版、印刷、登载该项竞赛试题 (含解答) 的行为都是侵权行为，我们将保留进一步追究侵权行为的权利.

本书汇集了经数学竞赛命题专家审查并重新梳理修正的前十届数学竞赛试题及参考解答，前十届决赛获奖名单，全国大学生数学竞赛章程、实施细则和考试内容，供广大参赛学生和指导教师参考.

全国大学生数学竞赛命题组

2021 年 9 月 10 日

出版说明

目 录

第一篇 全国大学生数学竞赛文件

第二篇 历届全国大学生数学竞赛初赛试题及参考解答

第三篇　历届全国大学生数学竞赛决赛试题及参考解答

第四篇　历届全国大学生数学竞赛参赛情况及决赛获奖名单

第一篇　全国大学生数学竞赛文件

全国大学生数学竞赛章程

一、总则

全国大学生数学竞赛 (The Chinese Mathematics Competitions for College Students, 简称 CMC) 是由中国数学会主办、面向本科学生的全国性高水平学科竞赛, 旨在激励大学生学习数学的兴趣, 培养他们分析问题、解决问题的能力, 提升我国高等学校人才培养质量, 促进高等学校数学课程建设, 为青年学子搭建一个展示数学思维能力和学习成果的平台, 助力数学及复合型创新本科人才的成长.

二、组织

1. 全国大学生数学竞赛活动由中国数学会主办, 由中国数学会数学竞赛委员会负责组织、管理及监督工作, 由中国数学会数学竞赛委员会全国大学生数学竞赛工作组 (以下简称工作组) 具体实施, 相关工作包括全国大学生数学竞赛承办单位遴选, 组织实施、初赛和决赛的命题与阅卷、获奖评定, 优秀组织奖和优秀指导教师评选等.

2. 受主办单位中国数学会委托负责某届竞赛活动的单位称为承办单位. 承办单位须根据本章程和实施细则承办大学生数学竞赛活动, 严格落实工作组制订的工作任务.

3. 全国大学生数学竞赛以省、直辖市、自治区作为赛区, 军队院校为一个独立赛区, 竞赛及其相关活动以赛区为单位开展. 各省级赛区内的竞赛事宜由本省级数学会负责, 军队院校的竞赛事宜由军队院校数学教学联席会负责; 各赛区可委托赛区内相关单位承担本赛区的竞赛组织工作.

4. 各赛区在工作组的指导下组织本赛区的赛事工作.

三、竞赛

1. 全国大学生数学竞赛每年举办一次, 竞赛试卷和竞赛时间全国统一, 参赛对象为全日制在校大学生.

2. 竞赛分初赛和决赛, 初赛于每年下半年在各自赛区举行, 决赛于次年上半年在承办单位举行.

四、命题

1. 全国大学生数学竞赛的考试范围由工作组确定并予以公布.

2. 命题由工作组组织专家承担, 最后由中国数学会数学竞赛委员会委任的主试委员会审定.

3. 在命题和试题的发放过程中, 所有相关人员必须严格保密, 签订保密承诺书并承担相应的保密责任.

五、成绩评定与证书发放

1. 竞赛的成绩评定办法、获奖比例及具体人数由工作组确定.

2. 竞赛设初赛奖和决赛奖. 竞赛获奖证书由中国数学会颁发; 初赛证书由工作组统一印制, 决赛证书由工作组授权承办单位印制.

3. 根据各赛区的参赛情况, 评选优秀赛区组织奖和优秀指导教师奖, 获奖奖牌与证书由中国数学会颁发; 优秀赛区组织奖奖牌由工作组授权承办单位印制, 优秀指导教师奖的证书由工作组统一印制.

六、监督、公示和异议

1. 监督: 竞赛活动受中国数学会数学竞赛委员会监督.

2. 回避: 竞赛和命题过程实行回避制度, 如有直系亲属参加竞赛, 当事人不得参与命题、监考和阅卷等活动.

3. 公示: 各赛区必须公示初赛结果, 公示时间为五个工作日.

4. 异议: 考生可在初赛成绩公布一周内对成绩提出异议, 由赛区负责受理; 考生可在决赛成绩公布一小时内对成绩提出异议, 由承办单位和工作组负责受理.

七、经费

全国大学生数学竞赛的经费来源主要为参赛报名费, 费用支出严格按照国家相关法律法规和财务制度执行.

八、附则

1. 本章程由中国数学会数学竞赛委员会全国大学生数学竞赛工作组负责起草和修订, 经中国数学会数学竞赛委员会讨论后呈送中国数学会批准后实施.

2. 按本章程制订全国大学生数学竞赛实施细则. 本章程未详述的内容详见工作组制订的《全国大学生数学竞赛实施细则》.

3. 本章程由中国数学会数学竞赛委员会全国大学生数学竞赛工作组负责解释.

中国数学会

2021 年 9 月 15 日印发

全国大学生数学竞赛实施细则

根据《全国大学生数学竞赛章程》(以下简称《章程》) 和全国大学生数学竞赛 (以下简称竞赛) 活动的实践, 为了促进全国大学生数学竞赛活动的健康发展, 保障竞赛的公正公平, 特制订本细则.

一、赛前

1. 申办: 每年 6 月 30 日前, 有意愿的学校或组织向中国数学会数学竞赛委员会全国大学生数学竞赛工作组 (以下简称工作组) 提出承办下一届全国大学生数学竞赛的申请. 工作组召开会议, 遴选承办单位, 并安排下一届竞赛相关事宜. 承办单位成立全国大学生数学竞赛组织委员会, 开展竞赛组织工作, 并将组委会名单和竞赛组织计划报送工作组. 中国数学会与承办单位在初赛前后签订承办合同, 明确承办单位的具体工作任务, 并按合同约定的金额向承办单位拨款.

2. 通知: 每年 6 月 30 日前, 工作组初步确定初赛日期和决赛日期, 制订竞赛规则, 并发布竞赛通知.

二、初赛

1. 初赛参赛对象为全日制在校大学生, 全国在同一时间使用统一试题进行考试. 各赛区成立竞赛组织委员会, 负责本赛区竞赛相关工作, 按照工作组制订的竞赛规则组织本赛区的学生报名及考务安排. 各赛区竞赛组委会名单上报工作组. 各赛区须选派一名负责人作为第一责任人, 负责本赛区竞赛相关事宜.

2. 初赛分数学专业类和非数学专业类. 数学类专业 (代码为 0701) 的学生只能报考数学专业类, 非数学类专业的学生报考类别不限. 数学专业类分数学 A 类和数学 B 类: 其中具有数学一级学科博士点高校或在最新一轮学科评估中数学学科排名 B 以上高校数学类参赛学生只能报考数学 A 类, 其他学校考生不受此限制. 数学类初赛考试内容为数学分析、高等代数和解析几何, 三者占比分别为 50%, 35%和 15%; 非数学类初赛考试内容为高等数学.

3. 报名:

1) 由各赛区统一组织本赛区学生的报名工作, 报名前组织单位必须向参赛学生公布全国大学生数学竞赛相关的文件、通知及本赛区报名方法和联系方式. 各赛区组织报名需收取报名费、采集并核实参赛学生信息, 包括姓名、性别、身份证号码、年级、学校、专业、参赛类型、联系方式、指导教师等. 各赛区应为本赛区参加全国大学生数学竞赛的考生编制考号、制作准考证, 在报名截止日后 7 个工作日内按要求向工作组报送报名信息表和信息汇总表.

2) 每名参赛学生向赛区组委会缴纳报名费 100 元, 其中 20 元上交中国数学会, 80 元由各赛区支配, 主要用于初赛和决赛阶段竞赛工作的组织、命题、监考、阅卷、评奖、颁奖、召开竞赛工作会议以及其他与竞赛有关活动等.

4. 命题: 初赛由工作组组织专家统一命题. 命题专家应遵循回避原则和保密原则, 并签署保密承诺书.

5. 试卷接收、印制与发放.

1) 电子试卷应加密处理, 由工作组和承办单位共同保管. 承办单位于赛前 1 周将电子试卷发给各赛区组委会.

2) 各赛区组委会指定 2 人负责接收电子试卷并签署保密承诺书, 其中一人接收电子试卷, 另一人接收打开电子试卷的密码.

3) 各赛区组委会由接收电子试卷的 2 人印制纸质试卷, 再按考点 (场) 密封包装并按保密要求交接.

4) 各赛区组委会下发纸质试卷时应有专人负责并签署保密承诺书, 严格保密措施.

6. 赛场.

1) 各赛区组委会根据实际情况可设立若干个竞赛考点, 并指定考点负责人.

2) 对参赛考场具体要求应参照高考考试办法中的相关规定执行.

3) 考试开始前监考教师需向参赛学生宣布竞赛时间与纪律.

4) 各考点负责人于考前 10 分钟将试卷发到考场, 由考场监考教师在开考前 5 分钟当众拆封.

5) 竞赛时间不得自行增减, 试题内容不得更改.

6) 考试结束后由监考教师当场立即将答题纸和试卷加封, 填写考场记录并签名, 交至考点负责人, 再由考点负责人集中送至各赛区统一阅卷.

7) 为防备破损等意外情况, 每处考点需额外准备 3%的机动试卷, 由各考点负责人集中掌握, 考试结束后随学生试卷一起送交.

8) 竞赛试卷分发与拆封均需签名存档.

7. 阅卷.

1) 初赛标准答案和评分标准由承办单位在初赛当天考试结束后发至各赛区组委会负责人.

2) 阅卷工作必须以赛区为单位统一进行, 由各赛区负责人组织评卷.

3) 评卷开始前由竞赛组委会负责人当众拆封应答试卷、空白试卷与标准答案, 并组织评卷教师制订评分标准细则.

4) 评卷一律采取“双评”流水作业, 初评后需经复查方确定最终分数. 成绩必须如实登录, 不得变动. 在特殊情况下, 如发现阅卷错误, 需要更动者, 必须由赛区组委会负责人签字认可, 方可变动. 否则, 按违规处理.

8. 评奖.

1) 初赛以赛区为单位按照数学专业类和非数学专业类的实际参赛人数分别评奖. 每个赛区的获奖总名额不超过总参赛人数的 35%, 其中一等奖获奖人数不超过参赛总人数的 8%, 二等奖获奖人数不超过参赛总人数的 12%, 三等奖获奖人数不超过参赛总人数的 15%, 颁发“第 * 届全国大学生数学竞赛 * 等奖”证书.

2) 各赛区组委会根据初赛成绩确定获奖学生名单, 并报送工作组审核. 工作组审核完毕, 获奖名单在中国数学会网站公示, 公示时间不少于五个工作日.

3) 工作组根据各赛区报名情况分配优秀指导教师获奖名额和决赛名额, 各赛区组委会根据名额自评本赛区优秀指导教师名单和决赛名单, 并报送工作组备案.

4) 竞赛获奖学生证书由工作组统一设计、印制, 并邮寄各赛区. 各赛区负责本赛区获奖证书的分发.

9. 初赛后, 各赛区要在一个月内进行试卷分析并向工作组提交初赛试卷分析报告.

三、决赛

1. 决赛由工作组和承办单位负责组织, 在承办单位所在地统一举行.

2. 决赛名单: 每届决赛总人数原则上为 600 人, 其中数学专业类 300 人, 非数学专业类 300 人. 实际的决赛名额由工作组根据相关规则和各赛区报名情况具体讨论确定, 参加决赛的名额分配方案按照相关会议决议执行. 各赛区在获得初赛一等奖的学生中按成绩自主拟定本赛区决赛参赛名单, 分别上报工作组和竞赛组织委员会 (承办单位). 为避免有学生因故不能参加决赛, 各赛区可同时上报决赛递补学生名单 (需获得初赛一等奖), 若每类递补名单超过一人, 应排出顺序.

3. 考试内容: 数学专业类低年级组 (大一、大二学生) 决赛考试内容在初赛基础上, 增加常微分方程的内容, 新加内容占总分比例约 15%, 相应地, 数学分析占比调整为约 45%、高等代数约 30%、解析几何约 10%; 数学专业类高年级组 (大三、大四学生) 决赛考试内容在低年级组的基础上, 增加实变函数、复变函数、抽象代数、数值分析、微分几何、概率论等内容, 由考生选做其中三门课程的考题, 增加内容占总分比例不超过 50%, 相应地, 数学分析占比调整为约 23%、高等代数占比约 15%、解析几何占比约 6%、常微分方程约 6%; 非数学专业类决赛考试内容在初赛基础上, 增加线性代数的内容, 比例约 20%, 相应地, 高等数学占比调整为约 80%.

4. 发布决赛通知: 工作组和组委会讨论确定决赛日期, 并发布决赛通知, 详细介绍决赛组织事宜.

5. 确认参赛名单: 各赛区组委会确认最终决赛名单, 并最终上报工作组和组委会.

6. 命题: 决赛由工作组组织专家统一命题. 决赛阶段的试卷印刷、保密在工作组领导下进行.

7. 缴纳注册费: 参赛学生和带队教师在规定时间内向承办单位缴纳注册费, 其中教师 400 元, 学生 300 元.

8. 报到: 参加决赛的学生需按时到报到地点报到, 领取决赛准考证及相关资料. 逾期未报到者视为放弃.

9. 考试: 决赛在组委会安排的考点统一考试. 对考场和考试的具体要求参考初赛. 考试全程接受工作组监督.

10. 阅卷.

1) 阅卷工作在工作组指导下进行. 标准答案和评分标准由工作组在当天考试结束后发至组委会. 阅卷教师由组委会安排, 工作组安排专家对阅卷工作进行指导.

2) 阅卷工作结束后, 组委会应及时将成绩通知到各赛区, 由各赛区通知本赛区参赛学生. 考生对成绩有异议的, 须在一小时内提交申请. 组委会收到申请后应尽快完成复核, 并告知申请人. 成绩无异议后, 报送工作组.

11. 评奖: 工作组收到决赛成绩后开会讨论, 确定一、二、三等奖获奖名单并评选优秀赛区组织奖. 工作组将获奖名单告知组委会, 组委会根据获奖名单在工作组指导下制作获奖证书和优秀赛区组织奖奖牌, 证书内容为“第 * 届全国大学生数学竞赛决赛 * 等奖”.

12. 颁奖: 组委会安排决赛颁奖典礼, 颁发决赛获奖证书和优秀赛区组织奖奖牌.

13. 决赛后, 承办单位要在一个月内进行试卷分析并向工作组提交决赛试卷分析报告.

四、处罚

1. 被处罚的行为包括: 参赛学生的违规、赛场工作人员的失职、省级竞赛负责人的失职、组织机构的失职. 凡属下列中的行为, 均属违规或失职行为.

1) 参赛学生违规行为是指:

(1) 将不允许夹带的物品带入考场并经指出后不予改正;
(2) 以不正当的方式提前得到竞赛题目或与竞赛题目有关的信息;
(3) 为其他选手提供与竞赛题目有关的信息;
(4) 故意用各种途径和介质将竞赛答案带入考场;
(5) 不遵守赛场规定并可能影响公平竞赛的其他行为.

2) 赛场工作人员的失职行为是指, 在选手参加竞赛时:

(1) 发现选手有违规行为而不予制止也不上报;
(2) 将竞赛题目提前泄露给选手;
(3) 违规为选手提供与竞赛题目有关的信息;
(4) 不按规定保存和上交试卷;
(5) 擅自更改选手的试卷内容;
(6) 其他可能影响公平竞赛的行为.

3) 赛区责任人的失职行为是指:

(1) 发现选手有违规行为而不按规定处罚;
(2) 发现赛场工作人员有不规范行为而不制止且继续聘用;
(3) 提前将竞赛题目及相关信息泄露给单位或个人;
(4) 擅自更改选手的试卷内容或不按规定擅自更改选手的竞赛成绩;
(5) 没有按规定上报竞赛结果;
(6) 对于发现的违规或失职行为不向主办单位报告;

(7) 其他可能影响公平竞赛的行为.

4) 省级组织机构的失职行为是指:

(1) 竞赛组织者中的成员提前将竞赛题目及相关信息泄露给单位或个人;
(2) 不按规定擅自更改选手的竞赛成绩;
(3) 没有按照规定将有关情况上报主办单位;
(4) 其他可能影响公平竞赛的行为.

5) 主办单位的失职行为是指:

(1) 竞赛组织者中的成员提前将竞赛题目及相关信息泄露给单位或个人;
(2) 竞赛组织者中的成员在命题后为选手辅导;
(3) 不按规定擅自更改选手的竞赛成绩;
(4) 其他可能影响公平竞赛的行为.

2. 对违规或失职行为的处罚.

1) 竞赛中发现参赛选手有违规行为, 取消该选手当年成绩, 情节严重的禁赛.

2) 有失职行为的赛场工作人员将立刻取消工作人员资格, 从次年算起两年内不得从事与竞赛相关的工作.

3) 有失职行为的赛区责任人, 省数学会或军队院校数学教学联席会应立刻撤销其责任人资格, 从次年算起两年内不再聘任该职.

4) 发现赛区组织者集体失职, 主办单位有权建议该省数学会或军队院校数学教学联席会重新组织机构负责赛区事宜.

5) 主办单位中的成员 (包括命题者) 如有违规, 由主办单位取消当事人参与竞赛工作的资格.

6) 上述违规失职行为均由主办单位记录在案.

7) 对于有事实根据的实名投诉必须受理.

五、其他事项

1. 工作组定期召开大学生数学竞赛研讨会, 为参与竞赛的专家和教师提供交流平台, 并颁发优秀指导教师证书.

2. 工作组将不定期举办其他相关活动, 扩大竞赛影响力, 促进竞赛活动的健康发展.

3. 本细则未详述的考试内容详见工作组制订的《全国大学生数学竞赛考试内容》.

4. 本细则自 2021 年 9 月 15 日起试行, 最终解释权属于全国大学生数学竞赛工作组.

中国数学会
数学竞赛委员会
全国大学生数学竞赛工作组
2021 年 9 月 15 日印发

全国大学生数学竞赛考试内容

全国大学生数学竞赛考试内容按照数学专业类和非数学专业类划分.

一、 数学专业类

全国大学生数学竞赛数学专业类考试科目涉及数学分析、高等代数、解析几何、常微分方程、实变函数、复变函数、抽象代数、数值分析、微分几何和概率论, 其考试内容覆盖大学本科数学专业相应课程的教学内容, 具体如下:

(一) 数学分析

1. 集合与函数.

(1) 实数集、有理数与无理数的稠密性, 实数集的界与确界.

(2) n 维欧氏空间的基本概念与性质: 例如 $\mathbb{R}^n$ 上的距离、邻域、聚点、孤立点、内点、外点、边界点、内部、外部、边界、开集、闭集、闭包、有界 (无界) 集、基本点列等.

(3) 实数系基本定理及其在 n 维欧氏空间中的对应定理: 确界存在定理、单调有界收敛定理、闭区间套定理 (闭区域套定理/闭集套定理)、Cauchy 准则、Bolzano-Weierstrass 定理 (致密性定理)、聚点定理、有限覆盖定理等.

(4) 函数、映射、变换及其几何意义, 隐函数、反函数与逆变换、反函数存在定理、初等函数及相关的性质.

2. 极限与连续.

(1) $\mathbb{R}^n$ 中点列极限、收敛列的基本性质: (极限) 唯一性、有界性、(数列) 保号性、保序性等.

(2) 夹逼准则、子列极限.

(3) 函数极限及其基本性质: 唯一性、局部有界性、保号性、保序性等, Heine 定理 (归结原则), 两个重要极限, 无穷小量与无穷大量、阶的比较, 重极限、累次极限、方向极限基本性质及相互关系.

(4) 函数的连续与间断、左连续右连续、(有界闭集上) 连续函数的性质: 有界性、最值定理、介值定理、一致连续性等.

(5) 上极限、下极限.

3. 一元函数微分学.

(1) 导数及其几何意义、可导与连续的关系、导数的各种计算方法, 微分及其几何意义、可微与可导的关系、一阶微分形式不变性.

(2) 微分中值定理与 Taylor 公式: Fermat 定理、Rolle 定理、Lagrange 中值定理、Cauchy 中值定理、(带 Peano 型余项、带 Lagrange 型余项、带积分型余项的) Taylor 公式.

(3) 一元微分学的应用: 函数单调性、极值、最大值和最小值、凹凸函数、Jensen 不等式、曲线的凹凸性、拐点、渐近线、函数图像、L'Hospital 法则、Stolz 定理、近似计算.

4. **多元函数微分学**.

(1) 偏导数、全微分及其几何意义, 可微、偏导存在、连续之间的关系, 复合函数的偏导数与全微分, 一阶微分形式不变性, 方向导数与梯度, 高阶偏导数, 多元函数中值定理与 Taylor 公式.

(2) 多元复合函数的可微性和求导、隐函数 (组) 存在定理、隐函数 (组) 求导方法、多元向量值函数的反函数.

(3) 几何应用: 平面曲线的切线与法线、空间曲线的切线与法平面、曲面的切平面与法线等.

(4) 极值问题、条件极值与 Lagrange 乘数法.

5. **一元函数积分学**.

(1) 原函数与不定积分、不定积分的基本计算方法 (直接积分法、换元法、分部积分法)、有理函数积分等.

(2) 定积分 (Riemann 积分) 及其几何意义、Riemann 和、Darboux 和、上积分、下积分、可积条件 (必要条件、充要条件) .

(3) 定积分的性质: 区间可加性、单调性、绝对可积性、积分第一中值定理、变上限积分、微积分基本定理 (Newton-Leibniz 公式)、定积分计算、积分第二中值定理.

(4) 无限区间上的广义积分及无界函数广义积分: Cauchy 收敛准则、绝对收敛与条件收敛、被积函数非负时的收敛性判别法 (比较原则、Cauchy 判别法)、Abel 判别法、Dirichlet 判别法、Euler 积分 (Beta 函数与 Gamma 函数).

(5) 微元法、几何应用 (平面图形面积、已知截面面积函数的体积、曲线弧长与弧微分、旋转体体积) 及其他应用 (注: 本部分可视为重积分曲线曲面积分的特例).

6. **多元函数积分学**.

(1) 积分 (尤其是二重三重积分) 及其几何意义、计算 (累次积分、变量代换 (广义极坐标变换、广义柱面坐标变换、广义球面坐标变换等)) .

(2) 重积分的应用 (体积、曲面面积、重心、转动惯量等) .

(3) 含参量常义积分及其连续性、可微性、可积性等. 含参量广义积分的一致收敛性及其判别法, 含参量广义积分的连续性、可微性、可积性等.

(4) 第一型曲线积分、曲面积分.

(5) 第二型曲线积分、曲面积分, 两类线积分、两类面积分之间的关系.

(6) Green 公式、Ostrogradsky-Gauss 公式、Stokes 公式、曲线积分与路径无关性、循环常数、场论初步等.

7. **无穷级数.**

(1) 数项级数: 正项级数收敛性: 基本定理 (正项级数收敛的充分必要条件)、比较判别法、比值判别法、根值判别法以及其极限形式、Cauchy 判别法 (积分判别法) ; 一般项级数的收敛性: 收敛的必要条件、Cauchy 准则、绝对收敛性、条件收敛性、Abel 判别法、Dirichlet 判别法.

(2) 函数列与函数项级数: 一致收敛性判别法 (Cauchy 准则、Weierstrass 判别法/ M-判别法、Abel 判别法、Dirichlet 判别法、Dini 定理)、一致收敛函数列/函数项级数的性质及其应用、级数求和、Weierstrass 逼近定理.

(3) 幂级数: Abel 第一、第二定理, 收敛半径与收敛域, 幂级数的一致收敛性, 幂级数的连续性、逐项可积性、可微性及其应用, 函数的幂级数展开、Taylor 级数、Maclaurin 级数.

(4) Fourier 级数: 三角级数、三角函数系的正交性、以 2π (一般地, $2l$) 为周期的函数的 Fourier 级数展开、Riemann-Lebesgue 定理; Fourier 级数的收敛性: Fejér 积分/核、Dirichlet 积分/核、Dirichlet-Jordan 判别法、Dini-Lipschitz 判别法; 最佳均方逼近, Bessel 不等式、Parseval 等式; Fourier 级数的逐项可积性、(利用) Fourier 级数求和.

注: 除非试题特别要求, 答题时可在 Lebesgue 积分意义下讨论问题. 可使用关于 Riemann 积分可积的 Lebesgue 判据, 可以使用 Arzelà 有界收敛定理、Lebesgue 控制收敛定理.

(二) 高等代数

1. **多项式.**

(1) 数域与一元多项式: 数域与一元多项式的概念和基本性质; 多项式整除与带余除法; 最大公因式及辗转相除法.

(2) 因式分解定理: 互素、不可约多项式的定义及性质, 因式分解及唯一性定理; 标准分解、重因式及重根的定义, 重因式存在的判定方法; 多项式函数、余数定理、多项式的根及性质等; 代数基本定理、复系数与实系数多项式的因式分解.

(3) 有理系数多项式: 本原多项式、Gauss 引理、有理系数多项式的因式分解、Eisenstein 判别法、有理数域上多项式的有理根等.

(4) 多元多项式及对称多项式、Vieta 定理.

2. **行列式.**

(1) 行列式的定义: 二阶、三阶行列式的定义及对角线法则, 排列与逆序数, n 级行列式的定义等.

(2) 行列式的性质.

(3) 行列式的计算: 根据定义计算行列式、利用行列式性质计算行列式、行列式按行 (列) 展开、Laplace 展开定理等.

(4) Cramer 法则.

3. **线性方程组**.

(1) 高斯消元法、线性方程组的初等变换、线性方程组的一般解.

(2) 向量与向量组　向量: n 维向量的运算, 向量空间的定义及性质; 向量组: 向量组的定义与等价, 向量的线性组合、线性相关与线性无关、向量组的极大无关组、向量组的秩, 向量空间的基与维数等.

(3) 矩阵的行秩、列秩、秩、矩阵的秩与其子式的关系.

(4) 线性方程组求解: 齐次线性方程组的基础解系、解空间及其维数; 线性方程组有解判别定理、线性方程组解唯一判别定理、线性方程组求解方法、线性方程组解的结构等.

4. **矩阵**.

(1) 矩阵的概念、矩阵的运算 (加法、数乘、乘法、转置等运算) 及其运算律.

(2) 矩阵乘积的行列式、矩阵乘积的秩与其因子的秩的关系.

(3) 矩阵的逆、伴随矩阵、矩阵可逆的条件, 初等矩阵、初等变换、矩阵的等价标准形及逆矩阵的求取等.

(4) 分块矩阵: 分块矩阵及其运算与性质, 分块初等矩阵、分块初等变换及其应用等.

5. **双线性函数与二次型**.

(1) 双线性函数、对偶空间.

(2) 二次型: 二次型及其矩阵表示, 矩阵的合同; 二次型的标准形、化二次型为标准形的配方法、合同变换法等; 复数域和实数域上二次型的规范形的唯一性、惯性定理等.

(3) 正定、半正定、负定、半负定二次型及正定、半正定、负定、半负定矩阵的性质与判定.

6. **线性空间**.

(1) 线性空间的定义与简单性质.

(2) 维数、基与坐标.

(3) 基变换与坐标变换.

(4) 线性子空间.

(5) 子空间的交与和、维数公式、子空间的直和.

7. 线性变换.

(1) 线性变换的定义、线性变换的运算、线性变换的矩阵.

(2) 特征值与特征向量: 线性变换和矩阵的特征值与特征向量、可对角化线性变换和矩阵的性质与判定, 相似矩阵、相似不变量、Hamilton-Cayley 定理等.

(3) 线性变换的值域与核、不变子空间、线性空间的分解与同构.

8. Jordan 标准形.

(1) λ-矩阵: λ-矩阵, λ-矩阵在初等变换下的标准形, 行列式因子、不变因子、初等因子, 矩阵相似的条件等.

(2) Jordan 矩阵、Jordan 标准形、有理标准形.

9. 欧氏空间.

(1) 定义与基本性质: 内积和欧氏空间、向量的长度、夹角与正交、度量矩阵, 标准正交基、正交矩阵、Schmidt 正交化方法等.

(2) 欧氏空间的同构, 正交变换、子空间的正交补, 对称变换、实对称矩阵的标准形.

(3) 主轴定理、用正交变换化实二次型或实对称矩阵为标准形.

(4) 酉空间、Schur 分解、射影、垂直射影等.

(三) 解析几何

1. 向量与坐标.

(1) 向量的定义和表示、向量的线性运算、向量的分解、几何运算.

(2) 坐标系的概念、向量与点的坐标及向量的代数运算.

(3) 向量在轴上的射影及其性质、方向余弦、向量的夹角.

(4) 向量的数量积、向量积和混合积的定义、几何意义、运算性质、计算方法及应用.

(5) 应用向量求解一些几何、三角问题.

2. 轨迹与方程.

(1) 曲面方程的定义: 普通方程、参数方程 (向量式与坐标式之间的互化) 及其关系.

(2) 空间曲线方程的普通形式和参数方程形式及其关系.

(3) 建立空间曲面和曲线方程的一般方法、应用向量建立简单曲面、曲线的方程.

(4) 球面的标准方程和一般方程、母线平行于坐标轴的柱面方程.

3. 平面与空间直线.

(1) 平面方程、直线方程的各种形式, 方程中各有关字母的意义.

(2) 从决定平面和直线的几何条件出发, 选用适当方法建立平面、直线方程.

(3) 根据平面和直线的方程, 判定平面与平面、直线与直线、平面与直线间的位置关系.

(4) 根据平面和直线的方程及点的坐标判定有关点、平面、直线之间的位置关系, 计算它们之间的距离与交角等; 求两异面直线的公垂线方程.

4. **二次曲面.**

(1) 柱面、锥面、旋转曲面的定义, 求柱面、锥面、旋转曲面的方程.

(2) 椭球面、双曲面与抛物面的标准方程和主要性质, 根据不同条件建立二次曲面的标准方程.

(3) 单叶双曲面、双曲抛物面的直纹性及求单叶双曲面、双曲抛物面的直母线的方法.

(4) 根据给定直线族求出它表示的直纹面方程, 求动直线和动曲线的轨迹问题.

5. **二次曲线的一般理论.**

(1) 二次曲线的渐近方向、中心、渐近线.

(2) 二次曲线的切线、二次曲线的正常点与奇异点.

(3) 二次曲线的直径、共轭方向与共轭直径.

(4) 二次曲线的主轴、主方向, 特征方程、特征根.

(5) 化简二次曲线方程并画出曲线在坐标系的位置草图.

(四) 常微分方程

1. **一阶微分方程的初等解法.**

可分离变量型及通过变量代换可化为分离变量型的方程, 常数变易法, 恰当方程与积分因子, 隐式微分方程等.

2. **一阶微分方程解的存在唯一性定理.**

Lipschitz 条件下解的局部存在唯一性定理及 Picard 逐步逼近方法、解的延拓定理、解对初值的连续性和可微性定理、Peano 存在定理、比较定理、奇解等.

3. **高阶微分方程.**

齐次线性微分方程解的性质与结构、非齐次线性微分方程与常数变易法、常系数线性微分方程、高阶微分方程的降阶和幂级数解法等.

4. **线性微分方程组.**

存在唯一性定理、线性微分方程组的一般理论、常系数线性微分方程组等.

5. **非线性微分方程.**

稳定性、Lyapunov 函数方法、奇点、极限环等.

(五) 实变函数

1. **集合与点集.**

集合及其运算、集合的对等及其基数、可数集与不可数集; n 维欧氏空间中的点集: n 维欧氏空间, 聚点、内点、边界点、孤立点, 开集、闭集、完备集、Cantor 集, 直线上的开集、闭集及完备集的构造等.

2. **Lebesgue 测度**.

Lebesgue 内外测度及其性质、Lebesgue 可测集及其性质、可测集类及不可测集的存在性等.

3. **可测函数**.

可测函数及其性质、可测函数与连续函数及可测函数的结构定理、可测函数列的各种收敛性等.

4. **Lebesgue 积分**.

Lebesgue 积分及其性质、积分的极限定理、乘积测度及 Fubini 定理、有界变差函数和单调函数的可微性、不定积分与绝对连续函数等.

(六) 复变函数

1. **复数与复变函数**.

复数及其集合表示、复平面的拓扑、解析函数的概念、Cauchy-Riemann 方程、初等解析函数等.

2. **复积分**.

Cauchy 定理、变上限积分确定的函数、Cauchy 公式、Morera 定理与 Liouville 定理、最大模原理与 Schwarz 引理等.

3. **复级数**.

函数项级数、幂级数与 Taylor 级数、Laurent 级数与 Laurent 展式、整函数与亚纯函数等.

4. **留数定理及应用**.

留数定理、留数的计算、应用留数计算函数的定积分、辐角原理与 Rouche 定理等.

5. **保形映射**.

单叶函数的映射性质、分式线性变换、Riemann 存在定理与边界对应定理、多角形共形映射等.

6. **解析开拓与调和函数初步**.

解析开拓的概念、幂级数的解析开拓、对称原理、单值性定理、调和函数及其性质、Dirichlet 问题等.

(七) 抽象代数

1. **预备知识**.

集合、Cartesian 积、等价关系与分类、映射与置换集合、二元运算、偏序与 Zorn 引理等.

2. **群论**.

群的概念和性质、子群、正规子群与商群、群的同态与同构、循环群与单群结构、群的直积与直和、群对集合的作用、Sylow 定理及应用、有限交换群结构与性质等.

3. 环论.

环的概念和性质、无零因子环及其性质、理想与商环、环的同态与同构、极大理想与素理想、整环的分式化、唯一分解整环及几类特殊的唯一分解环、多项式环的因式分解等.

4. 域论.

域的扩张、单扩张、有限扩张与代数扩张、分裂域和正规扩张、域的超越扩张、有限域等.

(八) 数值分析

1. 非线性方程求解.

二分法、Newton 法、割线法、不动点法等的算法设计与收敛性分析、多项式方程求根等.

2. 线性方程组求解.

LU 分解、Cholesky 分解、Gauss 消元法、最速下降与共轭梯度法、Jacobi 迭代、Gauss-Seidel 迭代、超松弛迭代的设计与收敛性分析等.

3. 矩阵分解与特征值.

矩阵的 QR 分解、SVD 分解、求特征值的幂法、反幂法、Jacobi 法、QR 分解法等.

4. 函数逼近.

Lagrange 插值、Newton 插值、Hermite 插值、三角多项式插值、样条插值与逼近、最佳逼近、正交多项式等.

5. 数值微分与积分.

数值微分与 Richardson 外插、基于多项式插值的数值积分、Gauss 积分、Romberg 积分等.

6. 常微分方程数值解.

Taylor 级数法、Runge-Kutta 法、预估校正法、多步法、稳定性分析、边值问题求解等.

7. 偏微分方程数值方法.

有限差分、显式格式、隐式格式、有限元法等.

(九) 微分几何

1. 空间曲线.

正则曲线、曲线的弧长、以弧长为参数的曲线、曲线的切线、主法线、次法线、曲线的曲率和挠率、曲线的 Frenet 标架和 Frenet 公式、空间曲线基本定理、平面曲线的相对曲率、平面曲线的整体性质等.

2. 曲面论.

正则曲面、参数变换、曲面的切平面、曲面的向量场、曲面的第一基本形式、曲面的面积、曲面的法向量、曲面的 Gauss 映射、曲面的第二基本形式、曲面的主曲率和主方向、曲面的曲率线网、法曲率和 Euler 公式、曲面的中曲率、直纹面、旋转面和极小曲面、曲面的 Gauss 方程和 Codazzi 方程、曲面论基本定理等.

3. 曲面的内蕴几何.

Gauss 曲率、Gauss 定理、曲面上曲线的测地曲率和测地挠率、曲面上的测地线、曲面间的等距变换、曲面的 Gauss-Bonnet 公式等.

(十) 概率论

1. 事件与概率.

事件与概率、古典概型、几何概率、概率的运算、条件概率与事件的独立性等.

2. 随机变量及其分布.

离散型和连续型随机变量及其分布、随机向量、边际分布、随机变量的独立性、条件分布、随机变量的函数及其分布、随机向量的变换等.

3. 数字特征.

数学期望、方差、协方差、相关系数、条件数学期望等.

4. 极限定理.

依分布收敛、依概率收敛、特征函数、大数定律、中心极限定理等.

二、 非数学专业类

全国大学生数学竞赛非数学专业类考试科目涉及高等数学和线性代数, 其考试内容如下.

(一) 高等数学

1. 函数、极限、连续.

(1) 函数的概念及表示法、简单应用问题的函数关系的建立.

(2) 函数的性质: 有界性、单调性、周期性和奇偶性.

(3) 复合函数、反函数、分段函数和隐函数、基本初等函数的性质及其图形、初等函数.

(4) 数列极限与函数极限的定义及其性质、函数的左极限与右极限.

(5) 无穷小和无穷大的概念及其关系、无穷小的性质及无穷小的比较.

(6) 极限的四则运算、极限存在的单调有界准则和夹逼准则、两个重要极限.

(7) 函数的连续性 (含左连续与右连续)、函数间断点的类型.

(8) 连续函数的性质和初等函数的连续性.

(9) 闭区间上连续函数的性质 (有界性、最大值和最小值定理、介值定理).

2. 一元函数微分学.

(1) 导数和微分的概念、导数的几何意义和物理意义、函数的可导性与连续性之间的关系、平面曲线的切线和法线.

(2) 基本初等函数的导数、导数和微分的四则运算、一阶微分形式的不变性.

(3) 复合函数、反函数、隐函数以及参数方程所确定的函数的微分法.

(4) 高阶导数的概念、分段函数的二阶导数、某些简单函数的 n 阶导数.

(5) 微分中值定理, 包括 Rolle 定理、Lagrange 中值定理、Cauchy 中值定理和 Taylor 定理等.

(6) L'Hospital 法则与求未定式极限.

(7) 函数的极值、函数单调性、函数图形的凹凸性、拐点及渐近线 (水平、铅直和斜渐近线)、函数图形的描绘.

(8) 函数最大值和最小值及其简单应用.

(9) 弧微分、曲率、曲率半径.

3. **一元函数积分学**.

(1) 原函数和不定积分的概念.

(2) 不定积分的基本性质、基本积分公式.

(3) 定积分的概念和基本性质、定积分中值定理、变上限定积分确定的函数及其导数、Newton-Leibniz 公式.

(4) 不定积分和定积分的换元积分法与分部积分法.

(5) 有理函数、三角函数的有理式和简单无理函数的积分.

(6) 广义积分.

(7) 定积分的应用: 平面图形的面积、平面曲线的弧长、旋转体的体积及侧面积、平行截面面积为已知的立体体积、功、引力、压力及函数的平均值等.

4. **常微分方程**.

(1) 常微分方程的基本概念: 微分方程及其解、阶、通解、初始条件和特解等.

(2) 变量可分离的微分方程、齐次微分方程、一阶线性微分方程、Bernoulli 方程、全微分方程.

(3) 可用简单的变量代换求解的某些微分方程、可降阶的高阶微分方程.

(4) 线性微分方程解的性质及解的结构定理.

(5) 二阶常系数齐次线性微分方程、高于二阶的某些常系数齐次线性微分方程.

(6) 简单的二阶常系数非齐次线性微分方程: 自由项为多项式、指数函数、正弦函数、余弦函数以及它们的和与积等.

(7) Euler 方程.

(8) 微分方程的简单应用.

5. **向量代数和空间解析几何**.

(1) 向量的概念、向量的线性运算、向量的数量积和向量积、向量的混合积.

(2) 两向量垂直、平行的条件、两向量的夹角.

(3) 向量的坐标表达式及其运算、单位向量、方向数与方向余弦.

(4) 曲面方程和空间曲线方程的概念、平面方程、直线方程.

(5) 平面与平面、平面与直线、直线与直线的夹角以及平行、垂直的条件、点到平面和点到直线的距离.

(6) 球面、母线平行于坐标轴的柱面、旋转轴为坐标轴的旋转曲面的方程、常用的二次曲面方程及其图形.

(7) 空间曲线的参数方程和一般方程、空间曲线在坐标面上的投影曲线方程.

6. **多元函数微分学.**

(1) 多元函数的概念、二元函数的几何意义.

(2) 二元函数的极限和连续的概念、有界闭区域上多元连续函数的性质.

(3) 多元函数偏导数和全微分、全微分存在的必要条件和充分条件.

(4) 多元复合函数、隐函数的求导法.

(5) 二阶偏导数、方向导数和梯度.

(6) 空间曲线的切线和法平面、曲面的切平面和法线.

(7) 二元函数的二阶 Taylor 公式.

(8) 多元函数极值和条件极值、Lagrange 乘数法、多元函数的最大值、最小值及其简单应用.

7. **多元函数积分学.**

(1) 二重积分和三重积分的概念及性质、二重积分的计算 (直角坐标、极坐标)、三重积分的计算 (直角坐标、柱面坐标、球面坐标) .

(2) 两类曲线积分的概念、性质及计算、两类曲线积分的关系.

(3) Green 公式、平面曲线积分与路径无关的条件、已知二元函数全微分求原函数.

(4) 两类曲面积分的概念、性质及计算、两类曲面积分的关系.

(5) Gauss 公式、Stokes 公式、散度和旋度的概念及计算.

(6) 重积分、曲线积分和曲面积分的应用 (平面图形的面积、立体图形的体积、曲面面积、弧长、质量、质心、转动惯量、引力、功及流量等).

8. **无穷级数.**

(1) 常数项级数的收敛与发散、收敛级数的和、级数的基本性质与收敛的必要条件.

(2) 几何级数与 p 级数及其收敛性、正项级数收敛性的判别法、交错级数与 Leibniz 判别法.

(3) 任意项级数的绝对收敛与条件收敛.

(4) 函数项级数的收敛域与和函数的概念.

(5) 幂级数及其收敛半径、收敛区间 (指开区间)、收敛域与和函数.

(6) 幂级数在其收敛区间内的基本性质 (和函数的连续性、逐项求导和逐项积分)、简单幂级数的和函数的求法.

(7) 初等函数的幂级数展开式.

(8) 函数的 Fourier 系数与 Fourier 级数、Dirichlet 定理、函数在 $[-l,l]$ 上的 Fourier 级数、函数在 $[0,l]$ 上的正弦级数和余弦级数.

(二) 线性代数

1. **行列式**.

(1) 行列式的概念和基本性质.

(2) 行列式按行 (列) 展开定理.

(3) Vandermonde 行列式、行列式的乘法规则.

2. **矩阵**.

(1) 矩阵的概念, 单位矩阵、数量矩阵、对角矩阵、三角矩阵、对称矩阵和反对称矩阵以及它们的性质.

(2) 矩阵的线性运算、矩阵乘法、矩阵转置以及它们的运算规律, 方阵的乘方与方阵乘积的行列式及其性质.

(3) 逆矩阵的概念与性质、矩阵可逆的充分必要条件, 可逆矩阵与伴随矩阵的关系.

(4) 矩阵的初等变换、初等矩阵的性质、矩阵的等价、矩阵的秩, 用初等变换求矩阵的秩和求逆矩阵的方法.

(5) 分块矩阵及其运算.

3. **向量**.

(1) n 维向量、向量的线性组合与线性表示.

(2) 向量组线性相关与线性无关的概念、性质及判别方法.

(3) 向量组的极大线性无关组和向量组的秩的概念, 求向量组的极大线性无关组, 求向量组的秩.

(4) 向量组的等价, 矩阵的秩与其行 (列) 向量组的秩之间的关系.

(5) n 维向量空间、子空间、基底、维数、向量的坐标.

(6) 基变换与坐标变换、过渡矩阵.

(7) 内积的概念, 线性无关向量组正交规范化的 Schmidt 方法.

(8) 规范正交基、正交矩阵的概念与性质.

4. **线性方程组**.

(1) 求解线性方程组的 Cramer 法则.

(2) 齐次线性方程组有非零解的充分必要条件、非齐次线性方程组有解的充分必要条件、线性方程组解的性和解的结构.

(3) 齐次线性方程组的基础解系、通解及解空间, 求齐次线性方程组的基础解系和通解.

(4) 非齐次线性方程组解的结构及通解.

(5) 用初等行变换求解线性方程组.

5. 矩阵的特征值和特征向量.

(1) 矩阵的特征值和特征向量的概念及性质, 求矩阵的特征值和特征向量.

(2) 相似矩阵的概念与性质, 矩阵可相似对角化的充分必要条件, 将矩阵化为相似对角矩阵的方法.

(3) 实对称矩阵的特征值和特征向量的性质、主轴定理.

6. 二次型.

(1) 二次型及其矩阵表示, 二次型的秩、合同变换与合同矩阵、二次型的标准形与规范形、惯性定理.

(2) 用正交变换与配方法化二次型为标准形.

(3) 正定二次型、正定矩阵及其判别法.

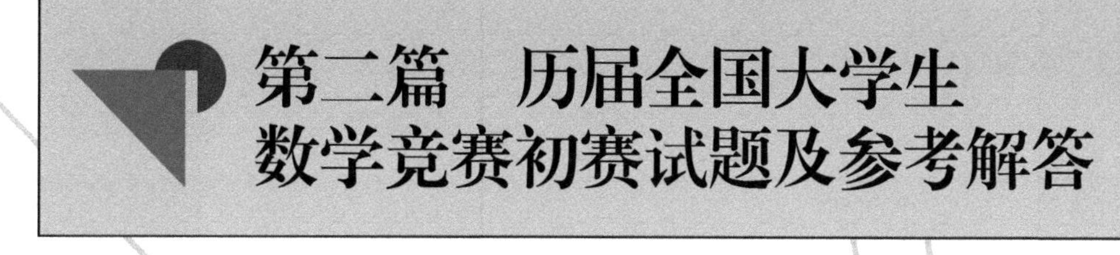

第二篇　历届全国大学生数学竞赛初赛试题及参考解答

历届全国大学生数学竞赛初赛试题(数学专业类)

首届全国大学生数学竞赛初赛试题(数学专业类)

一、(本题 15 分) 求经过三平行直线 $L_1: x=y=z, L_2: x-1=y=z+1, L_3: x=y+1=z-1$ 的圆柱面的方程.

二、(本题 20 分) 设 $\mathbb{C}^{n\times n}$ 是 $n\times n$ 复矩阵全体在通常的运算下所构成的复数域 $\mathbb{C}$ 上的线性空间,

$$F=\begin{pmatrix} 0 & 0 & \cdots & 0 & -a_n \\ 1 & 0 & \cdots & 0 & -a_{n-1} \\ 0 & 1 & \cdots & 0 & -a_{n-2} \\ \vdots & \vdots & & \vdots & \vdots \\ 0 & 0 & \cdots & 1 & -a_1 \end{pmatrix}.$$

(1) 假设 $A=\begin{pmatrix} a_{11} & a_{12} & \cdots & a_{1n} \\ a_{21} & a_{22} & \cdots & a_{2n} \\ \vdots & \vdots & & \vdots \\ a_{n1} & a_{n2} & \cdots & a_{nn} \end{pmatrix}$, 若 $AF=FA$, 证明:

$$A=a_{n1}F^{n-1}+a_{n-11}F^{n-2}+\cdots+a_{21}F+a_{11}E;$$

(2) 求 $\mathbb{C}^{n\times n}$ 的子空间 $C(F)=\left\{X\in\mathbb{C}^{n\times n} \mid FX=XF\right\}$ 的维数.

三、(本题 15 分) 假设 V 是复数域 $\mathbb{C}$ 上 n 维线性空间 $(n>0)$, f,g 是 V 上的线性变换. 如果 $fg-gf=f$, 证明: f 的特征值都是 0, 且 f,g 有公共特征向量.

四、(本题 10 分) 设 $\{f_n(x)\}$ 是定义在 $[a,b]$ 上的无穷阶可微的函数序列且逐点收敛, 并在 $[a,b]$ 上满足 $|f_n'(x)|\leqslant M$.

(1) 证明 $\{f_n(x)\}$ 在 $[a,b]$ 上一致收敛.

(2) 设 $f(x)=\lim\limits_{n\to\infty}f_n(x)$, 问 $f(x)$ 是否一定在 $[a,b]$ 阶上处处可导, 为什么?

五、(本题 10 分) 设 $a_n = \int_0^{\frac{\pi}{2}} t \left| \frac{\sin nt}{\sin t} \right|^3 \mathrm{d}t$, 证明 $\sum_{n=1}^{\infty} \frac{1}{a_n}$ 发散.

六、(本题 15 分) 设 $f(x,y)$ 是 $\{(x,y) \mid x^2+y^2 \leqslant 1\}$ 上二阶连续可微函数, 满足

$$\frac{\partial^2 f}{\partial x^2} + \frac{\partial^2 f}{\partial y^2} = x^2 y^2,$$

计算积分 $I = \iint\limits_{x^2+y^2 \leqslant 1} \left(\frac{x}{\sqrt{x^2+y^2}} \frac{\partial f}{\partial x} + \frac{y}{\sqrt{x^2+y^2}} \frac{\partial f}{\partial y} \right) \mathrm{d}x\mathrm{d}y.$

七、(本题 15 分) 假设函数 $f(x)$ 在 $[0,1]$ 上连续, 在 $(0,1)$ 内二阶可导, 过点 $A(0, f(0))$ 与点 $B(1, f(1))$ 的直线与曲线 $y = f(x)$ 相交于点 $C(c, f(c))$, 其中 $0 < c < 1$. 证明: 在 $(0,1)$ 内至少存在一点 ξ, 使得 $f''(\xi) = 0$.

第二届全国大学生数学竞赛初赛试题 (数学专业类)

一、(本题 10 分) 设 $\varepsilon \in (0,1), x_0 = a, x_{n+1} = a + \varepsilon \sin x_n (n = 0,1,2,\cdots)$. 证明: $\xi = \lim\limits_{n\to+\infty} x_n$ 存在, 且 ξ 为方程 $x - \varepsilon \sin x = a$ 的唯一根.

二、(本题 15 分) 设 $B = \begin{pmatrix} 0 & 10 & 30 \\ 0 & 0 & 2010 \\ 0 & 0 & 0 \end{pmatrix}$. 证明 $X^2 = B$ 无解, 这里 X 为三阶未知复方阵.

三、(本题 10 分) 设 $D \subset \mathbb{R}^2$ 是凸区域, 函数 $f(x,y)$ 是凸函数. 证明或否定: $f(x,y)$ 在 D 上连续.

注 函数 $f(x,y)$ 为凸函数的定义是: $\forall \alpha \in (0,1)$ 以及 $(x_1,y_1),(x_2,y_2) \in D$, 有

$$f(\alpha x_1 + (1-\alpha)x_2, \alpha y_1 + (1-\alpha)y_2) \leqslant \alpha f(x_1,y_1) + (1-\alpha) f(x_2,y_2)$$

成立.

四、(本题 10 分) 设 $f(x)$ 在 $[0,1]$ 上 Riemann 可积, 在 $x=1$ 可导, $f(1)=0$, $f'(1)=a$. 证明: $\lim\limits_{n\to+\infty} n^2 \int_0^1 x^n f(x) \, \mathrm{d}x = -a$.

五、(本题 15 分) 已知二次曲面 Σ (非退化) 过以下九点:

$$A(1,0,0),\quad B(1,1,2),\quad C(1,-1,-2),\quad D(3,0,0),\quad E(3,1,2),$$

$$F(3,-2,-4),\quad G(0,1,4),\quad H(3,-1,-2),\quad I(5,2\sqrt{2},8).$$

问 Σ 是哪一类曲面?

六、(本题 20 分) 设 A 为 $n\times n$ 实矩阵 (未必对称), 对任一 n 维实向量 $\alpha = (a_1,a_2,\cdots,a_n)$, $\alpha A \alpha^{\mathrm{T}} \geqslant 0$ (这里 α^{T} 表示 α 的转置), 且存在 n 维实向量 β 使得 $\beta A \beta^{\mathrm{T}} = 0$. 若对任意 n 维实向量 x 和 y, 当 $xAy^{\mathrm{T}} \neq 0$ 时有 $xAy^{\mathrm{T}} + yAx^{\mathrm{T}} \neq 0$. 证明: 对任意 n 维实向量 v, 都有 $vA\beta^{\mathrm{T}} = 0$.

七、(本题 10 分) 设 f 在区间 $[0,1]$ 上 Riemann 可积, $0 \leqslant f \leqslant 1$. 求证: 对任何 $\varepsilon > 0$, 存在只取值为 0 和 1 的分段 (段数有限) 常值函数 $g(x)$, 使得 $\forall[\alpha,\beta] \subseteq [0,1]$,

$$\left|\int_{\alpha}^{\beta}(f(x)-g(x))\mathrm{d}x\right| < \varepsilon.$$

八、(本题 10 分) 已知 $\varphi:(0,+\infty)\to(0,+\infty)$ 是一个严格单调下降的连续函数, 满足 $\lim\limits_{t\to 0^+}\varphi(t)=+\infty$, 且 $\int_0^{+\infty}\varphi(t)\ \mathrm{d}t=\int_0^{+\infty}\varphi^{-1}(t)\ \mathrm{d}t=a<+\infty$, 其中 φ^{-1} 表示 φ 的反函数. 求证: $\int_0^{+\infty}[\varphi(t)]^2\ \mathrm{d}t+\int_0^{+\infty}\left[\varphi^{-1}(t)\right]^2\ \mathrm{d}t \geqslant \frac{1}{2}a^{\frac{3}{2}}$.

第三届全国大学生数学竞赛初赛试题 (数学专业类)

一、(本题 15 分) 已知四点 $(1,2,7),(4,3,3),(5,-1,6),(\sqrt{7},\sqrt{7},0)$. 试求过这四点的球面方程.

二、(本题 10 分) 设 $f_1,f_2,\cdots,f_n$ 为 $[0,1]$ 上的非负连续函数, 求证: 存在 $\xi\in[0,1]$, 使得

$$\prod_{k=1}^{n} f_k(\xi)\leqslant\prod_{k=1}^{n}\int_0^1 f_k(x)\,\mathrm{d}x.$$

三、(本题 15 分) 设 $V=F^n$ 是数域 F 上的 n 维列空间, $\sigma:F^n\to F^n$ 是一个线性变换. 若

$$\forall A\in M_n(F),\quad \sigma(A\alpha)=A\sigma(\alpha),\quad \forall\alpha\in F^n,$$

其中 $M_n(F)$ 表示数域 F 上的 n 阶方阵全体, 证明: $\sigma=\lambda\cdot\mathrm{Id}_{F^n}$, 其中 λ 是 F 中的某个数, Id_{F^n} 表示恒等变换.

四、(本题 10 分) 对于 $\triangle ABC$, 求 $3\sin A+4\sin B+18\sin C$ 的最大值.

五、(本题 15 分) 对于任何实数 α, 求证存在取值于 $\{-1,1\}$ 的数列 $\{a_n\}_{n\geqslant1}$ 使得

$$\lim_{n\to+\infty}\left(\sum_{k=1}^{n}\sqrt{n+a_k}-n^{\frac{3}{2}}\right)=\alpha.$$

六、(本题 20 分) 设 A 是数域 F 上的 n 阶方阵. 证明: A 在数域 F 上相似于 $\begin{pmatrix} B & O\\ O & C\end{pmatrix}$, 其中 B 是可逆矩阵, C 是幂零矩阵 (即存在 m 使得 $C^m=O$).

七、(本题 15 分) 设 $F(x)$ 是 $[0,+\infty)$ 上的单调递减函数, $\lim\limits_{x\to+\infty}F(x)=0$, 且

$$\lim_{n\to+\infty}\int_0^{+\infty}F(t)\sin\frac{t}{n}\,\mathrm{d}t=0.$$

证明: (i) $\lim\limits_{x\to+\infty}xF(x)=0$; (ii) $\lim\limits_{x\to0}\int_0^{+\infty}F(t)\sin(xt)\,\mathrm{d}t=0$.

第四届全国大学生数学竞赛初赛试题 (数学专业类)

一、(本题 15 分) 设 Γ 为椭圆抛物面 $z = 3x^2 + 4y^2 + 1$. 从原点作 Γ 的切锥面. 求切锥面的方程.

二、(本题 15 分) 设 Γ 为抛物线, P 是与焦点位于抛物线同侧的一点. 过 P 的直线 L 与 Γ 围成的有界区域的面积记作 $A(L)$. 证明: $A(L)$ 取最小值当且仅当 P 恰为 L 被 Γ 所截出的线段的中点.

三、(本题 10 分) 设 $f \in C^1[0, +\infty)$, $f(0) > 0$, 且 $\forall x \in [0, +\infty)$, $f'(x) \geqslant 0$. 已知

$$\int_0^{+\infty} \frac{1}{f(x) + f'(x)} \,\mathrm{d}x < +\infty,$$

求证: $\displaystyle\int_0^{+\infty} \frac{1}{f(x)} \,\mathrm{d}x < +\infty$.

四、(本题 15 分) 设 A, B, C 均为 n 阶正定矩阵, $P(t) = At^2 + Bt + C$, $f(t) = \det P(t)$, 其中 t 为未定元, $\det P(t)$ 表示 $P(t)$ 的行列式. 若 λ 是 $f(t)$ 的根, 试证明: $\mathrm{Re}(\lambda) < 0$, 这里 $\mathrm{Re}(\lambda)$ 表示 λ 的实部.

五、(本题 10 分) 已知 $\dfrac{(1+x)^n}{(1-x)^3} = \displaystyle\sum_{i=0}^{\infty} a_i x^i$, $|x| < 1$, n 为正整数, 求 $\displaystyle\sum_{i=0}^{n-1} a_i$.

六、(本题 15 分) 设 $f : [0,1] \to \mathbb{R}$ 可微, $f(0) = f(1)$, $\displaystyle\int_0^1 f(x) \,\mathrm{d}x = 0$, 且 $\forall x \in [0,1], f'(x) \neq 1$. 求证: 对于任意正整数 n, 有 $\left|\displaystyle\sum_{k=0}^{n-1} f\left(\frac{k}{n}\right)\right| < \dfrac{1}{2}$.

七、(本题 20 分) 已知实矩阵 $A = \begin{pmatrix} 2 & 2 \\ 2 & a \end{pmatrix}$, $B = \begin{pmatrix} 4 & b \\ 3 & 1 \end{pmatrix}$. 证明:

(1) 矩阵方程 $AX = B$ 有解但 $BY = A$ 无解的充要条件是 $a \neq 2$, $b = \dfrac{4}{3}$.

(2) A 相似于 B 的充要条件是 $a = 3$, $b = \dfrac{2}{3}$.

(3) A 合同于 B 的充要条件是 $a < 2$, $b = 3$.

第五届全国大学生数学竞赛初赛试题 (数学专业类)

一、(本题 15 分) 平面 $\mathbb{R}^2$ 上两个半径为 r 的圆 C_1, C_2 外切于 P 点, 将圆 C_2 沿 C_1 的圆周 (无滑动) 滚动一周, 这时 C_2 上的 P 点也随 C_2 的运动而运动. 记 $\varGamma$ 为 P 点的运动轨迹曲线, 称为心脏线. 现设 C 为以 P 的初始位置 (切点) 为圆心的圆, 其半径为 R. 记 $\gamma: \mathbb{R}^2 \cup \{\infty\} \to \mathbb{R}^2 \cup \{\infty\}$ 为圆 C 的反演变换, 它将 $Q \in \mathbb{R}^2 \backslash \{P\}$ 映成射线 PQ 上的点 Q', 满足 $\overrightarrow{PQ} \cdot \overrightarrow{PQ'} = R^2$. 求证: $\gamma(\varGamma)$ 为抛物线.

二、(本题 10 分) 设 n 阶方阵 $B(t)$ 和 $n \times 1$ 矩阵 $b(t)$ 分别为

$$B(t) = (b_{ij}(t)), \quad b(t) = (b_1(t), b_2(t), \cdots, b_n(t))^{\mathrm{T}},$$

其中 $b_{ij}(t), b_i(t)$ 均为关于 t 的实系数多项式, $i, j = 1, 2, \cdots, n$. 记 $d(t)$ 为 $B(t)$ 的行列式, $d_i(t)$ 为用 $b(t)$ 替代 $B(t)$ 的第 i 列后所得的 n 阶矩阵的行列式. 若 $d(t)$ 有实根 t_0, 使得 $B(t_0) x = b(t_0)$ 成为关于 x 的相容线性方程组, 试证明: $d(t), d_1(t), \cdots, d_n(t)$ 必有次数大于等于 1 的公因式.

三、(本题 15 分) 设 $f(x)$ 在区间 $[0, a]$ 上有二阶连续导数, $f'(0) = 1, f''(0) \neq 0$ 且 $\forall x \in (0, a), 0 < f(x) < x$. 令 $x_1 \in (0, a), x_{n+1} = f(x_n)\,(n \geqslant 1)$.

(1) 求证 $\{x_n\}$ 收敛并求极限.

(2) 试问 $\{n x_n\}$ 是否收敛? 若不收敛, 则说明理由; 若收敛, 则求其极限.

四、(本题 15 分) 设 $a > 1$, 函数 $f: (0, +\infty) \to (0, +\infty)$ 可微, 求证: 存在趋于无穷的正数列 $\{x_n\}$ 使得 $f'(x_n) < f(a x_n)\,(n = 1, 2, \cdots)$.

五、(本题 20 分) 设 $f: [-1, 1] \to \mathbb{R}$ 为偶函数, f 在 $[0, 1]$ 上单调递增, 又设 g 是 $[-1, 1]$ 上的凸函数, 即对任意 $x, y \in [-1, 1]$ 及 $t \in (0, 1)$ 有

$$g(tx + (1-t)y) \leqslant t g(x) + (1-t) g(y).$$

求证: $2\int_{-1}^{1} f(x) g(x)\, \mathrm{d}x \geqslant \int_{-1}^{1} f(x)\, \mathrm{d}x \int_{-1}^{1} g(x)\, \mathrm{d}x$.

六、(本题 25 分) 设 $\mathbb{R}^{n\times n}$ 为 n 阶实方阵全体, E_{ij} 为 (i, j) 位置元素为 1, 其余位置元素为 0 的 n 阶方阵, $i, j = 1, 2, \cdots, n$. 令 $\varGamma_r$ 为秩等于 r 的 n 阶实方阵全体, $r = 0, 1, 2, \cdots, n$, 并让 $\phi: \mathbb{R}^{n\times n} \to \mathbb{R}^{n\times n}$ 为可乘映射, 即满足 $\phi(AB) = \phi(A)\phi(B), \forall A, B \in \mathbb{R}^{n\times n}$. 试证明:

(1) $\forall A, B \in \varGamma_r$, 秩 $\phi(A) =$ 秩 $\phi(B)$.

(2) 若 $\phi(0) = 0$, 且存在某个秩为 1 的矩阵 W, 使得 $\phi(W) \neq 0$, 则必存在可逆方阵 R 使得 $\phi(E_{ij}) = R E_{ij} R^{-1}$ 对于一切 E_{ij} 皆成立, $i, j = 1, 2, \cdots, n$.

第六届全国大学生数学竞赛初赛试题 (数学专业类)

一、(本题 15 分) 已知空间的两条直线

$$l_1: \frac{x-4}{1}=\frac{y-3}{-2}=\frac{z-8}{1}, \qquad l_2: \frac{x+1}{7}=\frac{y+1}{-6}=\frac{z+1}{1}.$$

(1) 证明 l_1 和 l_2 异面.

(2) 求 l_1 和 l_2 公垂线的标准方程.

(3) 求连接 l_1 上任一点和 l_2 上任一点的线段中点的轨迹的一般方程.

二、(本题 15 分) 设 $f \in C[0,1]$ 是非负的严格单调递增函数. 证明:

(1) 对于任意的 $n \in \mathbb{N}$, 存在唯一的 $x_n \in [0,1]$, 使得 $\left(f(x_n)\right)^n = \int_0^1 \left(f(x)\right)^n \mathrm{d}x$.

(2) $\lim\limits_{n\to\infty} x_n = 1$.

三、(本题 15 分) 设 V 为闭区间 $[0,1]$ 上全体实函数构成的实向量空间, 其中向量加法和纯量乘法均为通常的. 又设 $f_1, f_2, \cdots, f_n \in V$, 证明以下两条等价:

(1) $f_1, f_2, \cdots, f_n$ 线性无关;

(2) $\exists\, a_1, a_2, \cdots, a_n \in [0,1]$ 使得 $\det\left[f_i\left(a_j\right)\right] \neq 0$, 这里 det 表示行列式.

四、(本题 15 分) 设 $f(x)$ 在 $\mathbb{R}$ 上有二阶导函数, $f(x), f'(x), f''(x)$ 均大于零. 假设存在正数 a, b, 使得 $f''(x) \leqslant af(x) + bf'(x)$ 对于一切 $x \in \mathbb{R}$ 成立.

(1) 求证: $\lim\limits_{x\to-\infty} f'(x) = 0$.

(2) 求证: 存在常数 c 使得 $f'(x) \leqslant cf(x)$.

(3) 求使上面不等式成立的最小常数 c.

五、(本题 20 分) 设 m 为给定的正整数. 证明: 对任何的正整数 n, l, 存在 m 阶方阵 X 使得

$$X^n + X^l = I + \begin{pmatrix} 1 & 0 & 0 & \cdots & 0 & 0 \\ 2 & 1 & 0 & \cdots & 0 & 0 \\ 3 & 2 & 1 & \cdots & 0 & 0 \\ \vdots & \vdots & \vdots & & \vdots & \vdots \\ m-1 & m-2 & m-3 & \cdots & 1 & 0 \\ m & m-1 & m-2 & \cdots & 2 & 1 \end{pmatrix}.$$

六、(本题 20 分) 设 $\alpha \in (0,1)$, $\{a_n\}$ 是正数列且满足

$$\varliminf_{n\to\infty} n^{\alpha}\left(\frac{a_n}{a_{n+1}} - 1\right) = \lambda \in (0, +\infty).$$

求证: $\lim\limits_{n\to\infty} n^k a_n = 0$, 其中 $k > 0$.

第七届全国大学生数学竞赛初赛试题 (数学专业类)

一、(本题 15 分) 设 l_1 和 l_2 是空间中两异面直线. 设在标准直角坐标系下直线 l_1 过坐标为 a 的点, 以单位向量 $\vec{v}$ 为直线方向; 直线 l_2 过坐标为 b 的点, 以单位向量 $\vec{w}$ 为直线方向.

(1) 证明: 存在唯一点 $P \in l_1$ 和 $Q \in l_2$ 使得两点连线 PQ 同时垂直于 l_1 和 l_2.

(2) 求 P 点和 Q 点的坐标 (用 $a, b, \vec{v}, \vec{w}$ 表示).

二、(本题 20 分) A 为 4 阶复方阵, 它满足关于迹的关系式 $\mathrm{tr}(A^i) = i, i = 1, 2, 3, 4$. 求 A 的行列式.

三、(本题 15 分) 设 A 为 n 阶方阵, 其 n 个特征值皆为偶数. 试证明: 关于 X 的矩阵方程

$$X + AX - XA^2 = O$$

只有零解.

四、(本题 15 分) 数列 $\{a_n\}$ 满足关系式 $a_1 > 0$, $a_{n+1} = a_n + \dfrac{n}{a_n}(n \geqslant 1)$. 求证: $\lim\limits_{n\to\infty} n(a_n - n)$ 存在.

五、(本题 15 分) 设 $f(x)$ 是 $[0, +\infty)$ 上有界连续函数, $h(x)$ 是 $[0, +\infty)$ 上连续函数, 且

$$\int_0^{+\infty} |h(t)|\, \mathrm{d}t = a < 1.$$

构造函数序列:

$$g_0(x) = f(x), \quad g_n(x) = f(x) + \int_0^x h(t) g_{n-1}(t)\, \mathrm{d}t, \quad n = 1, 2, \cdots,$$

求证: $\{g_n(x)\}$ 收敛于一个连续函数, 并求极限函数.

六、(本题 20 分) 设 $f(x)$ 是 $\mathbb{R}$ 上有下界或者有上界的连续函数, 且存在正数 a 使得

$$f(x) + a\int_{x-1}^{x} f(t)\, \mathrm{d}t$$

为常数. 求证: $f(x)$ 必为常数.

第八届全国大学生数学竞赛初赛试题 (数学专业类)

一、(本题 15 分) 设 S 是空间中的一个椭球面. 又设方向为常向量 V 的一束平行光照射 S, 其中部分光线与 S 相切, 它们的切点在 S 上形成一条曲线 $\varGamma$. 证明: $\varGamma$ 落在一张过椭球中心的平面上.

二、(本题 15 分) 设 n 为奇数, A, B 为两个 n 阶实方阵, 且 $BA = O$. 记 $A + J_A$ 的特征值集合为 S_1, $B + J_B$ 的特征值集合为 S_2, 其中 J_A, J_B 分别表示 A, B 的 Jordan 标准形. 求证: $0 \in S_1 \cup S_2$.

三、(本题 20 分) 设 $A_1, A_2, \cdots, A_{2017}$ 为 2016 阶实方阵. 证明: 关于 $x_1, x_2, \cdots, x_{2017}$ 的方程

$$\det\,(x_1A_1 + x_2A_2 + \cdots + x_{2017}A_{2017}) = 0$$

至少有一组非零实数解, 其中 det 表示行列式.

四、(本题 20 分) 设 $f_0(x), f_1(x)$ 是 $[0,1]$ 上正连续函数, 满足 $\displaystyle\int_0^1 f_0(x)\mathrm{d}x \leqslant \int_0^1 f_1(x)\,\mathrm{d}x$. 设 $f_{n+1}(x) = \dfrac{2f_n^2(x)}{f_n(x) + f_{n-1}(x)}\,(n = 1, 2, \cdots)$. 设

$$a_n = \int_0^1 f_n(x)\mathrm{d}x \quad (n = 1, 2, \cdots),$$

求证: 数列 $\{a_n\}$ 单调递增且收敛.

五、(本题 15 分) 设 $\alpha > 1$. 求证: 不存在 $[0, +\infty)$ 上可导的正函数 $f(x)$ 满足

$$f'(x) \geqslant f^{\alpha}(x), \quad x \in [0, +\infty).$$

六、(本题 15 分) 设 $f(x), g(x)$ 是 $[0,1]$ 区间上的单调递增函数, 满足

$$0 \leqslant f(x), g(x) \leqslant 1, \quad \int_0^1 f(x)\,\mathrm{d}x = \int_0^1 g(x)\,\mathrm{d}x.$$

求证: $\displaystyle\int_0^1 |f(x) - g(x)|\,\mathrm{d}x \leqslant \frac{1}{2}$.

第九届全国大学生数学竞赛初赛试题 (数学专业类)

一、(本题 15 分) 在空间直角坐标系中, 设单叶双曲面 Γ 的方程为 $x^2+y^2-z^2=1$. 又设 P 为空间中的平面, 它交 Γ 于一抛物线 C. 求该平面 P 的法线与 z 轴的夹角.

二、(本题 15 分) 设 $\{a_n\}$ 是递增数列, $a_1>1$. 求证: 级数 $\sum\limits_{n=1}^{\infty}\dfrac{a_{n+1}-a_n}{a_n\ln a_{n+1}}$ 收敛的充分必要条件是 $\{a_n\}$ 有界. 又问级数通项分母中的 a_n 是否可以换成 a_{n+1}?

三、(本题 15 分) 设 $\Gamma=\{W_1,W_2,\cdots,W_r\}$ 为 r 个互不相同的可逆的 n 阶复方阵构成的集合. 若该集合关于矩阵乘法封闭 (即 $\forall M,N\in\Gamma$, 有 $MN\in\Gamma$), 证明: $\sum\limits_{i=1}^{r}W_i=0$ 当且仅当 $\sum\limits_{i=1}^{r}\mathrm{tr}(W_i)=0$, 其中 $\mathrm{tr}(W_i)$ 表示 W_i 的迹.

四、(本题 20 分) 给定非零实数 a 及实 n 阶反对称矩阵 A (即 A 满足 A 的转置 A^{T} 等于 $-A$). 记矩阵有序对集合 T 为

$$T=\{(X,Y)\mid X\in\mathbb{R}^{n\times n},Y\in\mathbb{R}^{n\times n},XY=aI+A\},$$

其中 I 为 n 阶单位阵, $\mathbb{R}^{n\times n}$ 为所有实 n 阶方阵构成的集合. 证明: 任取 T 中的两元 (X,Y) 和 (M,N), 必有 $XN+T^{\mathrm{T}}M^{\mathrm{T}}\neq O$.

五、(本题 15 分) 设 $f(x)=\arctan x$, A 为常数. 若 $B=\lim\limits_{n\to\infty}\left(\sum\limits_{k=1}^{n}f\left(\dfrac{k}{n}\right)-An\right)$ 存在, 求 A,B.

六、(本题 20 分) 设 $f(x)=1-x^2+x^3$ $(x\in[0,1])$, 计算以下极限并说明理由:

$$\lim_{n\to\infty}\frac{\displaystyle\int_0^1 f^n(x)\ln(x+2)\,\mathrm{d}x}{\displaystyle\int_0^1 f^n(x)\,\mathrm{d}x}.$$

第十届全国大学生数学竞赛初赛试题 (数学专业类)

一、(本题 15 分) 在空间直角坐标系中, 设马鞍面 S 的方程为 $x^2-y^2=2z$. 又设 σ 为平面 $z=\alpha x+\beta y+\gamma$, 其中 α,β,γ 为给定常数. 求马鞍面 S 上点 P 的坐标, 使得过 P 且落在马鞍面 S 上的直线均平行于平面 σ.

二、(本题 15 分) $A=(a_{ij})_{n\times n}$ 为 n 阶实方阵, 满足

(1) $a_{11}=a_{22}=\cdots=a_{nn}=a>0$;

(2) 对每个 $i(i=1,2,\cdots,n)$, 有 $\sum\limits_{j=1}^{n}|a_{ij}|+\sum\limits_{j=1}^{n}|a_{ji}|<4a$,

求 $f(x_1,\cdots,x_n)=(x_1,\cdots,x_n)A\begin{pmatrix}x_1\\ \vdots\\ x_n\end{pmatrix}$ 的规范形.

三、(本题 20 分) 元素皆为整数的矩阵称为整矩阵. 设 n 阶方阵 A,B 皆为整矩阵.

(1) 证明以下两条等价: (i) A 可逆且 A^{-1} 仍为整矩阵; (ii) A 的行列式的绝对值为 1.

(2) 若又知 $A,A-2B,A-4B,\cdots,A-2nB,A-2(n+1)B,\cdots,A-2(n+n)B$ 皆可逆, 且它们的逆矩阵皆为整矩阵. 证明: $A+B$ 可逆.

四、(本题 15 分) 设 $f(x)$ 在 $[0,1]$ 上连续可微, 在 $x=0$ 处有任意阶导数, $f^{(n)}(0)=0\ (\forall n\geqslant 0)$, 且存在常数 $C>0$ 使得

$$|xf'(x)|\leqslant C|f(x)|,\quad \forall x\in[0,1].$$

证明: (1) $\lim\limits_{x\to 0^+}\dfrac{f(x)}{x^n}=0\ (\forall n\geqslant 0)$;

(2) 在 $[0,1]$ 上 $f(x)\equiv 0$ 成立.

五、(本题 15 分) 设 $\{a_n\},\{b_n\}$ 是两个数列, $a_n>0(n\geqslant 0)$, $\sum\limits_{n=1}^{\infty}b_n$ 绝对收敛, 且

$$\frac{a_n}{a_{n+1}}\leqslant 1+\frac{1}{n}+\frac{1}{n\ln n}+b_n,\quad n\geqslant 2.$$

求证: (1) $\dfrac{a_n}{a_{n+1}} < \dfrac{n+1}{n} \cdot \dfrac{\ln(n+1)}{\ln n} + b_n (n \geqslant 2)$;

(2) $\sum\limits_{n=1}^{\infty} a_n$ 发散.

六、(本题 20 分) 设 $f: \mathbb{R} \to (0, +\infty)$ 是一可微函数, 且对所有 $x, y \in \mathbb{R}$, 有

$$|f'(x) - f'(y)| \leqslant |x-y|^{\alpha},$$

其中 $\alpha \in (0,1]$ 是常数. 求证: 对所有 $x \in \mathbb{R}$, 有 $|f'(x)|^{\frac{\alpha+1}{\alpha}} < \dfrac{\alpha+1}{\alpha} f(x)$.

历届全国大学生数学竞赛初赛试题参考解答(数学专业类)

首届全国大学生数学竞赛初赛试题参考解答 (数学专业类)

一、[参考解析] 先求圆柱面的轴 L_0 的方程. 由已知条件易知, 圆柱面母线的方向是 $\vec{n}=(1,1,1)$, 且圆柱面经过点 $O(0,0,0)$, 过点 $O(0,0,0)$ 且垂直于 $\vec{n}=(1,1,1)$ 的平面 π 的方程为: $x+y+z=0$. π 与已知直线的三个交点分别为

$$O(0,0,0),\quad P(1,0,-1),\quad Q(0,-1,1).$$

圆柱面的轴 L_0 是到这三点等距离的点的轨迹, 即

$$\begin{cases} x^2+y^2+z^2=(x-1)^2+y^2+(z+1)^2, \\ x^2+y^2+z^2=x^2+(y+1)^2+(z-1)^2, \end{cases}$$

即 $\begin{cases} x-z=1, \\ y-z=-1. \end{cases}$ 将 L_0 的方程改为标准方程 $x-1=y+1=z$. 圆柱面的半径即为平行直线 $x=y=z$ 和 $x-1=y+1=z$ 间的距离. $P_0(1,-1,0)$ 为 L_0 上的点. 对圆柱面上任意一点 $S(x,y,z)$, 有 $\dfrac{\left|\vec{n}\times\overrightarrow{P_0S}\right|}{|\vec{n}|}=\dfrac{\left|\vec{n}\times\overrightarrow{P_0O}\right|}{|\vec{n}|}$, 即

$$(-y+z-1)^2+(x-z-1)^2+(-x+y+2)^2=6.$$

所以, 所求圆柱面的方程为

$$x^2+y^2+z^2-xy-xz-yz-3x+3y=0.$$

二、[参考解析] (1) 记

$$A=(\alpha_1,\alpha_2,\cdots,\alpha_n),\quad M=a_{n1}F^{n-1}+a_{n-1,1}F^{n-2}+\cdots+a_{21}F+a_{11}E.$$

要证明 $M=A$, 只需证明 A 与 M 的各个列向量对应相等即可. 若以 e_i 记第 i 个基本单位列向量. 于是, 只需证明: 对每个 i, $Me_i=Ae_i\,(=\alpha_i)$.

记 $\beta=(-a_n,-a_{n-1},\cdots,-a_1)^{\mathrm{T}}$, 则 $F=(e_2,e_3,\cdots,e_n,\beta)$. 注意到

$$\begin{gathered} Fe_1=e_2, F^2e_1=Fe_2=e_3,\cdots, \\ F^{n-1}e_1=F\left(F^{n-2}e_1\right)=Fe_{n-1}=e_n. \end{gathered} \tag{*}$$

由

$$\begin{aligned}Me_1 &= \left(a_{n1}F^{n-1}+a_{n-1,1}F^{n-2}+\cdots+a_{21}F+a_{11}E\right)e_1\\&= a_{n1}F^{n-1}e_1+a_{n-1,1}F^{n-2}e_1+\cdots+a_{21}Fe_1+a_{11}Ee_1\\&= a_{n1}e_n+a_{n-1,1}e_{n-1}+\cdots+a_{21}e_2+a_{11}e_1\\&= \alpha_1 = Ae_1\end{aligned}$$

知

$$Me_2 = MFe_1 = FMe_1 = FAe_1 = AFe_1 = Ae_2,$$

$$Me_3 = MF^2e_1 = F^2Me_1 = F^2Ae_1 = AF^2e_1 = Ae_3,$$

$$\cdots\cdots$$

$$Me_n = MF^{n-1}e_1 = F^{n-1}Me_1 = F^{n-1}Ae_1 = AF^{n-1}e_1 = Ae_n.$$

所以, $M=A$.

(2) 由 (1), $C(F)=\operatorname{span}\left\{E,F,F^2,\cdots,F^{n-1}\right\}$.

设 $x_0E+x_1F+x_2F^2+\cdots+x_{n-1}F^{n-1}=O$, 等式两边同时右乘 e_1, 利用 $(*)$ 得

$$\begin{aligned}0 = Oe_1 &= \left(x_0E+x_1F+x_2F^2+\cdots+x_{n-1}F^{n-1}\right)e_1\\&= x_0Ee_1+x_1Fe_1+x_2F^2e_1+\cdots+x_{n-1}F^{n-1}e_1\\&= x_0e_1+x_1e_2+x_2e_3+\cdots+x_{n-1}e_n.\end{aligned}$$

因 $e_1,e_2,e_3,\cdots,e_n$ 线性无关, 故

$$x_0=x_1=x_2=\cdots=x_{n-1}=0.$$

所以, $E,F,F^2,\cdots,F^{n-1}$ 线性无关. 因此, $E,F,F^2,\cdots,F^{n-1}$ 是 $C(F)$ 的基, 特别地, $\dim C(F)=n$.

三、[参考证明] 假设 λ_0 是 f 的特征值, W 是相应的特征子空间, 即 $W=\{\eta\in V\mid f(\eta)=\lambda_0\eta\}$. 于是, W 在 f 下是不变的.

下面先证明 $\lambda_0=0$. 任取非零 $\eta\in W$, 记 m 为使得 $\eta,g(\eta),g^2(\eta),\cdots,g^m(\eta)$ 线性相关的最小的非负整数, 于是, 当 $0\leqslant i\leqslant m-1$ 时, $\eta,g(\eta),g^2(\eta),\cdots,g^i(\eta)$ 线性无关.

令 $W_0=\{0\}$, $W_i=\operatorname{span}\left\{\eta,g(\eta),g^2(\eta),\cdots,g^{i-1}(\eta)\right\}\ (i\geqslant 1)$. 因此, $\dim W_i=i(1\leqslant i\leqslant m)$, 并且

$$W_m=W_{m+1}=W_{m+2}=\cdots.$$

显然, $g(W_i) \subseteq W_{i+1}$, 特别地, W_m 在 g 下是不变的. 下面证明, W_m 在 f 下也是不变的. 事实上, 由 $f(\eta)=\lambda_0\eta$, 知

$$\begin{aligned} fg(\eta) &= gf(\eta)+f(\eta)=\lambda_0 g(\eta)+\lambda_0\eta, \\ fg^2(\eta) &= gfg(\eta)+fg(\eta) \\ &= g\left(\lambda_0 g(\eta)+\lambda_0\eta\right)+\left(\lambda_0 g(\eta)+\lambda_0\eta\right) \\ &= \lambda_0 g^2(\eta)+2\lambda_0 g(\eta)+\lambda_0\eta. \end{aligned}$$

根据

$$\begin{aligned} fg^k(\eta) &= gfg^{k-1}(\eta)+fg^{k-1}(\eta) \\ &= g\left(fg^{k-1}\right)(\eta)+fg^{k-1}(\eta), \end{aligned}$$

用归纳法不难证明, $fg^k(\eta)$ 一定可以表示成

$$\eta, g(\eta), g^2(\eta), \cdots, g^k(\eta)$$

的线性组合, 且表达式中 $g^k(\eta)$ 前的系数为 λ_0.

因此, W_m 在 f 下也是不变的, f 在 W_m 上的限制在基

$$\eta, g(\eta), g^2(\eta), \cdots, g^{m-1}(\eta)$$

下的矩阵是上三角矩阵, 且对角线元素都是 λ_0, 因而, 这一限制的迹为 $m\lambda_0$. 由于 $fg-gf=f$ 在 W_m 上仍然成立, 而 $fg-gf$ 的迹一定为零, 故 $m\lambda_0=0$, 即 $\lambda_0=0$. 任取 $\eta\in W$, 由于

$$f(\eta)=0, \quad fg(\eta)=gf(\eta)+f(\eta)=g(0)+f(\eta)=0,$$

所以, $g(\eta)\in W$. 因此, W 在 g 下是不变的. 从而, 在 W 中存在 g 的特征向量, 这也是 f,g 的公共特征向量.

四、[参考解析] (1) $\forall\varepsilon>0$, 将 $[a,b]$ K 等分, 分点为

$$x_j=a+\frac{j(b-a)}{K}, \quad j=0,1,2,\cdots,K,$$

使得 $\frac{b-a}{K}<\varepsilon$. 由于 $\{f_n(x)\}$ 在有限个点 $\{x_j|j=0,1,2,\cdots,K\}$ 上收敛, 因此 $\exists N$, 使得 $\forall m>n>N$, $|f_m(x_j)-f_n(x_j)|<\varepsilon$ 对每个 $j=0,1,2,\cdots,K$ 成立. 于是 $\forall x\in[a,b]$, 设 $x\in[x_j,x_{j+1}]$, 则

$$|f_m(x)-f_n(x)| \leqslant |f_m(x)-f_m(x_j)|+|f_m(x_j)-f_n(x_j)|+|f_n(x_j)-f_n(x)|$$

$$= |f_m'(\xi)(x-x_j)| + |f_m(x_j) - f_n(x_j)| + |f_n'(\eta)(x-x_j)|$$
$$< (2M+1)\varepsilon.$$

因此 $\{f_n\}$ 在 $[a,b]$ 上一致收敛.

(2) 不一定. 令 $[a,b]=[-1,1], f_n(x)=\sqrt{x^2+\dfrac{1}{n}}$, 则 $|f_n'|\leqslant 1$, 但 $f(x)=\lim\limits_{n\to\infty} f_n(x) = |x|$ 在 $[a,b]$ 上不处处可导.

五、[参考证明]

$$\int_0^{\frac{\pi}{2}} t\left|\frac{\sin nt}{\sin t}\right|^3 \mathrm{d}t = \int_0^{\frac{\pi}{n}} t\left|\frac{\sin nt}{\sin t}\right|^3 \mathrm{d}t + \int_{\frac{\pi}{n}}^{\frac{\pi}{2}} t\left|\frac{\sin nt}{\sin t}\right|^3 \mathrm{d}t = I_1 + I_2,$$

$$I_1 = \int_0^{\frac{\pi}{n}} t\left|\frac{\sin nt}{\sin t}\right|^3 \mathrm{d}t < n^3\int_0^{\frac{\pi}{n}} t\,\mathrm{d}t = \frac{\pi^2 n}{2},$$

$$I_2 = \int_{\frac{\pi}{n}}^{\frac{\pi}{2}} t\left|\frac{\sin nt}{\sin t}\right|^3 \mathrm{d}t < \int_{\frac{\pi}{n}}^{\frac{\pi}{2}} t\cdot\left(\frac{\pi}{2t}\right)^3 \mathrm{d}t = \frac{\pi^3}{8}\left(\frac{n}{\pi}-\frac{2}{\pi}\right) < \frac{\pi^2 n}{8}.$$

因此 $\dfrac{1}{a_n} > \dfrac{1}{\pi^2 n}$, 由此得到 $\sum\limits_{n=1}^{\infty}\dfrac{1}{a_n}$ 发散.

六、[参考解析] 令 $x=r\cos\theta, y=r\sin\theta$, 则

$$I = \int_0^1 \mathrm{d}r\int_0^{2\pi}\left(\cos\theta\cdot\frac{\partial f}{\partial x}+\sin\theta\cdot\frac{\partial f}{\partial y}\right) r\,\mathrm{d}\theta = \int_0^1 \mathrm{d}r\int_{x^2+y^2=r^2}\left(\frac{\partial f}{\partial x}\mathrm{d}y - \frac{\partial f}{\partial y}\mathrm{d}x\right)$$
$$= \int_0^1 \mathrm{d}r\iint\limits_{x^2+y^2\leqslant r^2}\left(\frac{\partial^2 f}{\partial x^2}+\frac{\partial^2 f}{\partial y^2}\right)\mathrm{d}x\mathrm{d}y = \int_0^1 \mathrm{d}r\iint\limits_{x^2+y^2\leqslant r^2}\left(x^2y^2\right)\mathrm{d}x\mathrm{d}y$$
$$= \int_0^1 \mathrm{d}r\int_0^r \rho^5\,\mathrm{d}\rho\int_0^{2\pi}\cos^2\theta\sin^2\theta\,\mathrm{d}\theta = \frac{\pi}{168}.$$

七、[参考证明] 因为 $f(x)$ 在 $[0,c]$ 上满足 Lagrange 中值定理的条件, 故存在 $\xi_1 \in (0,c)$, 使 $f'(\xi_1) = \dfrac{f(c)-f(0)}{c-0}$. 由于 c 在弦 AB 上, 故有

$$\frac{f(c)-f(0)}{c-0} = \frac{f(1)-f(0)}{1-0} = f(1)-f(0).$$

从而 $f'(\xi_1)=f(1)-f(0)$. 同理可证, 存在 $\xi_2\in(c,1)$, 使 $f'(\xi_2)=f(1)-f(0)$. 由 $f'(\xi_1)=f'(\xi_2)$ 知在 $[\xi_1,\xi_2]$ 上 $f'(x)$ 满足 Rolle 定理的条件, 所以存在 $\xi\in(\xi_1,\xi_2)\subset(0,1)$, 使 $f''(\xi)=0$.

第二届全国大学生数学竞赛初赛试题参考解答 (数学专业类)

一、[参考证明] 注意到 $|(\sin x)'| = |\cos x| \leqslant 1$, 由中值定理, 有

$$|\sin x - \sin y| \leqslant |x - y|, \quad \forall x, y \in \mathbb{R},$$

所以

$$|x_{n+2} - x_{n+1}| = |\varepsilon(\sin x_{n+1} - \sin x_n)| \leqslant \varepsilon |x_{n+1} - x_n|, \quad n = 0, 1, 2, \cdots,$$

从而可得

$$|x_{n+1} - x_n| \leqslant \varepsilon^n |x_1 - x_0|, \quad \forall n = 0, 1, 2, \cdots.$$

于是级数 $\sum_{n=0}^{\infty}(x_{n+1} - x_n)$ 绝对收敛, 从而 $\xi = \lim_{n\to+\infty} x_n$ 极限存在.

对于递推式 $x_{n+1} = a + \varepsilon \sin x_n$ 两边取极限即得 ξ 为 $x - \varepsilon \sin x = a$ 的根.

进一步, 设 η 也为 $x - \varepsilon \sin x = a$ 的根, 则

$$|\xi - \eta| = \varepsilon|\sin\xi - \sin\eta| \leqslant \varepsilon|\xi - \eta|,$$

所以由 $\varepsilon \in (0, 1)$ 可得 $\eta = \xi$, 即 $x - \varepsilon \sin x = a$ 的根唯一.

二、[参考证明] 反证法. 设方程有解, 即存在复矩阵 A 使得 $A^2 = B$. 注意到 B 的特征根为 0, 且其代数重数为 3.

设 λ 为 A 的一个特征根, 则 λ^2 为 B 的特征根, 所以 $\lambda = 0$. 从而 A 的特征根为 0. 于是 A 的 Jordan 标准形只可能为

$$J_1 = \begin{pmatrix} 0 & 0 & 0 \\ 0 & 0 & 0 \\ 0 & 0 & 0 \end{pmatrix}, \quad J_2 = \begin{pmatrix} 0 & 1 & 0 \\ 0 & 0 & 0 \\ 0 & 0 & 0 \end{pmatrix} \text{ 或 } \begin{pmatrix} 0 & 0 & 0 \\ 0 & 0 & 1 \\ 0 & 0 & 0 \end{pmatrix}, \quad J_3 = \begin{pmatrix} 0 & 1 & 0 \\ 0 & 0 & 1 \\ 0 & 0 & 0 \end{pmatrix},$$

从而 A^2 或相似于 O, 或相似于 $\begin{pmatrix} 0 & 0 & 1 \\ 0 & 0 & 0 \\ 0 & 0 & 0 \end{pmatrix}$, 与 $B = A^2$ 的秩为 2 矛盾. 所以 $X^2 = B$ 无解.

三、[参考证明] 结论成立. 分两步证明结论. (i) 对于 $\delta > 0$ 以及 $[x_0 - \delta, x_0 + \delta]$ 上的凸函数 $g(x)$, 容易验证 $\forall x \in (x_0 - \delta, x_0 + \delta)$,

$$\frac{g(x_0) - g(x_0 - \delta)}{\delta} \leqslant \frac{g(x) - g(x_0)}{x - x_0} \leqslant \frac{g(x_0 + \delta) - g(x_0)}{\delta},$$

从而

$$\left|\frac{g(x)-g(x_0)}{x-x_0}\right| \leqslant \left|\frac{g(x_0+\delta)-g(x_0)}{\delta}\right| + \left|\frac{g(x_0)-g(x_0-\delta)}{\delta}\right|, \quad \forall x \in (x_0-\delta, x_0+\delta).$$

由此即得 $g(x)$ 在 x_0 连续. 一般地, 可得开区间上的一元凸函数连续.

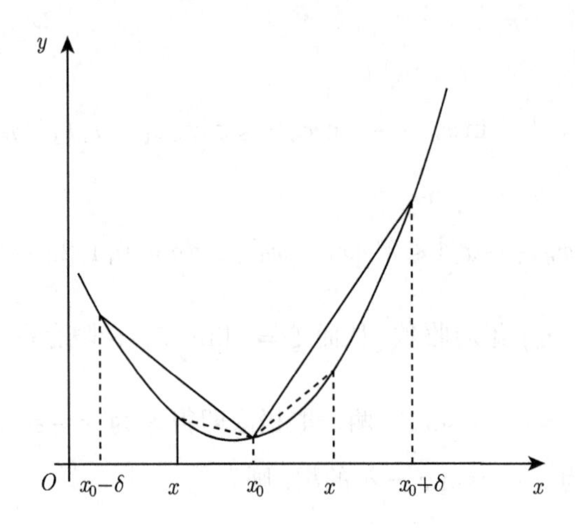

(ii) 设 $(x_0, y_0) \in D$, 则有 $\delta > 0$ 使得

$$E_\delta \equiv [x_0-\delta, x_0+\delta] \times [y_0-\delta, y_0+\delta] \subset D.$$

注意到固定 x 或 y 时, $f(x,y)$ 作为一元函数都是凸函数, 由 (i) 的结论, $f(x,y_0)$, $f(x,y_0+\delta), f(x,y_0-\delta)$ 都是 $x \in [x_0-\delta, x_0+\delta]$ 上的连续函数, 从而它们有界, 即存在常数 $M_\delta > 0$ 使得

$$\begin{aligned} &\frac{|f(x,y_0+\delta)-f(x,y_0)|}{\delta} + \frac{|f(x,y_0)-f(x,y_0-\delta)|}{\delta} \\ &+ \frac{|f(x_0+\delta,y_0)-f(x_0,y_0)|}{\delta} + \frac{|f(x_0,y_0)-f(x_0-\delta,y_0)|}{\delta} \leqslant M_\delta, \end{aligned}$$

$$\forall x \in [x_0-\delta, x_0+\delta].$$

进一步, 由 (i) 的结论, 对于 $(x,y) \in E_\delta$,

$$\begin{aligned} |f(x,y)-f(x_0,y_0)| &\leqslant |f(x,y)-f(x,y_0)| + |f(x,y_0)-f(x_0,y_0)| \\ &\leqslant \left(\frac{|f(x,y_0+\delta)-f(x,y_0)|}{\delta} + \frac{|f(x,y_0)-f(x,y_0-\delta)|}{\delta}\right)|y-y_0| \\ &\quad + \left(\frac{|f(x_0+\delta,y_0)-f(x_0,y_0)|}{\delta} + \frac{|f(x_0,y_0)-f(x_0-\delta,y_0)|}{\delta}\right)|x-x_0| \end{aligned}$$

$$\leqslant M_\delta |y-y_0| + M_\delta |x-x_0|.$$

于是 $f(x,y)$ 在 (x_0,y_0) 连续.

四、[参考证明] 记 $M=\sup\limits_{x\in[0,1]}|f(x)|<+\infty$, 令

$$r(x)=f(x)-f(1)-f'(1)(x-1)=f(x)-a(x-1).$$

由 Peano 型的 Taylor 展开式可得 $\forall\varepsilon>0,\exists\delta\in(0,1)$, 使得当 $\delta<x\leqslant 1$ 时, $|r(x)|\leqslant\varepsilon(1-x)$. 于是有

$$\begin{aligned}\int_0^1 x^n f(x)\mathrm{d}x &= \int_0^\delta x^n f(x)\ \mathrm{d}x+\int_\delta^1 ax^n(x-1)\ \mathrm{d}x+\int_\delta^1 x^n r(x)\ \mathrm{d}x\\ &=R_1+R_2+R_3.\end{aligned}$$

注意到

$$\begin{aligned}|R_1| &\leqslant M\int_0^\delta x^n\mathrm{d}x=M\frac{\delta^{n+1}}{n+1},\\ R_2 &= -\frac{a}{(n+1)(n+2)}+a\left(\frac{\delta^{n+1}}{n+1}-\frac{\delta^{n+2}}{n+2}\right),\\ |R_3| &\leqslant \int_\delta^1 x^n|r(x)|\ \mathrm{d}x\leqslant\varepsilon\int_\delta^1 x^n(1-x)\ \mathrm{d}x\\ &\leqslant\varepsilon\int_0^1 x^n(1-x)\ \mathrm{d}x=\frac{\varepsilon}{(n+1)(n+2)},\end{aligned}$$

有 $\lim\limits_{n\to+\infty}\left|n^2R_1\right|=0$, $\lim\limits_{n\to+\infty}\left|n^2R_2+a\right|=0$, $\overline{\lim\limits_{n\to+\infty}}\left|n^2R_3\right|\leqslant\varepsilon$. 所以

$$\overline{\lim_{n\to+\infty}}\left|n^2\int_0^1 x^n f(x)\ \mathrm{d}x+a\right|\leqslant\varepsilon.$$

由上式及 $\varepsilon>0$ 的任意性即得 $\lim\limits_{n\to+\infty}n^2\displaystyle\int_0^1 x^n f(x)\ \mathrm{d}x=-a$.

五、[参考解析] 容易知道 A,B,C 共线, D,E,F 共线. 而只有两种二次曲面上可能存在共线的三点: 单叶双曲面和双曲抛物面. 然后, 可以看到直线 ABC 和直线 DEF 是平行的, 且不是同一条直线. 这就又排除了双曲抛物面的可能 (双曲抛物面的同族直母线都异面, 不同族直母线都相交), 所以只可能是单叶双曲面.

注 曲面方程是 $(x-2)^2+y^2-\dfrac{z^2}{4}=1$ (不要求写).

六、[参考证明] 取任意实数 r, 由题设知 $(v+r\beta)A(v+r\beta)^{\mathrm{T}}\geqslant 0$, 即

$$vAv^{\mathrm{T}}+rvA\beta^{\mathrm{T}}+r\beta Av^{\mathrm{T}}+r^2\beta A\beta^{\mathrm{T}}\geqslant 0,$$

亦即 $vAv^{\mathrm{T}}+r\left(vA\beta^{\mathrm{T}}+\beta Av^{\mathrm{T}}\right)+r^2\beta A\beta^{\mathrm{T}}\geqslant 0$.

若 $vA\beta^{\mathrm{T}}\neq 0$, 则有 $vA\beta^{\mathrm{T}}+\beta Av^{\mathrm{T}}\neq 0$, 注意到 $\beta A\beta^{\mathrm{T}}=0$, 因此可取适当的实数 r 使得

$$vAv^{\mathrm{T}}+r\left(vA\beta^{\mathrm{T}}+\beta Av^{\mathrm{T}}\right)+r^2\beta A\beta^{\mathrm{T}}<0,$$

这与 $vAv^{\mathrm{T}}+r(vA\beta^{\mathrm{T}}+\beta Av^{\mathrm{T}})+r^2\beta A\beta^{\mathrm{T}}\geqslant 0$ 矛盾.

七、[参考证明] 取定 $n>\dfrac{2}{\varepsilon}$, 定义

$$A_m=\left[\frac{m}{n},\frac{m}{n}+\int_{\frac{m}{n}}^{\frac{m+1}{n}}f(t)\mathrm{d}t\right],\quad g(x)=\begin{cases}1, & x\in\bigcup\limits_{m=0}^{n-1}A_m,\\ 0, & x\notin\bigcup\limits_{m=0}^{n-1}A_m.\end{cases}$$

对于 $0\leqslant\alpha<\beta\leqslant 1$, 设非负整数 $k\leqslant l$ 满足 $\dfrac{k}{n}\leqslant\alpha<\dfrac{k+1}{n},\dfrac{l}{n}\leqslant\beta<\dfrac{l+1}{n}$, 则

$$\begin{aligned}&\left|\int_{\alpha}^{\beta}(f(x)-g(x))\,\mathrm{d}x\right|\\ \leqslant&\int_{\alpha}^{\frac{k+1}{n}}|f(x)-g(x)|\,\mathrm{d}x+\left|\int_{\frac{k+1}{n}}^{\frac{l}{n}}(f(x)-g(x))\,\mathrm{d}x\right|+\int_{\frac{l}{n}}^{\beta}|f(x)-g(x)|\,\mathrm{d}x\\ \leqslant&\int_{\alpha}^{\frac{k+1}{n}}1\,\mathrm{d}x+0+\int_{\frac{l}{n}}^{\beta}1\,\mathrm{d}x\leqslant\frac{2}{n}<\varepsilon.\end{aligned}$$

八、[参考证明] 令 $P=\displaystyle\int_p^{+\infty}\varphi(t)\,\mathrm{d}t,Q=\int_q^{+\infty}\varphi^{-1}(t)\,\mathrm{d}t,I=a-P-Q$, 其中 $pq=a$, 则

$$\begin{aligned}\int_0^{+\infty}\left[\varphi^{-1}(t)\right]^2\,\mathrm{d}t&\geqslant\int_0^{q}\left[\varphi^{-1}(t)\right]^2\,\mathrm{d}t\\ &\geqslant\frac{1}{q}\left(\int_0^q\varphi^{-1}(t)\,\mathrm{d}t\right)^2=\frac{1}{q}(a-Q)^2=\frac{1}{q}(I+P)^2,\end{aligned}$$

$$\int_0^{+\infty}[\varphi(t)]^2\mathrm{d}t\geqslant\int_0^{p}[\varphi(t)]^2\mathrm{d}t\geqslant\frac{1}{p}\left(\int_0^p\varphi(t)\mathrm{d}t\right)^2=\frac{1}{p}(a-P)^2=\frac{1}{p}(I+Q)^2.$$

因此

$$\begin{aligned}\int_0^{+\infty}[\varphi(t)]^2\,\mathrm{d}t+\int_0^{+\infty}\left[\varphi^{-1}(t)\right]^2\,\mathrm{d}t&\geqslant\frac{1}{p}(I+Q)^2+\frac{1}{q}(I+P)^2\\&\geqslant\frac{2}{\sqrt{pq}}(I+P)(I+Q)=\frac{2}{\sqrt{a}}(QP+aI).\end{aligned}$$

易见, 可取到适当的 p,q 满足 $P=Q$, 从而 $P=Q=\dfrac{a-I}{2}$,

$$\begin{aligned}\int_0^{+\infty}[\varphi(t)]^2\,\mathrm{d}t+\int_0^{+\infty}\left[\varphi^{-1}(t)\right]^2\,\mathrm{d}t&\geqslant\frac{2}{\sqrt{a}}\left[\frac{(a-I)^2}{4}+aI\right]\\&=\frac{2}{\sqrt{a}}\frac{(a+I)^2}{4}\geqslant\frac{1}{2}a^{\frac{3}{2}}.\end{aligned}$$

第三届全国大学生数学竞赛初赛试题参考解答 (数学专业类)

一、[参考解析] 设所求球面的球心为 $(\bar{x},\bar{y},\bar{z})$, 则有

$$(\bar{x}-1)^2+(\bar{y}-2)^2+(\bar{z}-7)^2=(\bar{x}-4)^2+(\bar{y}-3)^2+(\bar{z}-3)^2$$
$$=(\bar{x}-5)^2+(\bar{y}+1)^2+(\bar{z}-6)^2=(\bar{x}-\sqrt{7})^2+(\bar{y}-\sqrt{7})^2+\bar{z}^2,$$

即 $\begin{cases} 3\bar{x}+\bar{y}-4\bar{z}=-10, \\ 4\bar{x}-3\bar{y}-\bar{z}=4, \\ (\sqrt{7}-1)\bar{x}+(\sqrt{7}-2)\bar{y}-7\bar{z}=-20, \end{cases}$ 从而 $(\bar{x},\bar{y},\bar{z})=(1,-1,3)$.

而 $(\bar{x}-1)^2+(\bar{y}-2)^2+(\bar{z}-7)^2=25$. 于是所求球面方程为

$$(x-1)^2+(y+1)^2+(z-3)^2=25.$$

二、[参考证明] 记 $a_k=\displaystyle\int_0^1 f_k(x)\,\mathrm{d}x\ (k=1,2,\cdots,n)$. 当某个 $a_k=0$ 时, 结论是平凡的.

下面设 $a_k>0\ (k=1,2,\cdots,n)$. 于是有

$$\int_0^1 \sqrt[n]{\prod_{k=1}^n \frac{f_k(x)}{a_k}}\,\mathrm{d}x \leqslant \int_0^1 \frac{1}{n}\sum_{k=1}^n \frac{f_k(x)}{a_k}\,\mathrm{d}x=1.$$

由此立即可得存在 $\xi\in[0,1]$, 使得 $\sqrt[n]{\displaystyle\prod_{k=1}^n \frac{f_k(\xi)}{a_k}}\leqslant 1$. 结论得证.

三、[参考证明] 设 σ 在 F^n 的标准基 $\varepsilon_1,\varepsilon_2,\cdots,\varepsilon_n$ 下的矩阵为 B, 则

$$\sigma(\alpha)=B\alpha,\quad \forall\alpha\in F^n.$$

由条件 $\forall A\in M_n(F),\sigma(A\alpha)=A\sigma(\alpha)\ (\forall\alpha\in F^n)$, 有 $BA\alpha=AB\alpha,\forall\alpha\in F^n$. 故 $BA=AB,\forall A\in M_n(F)$.

设 $B=(b_{ij})$, 取 $A=\mathrm{diag}(1,\cdots,1,c,1,\cdots,1)$, 其中 $c\neq 1$, 则由 $AB=BA$ 可得 $b_{ij}=0,\forall i\neq j$. 又取

$$A=E_{ij}+E_{ji},$$

这里 E_{st} 是 (s,t) 位置为 1, 其他位置为 0 的矩阵, 则由 $BA=AB$ 可得 $b_{ii}=b_{jj}(\forall i,j)$. 取 $\lambda=b_{11}$, 故 $B=\lambda I_n$, 从而 $\sigma=\lambda\cdot\mathrm{Id}_{F^n}$.

四、[参考解析] 三角形的三个角 A,B,C 的取值范围为

$$(A,B,C)\in D\equiv\{(\alpha,\beta,\gamma)\mid\alpha+\beta+\gamma=\pi,\alpha>0,\beta>0,\gamma>0\}.$$

首先考虑 $3\sin A+4\sin B+18\sin C$ 在 D 的闭包

$$E=\{(\alpha,\beta,\gamma)\mid\alpha+\beta+\gamma=\pi,\alpha\geqslant 0,\beta\geqslant 0,\gamma\geqslant 0\}$$

上的最大值. 我们有

$$\begin{aligned}&\max_{(A,B,C)\in E}(3\sin A+4\sin B+18\sin C)\\&=\max_{\substack{A+C\leqslant\pi\\A,C\geqslant 0}}(3\sin A+4\sin(A+C)+18\sin C)\\&=\max_{0\leqslant C\leqslant\pi}\max_{0\leqslant A\leqslant\pi-C}((3+4\cos C)\sin A+4\sin C\cos A+18\sin C)\\&=\max_{0\leqslant C\leqslant\pi}\left(\sqrt{(3+4\cos C)^2+16\sin^2 C}+18\sin C\right)\\&=\max_{0\leqslant C\leqslant\pi}\left(\sqrt{25+24\cos C}+18\sin C\right).\end{aligned}$$

考虑 $f(C)=\sqrt{25+24\cos C}+18\sin C,0\leqslant C\leqslant\pi$. 容易知道

$$f(C)\geqslant f(\pi-C),\quad\forall C\in\left[0,\frac{\pi}{2}\right].$$

直接计算导数, 有

$$f'(C)=18\cos C-\frac{12\sin C}{\sqrt{25+24\cos C}}.$$

令 $f'(C)=0$, 即 $(8\cos C-1)\left(27\cos^2 C+32\cos C+4\right)=0$. 从而它在 $\left[0,\frac{\pi}{2}\right]$ 范围内的解为 $C=\arccos\frac{1}{8}$. 于是

$$\begin{aligned}\max_{0\leqslant C\leqslant\pi}f(C)=\max_{0\leqslant C\leqslant\pi/2}f(C)&=\max\left\{f\left(\arccos\frac{1}{8}\right),f(0),f\left(\frac{\pi}{2}\right)\right\}\\&=\max\left\{\frac{35\sqrt{7}}{4},7,23\right\}=\frac{35\sqrt{7}}{4}.\end{aligned}$$

由此可得

$$\max_{(A,B,C)\in E}(3\sin A+4\sin B+18\sin C)=\frac{35\sqrt{7}}{4}.$$

另一方面, 不难看到 $3\sin A+4\sin B+18\sin C$ 在 E 的边界上 (A,B,C 之一为 0) 的最大值为 22. 所以所求最大值为 $\dfrac{35\sqrt{7}}{4}$.

五、[参考证明] 由 Taylor 展开式, $\forall x\in\left[-\dfrac{1}{2},\dfrac{1}{2}\right]$, 存在 $\xi\in\left[-\dfrac{1}{2},\dfrac{1}{2}\right]$ 使得

$$\sqrt{1+x}=1+\frac{x}{2}-\frac{x^2}{8(1+\xi)^{\frac{3}{2}}}.$$

从而 $\left|\sqrt{1+x}-\left(1+\dfrac{x}{2}\right)\right|\leqslant x^2\ \left(\forall x\in\left[-\dfrac{1}{2},\dfrac{1}{2}\right]\right)$. 于是当 $n\geqslant 2$ 时, 不管怎么选取只取值 ±1 的数列 $\{a_n\}_{n\geqslant1}$ 均有

$$\begin{aligned}\left|\sum_{k=1}^{n}\sqrt{n+a_k}-n^{\frac{3}{2}}-\sum_{k=1}^{n}\frac{a_k}{2\sqrt{n}}\right|&=\sqrt{n}\left|\sum_{k=1}^{n}\left(\sqrt{1+\frac{a_k}{n}}-\left(1+\frac{a_k}{2n}\right)\right)\right|\\&\leqslant\sqrt{n}\sum_{k=1}^{n}\left(\frac{a_k}{n}\right)^2\leqslant\frac{1}{\sqrt{n}}.\end{aligned}$$

可以有很多种方法选取只取值为 ±1 的数列 $\{a_n\}_{n\geqslant1}$ 使得 $\lim\limits_{n\to+\infty}\sum\limits_{k=1}^{n}\dfrac{a_k}{2\sqrt{n}}=\alpha$. 此时成立

$$\lim_{n\to+\infty}\left(\sum_{k=1}^{n}\sqrt{n+a_k}-n^{\frac{3}{2}}\right)=\alpha.$$

例如, 我们可以按以下方式选取: 取 $a_1=1$, 依次定义

$$a_{n+1}=\begin{cases}1, & \sum\limits_{k=1}^{n}a_k<2\alpha\sqrt{n},\\ -1, & \sum\limits_{k=1}^{n}a_k\geqslant2\alpha\sqrt{n}.\end{cases}$$

记 $y_n=\dfrac{1}{\sqrt{n}}\sum\limits_{k=1}^{n}a_k\ (n=1,2,\cdots)$, 我们有 $-\sqrt{n}\leqslant y_n\leqslant\sqrt{n}$. 若 $y_n>2\alpha$, 则有

$$y_{n+1}-y_n=\frac{y_n\sqrt{n}-1}{\sqrt{n+1}}-y_n=-\frac{\sqrt{n+1}+\sqrt{n}+y_n}{\sqrt{n+1}(\sqrt{n+1}+\sqrt{n})}.$$

这时 $-\dfrac{2}{\sqrt{n+1}}<y_{n+1}-y_n<0$; 而当 $y_n<2\alpha$ 时, 我们有

$$y_{n+1}-y_n=\frac{y_n\sqrt{n}+1}{\sqrt{n+1}}-y_n=\frac{\sqrt{n+1}+\sqrt{n}-y_n}{\sqrt{n+1}(\sqrt{n+1}+\sqrt{n})}.$$

这时 $0 < y_{n+1} - y_n < \dfrac{2}{\sqrt{n+1}}$; 于是当 $y_{n+1} - 2\alpha, y_n - 2\alpha$ 同号时,

$$|y_{n+1} - 2\alpha| \leqslant |y_n - 2\alpha|;$$

当 $y_{n+1} - 2\alpha, y_n - 2\alpha$ 异号时,

$$|y_{n+1} - 2\alpha| \leqslant |y_{n+1} - y_n| \leqslant \frac{2}{\sqrt{n+1}}.$$

一般地有 $|y_{n+1} - 2\alpha| \leqslant \max\left\{|y_n - 2\alpha|, \dfrac{2}{\sqrt{n+1}}\right\}$.

注意到对任何 $N > 0$, 总有 $m \geqslant N$, 使得 $y_{m+1} - 2\alpha, y_m - 2\alpha$ 异号. 由上面的讨论可以得到

$$|y_k - 2\alpha| \leqslant \frac{2}{\sqrt{m+1}} \leqslant \frac{2}{\sqrt{N+1}}, \quad k = m+1, m+2, \cdots.$$

因此, 有 $\lim\limits_{n\to+\infty} y_n = 2\alpha$.

六、[参考证明] 设 V 是 F 上 n 维线性空间, σ 是 V 上的线性变换, 它在 V 的一组基下的矩阵为 A. 下面证明存在 σ-不变子空间 V_1, V_2 满足 $V = V_1 \oplus V_2$, 且 $\sigma|_{V_1}$ 是同构, $\sigma|_{V_2}$ 是幂零变换.

首先有子空间升链: $\operatorname{Ker}\sigma \subseteq \operatorname{Ker}\sigma^2 \subseteq \cdots \subseteq \operatorname{Ker}\sigma^k \subseteq \cdots$, 从而存在正整数 m 使得 $\operatorname{Ker}\sigma^m = \operatorname{Ker}\sigma^{m+i} (i = 1, 2, \cdots)$. 进而有 $\operatorname{Ker}\sigma^m = \operatorname{Ker}\sigma^{2m}$. 下面证明 $V = \operatorname{Ker}\sigma^m \oplus \operatorname{Im}\sigma^m$.

$\forall \alpha \in \operatorname{Ker}\sigma^m \cap \operatorname{Im}\sigma^m$, 由 $\alpha \in \operatorname{Im}\sigma^m$, 存在 $\beta \in V$, 使得 $\alpha = \sigma^m(\beta)$. 由此 $0 = \sigma^m(\alpha) = \sigma^{2m}(\beta)$, 所以 $\beta \in \operatorname{Ker}\sigma^{2m}$, 从而 $\beta \in \operatorname{Ker}\sigma^m$. 故

$$\alpha = \sigma^m\beta = 0, \quad \operatorname{Ker}\sigma^m \cap \operatorname{Im}\sigma^m = 0.$$

从而 $V = \operatorname{Ker}\sigma^m \oplus \operatorname{Im}\sigma^m$. 进一步有 $\operatorname{Im}\sigma^m = \operatorname{Im}\sigma^{2m}$.

由 $\sigma(\operatorname{Ker}\sigma^m) \subseteq \operatorname{Ker}\sigma^m, \sigma(\operatorname{Im}\sigma^m) \subseteq \operatorname{Im}\sigma^m$, 知 $\operatorname{Ker}\sigma^m, \operatorname{Im}\sigma^m$ 是 σ-不变子空间. 又由 $\sigma^m(\operatorname{Ker}\sigma^m) = 0$ 知 $\sigma|_{\operatorname{Ker}\sigma^m}$ 是幂零变换. 由 $\operatorname{Im}\sigma^m = \operatorname{Im}\sigma^{2m}$ 知 $\sigma|_{\operatorname{Im}\sigma^m}$ 是满线性变换, 从而可逆.

从 $V_1 = \operatorname{Im}\sigma^m, V_2 = \operatorname{Ker}\sigma^m$ 中各找一组基 $\alpha_1, \alpha_2, \cdots, \alpha_s; \beta_1, \beta_2, \cdots, \beta_t$, 合并成 V 的一组基, σ 在此基下的矩阵为 $\begin{pmatrix} B & O \\ O & C \end{pmatrix}$, 其中 B 是 $\sigma|_{V_1}$ 在基 $\alpha_1, \alpha_2, \cdots, \alpha_s$ 下的矩阵, 从而可逆; C 是 $\sigma|_{V_2}$ 在基 $\beta_1, \beta_2, \cdots, \beta_t$ 下的矩阵, 是幂零矩阵. 从而 A 相似于 $\begin{pmatrix} B & O \\ O & C \end{pmatrix}$, 其中 B 是可逆矩阵, C 是幂零矩阵.

注 如果视 F 为复数域, 直接用 Jordan 标准形证明, 证明正确可给 10 分:

存在可逆矩阵 P, 使得

$$P^{-1}AP=\mathrm{diag}\big(J(\lambda_1,n_1),\cdots,J(\lambda_s,n_s),J(0,m_1),\cdots,J(0,m_t)\big),$$

其中 $J(\lambda_i,n_i)$ 是特征值为 λ_i 的阶为 n_i 的 Jordan 块, $\lambda_i\neq 0$; $J(0,m_j)$ 是特征值为 0 的阶为 m_j 的 Jordan 块. 令

$$B=\mathrm{diag}\big(J(\lambda_1,n_1),J(\lambda_2,n_2),\cdots,J(\lambda_s,n_s)\big),$$

$$C=\mathrm{diag}\big(J(0,m_1),J(0,m_2),\cdots,J(0,m_t)\big),$$

则 B 为可逆矩阵, C 为幂零矩阵, A 相似于 $\begin{pmatrix}B & O\\ O & C\end{pmatrix}$.

七、[参考证明] 首先对于任何 $x\in\mathbb{R}$, 不难由关于无穷积分收敛性的 Dirichlet 判别法得到 $\displaystyle\int_0^{+\infty}F(t)\sin(xt)\,\mathrm{d}t$ 收敛. 记

$$f(x)=\int_0^{+\infty}F(t)\sin(xt)\,\mathrm{d}t,\quad \forall x\in\mathbb{R}.$$

由于 F 单调下降,

$$\begin{aligned}&\int_{2k\pi}^{(2k+2)\pi}F(nt)\sin t\,\mathrm{d}t\\ =&\int_0^{\pi}(F(2nk\pi+nt)-F(2nk\pi+2n\pi-nt))\sin t\,\mathrm{d}t\geqslant 0,\quad k=0,1,2,\cdots,\end{aligned}$$

从而

$$\begin{aligned}f\left(\frac{1}{n}\right)&=\int_0^{+\infty}F(t)\sin\frac{t}{n}\,\mathrm{d}t=\int_0^{+\infty}nF(nt)\sin t\,\mathrm{d}t\\ &=\sum_{k=0}^{\infty}\int_{2k\pi}^{(2k+2)\pi}nF(nt)\sin t\,\mathrm{d}t\\ &\geqslant\int_0^{2\pi}nF(nt)\sin t\,\mathrm{d}t=\int_0^{\pi}n\left(F(nt)-F(2n\pi-nt)\right)\sin t\,\mathrm{d}t\\ &\geqslant\int_0^{\pi/2}n\left(F(nt)-F(2n\pi-nt)\right)\sin t\,\mathrm{d}t\\ &\geqslant n\left(F\left(\frac{n\pi}{2}\right)-F\left(\frac{3n\pi}{2}\right)\right)\int_0^{\pi/2}\sin t\,\mathrm{d}t=n\left(F\left(\frac{n\pi}{2}\right)-F\left(\frac{3n\pi}{2}\right)\right)\geqslant 0.\end{aligned}$$

结合 $\lim\limits_{n\to+\infty} f\left(\dfrac{1}{n}\right)=0$ 得 $\lim\limits_{n\to+\infty} n\left(F\left(\dfrac{n\pi}{2}\right)-F\left(\dfrac{3n\pi}{2}\right)\right)=0.$

因此, 任取 $\delta>0$, 有 $N>0$ 使得当 $n>N$ 时, 有 $n\left|F\left(\dfrac{n\pi}{2}\right)-F\left(\dfrac{3n\pi}{2}\right)\right|\leqslant\delta$. 从而对于任何 $m>0,n>N$ 有

$$\begin{aligned}0\leqslant nF\left(\frac{n\pi}{2}\right)&\leqslant\sum_{k=0}^{m}n\left|F\left(\frac{3^kn\pi}{2}\right)-F\left(\frac{3^{k+1}n\pi}{2}\right)\right|+nF\left(\frac{3^{m+1}n\pi}{2}\right)\\&\leqslant\sum_{k=0}^{m}\frac{\delta}{3^k}+nF\left(\frac{3^{m+1}n\pi}{2}\right)\leqslant\frac{3\delta}{2}+nF\left(\frac{3^{m+1}n\pi}{2}\right).\end{aligned}$$

上式中令 $m\to+\infty$, 由 $\lim\limits_{x\to+\infty}F(x)=0$ 得到

$$0\leqslant nF\left(\frac{n\pi}{2}\right)\leqslant\frac{3\delta}{2},\quad\forall n>N.$$

所以 $\lim\limits_{n\to+\infty} nF\left(\dfrac{n\pi}{2}\right)=0$. 进一步利用单调性, 当 $x>\dfrac{\pi}{2}$ 时, 有

$$0\leqslant xF(x)\leqslant\pi\left[\frac{2x}{\pi}\right]F\left(\left[\frac{2x}{\pi}\right]\cdot\frac{\pi}{2}\right),$$

其中 $[s]$ 表示实数 s 的整数部分. 于是可得 $\lim\limits_{x\to+\infty}xF(x)=0$. 从而又知 $xF(x)$ 在 $[0,+\infty)$ 上有界, 设上界为 $M\geqslant0$. $\forall\varepsilon\in(0,\pi)$, 当 $x>0$ 时有

$$\begin{aligned}0\leqslant f(x)&=\int_0^{+\infty}x^{-1}F(x^{-1}t)\sin t\,\mathrm{d}t\leqslant\int_0^{\pi}x^{-1}tF\left(x^{-1}t\right)\frac{\sin t}{t}\,\mathrm{d}t\\&\leqslant x^{-1}\varepsilon F\left(x^{-1}\varepsilon\right)\int_\varepsilon^{\pi}\frac{\sin t}{t}\,\mathrm{d}t+M\varepsilon,\quad\forall x>0.\end{aligned}$$

于是 $0\leqslant\varlimsup\limits_{x\to0^+}f(x)\leqslant M\varepsilon$. 由 $\varepsilon\in(0,\pi)$ 的任意性, 可得 $\lim\limits_{x\to0^+}f(x)=0$. 进而因 f 是奇函数推得 $\lim\limits_{x\to0}f(x)=0$.

第四届全国大学生数学竞赛初赛试题参考解答 (数学专业类)

一、[参考解析] 设 (x,y,z) 为切锥面上的点 (非原点), 存在唯一的 t 使得 $t(x,y,z)$ 落在椭圆抛物面上. 于是有

$$tz=\left(3x^2+4y^2\right)t^2+1,$$

并且这个关于 t 的二次方程只有一个根. 于是, 判别式

$$\Delta=z^2-4\left(3x^2+4y^2\right)=0.$$

这就是所求的切锥面的方程.

二、[参考证明] 不妨设抛物线方程为 $y=x^2$, P 点坐标为 (x_0,y_0). P 与焦点在抛物线的同侧, 则 $y_0>x_0^2$. 设 L 的方程为 $y=k(x-x_0)+y_0$. L 与 Γ 的交点的 x 坐标满足

$$x^2=k(x-x_0)+y_0,$$

有两个解 $x_1<x_2$ 满足 $x_1+x_2=k$, $x_1x_2=kx_0-y_0$.

L 与 x 轴, $x=x_1$, $x=x_2$ 构成的梯形面积

$$D=\frac{1}{2}\left(x_1^2+x_2^2\right)\left(x_2-x_1\right),$$

抛物线与 x 轴, $x=x_1$, $x=x_2$ 构成的区域面积

$$\int_{x_1}^{x_2}x^2\,\mathrm{d}x=\frac{1}{3}\left(x_2^3-x_1^3\right).$$

于是有

$$A(L)=\frac{1}{2}\left(x_1^2+x_2^2\right)\left(x_2-x_1\right)-\frac{1}{3}\left(x_2^3-x_1^3\right)=\frac{1}{6}\left(x_2-x_1\right)^3,$$

进而

$$\begin{aligned}36A(L)^2&=\left(x_2-x_1\right)^6=\left[\left(x_2+x_1\right)^2-4x_1x_2\right]^3\\&=\left(k^2-4kx_0+4y_0\right)^3=\left(\left(k-2x_0\right)^2+4\left(y_0-x_0^2\right)\right)^3\\&\geqslant 64\left(y_0-x_0^2\right)^3,\end{aligned}$$

其中等号成立当且仅当 $A(L)$ 取最小值, 也就是, 当且仅当 $k=2x_0$, 即 $x_1+x_2=2x_0$.

三、[参考证明] 由于 $f'(x)\geqslant 0$, 有

$$0\leqslant\int_0^N\frac{1}{f(x)}\,\mathrm{d}x-\int_0^N\frac{1}{f(x)+f'(x)}\,\mathrm{d}x=\int_0^N\frac{f'(x)}{f(x)\left(f(x)+f'(x)\right)}\,\mathrm{d}x$$

$$\leqslant \int_0^N \frac{f'(x)}{f^2(x)}\,\mathrm{d}x = \frac{1}{f(0)} - \frac{1}{f(N)} < \frac{1}{f(0)}.$$

所以由已知条件, 有

$$\int_0^{+\infty} \frac{1}{f(x)}\,\mathrm{d}x \leqslant \int_0^{+\infty} \frac{1}{f(x)+f'(x)}\,\mathrm{d}x + \frac{1}{f(0)} < +\infty.$$

四、[参考证明] 设 λ 是 $f(t)$ 的根, 则有 $\det P(\lambda)=0$. 从而 $P(\lambda)$ 的 n 个列线性相关. 于是存在 $\alpha \neq 0$, 使得 $P(\lambda)\alpha = 0$, 进而 $\alpha^* P(\lambda)\alpha = 0$.

具体地, $\alpha^* A\alpha\lambda^2 + \alpha^* B\alpha\lambda + \alpha^* C\alpha = 0$. 令

$$a = \alpha^* A\alpha, \quad b = \alpha^* B\alpha, \quad c = \alpha^* C\alpha,$$

则由 A, B, C 皆为正定矩阵知 $a>0, b>0, c>0$, 且 $\lambda = \dfrac{-b \pm \sqrt{b^2-4ac}}{2a}$.

注意到, 当 $b^2-4ac \geqslant 0$ 时, $\sqrt{b^2-4ac} < b$, 从而有

$$\operatorname{Re}\lambda = \frac{-b \pm \sqrt{b^2-4ac}}{2a} < 0.$$

当 $b^2-4ac<0$ 时, $\sqrt{b^2-4ac} = \mathrm{i}\sqrt{4ac-b^2}$, 从而有 $\operatorname{Re}\lambda = \dfrac{-b}{2a} < 0$.

五、[参考解析] 由于 $\sum\limits_{i=0}^{n-1} a_i$ 恰为 $\dfrac{(1+x)^n}{(1-x)^3}\dfrac{1}{1-x}$ 展开式中 x^{n-1} 的系数, 而

$$\frac{(1+x)^n}{(1-x)^4} = \frac{(2-(1-x))^n}{(1-x)^4} = \sum_{i=0}^{n}(-1)^i \mathrm{C}_n^i 2^{n-i}(1-x)^{i-4},$$

Taylor 展式中 x^{n-1} 的系数等于

$$\begin{aligned}
&\sum_{i=0}^{3}(-1)^i \mathrm{C}_n^i 2^{n-i}(1-x)^{i-4}\\
=&\,2^n(1-x)^{-4} - n2^{n-1}(1-x)^{-3} + \frac{n(n-1)}{2}2^{n-2}(1-x)^{-2}\\
&-\frac{n(n-1)(n-2)}{6}2^{n-3}(1-x)^{-1}
\end{aligned}$$

的 x^{n-1} 的系数, 也就等于

$$\frac{2^n}{3!}\left((1-x)^{-1}\right)''' - \frac{n2^{n-1}}{2!}\left((1-x)^{-1}\right)'' + \frac{n(n-1)2^{n-2}}{2}\left((1-x)^{-1}\right)'$$

$$-\frac{n(n-1)(n-2)2^{n-3}}{6}(1-x)^{-1}$$

的 x^{n-1} 的系数, 它等于

$$\frac{2^n}{3!}(n+2)(n+1)n-\frac{n2^{n-1}}{2!}(n+1)n+\frac{n(n-1)2^{n-2}}{2}n-\frac{n(n-1)(n-2)2^{n-3}}{6}.$$

所以 $\sum\limits_{i=0}^{n-1}a_i=\dfrac{n(n+2)(n+7)}{3}2^{n-4}$.

六、[参考证明] 由于 $f(0)=f(1)$, 故存在 $c\in(0,1)$, 使得 $f'(c)=0$. 又 $f'(x)\neq 1\ (\forall x\in[0,1])$, 由导函数介值性质恒有 $f'(x)<1$. 令 $g(x)=f(x)-x$, 则 $g(x)$ 为严格单调下降函数. 故

$$\begin{aligned}-\frac{1}{2}+\frac{1}{n}&=\int_0^1 g(x)\mathrm{d}x+\frac{1}{n}>\frac{1}{n}\left(\sum_{k=1}^{n}g\left(\frac{k}{n}\right)+1\right)\\&=\frac{1}{n}\sum_{k=0}^{n-1}g\left(\frac{k}{n}\right)>\int_0^1 g(x)\mathrm{d}x=-\frac{1}{2}.\end{aligned}$$

于是有 $\left|\sum\limits_{k=0}^{n-1}f\left(\dfrac{k}{n}\right)\right|=\left|\sum\limits_{k=0}^{n-1}g\left(\dfrac{k}{n}\right)+\dfrac{n-1}{2}\right|<\dfrac{1}{2}$.

七、[参考证明] (1) 矩阵方程 $AX=B$ 有解等价于 B 的列向量可由 A 的列向量线性表示. $BY=A$ 无解等价于 A 的某个列向量不能由 B 的列向量线性表示. 对 (A,B) 作初等行变换:

$$(A,B)=\begin{pmatrix}2&2&4&b\\2&a&3&1\end{pmatrix}\to\begin{pmatrix}2&2&4&b\\0&a-2&-1&1-b\end{pmatrix},$$

可知, B 的列向量可由 A 的列向量线性表示当且仅当 $a\neq 2$. 对矩阵 (B,A) 作初等行变换:

$$(B,A)=\begin{pmatrix}4&b&2&2\\3&1&2&a\end{pmatrix}\to\begin{pmatrix}4&b&2&2\\0&1-\dfrac{3b}{4}&\dfrac{1}{2}&a-\dfrac{3}{2}\end{pmatrix},$$

由此可知 A 的列向量不能由 B 的列向量线性表示的充要条件是 $b=\dfrac{4}{3}$. 所以矩阵方程 $AX=B$ 有解但 $BY=A$ 无解的充要条件是 $a\neq 2,\ b=\dfrac{4}{3}$.

(2) 若 A,B 相似, 则有 $\mathrm{tr}(A)=\mathrm{tr}(B)$ 且 $|A|=|B|$, 故有 $a=3,\ b=\dfrac{2}{3}$. 反之, 若

$a=3,\ b=\dfrac{2}{3}$, 则有

$$A=\begin{pmatrix}2 & 2\\ 2 & 3\end{pmatrix},\quad B=\begin{pmatrix}4 & \dfrac{2}{3}\\ 3 & 1\end{pmatrix},$$

A 和 B 的特征多项式均为 $\lambda^2-5\lambda+2$. 由于 $\lambda^2-5\lambda+2=0$ 有两个不同的根, 从而 A 和 B 都可以相似于同一对角阵, 所以 A 和 B 相似.

(3) 由于 A 为对称阵, 若 A 和 B 合同, 则 B 也是对称阵, 故 $b=3$. 矩阵 B 对应的二次型为

$$g\left(x_1,x_2\right)=4x_1^2+6x_1x_2+x_2^2=\left(3x_1+x_2\right)^2-5x_1^2.$$

在可逆线性变换 $y_1=3x_1+x_2,\ y_2=x_1$ 下, $g(x_1,x_2)$ 变成标准形 $y_1^2-5y_2^2$. 由此, B 正负惯性指数都为 1. 类似地, A 对应的二次型为

$$f(x_1,x_2)=2x_1^2+4x_1x_2+ax_2^2=2\left(x_1+x_2\right)^2+(a-2)x_2^2.$$

在可逆线性变换 $z_1=x_1+x_2,\ z_2=x_2$ 下, $f(x_1,x_2)$ 变成标准形 $2z_1^2+(a-2)z_2^2$. A 和 B 合同的充要条件是它们有相同的正负惯性指数, 故 A 和 B 合同的充要条件是 $a<2$, $b=3$.

第五届全国大学生数学竞赛初赛试题参考解答 (数学专业类)

一、[参考证明] 以 C_1 的圆心 O 为原点建立直角坐标系, 并使得初始切点 $P=(0,r)$. 将圆 C_2 沿 C_1 的圆周滚动到 Q 点, 记角 $\angle POQ=\theta$, 则 $Q=(r\sin\theta,r\cos\theta)$. 令 l_Q 为 C_1 在 Q 点的切线, 它的单位法向量为 $\vec{n}=(\sin\theta,\cos\theta)$. 这时, P 点运动到 P 关于直线 l_Q 的对称点 $P'=P(\theta)$ 处. 于是, 有 $\overrightarrow{OP'}=\overrightarrow{OP}+\overrightarrow{PP'}=\overrightarrow{OP}-2(\overrightarrow{QP}\cdot\vec{n})\vec{n}$. 故 P 点的运动轨迹曲线 (心脏线) 为

$$P(\theta)=P'=(2r(1-\cos\theta)\sin\theta,r+2r(1-\cos\theta)\cos\theta),\quad 0\leqslant\theta\leqslant 2\pi.$$

容易得到, 圆 C 的反演变换的坐标表示为

$$(\tilde{x},\tilde{y})=(0,r)+\frac{R^2}{x^2+(y-r)^2}(x,y-r).$$

将 $(x,y)=P(\theta)$ 代入, 得到

$$(\tilde{x},\tilde{y})=\left(\frac{R^2\sin\theta}{2r(1-\cos\theta)},\frac{R^2\cos\theta}{2r(1-\cos\theta)}+r\right).$$

直接计算, 得到抛物线方程为

$$\tilde{y}=\frac{r}{R^2}\tilde{x}^2+\left(r-\frac{R^2}{4r}\right).$$

二、[参考证明] 设 $B(t)$ 的第 i 列为 $B_i(t),i=1,2,\cdots,n$.

断言: $t-t_0$ 是 $d(t),d_1(t),\cdots,d_n(t)$ 的公因式.

反证法. 不失一般性, 设 $d_1(t_0)\neq 0$, 于是

$$\text{秩}\left[B(t_0),b(t_0)\right]=n,\quad \text{因为 } d_1(t_0)\neq 0.$$

注意到秩 $[B(t_0)]\leqslant n-1$, 结果

$$\text{增广阵}\left[B(t_0),b(t_0)\right]\text{的秩}\neq B(t_0)\text{的秩},$$

从而 $B(t_0)X=b(t_0)$ 不相容. 矛盾.

三、[参考解析] (1) 由条件 $0<x_2=f(x_1)<x_1$, 归纳可证得 $0<x_{n+1}<x_n$, 于是 $\{x_n\}$ 有极限, 设为 x_0. 由 f 的连续性及 $x_{n+1}=f(x_n)$, 得 $x_0=f(x_0)$. 又因为当 $x>0$ 时, $f(x)>x$, 所以只有 $x_0=0$, 即 $\lim\limits_{n\to\infty}x_n=0$.

(2) 由 Stolz 定理和 L'Hospital 法则,

$$\lim_{n\to\infty}nx_n=\lim_{n\to\infty}\frac{n}{1/x_n}=\lim_{n\to\infty}\frac{1}{1/x_{n+1}-1/x_n}$$

$$= \lim_{n\to\infty} \frac{x_n x_{n+1}}{x_n - x_{n+1}} = \lim_{n\to\infty} \frac{x_n f(x_n)}{x_n - f(x_n)} = \lim_{x\to 0} \frac{xf(x)}{x - f(x)}$$

$$= \lim_{x\to 0} \frac{f(x) + xf'(x)}{1 - f'(x)} = \lim_{x\to 0} \frac{2f'(x) + xf''(x)}{-f''(x)} = -\frac{2}{f''(0)}.$$

四、[参考证明] 若结论不对, 则存在 $x_0 > 0$ 使得当 $x \geqslant x_0$ 时, 有

$$f'(x) \geqslant f(ax) > 0.$$

于是当 $x > x_0$ 时, $f(x)$ 严格递增, 且由微分中值定理, 有

$$f(ax) - f(x) = f'(\xi)(a-1)x \geqslant f(a\xi)(a-1)x > f(ax)(a-1)x.$$

但这对于 $x > \dfrac{1}{a-1}$ 是不能成立的.

五、[参考证明] 由于 f 为偶函数, 可得 $\int_{-1}^{1} f(x)g(x)\,\mathrm{d}x = \int_{-1}^{1} f(x)g(-x)\,\mathrm{d}x$. 因而

$$\begin{aligned} 2\int_{-1}^{1} f(x)g(x)\,\mathrm{d}x &= \int_{-1}^{1} f(x)(g(x)+g(-x))\,\mathrm{d}x \\ &= 2\int_{0}^{1} f(x)(g(x)+g(-x))\mathrm{d}x. \qquad (*) \end{aligned}$$

因为 g 是 $[-1,1]$ 上的凸函数, 所以函数 $h(x)=g(x)+g(-x)$ 在 $[0,1]$ 上递增, 故对任意 $x, y \in [0,1]$, 有 $(f(x)-f(y))(h(x)-h(y)) \geqslant 0$. 因而

$$\int_0^1 \int_0^1 (f(x)-f(y))(h(x)-h(y))\,\mathrm{d}x\mathrm{d}y \geqslant 0.$$

由此可得

$$\begin{aligned} 2\int_0^1 f(x)h(x)\,\mathrm{d}x &\geqslant 2\int_0^1 f(x)\,\mathrm{d}x \cdot \int_0^1 h(x)\,\mathrm{d}x \\ &= \frac{1}{2}\int_{-1}^{1} f(x)\,\mathrm{d}x \cdot \int_{-1}^{1} h(x)\,\mathrm{d}x = \int_{-1}^{1} f(x)\,\mathrm{d}x \cdot \int_{-1}^{1} g(x)\,\mathrm{d}x. \end{aligned}$$

结合 $(*)$ 即得结论.

六、[参考证明] (1) $\forall A, B \in \mathit{\Gamma}_r$ 表明 A 可以表示为 $A = PBQ$, 其中 P, Q 可逆. 结果 $\phi(A) = \phi(P)\phi(B)\phi(Q)$, 从而秩 $\phi(A) \leqslant$ 秩 $\phi(B)$; 对称地, 有秩 $\phi(B) \leqslant$ 秩 $\phi(A)$, 即有秩 $\phi(A) =$ 秩 $\phi(B)$ 成立.

(2) 考察矩阵集合 $\{\phi(E_{ij}) \mid i,j=1,2,\cdots,n\}$. 考察 $\phi(E_{11}),\phi(E_{22}),\cdots,\phi(E_{nn})$. 由 (1) 知 $\phi(E_{ij})$ 为非零阵, 特别地, $\phi(E_{ii})$ 为非零幂等阵, 故存在单位特征向量 w_i 使得

$$\phi(E_{ii})\,w_i = w_i,\quad i=1,2,\cdots,n,$$

从而得向量组 $w_1,w_2,\cdots,w_n$.

此向量组有如下性质:

(a) $\phi(E_{ii})\,w_k = \begin{cases} \phi(E_{ii})\,\phi(E_{kk})\,w_k = \phi(E_{ii}E_{kk})\,w_k = 0, & k\neq i, \\ w_i, & k=i; \end{cases}$

(b) $w_1,w_2,\cdots,w_n$ 线性无关, 从而构成 $\mathbb{R}^n$ 的基, 矩阵 $W=[w_1,w_2,\cdots,w_n]$ 为可逆矩阵.

事实上, 若 $x_1w_1+x_2w_2+\cdots+x_nw_n=0$, 则在两边用 $\phi(E_{ii})$ 作用之, 得

$$x_i=0,\quad i=1,2,\cdots,n.$$

(c) 当 $k\neq j$ 时, $\phi(E_{ij})\,w_k=\phi(E_{ij})\,\phi(E_{kk})\,w_k=\phi(E_{ij}E_{kk})\,w_k=0$;

当 $k=j$ 时, 设 $\phi(E_{ij})\,w_k=b_{1j}w_1+\cdots+b_{ij}w_i+\cdots+b_{nj}w_n$. 对两边分别用 $\phi(E_{11}),\cdots,\phi(E_{i-1,i-1}),\phi(E_{i+1,i+1}),\cdots,\phi(E_{nn})$ 作用, 得

$$0=\phi(E_{11}E_{ij})\,w_j=\phi(E_{11})\,\phi(E_{ij})\,w_k=b_{1j}w_1,\cdots,$$

$$0=\phi(E_{nn}E_{ij})\,w_j=\phi(E_{nn})\,(b_{1j}w_1+\cdots+b_{ij}w_i+\cdots+b_{nj}w_n)=b_{nj}w_n,$$

即有 $b_{1j}=\cdots=b_{i-1,j}=b_{i+1,j}=\cdots=b_{nj}=0$. 从而 $\phi(E_{ij})\,w_j=b_{ij}w_i$. 进一步, $b_{ij}\neq 0$, 否则有 $\phi(E_{ij})\,[w_1,w_2,\cdots,w_n]=0$, 导致 $\phi(E_{ij})$ 为零阵, 不可能. 这样通过计算 $\phi(E_{ij})\,w_j, i,j=1,2,\cdots,n$, 我们得到 n^2 个非零的实数:

$$\begin{matrix} b_{11} & \cdots & b_{1n} \\ \vdots & & \vdots \\ b_{n1} & \cdots & b_{nn} \end{matrix}$$

注意到 $E_{mr}E_{rs}=E_{ms}$, 从而有

$$b_{ms}w_m=\phi(E_{ms})\,w_s=\phi(E_{mr})\,\phi(E_{rs})\,w_s=\phi(E_{mr})\,b_{rs}w_r=b_{rs}b_{mr}w_m,$$

因此有 $b_{mr}b_{rs}=b_{ms}$.

最后, 令 $v_i=b_{i1}w_i, i=1,2,\cdots,n$, 则有

$$\phi(E_{ij})\,v_k=\begin{cases} \phi(E_{ij})\,b_{j1}w_j=b_{j1}b_{ij}w_i=b_{i1}w_i=v_i, & k=j, \\ 0, & k\neq j. \end{cases}$$

令 $R=[v_1,v_2,\cdots,v_n]$, 则 $R=[w_1,w_2,\cdots,w_n]\begin{pmatrix} b_{11} & & \\ & \ddots & \\ & & b_{n1} \end{pmatrix}$ 为可逆矩阵, 且

$$\phi(E_{ij})R=\phi(E_{ij})[v_1,v_2,\cdots,v_n]=[0,\cdots,0,v_i,0,\cdots,0]=[v_1,v_2,\cdots,v_n]E_{ij},$$

即有 $\phi(E_{ij})=RE_{ij}R^{-1}$ 对一切 E_{ij} 皆成立, $i,j=1,2,\cdots,n$.

第六届全国大学生数学竞赛初赛试题参考解答 (数学专业类)

一、[参考解析] (1) l_1 上有点 $r_1=(4,3,8)$, 方向向量为 $\vec{v}_1=(1,-2,1)$; l_2 上有点 $r_2=(-1,-1,-1)$, 方向向量为 $\vec{v}_2=(7,-6,1)$. 又

$$(r_1-r_2,\vec{v}_1,\vec{v}_2)=\begin{vmatrix}5&4&9\\1&-2&1\\7&-6&1\end{vmatrix}\neq 0,$$

所以 l_1 和 l_2 异面.

(2) l_1 上任一点 $P_1=r_1+t_1\vec{v}_1$ 与 l_2 上的任一点 $P_2=r_2+t_2\vec{v}_2$ 的连线的方向向量为

$$\overrightarrow{P_1P_2}=r_2-r_1+t_2\vec{v}_2-t_1\vec{v}_1=(-5+7t_2-t_1,-4-6t_2+2t_1,-9+t_2-t_1).$$

公垂线的方向向量为

$$\vec{v}=\vec{v}_1\times\vec{v}_2=\begin{vmatrix}\vec{i}&\vec{j}&\vec{k}\\1&-2&1\\7&-6&1\end{vmatrix}=(4,6,8).$$

由于 $\overrightarrow{P_1P_2}\parallel\vec{v}$, 所以 $(-5+7t_2-t_1):(-4-6t_2+2t_1):(-9+t_2-t_1)=4:6:8$, 得 $t_1=-1,t_2=0$, 故 $r_2+0\vec{v}_2=(-1,-1,-1)$ 在公垂线上, 从而公垂线的标准方程为

$$\frac{x+1}{4}=\frac{y+1}{6}=\frac{z+1}{8}.$$

(3) $P_1=r_1+t_1\vec{v}_1$, $P_2=r_2+t_2\vec{v}_2$ 的中点为

$$\frac{1}{2}(3+t_1+7t_2,2-2t_1-6t_2,7+t_1+t_2).$$

因此中点的轨迹为一个平面, 平面的法向量为 $\vec{v}=\vec{v}_1\times\vec{v}_2=(4,6,8)$. 又 $\frac{1}{2}(3,2,7)$ 在平面上, 故轨迹的方程为 $4x+6y+8z-40=0$.

二、[参考证明] (1) $\big(f(0)\big)^n\leqslant\int_0^1\big(f(x)\big)^n\,\mathrm{d}x\leqslant\big(f(1)\big)^n$, 由连续函数的介值性质得到 x_n 的存在性. 由于 f 是严格单调函数, 所以 x_n 是唯一的.

(2) 对于任意小的 $\varepsilon>0$, 由 f 的非负性和单调性,

$$\big(f(x_n)\big)^n\geqslant\int_{1-\varepsilon}^1\big(f(1-\varepsilon)\big)^n\,\mathrm{d}x=\varepsilon\big(f(1-\varepsilon)\big)^n,$$

故 $f(x_n) \geqslant \sqrt[n]{\varepsilon} f(1-\varepsilon)$, 从而 $\varliminf\limits_{n\to\infty} f(x_n) \geqslant f(1-\varepsilon)$.

由 f 的单调性, $\varliminf\limits_{n\to\infty} x_n \geqslant 1-\varepsilon$. 由 ε 的任意性, 有 $\lim\limits_{n\to\infty} x_n = 1$.

三、[参考证明] 先证明 (2) $\Rightarrow$ (1). 考虑方程 $\lambda_1 f_1 + \lambda_2 f_2 + \cdots + \lambda_n f_n = 0$. 将 $a_1, a_2, \cdots, a_n$ 分别代入, 得

$$\begin{cases} \lambda_1 f_1(a_1) + \lambda_2 f_2(a_1) + \cdots + \lambda_n f_n(a_1) = 0, \\ \cdots\cdots \\ \lambda_1 f_1(a_n) + \lambda_2 f_2(a_n) + \cdots + \lambda_n f_n(a_n) = 0. \end{cases}$$

注意到上述方程组的系数矩阵为 $(f_i(a_j))^{\mathrm{T}}$, 因此由 $\det[f_i(a_j)] \neq 0$ 直接知道

$$\lambda_1 = \lambda_2 = \cdots = \lambda_n = 0.$$

再证明 (1) $\Rightarrow$ (2). 用归纳法. 首先, $n=1$ 时显然成立; 其次, 设 $n=k$ 时结论成立. 则当 $n=k+1$ 时, 由 $f_1, f_2, \cdots, f_{k+1}$ 线性无关知, $f_1, f_2, \cdots, f_k$ 线性无关. 因此存在 $a_1, a_2, \cdots, a_k \in [0,1]$ 使得 $\det[f_i(a_j)]_{k\times k} \neq 0$. 观察函数

$$F(x) = \det\begin{pmatrix} f_1(a_1) & \cdots & f_1(a_k) & f_1(x) \\ \vdots & & \vdots & \vdots \\ f_k(a_1) & \cdots & f_k(a_k) & f_k(x) \\ f_{k+1}(a_1) & \cdots & f_{k+1}(a_k) & f_{k+1}(x) \end{pmatrix},$$

按最后一列展开得 $F(x) = \lambda_1 f_1(x) + \cdots + \lambda_k f_k(x) + \lambda_{k+1} f_{k+1}(x)$, 其中 $\lambda_1, \lambda_2, \cdots, \lambda_{k+1}$ 均为常量. 注意到 $\lambda_{k+1} \neq 0$, 由 $f_1, f_2, \cdots, f_{k+1}$ 线性无关知 $F(x)$ 不恒为 0, 从而存在 $a_{k+1} \in [0,1]$ 使得 $F(a_{k+1}) \neq 0$. 亦即 $a_1, a_2, \cdots, a_{k+1} \in [0,1], \det[f_i(a_j)] \neq 0$.

四、[参考证明] 由条件知 f, f' 是单调递增的正函数, 因此 $\lim\limits_{x\to-\infty} f(x)$, $\lim\limits_{x\to-\infty} f'(x)$ 都存在. 根据微分中值定理, 对任意的 x, 存在 $\theta_x \in (0,1)$ 使得

$$f(x+1) - f(x) = f'(x+\theta_x) > f'(x) > 0.$$

上式左边当 $x \to -\infty$ 时极限为 0, 因而 $\lim\limits_{x\to-\infty} f'(x) = 0$.

设 $c = \dfrac{b+\sqrt{b^2+4a}}{2}$, 则 $c > b > 0$, 且 $\dfrac{a}{b-c} = -c$. 于是根据条件有

$$f''(x) - cf'(x) \leqslant (b-c)f'(x) + af(x) = (b-c)\left(f'(x) - cf(x)\right).$$

这说明函数 $\mathrm{e}^{-(b-c)x}\left(f'(x) - cf(x)\right)$ 是单调递减的. 注意到该函数当 $x \to -\infty$ 时极限为 0, 因此 $f'(x) - cf(x) \leqslant 0$, 即 $f'(x) \leqslant cf(x)$.

常数 c 是最佳的, 这是因为对函数 $f(x) = \mathrm{e}^{cx}$ 有 $f''(x) = af(x) + bf'(x)$.

五、[参考证明] 令 $H=\begin{pmatrix}0 & & & \\ 1 & \ddots & & \\ & \ddots & \ddots & \\ & & 1 & 0\end{pmatrix}$, 则所求的方程变为

$$X^n+X^l=2I+2H+3H^2+\cdots+mH^{m-1}.$$

现考察形如

$$\begin{pmatrix}1 & 0 & 0 & \cdots & 0 & 0\\ a_1 & 1 & 0 & \cdots & 0 & 0\\ a_2 & a_1 & 1 & \cdots & 0 & 0\\ \vdots & \vdots & \vdots & & \vdots & \vdots\\ a_{m-1} & a_{m-2} & a_{m-3} & \cdots & 1 & 0\\ a_m & a_{m-1} & a_{m-2} & \cdots & a_1 & 1\end{pmatrix}$$

的矩阵 X, 则有

$$X=I+a_1H+a_2H^2+\cdots+a_mH^{m-1}.$$

进而

$$\begin{aligned}X^n&=\left(I+a_1H+a_2H^2+\cdots+a_mH^{m-1}\right)^n\\&=I+(na_1)H+(na_2+f_1(a_1))H^2+\cdots+(na_m+f_{m-1}(a_1,\cdots,a_{m-1}))H^{m-1},\end{aligned}$$

其中 $f_1(a_1)$ 由 a_1 确定, $\cdots$, $f_{m-1}(a_1,\cdots,a_{m-1})$ 由 $a_1,\cdots,a_{m-1}$ 确定.

类似地, 有

$$X^l=I+(la_1)H+(la_2+g_1(a_1))H^2+\cdots+(la_m+g_{m-1}(a_1,\cdots,a_{m-1}))H^{m-1}.$$

现观察下列方程组

$$\begin{cases}(n+l)a_1=2,\\ (n+l)a_2+(f_1(a_1)+g_1(a_1))=3,\\ \qquad\cdots\cdots\\ (n+l)a_m+(f_{m-1}(a_1,\cdots,a_{m-1})+g_{m-1}(a_1,\cdots,a_{m-1}))=m.\end{cases}$$

直接可看出该方程组有解. 命题得证.

六、[参考证明] 由条件可知从某项开始 $\{a_n\}$ 单调递减. 因此 $\lim\limits_{n\to\infty}a_n=a\geqslant 0$. 若 $a>0$, 则当 n 充分大时, $\dfrac{a_n-a_{n+1}}{1/n^\alpha}=n^\alpha\left(\dfrac{a_n}{a_{n+1}}-1\right)a_{n+1}\geqslant\dfrac{\lambda a}{2}>0$.

因为 $\sum\limits_{n+1}^{\infty}\frac{1}{n^{\alpha}}$ 发散, 所以 $\sum\limits_{n=1}^{\infty}(a_n-a_{n+1})$ 也发散. 但此级数显然收敛到 a_1-a. 这是矛盾! 所以应有 $a=0$. 令 $b_n=n^k a_n$, 则有

$$n^{\alpha}\left(\frac{b_n}{b_{n+1}}-1\right)=\left(\frac{n}{n+1}\right)^k\left[n^{\alpha}\left(\frac{a_n}{a_{n+1}}-1\right)-n^{\alpha}\left(\left(1+\frac{1}{n}\right)^k-1\right)\right].$$

因为 $\left(1+\frac{1}{n}\right)^k-1\sim\frac{k}{n}(n\to\infty)$, 所以由上式及条件可得

$$\lim_{n\to\infty}n^{\alpha}\left(\frac{b_n}{b_{n+1}}-1\right)=\lambda.$$

因此由开始所证, 可得 $\lim\limits_{n\to\infty}b_n=0$, 即 $\lim\limits_{n\to\infty}n^k a_n=0$.

第七届全国大学生数学竞赛初赛试题参考解答 (数学专业类)

一、[参考解析] (1) 过直线 l_2 上一点和线性无关向量 $\vec{v}$ 和 $\vec{w}$ 作平面 σ, 则直线 l_2 落在平面 σ 上, 且直线 l_1 平行于平面 σ. 过 l_1 作平面 τ 垂直于 σ, 记两平面的交线为 l_1^*. 设两直线 l_1^* 和 l_2 的交点为 Q, 过 Q 作平面 σ 的法线, 交直线 l_1 为 P, 则 PQ 同时垂直于 l_1 和 l_2. 设 $X=P+s\vec{v}\in l_1, Y=Q+t\vec{w}\in l_2$ 也使得 XY 同时垂直于 l_1 和 l_2, 则有

$$\overrightarrow{XY}=\overrightarrow{PQ}-s\vec{v}+t\vec{w}$$

垂直于 $\vec{v}$ 和 $\vec{w}$, 故有

$$-s+(\vec{v}\cdot\vec{w})t=0,\quad -s(\vec{v}\cdot\vec{w})+t=0.$$

由于 $(\vec{v}\cdot\vec{w})^2<1$, 我们得到 $s=t=0$, 即 $X=P, Y=Q$, 这样 P,Q 存在且唯一.

(2) 设 $P=a+s\vec{v}\in l_1, Q=b+t\vec{w}\in l_2$. 因为

$$\overrightarrow{PQ}=\lambda\vec{v}\times\vec{w}\Rightarrow(b-a)-s\vec{v}+t\vec{w}=\lambda\vec{v}\times\vec{w},$$

于是有

$$(b-a)\cdot\vec{v}-s+t(\vec{v}\cdot\vec{w})=0,\quad (b-a)\cdot\vec{w}-s(\vec{v}\cdot\vec{w})+t=0,$$

故有

$$s=\frac{(b-a)\cdot(\vec{v}-(\vec{v}\cdot\vec{w})\vec{w})}{1-(\vec{v}\cdot\vec{w})^2},\quad t=\frac{(b-a)\cdot(\vec{w}-(\vec{v}\cdot\vec{w})\vec{v})}{1-(\vec{v}\cdot\vec{w})^2},$$

得到

$$P=a+\frac{(b-a)\cdot(\vec{v}-(\vec{v}\cdot\vec{w})\vec{w})}{1-(\vec{v}\cdot\vec{w})^2}\vec{v},\quad Q=b+\frac{(b-a)\cdot(\vec{w}-(\vec{v}\cdot\vec{w})\vec{v})}{1-(\vec{v}\cdot\vec{w})^2}\vec{w}.$$

二、[参考解析] $|A|=\dfrac{1}{24}$. 过程如下:

首先, 记 A 的 4 个特征值为 $\lambda_1,\lambda_2,\lambda_3,\lambda_4$, A 的特征多项式为

$$p(\lambda)=\lambda^4+a_3\lambda^3+a_2\lambda^2+a_1\lambda+a_0,$$

则由 $p(\lambda)=(\lambda-\lambda_1)(\lambda-\lambda_2)(\lambda-\lambda_3)(\lambda-\lambda_4)$ 可知

$$\begin{cases}a_3=-(\lambda_1+\lambda_2+\lambda_3+\lambda_4),\\ a_2=\lambda_1\lambda_2+\lambda_1\lambda_3+\lambda_1\lambda_4+\lambda_2\lambda_3+\lambda_2\lambda_4+\lambda_3\lambda_4,\\ a_1=-(\lambda_1\lambda_2\lambda_3+\lambda_1\lambda_2\lambda_4+\lambda_1\lambda_3\lambda_4+\lambda_4\lambda_2\lambda_3),\\ a_0=|A|=\lambda_1\lambda_2\lambda_3\lambda_4.\end{cases}$$

其次, 由于迹在相似变换下保持不变, 故由 A 的 Jordan 标准形 (或 Schur 分解), 有

$$\begin{cases} \lambda_1+\lambda_2+\lambda_3+\lambda_4=1, & \text{(i)}\\ \lambda_1^2+\lambda_2^2+\lambda_3^2+\lambda_4^2=2, & \text{(ii)}\\ \lambda_1^3+\lambda_2^3+\lambda_3^3+\lambda_4^3=3, & \text{(iii)}\\ \lambda_1^4+\lambda_2^4+\lambda_3^4+\lambda_4^4=4, & \text{(iv)} \end{cases}$$

由 (i) 和 (ii) 得 $a_2=\lambda_1\lambda_2+\lambda_1\lambda_3+\lambda_1\lambda_4+\lambda_2\lambda_3+\lambda_2\lambda_4+\lambda_3\lambda_4=-\dfrac{1}{2}$. 由 (i) 两边立方得

$$\begin{aligned}1=&\lambda_1^3+\lambda_2^3+\lambda_3^3+\lambda_4^3+3\lambda_1^2(\lambda_2+\lambda_3+\lambda_4)\\&+3\lambda_2^2(\lambda_1+\lambda_3+\lambda_4)+3\lambda_3^2(\lambda_1+\lambda_2+\lambda_4)+3\lambda_4^2(\lambda_1+\lambda_2+\lambda_3)-6a_1,\end{aligned}$$

再由 (i)—(iii), 可以得到

$$1=3+3\left(\lambda_1^2+\lambda_2^2+\lambda_3^2+\lambda_4^2\right)-3\left(\lambda_1^3+\lambda_2^3+\lambda_3^3+\lambda_4^3\right)-6a_1,$$

故 $a_1=-\dfrac{1}{6}$. 因此

$$p(\lambda)=\lambda^4-\lambda^3-\frac{1}{2}\lambda^2-\frac{1}{6}\lambda+a_0,$$

最后, 将四个 $p(\lambda_i)=0$ 相加, 可得

$$4-3-\frac{1}{2}\times 2-\frac{1}{6}\times 1+4a_0=0\Rightarrow a_0=\frac{1}{24},$$

即 $|A|=\dfrac{1}{24}$.

三、**[参考证明]** 设 $C=I+A$, $B=A^2$, A 的 n 个特征值为 $\lambda_1,\lambda_2,\cdots,\lambda_n$, 则 B 的 n 个特征值为 $\lambda_1^2,\lambda_2^2,\cdots,\lambda_n^2$; C 的 n 个特征值为 $\mu_1=\lambda_1+1,\mu_2=\lambda_2+1,\cdots,\mu_n=\lambda_n+1$; C 的特征多项式为

$$p_C(\lambda)=(\lambda-\mu_1)(\lambda-\mu_2)\cdots(\lambda-\mu_n).$$

若 X 为 $X+AX-XA^2=O$ 的解, 则有 $CX=XB$; 进而有

$$C^2X=XB^2,\cdots,C^kX=XB^k,\cdots,$$

于是有 $O=p_C(C)X=Xp_C(B)=X(B-\mu_1I)\cdots(B-\mu_nI)$. 注意到 A 的 n 个特征值皆为偶数, 从而 C 的 n 个特征值皆为奇数, B 的 n 个特征值也皆为偶数, 所以 $B-\mu_1I,\cdots,B-\mu_nI$ 皆为可逆矩阵, 于是由

$$O=X(B-\mu_1I)\cdots(B-\mu_nI)$$

立即可得 $X=O$.

四、[参考证明] $a_2 = a_1 + \dfrac{1}{a_1} \geqslant 2$. 若 $a_n \geqslant n$, 则

$$a_{n+1} - (n+1) = a_n + \frac{n}{a_n} - n - 1 = \left(1 - \frac{1}{a_n}\right)(a_n - n) \geqslant 0,$$

故 $a_n \geqslant n\ (\forall n \geqslant 2)$ 且 $\{a_n - n\}$ 单调递减.

令 $b_n = n(a_n - n)$, 则

$$\begin{aligned} b_{n+1} &= (n+1)(a_{n+1} - n - 1) = (n+1)\left(a_n + \frac{n}{a_n} - n - 1\right) \\ &= (a_n - n)(n+1)\left(1 - \frac{1}{a_n}\right) = \left(1 + \frac{1}{n}\right)\left(1 - \frac{1}{a_n}\right) b_n \\ &= \left(1 + \frac{a_n - n}{na_n} - \frac{1}{na_n}\right) b_n = (1 + R_n) b_n, \end{aligned}$$

其中 $R_n = \dfrac{a_n - n}{na_n} - \dfrac{1}{na_n}$, 从而 $b_n = b_2 \prod\limits_{k=2}^{n-1}(1 + R_k)$. 考察 R_n:

$$|R_n| \leqslant \left|\frac{a_n - n}{na_n}\right| + \frac{1}{na_n} \leqslant \frac{1 + |a_2 - 2|}{n^2}, \quad n \geqslant 2.$$

因此 $\lim\limits_{n\to\infty} \prod\limits_{k=2}^{n-1}(1 + R_k)$ 存在, 从而 $\lim\limits_{n\to\infty} n(a_n - n)$ 存在.

五、[参考证明] 记 $M = \sup|f(x)|$. 因而 $|g_0(x)| \leqslant M$. 假设

$$|g_{n-1}(x)| \leqslant \left(1 + a + \cdots + a^{n-1}\right) M.$$

从 $\{g_n\}$ 的递推公式

$$g_0(x) = f(x), \quad g_n(x) = f(x) + \int_0^x h(t) g_{n-1}(t)\, \mathrm{d}t \quad (n = 1, 2, \cdots), \tag{i}$$

可得

$$\begin{aligned} |g_n(x)| &\leqslant |f(x)| + \int_0^x |h(t)|\,|g_{n-1}(t)|\, \mathrm{d}t \\ &\leqslant M + \int_0^{+\infty} |h(t)| \left(1 + a + \cdots + a^{n-1}\right) M\, \mathrm{d}t \\ &= M + a\left(1 + a + \cdots + a^{n-1}\right) M = \left(1 + a + \cdots + a^{n-1} + a^n\right) M, \end{aligned}$$

因此 $|g_n(x)| \leqslant \dfrac{1-a^{n+1}}{1-a}M$. 再由 (i) 可知

$$g_n(x)-g_{n-1}(x)=\int_0^x h(t)\left[g_{n-1}(t)-g_{n-2}(t)\right]\,\mathrm{d}t,$$

由此可得

$$\sup|g_n(x)-g_{n-1}(x)| \leqslant a\sup|g_{n-1}(t)-g_{n-2}(t)|,$$

从而

$$\sup|g_n(x)-g_{n-1}(x)| \leqslant a^{n-1}\sup|g_1(t)-g_0(t)| \leqslant a^nM.$$

由于 $a\in[0,1)$, 从上面的这个式子可以知道函数项级数 $\sum\limits_{n=1}^{+\infty}(g_n(x)-g_{n-1}(x))$ 在 $[0,+\infty)$ 上一致收敛, 即函数列 $\{g_n(x)\}$ 在 $[0,+\infty)$ 上一致收敛. 因为函数列的每一项都连续, 所以其极限函数 $g(x)$ 也是连续函数.

在 (i) 的两边取极限, 有

$$g(x)=f(x)+\int_0^x h(t)g(t)\,\mathrm{d}t, \tag{ii}$$

记

$$\varphi(x)=\int_0^x h(t)g(t)\,\mathrm{d}t,\quad H(x)=\int_0^x h(t)\,\mathrm{d}t,$$

则两个函数可导, 且

$$\varphi'(x)=h(x)g(x),\quad H'(x)=h(x).$$

由 (ii) 可得

$$\varphi'(x)-h(x)\varphi(x)=h(x)f(x).$$

因而 $\left[\mathrm{e}^{-H(x)}\varphi(x)\right]'=\mathrm{e}^{-H(x)}h(x)f(x)$. 两边同时积分, 得

$$\mathrm{e}^{-H(x)}\varphi(x)=\int_0^x \mathrm{e}^{-H(t)}h(t)f(t)\,\mathrm{d}t,$$

即 $\varphi(x)=\mathrm{e}^{H(x)}\displaystyle\int_0^x \mathrm{e}^{-H(t)}h(t)f(t)\,\mathrm{d}t$. 将其代入 (ii) 就可以得到

$$g(x)=f(x)+\mathrm{e}^{H(x)}\int_0^x \mathrm{e}^{-H(t)}h(t)f(t)\,\mathrm{d}t.$$

六、[参考证明] 不妨设 $f(x)$ 有下界. 设

$$m=\inf_{x\in\mathbb{R}}f(x),\quad g(x)=f(x)-m,$$

则 $g(x)$ 为非负连续函数, 且

$$A=g(x)+a\int_{x-1}^{x} g(t)\,\mathrm{d}t \tag{i}$$

为非负常函数. 由 (i) 知 $g(x)$ 是可微函数, 且

$$g'(x)+a(g(x)-g(x-1))=0.$$

由此, $[\mathrm{e}^{ax}g(x)]'=a\mathrm{e}^{ax}g(x-1)\geqslant 0$. 这说明 $\mathrm{e}^{ax}g(x)$ 是递增函数. 由 (i) 可得

$$\begin{aligned}A&=g(x)+a\int_{x-1}^{x}\mathrm{e}^{at}g(t)\mathrm{e}^{-at}\,\mathrm{d}t\leqslant g(x)+a\mathrm{e}^{ax}g(x)\int_{x-1}^{x}\mathrm{e}^{-at}\,\mathrm{d}t\\&=g(x)+\mathrm{e}^{ax}g(x)\left(\mathrm{e}^{-a(x-1)}-\mathrm{e}^{-ax}\right)=\mathrm{e}^{a}g(x),\end{aligned}$$

由此可得 $g(x)\geqslant A\mathrm{e}^{-a}$.

由 $g(x)$ 的定义可知, $g(x)$ 的下确界为 0, 因此 $A=0$. 再根据 (i) 可知 $g(x)$ 恒等于 0, 即 $f(x)$ 为常数.

第八届全国大学生数学竞赛初赛试题参考解答 (数学专业类)

一、[参考证明] [思路一] 在空间中取直角坐标系, 记椭圆面 S 的方程为

$$\frac{x^2}{a^2}+\frac{y^2}{b^2}+\frac{z^2}{c^2}=1,$$

并记

$$V=(\alpha,\beta,\gamma).$$

设 $(x,y,z)\in\Gamma$, 则光束中的光线

$$l(t)=(x,y,z)+t(\alpha,\beta,\gamma),\quad t\in\mathbb{R}$$

是椭球面 S 的切线.

由于每条切线与椭球面有且仅有一个交点, 故 $t=0$ 是方程

$$\frac{(x+t\alpha)^2}{a^2}+\frac{(y+t\beta)^2}{b^2}+\frac{(z+t\gamma)^2}{c^2}=1$$

的唯一解. 由于 $(x,y,z)\in\Gamma\subset S$, 上述方程化为

$$\left(\frac{\alpha^2}{a^2}+\frac{\beta^2}{b^2}+\frac{\gamma^2}{c^2}\right)t^2+2\left(\frac{\alpha}{a^2}x+\frac{\beta}{b^2}y+\frac{\gamma}{c^2}z\right)t=0,$$

这个方程只有 $t=0$ 的唯一解, 当且仅当 $\frac{\alpha}{a^2}x+\frac{\beta}{b^2}y+\frac{\gamma}{c^2}z=0$. 这是一个过原点的平面方程, 故 Γ 落在过椭球中心的一张平面上.

[思路二] 在空间中作仿射变换, 将椭球面映成圆球面. 这时平行光束映成平行光束, 切线映成切线, 切点映成切点, 椭球中心映成球面中心.

由于平行光束照圆球面的所有切线的切点是一个大圆, 它落在过球心的平面上, 而仿射变换将平面映成平面, 故 Γ 落在一张过椭球中心的平面上.

二、[参考证明] 由秩不等式 $\operatorname{rank}A+\operatorname{rank}B\leqslant\operatorname{rank}(BA)+n$, 得 $\operatorname{rank}A+\operatorname{rank}B\leqslant n$, 即有 $\operatorname{rank}A\leqslant\frac{n}{2}$ 或 $\operatorname{rank}B\leqslant\frac{n}{2}$.

注意到 n 为奇数, 故有 $\operatorname{rank}A<\frac{n}{2}$ 或 $\operatorname{rank}B<\frac{n}{2}$ 成立.

若 $\operatorname{rank}A<\frac{n}{2}$, 则 $\operatorname{rank}(A+J_A)\leqslant\operatorname{rank}A+\operatorname{rank}J_A<n$, 故 $0\in S_1$;

若 $\operatorname{rank}B<\frac{n}{2}$, 则 $\operatorname{rank}(B+J_B)\leqslant\operatorname{rank}B+\operatorname{rank}J_B<n$, 故 $0\in S_2$. 所以最终有 $0\in S_1\cup S_2$.

三、[参考证明] 记 $A_1=\left(p_1^{(1)},p_2^{(1)},\cdots,p_{2016}^{(1)}\right),\cdots,A_{2017}=\left(p_1^{(2017)},p_2^{(2017)},\cdots,p_{2016}^{(2017)}\right)$. 考虑线性方程组

$$x_1p_1^{(1)}+x_2p_1^{(2)}+\cdots+x_{2017}p_1^{(2017)}=0.$$

由于未知数个数大于方程个数, 故该线性方程组必有非零解 $(c_1,c_2,\cdots,c_{2017})$. 从而 $c_1A_1+c_2A_2+\cdots+c_{2017}A_{2017}$ 的第一列为 0, 更有

$$\det\left(c_1A_1+c_2A_2+\cdots+c_{2017}A_{2017}\right)=0.$$

四、[参考证明] 因为

$$\begin{aligned}&\int_0^1\frac{f_1^2(x)}{f_1(x)+f_0(x)}\,\mathrm{d}x-\int_0^1\frac{f_0^2(x)}{f_1(x)+f_0(x)}\,\mathrm{d}x\\=&\int_0^1\frac{f_1^2(x)-f_0^2(x)}{f_1(x)+f_0(x)}\,\mathrm{d}x=\int_0^1f_1(x)\,\mathrm{d}x-\int_0^1f_0(x)\,\mathrm{d}x\geqslant0,\end{aligned}$$

所以

$$\begin{aligned}a_2-a_1&=2\int_0^1\frac{f_1^2(x)}{f_1(x)+f_0(x)}\,\mathrm{d}x-\int_0^1f_1(x)\,\mathrm{d}x\\&=\int_0^1\frac{f_1^2(x)}{f_1(x)+f_0(x)}\,\mathrm{d}x-\int_0^1\frac{f_1(x)f_0(x)}{f_1(x)+f_0(x)}\,\mathrm{d}x\\&\geqslant\frac12\int_0^1\frac{f_1^2(x)+f_0^2(x)}{f_1(x)+f_0(x)}\,\mathrm{d}x-\int_0^1\frac{f_1(x)f_0(x)}{f_1(x)+f_0(x)}\,\mathrm{d}x\\&=\int_0^1\frac{\left(f_1(x)-f_0(x)\right)^2}{2\left(f_1(x)+f_0(x)\right)}\,\mathrm{d}x\geqslant0.\end{aligned}$$

归纳地可以证明 $a_{n+1}\geqslant a_n\,(n=1,2,\cdots)$.

由于 f_0,f_1 为正的连续函数, 可取常数 $k\geqslant1$, 使得 $f_1\leqslant kf_0$. 设 $c_1=k$. 根据递推关系式可以归纳证明

$$f_n(x)\leqslant c_nf_{n-1}(x),\tag{1}$$

其中 $c_n=\dfrac{2c_n}{c_n+1}\,(n=0,1,\cdots)$. 容易证明 $\{c_n\}$ 单调递减且趋于 1, 且

$$\frac{c_n}{c_n+1}\leqslant\frac{k}{k+1}.$$

以下证明 $\{a_n\}$ 收敛. 由 (1) 可得 $a_{n+1}\leqslant c_{n+1}a_n$. 因此

$$c_{n+1}a_{n+1}\leqslant\frac{2c_{n+1}}{c_n+1}c_na_n=\frac{4c_n}{(c_n+1)^2}c_na_n\leqslant c_na_n.$$

这就说明 $\{c_n a_n\}$ 是正单调递减数列, 因而收敛. 注意到 $\{c_n\}$ 收敛到 1, 可知 $\{a_n\}$ 收敛, 且有 $\lim\limits_{n\to\infty} a_n \leqslant c_1 a_1 = ka_1$.

五、[参考证明] 若 $f(x)$ 是这样的函数, 则 $f'(x)>0$. 因此 $f(x)$ 是严格递增函数. $f'(x)\geqslant f^{\alpha}(x)$ 可表示为

$$\left(\frac{1}{\alpha-1}f^{1-\alpha}(x)+x\right)'\leqslant 0.$$

这说明 $\dfrac{1}{\alpha-1}f^{1-\alpha}(x)+x$ 是单调递减函数. 因而

$$\frac{1}{\alpha-1}f^{1-\alpha}(x+1)+(x+1)\leqslant \frac{1}{\alpha-1}f^{1-\alpha}(x)+x,$$

即 $\alpha-1\leqslant f^{1-\alpha}(x)-f^{1-\alpha}(x+1)<f^{1-\alpha}(x)$. 因此有 $f^{\alpha-1}(x)<\dfrac{1}{\alpha-1}$. 从而 $f(x)$ 是有界函数.

从 $f(x)$ 的严格递增性可知 $\lim\limits_{x\to+\infty} f(x)$ 收敛. 由微分中值定理, 存在 $\xi\in(x,x+1)$, 使得

$$f(x+1)-f(x)=f'(\xi)\geqslant f^{\alpha}(x)\geqslant f^{\alpha}(0)>0.$$

令 $x\to+\infty$, 上式左端趋于 0, 可得矛盾!

六、[参考证明] 由于 f,g 可用单调阶梯函数逼近, 故可不妨设它们都是单调递增的阶梯函数. 令 $h(x)=f(x)-g(x)$, 则 $\forall x,y\in[0,1]$, 有 $|h(x)-h(y)|\leqslant 1$.

事实上, 对 $x\geqslant y$, 我们有

$$-1\leqslant -(g(x)-g(y))\leqslant h(x)-h(y)=f(x)-f(y)-(g(x)-g(y))\leqslant f(x)-f(y)\leqslant 1;$$

对 $x<y$, 有

$$-1\leqslant f(x)-f(y)\leqslant h(x)-h(y)\leqslant g(y)-g(x)\leqslant 1.$$

现记

$$C_1=\{x\in[0,1]\mid f(x)\geqslant g(x)\},\quad C_2=\{x\in[0,1]\mid f(x)<g(x)\},$$

则 C_1,C_2 分别为有限个互不相交区间的并, 且由 $\displaystyle\int_0^1 f\,\mathrm{d}x=\int_0^1 g\,\mathrm{d}x$, 有

$$\int_{C_1} h\,\mathrm{d}x=-\int_{C_2} h\,\mathrm{d}x.$$

让 $|C_i|(i=1,2)$ 表示 C_i 所含的那些区间的长度之和, 则

$$|C_1|+|C_2|=1.$$

于是

$$
\begin{aligned}
2\int_0^1 |f-g|\,\mathrm{d}x =& 2\left(\int_{C_1} h\,\mathrm{d}x - \int_{C_2} h\,\mathrm{d}x\right) \\
\leqslant& \frac{|C_2|}{|C_1|}\int_{C_1} h\,\mathrm{d}x + \frac{|C_1|}{|C_2|}\int_{C_2}(-h)\,\mathrm{d}x + \int_{C_1} h\,\mathrm{d}x - \int_{C_2} h\,\mathrm{d}x \\
=& \frac{1}{|C_1|}\int_{C_1} h\,\mathrm{d}x + \frac{1}{C_2}\int_{C_2}(-h)\,\mathrm{d}x \\
\leqslant& \sup_{C_1} h + \sup_{C_2}(-h) \leqslant 1.
\end{aligned}
$$

注意, 上式中最后一个不等式来自 $|h(x)-h(y)| \leqslant 1$, 另外, 若有某个 $|C_i|$ 等于 0, 则结论显然成立.

第九届全国大学生数学竞赛初赛试题参考解答 (数学专业类)

一、[参考解析] 设平面 P 上的抛物线 C 的顶点为 $X_0=(x_0,y_0,z_0)$. 取平面 P 上 X_0 处相互正交的两单位向量 $\vec{\alpha}=(\alpha_1,\alpha_2,\alpha_3)$ 和 $\vec{\beta}=(\beta_1,\beta_2,\beta_3)$, 使得 $\vec{\beta}$ 是抛物线 C 在平面 P 上的对称轴方向, 则抛物线的参数方程为

$$X(t)=X_0+t\vec{\alpha}+\lambda t^2\vec{\beta},\quad t\in\mathbb{R},$$

λ 为不等于 0 的常数.

记 $X(t)=(x(t),y(t),z(t))$, 则

$$x(t)=x_0+\alpha_1 t+\lambda\beta_1 t^2,\quad y(t)=y_0+\alpha_2 t+\lambda\beta_2 t^2,\quad z(t)=z_0+\alpha_3 t+\lambda\beta_3 t^2.$$

因为 $X(t)$ 落在单叶双曲面 Γ 上, 代入方程 $x^2+y^2-z^2=1$, 得到对任意 t 要满足的方程

$$\lambda^2(\beta_1^2+\beta_2^2-\beta_3^2)t^4+2\lambda(\alpha_1\beta_1+\alpha_2\beta_2-\alpha_3\beta_3)t^3+A_1t^2+A_2t+A_3=0,$$

其中 A_1,A_2,A_3 是与 $X_0,\vec{\alpha},\vec{\beta}$ 相关的常数. 于是得到

$$\beta_1^2+\beta_2^2-\beta_3^2=0,\quad \alpha_1\beta_1+\alpha_2\beta_2-\alpha_3\beta_3=0.$$

因为 $\vec{\alpha},\vec{\beta}$ 是平面 P 上正交的单位向量, 所以有

$$\alpha_1^2+\alpha_2^2+\alpha_3^2=1,\quad \beta_1^2+\beta_2^2+\beta_3^2=1,\quad \alpha_1\beta_1+\alpha_2\beta_2+\alpha_3\beta_3=0.$$

于是得到

$$\beta_1^2+\beta_2^2=\beta_3^2=\frac{1}{2},\quad \alpha_1\beta_1+\alpha_2\beta_2=0,\quad \alpha_3=0,\quad \alpha_1^2+\alpha_2^2=1,$$

$$\vec{\alpha}=(\alpha_1,\alpha_2,0),\quad \vec{\beta}=\left(-\frac{\varepsilon}{\sqrt{2}}\alpha_2,\frac{\varepsilon}{\sqrt{2}}\alpha_1,\beta_3\right),\quad \varepsilon=\pm1.$$

于是得到平面 P 的法向量为 $\vec{n}=\vec{\alpha}\times\vec{\beta}=\left(A,B,\dfrac{\varepsilon}{\sqrt{2}}\right)$, 它与 z 轴方向 $\vec{e}=(0,0,1)$ 的夹角 θ 满足 $\cos\theta=\vec{n}\cdot\vec{e}=\pm\dfrac{1}{\sqrt{2}}$, 所以夹角为 $\dfrac{\pi}{4}$ 或 $\dfrac{3\pi}{4}$.

二、[参考解析] 充分性: 若 $\{a_n\}$ 有界, 则可设 $a_n\leqslant M$. 显然

$$\sum_{n=1}^{m}\frac{a_{n+1}-a_n}{a_n\ln a_{n+1}}\leqslant\sum_{n=1}^{m}\frac{a_{n+1}-a_n}{a_1\ln a_1}=\frac{a_{m+1}-a_1}{a_1\ln a_1}\leqslant\frac{M}{a_1\ln a_1}.$$

由此可知 $\sum\limits_{n=1}^{\infty}\dfrac{a_{n+1}-a_n}{a_n\ln a_{n+1}}$ 收敛.

必要性: 设 $\sum\limits_{n=1}^{\infty}\dfrac{a_{n+1}-a_n}{a_n\ln a_{n+1}}$ 收敛. 由于

$$\ln a_{n+1}-\ln a_n=\ln\left(1+\frac{a_{n+1}-a_n}{a_n}\right)\leqslant\frac{a_{n+1}-a_n}{a_n},$$

所以 $\dfrac{b_{n+1}-b_n}{b_{n+1}}\leqslant\dfrac{a_{n+1}-a_n}{a_n\ln a_{n+1}}$, 其中 $b_n=\ln a_n$. 因此, 级数 $\sum\limits_{n=0}^{\infty}\dfrac{b_{n+1}-b_n}{b_{n+1}}$ 收敛.

由 Cauchy 收敛准则, 存在自然数 m, 使得对一切自然数 p, 有

$$\frac{1}{2}>\sum_{n=m}^{m+p}\frac{b_{n+1}-b_n}{b_{n+1}}\geqslant\sum_{n=m}^{m+p}\frac{b_{n+1}-b_n}{b_{m+p+1}}=\frac{b_{m+p+1}-b_m}{b_{m+p+1}}=1-\frac{b_m}{b_{m+p+1}}.$$

由此可知 $\{b_n\}$ 有界, 因为 p 是任意的, 所以 $\{a_n\}$ 有界.

题中级数的分母 a_n 不能换成 a_{n+1}. 例如: $a_n=\mathrm{e}^{n^2}$ 无界, 但 $\sum\limits_{n=1}^{\infty}\dfrac{a_{n+1}-a_n}{a_{n+1}\ln a_{n+1}}$ 收敛.

三、[参考证明] 必要性由迹的性质直接得.

充分性: 首先, 对于可逆矩阵 $W\in\Gamma$, 有 $WW_1,WW_2,\cdots,WW_r$ 各不相同. 故有

$$W\Gamma\equiv\{WW_1,WW_2,\cdots,WW_r\}=\{W_1,W_2,\cdots,W_r\},$$

即 $W\Gamma=\Gamma,\forall W\in\Gamma$.

记 $S=\sum\limits_{i=1}^{r}W_i$, 则 $WS=S,\forall W\in\Gamma$. 进而 $S^2=rS$, 即 $S^2-rS=0$. 若 λ 为 S 的特征值, 则 $\lambda^2-r\lambda=0$, 即 $\lambda=0$ 或 $\lambda=r$.

结合条件 $\sum\limits_{i=1}^{r}\operatorname{tr}(W_i)=0$ 知, S 的特征值只能为 0. 因此 $S-rI$ 可逆 (例如取 S 的 Jordan 分解就可以直接看出).

再次注意到 $S(S-rI)=S^2-rS=O$, 此时右乘 $(S-rI)^{-1}$, 即得 $S=O$.

四、[参考证明] 反证法: 若 $XN+Y^{\mathrm{T}}M^{\mathrm{T}}=O$, 则 $N^{\mathrm{T}}X^{\mathrm{T}}+MY=O$. 另外, 由 $(X,Y)\in T$ 得 $XY+(XT)^{\mathrm{T}}=2aI$, 即 $XY+Y^{\mathrm{T}}X^{\mathrm{T}}=2aI$. 类似有 $MN+N^{\mathrm{T}}M^{\mathrm{T}}=2aI$. 因此

$$\begin{pmatrix}X & Y^{\mathrm{T}}\\ M & N^{\mathrm{T}}\end{pmatrix}\begin{pmatrix}Y & N\\ X^{\mathrm{T}} & M^{\mathrm{T}}\end{pmatrix}=2a\begin{pmatrix}I & O\\ O & I\end{pmatrix}.$$

进而 $\dfrac{1}{2a}\begin{pmatrix}Y & N\\ X^{\mathrm{T}} & M^{\mathrm{T}}\end{pmatrix}\begin{pmatrix}X & Y^{\mathrm{T}}\\ M & N^{\mathrm{T}}\end{pmatrix}=\begin{pmatrix}I & O\\ O & I\end{pmatrix}$, 得 $YY^{\mathrm{T}}+NN^{\mathrm{T}}=O$, 所以 $Y=O,N=O$. 导致 $XY=O$, 与 $XY=aI+A\neq O$ 矛盾.

五、[参考解析][思路一] 由定积分的定义, 有

$$A=\lim_{n\to\infty}\frac{1}{n}\sum_{k=1}^{n}f\left(\frac{k}{n}\right)=\int_0^1 f(x)\,\mathrm{d}x$$
$$=x\arctan x\Big|_0^1-\int_0^1\frac{x}{1+x^2}\,\mathrm{d}x=\frac{\pi}{4}-\frac{\ln 2}{2}.$$

对于 $x\in\left(\frac{k-1}{n},\frac{k}{n}\right)(1\leqslant k\leqslant n)$, 由中值定理, 存在 $\xi_{n,k}\in\left(\frac{k-1}{n},\frac{k}{n}\right)$ 使得

$$f(x)=f\left(\frac{k}{n}\right)+f'\left(\frac{k}{n}\right)\left(x-\frac{k}{n}\right)+\frac{f''\left(\xi_{n,k}\right)}{2}\left(x-\frac{k}{n}\right)^2.$$

于是

$$\left|\sum_{k=1}^{n}f\left(\frac{k}{n}\right)-nA+\sum_{k=1}^{n}n\int_{\frac{k-1}{n}}^{\frac{k}{n}}f'\left(\frac{k}{n}\right)\left(x-\frac{k}{n}\right)\,\mathrm{d}x\right|$$
$$=\left|\sum_{k=1}^{n}n\int_{\frac{k-1}{n}}^{\frac{k}{n}}\left[f\left(\frac{k}{n}\right)+f'\left(\frac{k}{n}\right)\left(x-\frac{k}{n}\right)-f(x)\right]\,\mathrm{d}x\right|$$
$$\leqslant M\sum_{k=1}^{n}n\int_{\frac{k-1}{n}}^{\frac{k}{n}}\left(x-\frac{k}{n}\right)^2\,\mathrm{d}x=\frac{M}{3n},$$

其中 $M=\frac{1}{2}\max\limits_{x\in[0,1]}|f''(x)|$. 因此

$$\lim_{n\to\infty}\left(\sum_{k=1}^{n}f\left(\frac{k}{n}\right)-An\right)=-\lim_{n\to\infty}\sum_{k=1}^{n}n\int_{\frac{k-1}{n}}^{\frac{k}{n}}f'\left(\frac{k}{n}\right)\left(x-\frac{k}{n}\right)\,\mathrm{d}x$$
$$=\lim_{n\to\infty}\frac{1}{2n}\sum_{k=1}^{n}f'\left(\frac{k}{n}\right)=\frac{1}{2}\int_0^1 f'(x)\,\mathrm{d}x=\frac{\pi}{8}.$$

[思路二] 由定积分的定义, 有

$$A=\lim_{n\to\infty}\frac{1}{n}\sum_{k=1}^{n}f\left(\frac{k}{n}\right)=\int_0^1 f(x)\,\mathrm{d}x$$
$$=x\arctan x\Big|_0^1-\int_0^1\frac{x}{1+x^2}\,\mathrm{d}x=\frac{\pi}{4}-\frac{\ln 2}{2}.$$

对于 $x\in\left(\frac{k-1}{n},\frac{k}{n}\right)(1\leqslant k\leqslant n)$, 由中值定理, 存在 $\xi_{n,k}\in\left(\frac{k-1}{n},\frac{k}{n}\right)$ 使得

$$f\left(\frac{k}{n}\right)=f(x)+f'(x)\left(\frac{k}{n}-x\right)+\frac{f''\left(\xi_{n,k}\right)}{2}\left(\frac{k}{n}-x\right)^2.$$

于是

$$\begin{aligned}&\left|\sum_{k=1}^{n} f\left(\frac{k}{n}\right)-nA-\sum_{k=1}^{n} n\int_{\frac{k-1}{n}}^{\frac{k}{n}} f'(x)\left(\frac{k}{n}-x\right)\mathrm{d}x\right|\\=&\left|\sum_{k=1}^{n} n\int_{\frac{k-1}{n}}^{\frac{k}{n}}\left[f\left(\frac{k}{n}\right)-f(x)-f'(x)\left(\frac{k}{n}-x\right)\right]\mathrm{d}x\right|\\\leqslant& M\sum_{k=1}^{n} n\int_{\frac{k-1}{n}}^{\frac{k}{n}}\left(\frac{k}{n}-x\right)^2\mathrm{d}x=\frac{M}{3n},\end{aligned}$$

其中 $M=\dfrac{1}{2}\max\limits_{x\in[0,1]}|f''(x)|$. 因此

$$\begin{aligned}&\lim_{n\to\infty}\left(\sum_{k=1}^{n} f\left(\frac{k}{n}\right)-An\right)\\=&\lim_{n\to\infty}\sum_{k=1}^{n} n\int_{\frac{k-1}{n}}^{\frac{k}{n}} f'(x)\left(\frac{k}{n}-x\right)\mathrm{d}x=\lim_{n\to\infty}\sum_{k=1}^{n} nf'(\eta_{n,k})\int_{\frac{k-1}{n}}^{\frac{k}{n}}\left(\frac{k}{n}-x\right)\mathrm{d}x\\=&\lim_{n\to\infty}\frac{1}{2n}\sum_{k=1}^{n} f'(\eta_{n,k})=\frac{1}{2}\int_0^1 f'(x)\,\mathrm{d}x=\frac{\pi}{8},\end{aligned}$$

其中 $\eta_{n,k}\in\left(\dfrac{k-1}{n},\dfrac{k}{n}\right)$.

[思路三] 由定积分定义, 有

$$\begin{aligned}A&=\lim_{n\to\infty}\frac{1}{n}\sum_{k=1}^{n} f\left(\frac{k}{n}\right)=\int_0^1 f(x)\,\mathrm{d}x\\&=x\arctan x\Big|_0^1-\int_0^1\frac{x}{1+x^2}\mathrm{d}x=\frac{\pi}{4}-\frac{\ln 2}{2}.\end{aligned}$$

对于 $x\in\left(\dfrac{k-\frac{1}{2}}{n},\dfrac{k+\frac{1}{2}}{n}\right)(1\leqslant k\leqslant n)$, 由中值定理, 存在

$$\xi_{n,k}\in\left(\frac{k-\frac{1}{2}}{n},\frac{k+\frac{1}{2}}{n}\right)$$

使得

$$f(x)=f\left(\frac{k}{n}\right)+f'\left(\frac{k}{n}\right)\left(x-\frac{k}{n}\right)+\frac{f''(\xi_{n,k})}{2}\left(x-\frac{k}{n}\right)^2.$$

于是

$$
\begin{aligned}
&\left|\sum_{k=1}^{n} f\left(\frac{k}{n}\right)-nA-n\int_{1}^{1+\frac{1}{2n}} f(x)\,\mathrm{d}x+n\int_{0}^{\frac{1}{2m}} f(x)\,\mathrm{d}x\right| \\
=&\left|\sum_{k=1}^{n} n\int_{\frac{k-\frac{1}{2}}{n}}^{\frac{k+\frac{1}{2}}{n}}\left[f\left(\frac{k}{n}\right)-f(x)+f'\left(\frac{k}{n}\right)\left(\frac{k}{n}-x\right)\right]\,\mathrm{d}x\right| \\
\leqslant& M\sum_{k=1}^{n} n\int_{\frac{k-1}{n}}^{\frac{k}{n}}\left(\frac{k}{n}-x\right)^{2}\,\mathrm{d}x=\frac{M}{3n},
\end{aligned}
$$

其中 $M=\dfrac{1}{2}\max\limits_{x\in[0,1]}|f''(x)|$. 因此

$$
\begin{aligned}
\lim_{n\to\infty}\left(\sum_{k=1}^{n} f\left(\frac{k}{n}\right)-An\right)&=\lim_{n\to\infty} n\int_{1}^{1+\frac{1}{2n}} f(x)\,\mathrm{d}x-\lim_{n\to\infty} n\int_{0}^{\frac{1}{2n}} f(x)\,\mathrm{d}x \\
&=\frac{f(1)}{2}-\frac{f(0)}{2}=\frac{\pi}{8}.
\end{aligned}
$$

六、[参考解析] 容易知道 $f(x)$ 连续. 注意到 $f(x)=1-x^2(1-x)$, 于是有

$$
0<f(x)<1=f(0)=f(1),\quad \forall x\in(0,1).
$$

任取 $\delta\in\left(0,\dfrac{1}{2}\right)$, 有 $\eta=\eta_\delta\in(0,\delta)$ 使得

$$
m_\eta=\min_{x\in[0,\eta]} f(x)>M_\delta\equiv\max_{x\in[\delta,1-\delta]} f(x).
$$

于是当 $n\geqslant\dfrac{1}{\delta^2}$ 时,

$$
\begin{aligned}
0\leqslant\frac{\int_{\delta}^{1} f^n(x)\,\mathrm{d}x}{\int_{0}^{\delta} f^n(x)\,\mathrm{d}x}&=\frac{\int_{1-\delta}^{1} f^n(x)\,\mathrm{d}x}{\int_{0}^{\delta} f^n(x)\,\mathrm{d}x}+\frac{\int_{\delta}^{1-\delta} f^n(x)\,\mathrm{d}x}{\int_{0}^{\delta} f^n(x)\,\mathrm{d}x} \\
&=\frac{\int_{0}^{\delta}\left(1-x(1-x)^2\right)^n\,\mathrm{d}x}{\int_{0}^{\delta}\left(1-x^2(1-x)\right)^n\,\mathrm{d}x}+\frac{\int_{\delta}^{1-\delta} f^n(x)\,\mathrm{d}x}{\int_{0}^{\delta} f^n(x)\,\mathrm{d}x} \\
&\leqslant\frac{\int_{0}^{\delta}\left(1-\frac{x}{4}\right)^n\,\mathrm{d}x}{\int_{0}^{\delta}\left(1-x^2\right)^n\,\mathrm{d}x}+\frac{\int_{\delta}^{1-\delta} f^n(x)\,\mathrm{d}x}{\int_{0}^{\eta} f(x)\,\mathrm{d}x}\leqslant\frac{\int_{0}^{\delta}\left(1-\frac{x}{4}\right)^n\,\mathrm{d}x}{\int_{0}^{\frac{1}{\sqrt{n}}}\left(1-\frac{x}{\sqrt{n}}\right)^n\,\mathrm{d}x}+\frac{(1-2\delta)M_\delta^n}{\eta m_\eta^n}
\end{aligned}
$$

$$=\frac{\dfrac{4}{n+1}\left(1-\left(1-\dfrac{\delta}{4}\right)^{n+1}\right)}{\dfrac{\sqrt{n}}{n+1}\left(1-\left(1-\dfrac{1}{n}\right)^{n+1}\right)}+\frac{(1-\delta)}{\eta}\left(\frac{M_\delta}{m_\eta^n}\right)^n.$$

从而 $\lim\limits_{n\to\infty}\dfrac{\displaystyle\int_\delta^1 f^n(x)\,\mathrm{d}x}{\displaystyle\int_0^\delta f^n(x)\,\mathrm{d}x}=0.$

对于 $\varepsilon\in\left(0,\ln\dfrac{5}{4}\right)$, 取 $\delta=2\left(\mathrm{e}^\varepsilon-1\right)$, 则 $\delta\in\left(0,\dfrac{1}{2}\right)$, $\ln\dfrac{2+\delta}{2}=\varepsilon$.

另一方面, 由前述结论, 存在 $N\geqslant 1$ 使得当 $n\geqslant N$ 时, 有 $\dfrac{\displaystyle\int_\delta^1 f^n(x)\,\mathrm{d}x}{\displaystyle\int_0^\delta f^n(x)\,\mathrm{d}x}\leqslant\varepsilon$. 从而又有

$$\begin{aligned}&\left|\frac{\displaystyle\int_0^1 f^n(x)\ln(x+2)\,\mathrm{d}x}{\displaystyle\int_0^1 f^n(x)\,\mathrm{d}x}-\ln 2\right|\\=&\frac{\displaystyle\int_0^1 f^n(x)\ln\frac{x+2}{2}\,\mathrm{d}x}{\displaystyle\int_0^1 f^n(x)\,\mathrm{d}x}\\\leqslant&\frac{\displaystyle\int_0^\delta f^n(x)\ln\frac{x+2}{2}\,\mathrm{d}x}{\displaystyle\int_0^\delta f^n(x)\,\mathrm{d}x}+\frac{\displaystyle\int_\delta^1 f^n(x)\ln\frac{x+2}{2}\,\mathrm{d}x}{\displaystyle\int_0^\delta f^n(x)\,\mathrm{d}x}\\\leqslant&\ln\frac{\delta+2}{2}+\frac{\ln 2\displaystyle\int_\delta^1 f^n(x)\,\mathrm{d}x}{\displaystyle\int_0^\delta f^n(x)\,\mathrm{d}x}\leqslant\varepsilon(1+\ln 2).\end{aligned}$$

因此, $\lim\limits_{n\to\infty}\dfrac{\displaystyle\int_0^1 f^n(x)\ln(x+2)\,\mathrm{d}x}{\displaystyle\int_0^1 f^n(x)\,\mathrm{d}x}=\ln 2.$

第十届全国大学生数学竞赛初赛试题参考解答 (数学专业类)

一、[参考解析] 设所求 P 点坐标为 (a,b,c), 满足 $a^2-b^2=2c$, 则过点 P 的直线可以表示为

$$\ell=\ell(t)=(a,b,c)+t(u,v,w),\quad u^2+v^2+w^2\neq 0,\quad t\in\mathbb{R}.$$

直线 $\ell(t)$ 落在马鞍面 S 上, 得到

$$\left(u^2-v^2\right)t^2+2(au-bv-w)t=0,\quad t\in\mathbb{R},$$

$$au-bv=w,\quad u^2-v^2=0.$$

于是有 $v=\varepsilon u, w=(a-\varepsilon b)u, \varepsilon=\pm 1$. 于是, 过点 P 恰有两条直线落在马鞍面 S 上, 为

$$\ell_1=\ell_1(t)=(a,b,c)+tu(1,1,a-b),$$

$$\ell_2=\ell_2(t)=(a,b,c)+tu(1,-1,a+b).$$

这两条直线的方向向量 $(1,1,a-b),(1,-1,a+b)$ 均平行于平面 σ, 而平面 σ 的法向量为 $(\alpha,\beta,-1)$. 于是得到 $\alpha+\beta=a-b, \alpha-\beta=a+b$, 由此得

$$a=\alpha,\quad b=-\beta,\quad c=\frac{1}{2}\left(\alpha^2-\beta^2\right).$$

所以所求 P 点的坐标为 $P=\left(\alpha,-\beta,\dfrac{1}{2}\left(\alpha^2-\beta^2\right)\right)$.

二、[参考解析] $f=(x_1,\cdots,x_n)\dfrac{A+A^{\mathrm{T}}}{2}\begin{pmatrix}x_1\\ \vdots\\ x_n\end{pmatrix}$. 令 $B=(b_{ij})=\dfrac{A+A^{\mathrm{T}}}{2}$, 则 B 为实对称矩阵且

$$b_{11}=b_{22}=\cdots=b_{nn}=a,\quad \sum_{j=1}^{n}|b_{ij}|=\sum_{j=1}^{n}\left|\frac{a_{ij}}{2}+\frac{a_{ji}}{2}\right|<2a.$$

故 $b_{ii}>\sum\limits_{j\neq i}|b_{ij}|$. 若 λ 为 B 的特征值, $\alpha=\begin{pmatrix}x_1\\ \vdots\\ x_n\end{pmatrix}$ 为关于 λ 的非零特征向量, 则存在下标 i 使得

$$|x_i|=\max_{1\leqslant j\leqslant n}|x_j|>0.$$

由于 $B\alpha=\lambda\alpha,\ \lambda=\dfrac{\sum\limits_{j=1}^{n}b_{ij}x_j}{x_i}\geqslant a-\sum\limits_{j\neq i}|b_{ij}|>0$. 所以 B 为正定矩阵, f 的规范形为 $y_1^2+y_2^2+\cdots+y_n^2$.

三、[参考证明] (1) (i) $\Rightarrow$ (ii). 由 $AA^{-1}=I$ 知 $|A|\cdot\left|A^{-1}\right|=1$. 注意到 $|A|,\left|A^{-1}\right|$ 均为整数. 所以 A 的行列式的绝对值为 1.

(ii) $\Rightarrow$ (i). 由 $AA^*=|A|I$ 可知 $A^{-1}=A^*/|A|$ 即可知 (i) 成立.

(2) 考虑多项式 $p(x)=|A-xB|^2$, 则由已知条件得 $p(0),p(2),p(4),\cdots,p(4n)$ 的值皆为 1. 结果多项式 $q(x)=p(x)-1$ 有超过 $2n$ 个零点, 从而得出 $q(x)\equiv 0$, 即 $p(x)\equiv 1$. 特别地, $p(-1)=|A+B|^2=1$, 所以 $A+B$ 可逆.

四、[参考证明] (1) 由假设, 对任何 $m\geqslant 0$, $f(x)$ 在零点附近有 $m+1$ 阶导数, 从而 $f^{(m)}(x)$ 在 $x=0$ 连续, 因此, $\lim\limits_{x\to 0^+}\dfrac{f(x)}{x^0}=f(0)=0$. 对于 $n\geqslant 1$, 利用 L'Hospital 法则,

$$\lim_{x\to 0^+}\frac{f(x)}{x^n}=\lim_{x\to 0^+}\frac{f'(x)}{nx^{n-1}}=\cdots=\lim_{x\to 0^+}\frac{f^{(n)}(x)}{n!}=0.$$

(2) $xf(x)f'(x)\leqslant x|f(x)|\,|f'(x)|\leqslant C|f(x)|^2,\forall x\in[0,1]$, 从而

$$\left(\frac{f^2(x)}{x^{2C}}\right)'=\frac{2\left(xf(x)f'(x)-Cf^2(x)\right)}{x^{2C+1}}\leqslant 0,\quad \forall x\in(0,1].$$

因此 $\dfrac{f^2(x)}{x^{2C}}$ 在 $(0,1]$ 上单调减少, 从而 $\dfrac{f^2(x)}{x^{2C}}\leqslant\left(\dfrac{f(t)}{t^C}\right)^2,\forall 0<t<x\leqslant 1$. 所以

$$\frac{f^2(x)}{x^{2C}}\leqslant\lim_{t\to 0^+}\left(\frac{f(t)}{t^C}\right)^2=0,\quad \forall x\in(0,1].$$

因此 $f(x)\equiv 0$.

五、[参考证明] (1) 因为 $\ln\left(1+\dfrac{1}{n}\right)>\dfrac{1}{n+1}(n\geqslant 2)$, 所以根据条件, 有

$$\begin{aligned}\frac{a_n}{a_{n+1}}&\leqslant 1+\frac{1}{n}+\frac{n+1}{n\ln n}\frac{1}{n+1}+b_n\\&<1+\frac{1}{n}+\frac{n+1}{n\ln n}\ln\left(1+\frac{1}{n}\right)+b_n=\frac{n+1}{n}\frac{\ln(n+1)}{\ln n}+b_n.\end{aligned}$$

(2) **[思路一]** 令 $c_n=(n\ln n)a_n,d_n=\dfrac{n\ln n}{(n+1)\ln(n+1)}|b_n|$, 则有 $\dfrac{c_n}{c_{n+1}}<1+d_n$. 取对数得

$$\ln c_n-\ln c_{n+1}<\ln(1+d_n)\leqslant d_n.$$

于是 $\ln c_2 - \ln c_n < \sum_{k=2}^{n-1} d_k (n \geqslant 3)$. 由于 $0 \leqslant d_n < |b_n|$, 从 $\sum_{n=1}^{\infty} b_n$ 绝对收敛, 可知 $\sum_{n=1}^{\infty} d_n$ 收敛. 所以, 由上式可知存在常数 c, 使得 $c \leqslant \ln c_n \, (n \geqslant 3)$, 即 $a_n \geqslant \frac{\mathrm{e}^c}{n \ln n} \, (n \geqslant 3)$, 所以 $\sum_{n=1}^{\infty} a_n$ 发散.

[**思路二**] 由条件可得

$$\ln \frac{a_n}{a_{n+1}} \leqslant \ln \left(1 + \frac{1}{n} + \frac{1}{n \ln n} + |b_n|\right) \leqslant \frac{1}{n} + \frac{1}{n \ln n} + |b_n| .$$

从 3 到 n 求和, 然后利用积分的性质可知存在常数 $C > 0$, 使得

$$\ln \frac{a_3}{a_{n+1}} \leqslant \sum_{k=3}^{n} \left(\frac{1}{k} + \frac{1}{k \ln k} + |b_k|\right) \leqslant C + \ln n + \ln \ln n.$$

于是 $a_{n+1} \geqslant \frac{a_3 \mathrm{e}^{-C}}{n \ln n}$. 所以 $\sum_{n=1}^{\infty} a_n$ 发散.

六、[参考证明] 对固定的 $x \in \mathbb{R}$, 若 $f'(x) = 0$, 则结论成立. 若 $f'(x) < 0$, 则

$$h = (-f'(x))^{\frac{1}{\alpha}} > 0.$$

根据 Newton-Leibniz 公式和条件, 得

$$\begin{aligned}
0 < f(x+h) &= f(x) + \int_x^{x+h} f'(t) \, \mathrm{d}t \\
&= f(x) + \int_x^{x+h} (f'(t) - f'(x)) \, \mathrm{d}t + f'(x)h \\
&\leqslant f(x) + \int_x^{x+h} (t-x)^{\alpha} \, \mathrm{d}t + f'(x)h = f(x) + \frac{1}{\alpha+1} h^{\alpha+1} + f'(x)h.
\end{aligned}$$

故 $\frac{1}{\alpha+1} h^{\alpha+1} + f'(x)h + f(x) > 0$. 将 $h = (-f'(x))^{\frac{1}{\alpha}}$ 代入, 得

$$|f'(x)|^{\frac{\alpha+1}{\alpha}} < \frac{\alpha+1}{\alpha} f(x).$$

若 $f'(x) > 0$, 记 $h = (f'(x))^{\frac{1}{\alpha}}$. 根据 Newton-Leibniz 公式和条件, 得

$$0 < f(x-h) = -\int_{x-h}^{x} f'(t) \, \mathrm{d}t + f(x)$$

$$
\begin{aligned}
&= \int_{x-h}^{x} (f'(x) - f'(t))\ \mathrm{d}t - f'(x)h + f(x) \\
&\leqslant \int_{x-h}^{x} (x-t)^{\alpha}\ \mathrm{d}t - f'(x)h + f(x) \\
&= \frac{1}{\alpha+1} h^{\alpha+1} - f'(x)h + f(x).
\end{aligned}
$$

将 $h = (f'(x))^{\frac{1}{\alpha}}$ 代入上式仍得 $(f'(x))^{\frac{\alpha+1}{\alpha}} < \dfrac{\alpha+1}{\alpha} f(x)$.

故对所有 $x \in \mathbb{R}$, 始终有 $|f'(x)|^{\frac{\alpha+1}{\alpha}} < \dfrac{\alpha+1}{\alpha} f(x)$.

历届全国大学生数学竞赛初赛试题(非数学专业类)

首届全国大学生数学竞赛初赛试题(非数学专业类)

一、填空题 (本题 20 分, 每小题 5 分, 共 4 小题)

(1) 积分 $\displaystyle\iint\limits_D \frac{(x+y)\ln\left(1+\dfrac{y}{x}\right)}{\sqrt{1-x-y}}\mathrm{d}x\mathrm{d}y =$__________, 其中区域 D 是由直线 $x+y=1$ 与两坐标轴所围成的三角形区域.

(2) 设 $f(x)$ 是连续函数, 满足 $f(x)=3x^2-\displaystyle\int_0^2 f(x)\mathrm{d}x-2$, 则 $f(x)=$__________.

(3) 曲面 $z=\dfrac{x^2}{2}+y^2-2$ 的平行于平面 $2x+2y-z=0$ 的切平面方程是__________.

(4) 设函数 $y=y(x)$ 由方程 $x\mathrm{e}^{f(y)}=\mathrm{e}^y\ln 29$ 确定, 其中 f 具有二阶导数, 且 $f'\neq 1$, 则 $\dfrac{\mathrm{d}^2y}{\mathrm{d}x^2}=$__________.

二、(本题 5 分) 求极限 $\displaystyle\lim_{x\to 0}\left(\frac{\mathrm{e}^x+\mathrm{e}^{2x}+\cdots+\mathrm{e}^{nx}}{n}\right)^{\frac{\mathrm{e}}{x}}$, 其中 n 是给定的正整数.

三、(本题 15 分) 设函数 $f(x)$ 连续, $g(x)=\displaystyle\int_0^1 f(xt)\mathrm{d}t$, 且 $\displaystyle\lim_{x\to 0}\frac{f(x)}{x}=A$, 其中 A 为常数, 求 $g'(x)$ 并讨论 $g'(x)$ 在 $x=0$ 处的连续性.

四、(本题 15 分) 已知平面区域 $D=\{(x,y)\mid 0\leqslant x\leqslant \pi, 0\leqslant y\leqslant \pi\}$, L 为 D 的正向边界, 试证:

(1) $\displaystyle\oint_L x\mathrm{e}^{\sin y}\mathrm{d}y-y\mathrm{e}^{-\sin x}\mathrm{d}x=\oint_L x\mathrm{e}^{-\sin y}\mathrm{d}y-y\mathrm{e}^{\sin x}\mathrm{d}x$.

(2) $\displaystyle\oint_L x\mathrm{e}^{\sin y}\mathrm{d}y-y\mathrm{e}^{-\sin x}\mathrm{d}x\geqslant\frac{5}{2}\pi^2$.

五、(本题 10 分) 已知 $y_1=x\mathrm{e}^x+\mathrm{e}^{2x}$, $y_2=x\mathrm{e}^x+\mathrm{e}^{-x}$, $y_3=x\mathrm{e}^x+\mathrm{e}^{2x}-\mathrm{e}^{-x}$ 是某二阶常系数线性非齐次微分方程的三个解, 试求此微分方程.

六、(本题 10 分) 设抛物线 $y = ax^2 + bx + 2\ln c$ 过原点, 当 $0 \leqslant x \leqslant 1$ 时, $y \geqslant 0$. 又已知该抛物线与 x 轴及直线 $x = 1$ 所围图形的面积为 $\frac{1}{3}$. 试确定 a, b, c, 使此图形绕 x 轴旋转一周而成的旋转体的体积 V 最小.

七、(本题 15 分) 设 n 为正整数, $u_n(x)$ 满足 $u_n'(x) = u_n(x) + x^{n-1}\mathrm{e}^x$, 且 $u_n(1) = \frac{\mathrm{e}}{n}$, 求函数项级数 $\sum\limits_{n=1}^{\infty} u_n(x)$ 之和.

八、(本题 10 分) 求当 $x \to 1^-$ 时与 $\sum\limits_{n=0}^{\infty} x^{n^2}$ 等价的一个无穷大量.

第二届全国大学生数学竞赛初赛试题(非数学专业类)

一、计算题 (本题 25 分, 每小题 5 分, 共 5 小题)

(1) 设 $x_n=(1+a)\left(1+a^2\right)\cdots\left(1+a^{2^n}\right)$, 其中 $|a|<1$, 求 $\lim\limits_{n\to\infty}x_n$.

(2) 求 $\lim\limits_{x\to+\infty}\mathrm{e}^{-x}\left(1+\dfrac{1}{x}\right)^{x^2}$.

(3) 设 $s>0$, 求 $I=\displaystyle\int_0^{+\infty}\mathrm{e}^{-sx}x^n\mathrm{d}x(n=1,2,\cdots)$.

(4) 设函数 $f(t)$ 有二阶连续导数, $r=\sqrt{x^2+y^2}$, $g(x,y)=f\left(\dfrac{1}{r}\right)$, 求 $\dfrac{\partial^2 g}{\partial x^2}+\dfrac{\partial^2 g}{\partial y^2}$.

(5) 求直线 $\ell_1:\begin{cases}x-y=0,\\ z=0\end{cases}$ 与直线 $\ell_2:\dfrac{x-2}{4}=\dfrac{y-1}{-2}=\dfrac{z-3}{-1}$ 的距离.

二、(本题 15 分) 设函数 $f(x)$ 在 $(-\infty,+\infty)$ 上具有二阶导数, 并且

$$f''(x)>0,\quad \lim_{x\to+\infty}f'(x)=\alpha>0,\quad \lim_{x\to-\infty}f'(x)=\beta<0,$$

且存在一点 x_0, 使得 $f\left(x_0\right)<0$. 证明: 方程 $f(x)=0$ 在 $(-\infty,+\infty)$ 内恰有两个实根.

三、(本题 15 分) 设函数 $y=f(x)$ 由参数方程 $\begin{cases}x=2t+t^2,\\ y=\psi(t)\end{cases}$ $(t>-1)$ 所确定, 其中 $\psi(t)$ 具有二阶导数, 且 $\dfrac{\mathrm{d}^2y}{\mathrm{d}x^2}=\dfrac{3}{4(1+t)}$. 若曲线 $y=\psi(t)$ 与 $y=\displaystyle\int_1^{t^2}\mathrm{e}^{-u^2}\mathrm{d}u+\dfrac{3}{2\mathrm{e}}$ 在 $t=1$ 处相切, 求函数 $\psi(t)$.

四、(本题 15 分) 设 $a_n>0, S_n=\displaystyle\sum_{k=1}^n a_k$, 证明:

(1) 当 $\alpha>1$ 时, 级数 $\displaystyle\sum_{n=1}^\infty\frac{a_n}{S_n^\alpha}$ 收敛.

(2) 当 $\alpha\leqslant 1$ 且 $S_n\to\infty(n\to\infty)$ 时, 级数 $\displaystyle\sum_{n=1}^\infty\frac{a_n}{S_n^\alpha}$ 发散.

五、(本题 15 分) 设 ℓ 是过原点、方向向量为 (α,β,γ) 的直线 (其中 $\alpha^2+\beta^2+\gamma^2=1$), 质量分布均匀的椭球体 $\dfrac{x^2}{a^2}+\dfrac{y^2}{b^2}+\dfrac{z^2}{c^2}\leqslant 1$ (其中 $0<c<b<a$, 密度为 1) 绕 ℓ 旋转.

(1) 求其转动惯量.

(2) 求其转动惯量关于方向 (α,β,γ) 的最大值和最小值.

六、(本题 15 分) 设函数 $\varphi(x)$ 具有连续的导数, 在围绕原点的任意光滑的简单闭曲线 C 上, 曲线积分 $\oint_C \dfrac{2xy\mathrm{d}x+\varphi(x)\mathrm{d}y}{x^4+y^2}$ 的值为常数.

(1) 设 L 为正向闭曲线 $(x-2)^2+y^2=1$, 证明 $\oint_L \dfrac{2xy\mathrm{d}x+\varphi(x)\mathrm{d}y}{x^4+y^2}=0$.

(2) 求函数 $\varphi(x)$.

(3) 设 C 是围绕原点的光滑简单正向闭曲线, 求 $\oint_C \dfrac{2xy\mathrm{d}x+\varphi(x)\mathrm{d}y}{x^4+y^2}$.

第三届全国大学生数学竞赛初赛试题(非数学专业类)

一、计算题 (本题 24 分, 每小题 6 分, 共 4 小题)

(1) $\lim\limits_{x\to 0}\dfrac{(1+x)^{\frac{2}{x}}-\mathrm{e}^2(1-\ln(1+x))}{x}$.

(2) 设 $a_n=\cos\dfrac{\theta}{2}\cdot\cos\dfrac{\theta}{2^2}\cdots\cos\dfrac{\theta}{2^n}$, 求 $\lim\limits_{n\to\infty}a_n$.

(3) 求 $\displaystyle\iint\limits_D \operatorname{sgn}(xy-1)\mathrm{d}x\mathrm{d}y$, 其中 $D=\{(x,y)\mid 0\leqslant x\leqslant 2,0\leqslant y\leqslant 2\}$.

(4) 求幂级数 $\displaystyle\sum_{n=1}^{\infty}\frac{2n-1}{2^n}x^{2n-2}$ 的和函数, 并求级数 $\displaystyle\sum_{n=1}^{\infty}\frac{2n-1}{2^{2n-1}}$ 的和.

二、(本题 16 分, 每小题 8 分) 设 $\{a_n\}_{n=0}^{\infty}$ 为数列, a,λ 为有限数, 求证:

(1) 如果 $\lim\limits_{n\to\infty}a_n=a$, 则 $\lim\limits_{n\to\infty}\dfrac{a_1+a_2+\cdots+a_n}{n}=a$.

(2) 如果存在正整数 p, 使得 $\lim\limits_{n\to\infty}(a_{n+p}-a_n)=\lambda$, 则 $\lim\limits_{n\to\infty}\dfrac{a_n}{n}=\dfrac{\lambda}{p}$.

三、(本题 15 分) 设函数 $f(x)$ 在闭区间 $[-1,1]$ 上具有连续的三阶导数, 且 $f(-1)=0$, $f(1)=1, f'(0)=0$. 求证: 在开区间 $(-1,1)$ 内至少存在一点 x_0, 使得 $f'''(x_0)=3$.

四、(本题 15 分) 在 xOy 平面上, 有一条从点 $(a,0)$ 向右的射线, 线密度为 ρ. 在点 $(0,h)$ 处 (其中 $h>0$) 有一质量为 m 的质点. 求射线对该质点的引力.

五、(本题 15 分) 设 $z=z(x,y)$ 是由方程 $F\left(z+\dfrac{1}{x},z-\dfrac{1}{y}\right)=0$ 确定的隐函数, 且具有连续的二阶偏导数. 求证: $x^2\dfrac{\partial z}{\partial x}-y^2\dfrac{\partial z}{\partial y}=1$ 和 $x^3\dfrac{\partial^2 z}{\partial x^2}+xy(x-y)\dfrac{\partial^2 z}{\partial x\partial y}-y^3\dfrac{\partial^2 z}{\partial y^2}=-2$.

六、(本题 15 分) 设函数 $f(x)$ 连续, a,b,c 为常数, Σ 是单位球面 $x^2+y^2+z^2=1$. 求证: $\displaystyle\iint\limits_{\Sigma}f(ax+by+cz)\mathrm{d}S=2\pi\int_{-1}^{1}f\left(\sqrt{a^2+b^2+c^2}u\right)\mathrm{d}u$.

第四届全国大学生数学竞赛初赛试题(非数学专业类)

一、解答题 (本题 30 分, 每小题 6 分, 共 5 小题)

(1) 求极限 $\lim\limits_{n\to\infty}(n!)^{\frac{1}{n^2}}$.

(2) 求通过直线 $L:\begin{cases}2x+y-3z+2=0,\\5x+5y-4z+3=0\end{cases}$ 的两个相互垂直的平面 π_1 和 π_2, 使其中一个平面过点 $(4,-3,1)$.

(3) 已知函数 $z=u(x,y)\mathrm{e}^{ax+by}$, 且 $\dfrac{\partial^2 u}{\partial x\partial y}=0$, 确定常数 a 和 b, 使函数 $z=z(x,y)$ 满足方程 $\dfrac{\partial^2 z}{\partial x\partial y}-\dfrac{\partial z}{\partial x}-\dfrac{\partial z}{\partial y}+z=0$.

(4) 设函数 $u=u(x)$ 连续可微, $u(2)=1$, 且 $\int_L(x+2y)u\mathrm{d}x+\left(x+u^3\right)u\mathrm{d}y$ 在右半平面上与路径无关, 求 $u(x)$.

(5) 求极限 $\lim\limits_{x\to+\infty}\sqrt[3]{x}\int_x^{x+1}\dfrac{\sin t}{\sqrt{t+\cos t}}\mathrm{d}t$.

二、(本题 10 分) 计算 $\int_0^{+\infty}\mathrm{e}^{-2x}|\sin x|\mathrm{d}x$.

三、(本题 10 分) 求方程 $x^2\sin\dfrac{1}{2}=2x-501$ 的近似解, 精确到 0.001.

四、(本题 12 分) 设函数 $y=f(x)$ 二阶可导, 且 $f''(x)>0$, 又设 $f(0)=0, f'(0)=0$. 求 $\lim\limits_{x\to 0}\dfrac{x^3f(u)}{f(x)\sin^3 u}$, 其中 u 是曲线 $y=f(x)$ 上点 $P(x,f(x))$ 处的切线在 x 轴上的截距.

五、(本题 12 分) 求最小实数 C, 使得满足 $\int_0^1|f(x)|\mathrm{d}x=1$ 的连续函数 $f(x)$ 都有

$$\int_0^1 f(\sqrt{x})\mathrm{d}x\leqslant C.$$

六、(本题 12 分) 设 $f(x)$ 为连续函数, $t>0$. 区域 Ω 由抛物面 $z=x^2+y^2$ 和球面 $x^2+y^2+z^2=t^2$ 所围成. 定义三重积分

$$F(t)=\iiint\limits_{\Omega}f\left(x^2+y^2+z^2\right)\mathrm{d}v,$$

求 $F(t)$ 的导数 $F'(t)$.

七、(本题 14 分) 设 $\sum\limits_{n=1}^{\infty} a_n$ 与 $\sum\limits_{n=1}^{\infty} b_n$ 为正项级数.

(1) 若 $\lim\limits_{n\to\infty}\left(\dfrac{a_n}{a_{n+1}b_n}-\dfrac{1}{b_{n+1}}\right)>0$, 则 $\sum\limits_{n=1}^{\infty} a_n$ 收敛.

(2) 若 $\lim\limits_{n\to\infty}\left(\dfrac{a_n}{a_{n+1}b_n}-\dfrac{1}{b_{n+1}}\right)<0$, 且 $\sum\limits_{n=1}^{\infty} b_n$ 发散, 则 $\sum\limits_{n=1}^{\infty} a_n$ 发散.

第五届全国大学生数学竞赛初赛试题(非数学专业类)

一、解答题 (本题 24 分, 每小题 6 分, 共 4 小题)

(1) 求极限 $\lim\limits_{n\to\infty}\left(1+\sin(\pi\sqrt{1+4n^2})\right)^n$.

(2) 证明广义积分 $\displaystyle\int_0^{+\infty}\frac{\sin x}{x}\mathrm{d}x$ 不是绝对收敛的.

(3) 设函数 $y=y(x)$ 由 $x^3+3x^2y-2y^3=2$ 所确定, 求 $y(x)$ 的极值.

(4) 过曲线 $y=\sqrt[3]{x}(x\geqslant 0)$ 上的点 A 作切线, 使该切线与曲线及 x 轴所围成的平面图形的面积为 $\dfrac{3}{4}$, 求点 A 的坐标.

二、(本题 12 分) 计算定积分 $I=\displaystyle\int_{-\pi}^{\pi}\frac{x\sin x\cdot\arctan\mathrm{e}^x}{1+\cos^2 x}\mathrm{d}x$.

三、(本题 12 分) 设 $f(x)$ 在 $x=0$ 处存在二阶导数, 且 $\lim\limits_{x\to 0}\dfrac{f(x)}{x}=0$. 证明: 级数 $\displaystyle\sum_{n=1}^{\infty}\left|f\left(\frac{1}{n}\right)\right|$ 收敛.

四、(本题 10 分) 设 $|f(x)|\leqslant\pi, f'(x)\geqslant m>0\ (\forall x\in[a,b])$, 证明:

$$\left|\int_a^b\sin f(x)\mathrm{d}x\right|\leqslant\frac{2}{m}.$$

五、(本题 14 分) 设 $\varSigma$ 是一个光滑封闭曲面, 方向朝外, 并给定第二型曲面积分

$$I=\iint_{\varSigma}\left(x^3-x\right)\mathrm{d}y\mathrm{d}z+\left(2y^3-y\right)\mathrm{d}z\mathrm{d}x+\left(3z^3-z\right)\mathrm{d}x\mathrm{d}y.$$

试确定曲面 $\varSigma$, 使得积分 I 的值最小, 并求该最小值.

六、(本题 14 分) 设 $I_a(r)=\displaystyle\int_C\frac{y\mathrm{d}x-x\mathrm{d}y}{(x^2+y^2)^a}$, 其中 a 为常数, 曲线 C 为椭圆 $x^2+xy+y^2=r^2$, 取正向. 求极限 $\lim\limits_{r\to+\infty}I_a(r)$.

七、(本题 14 分) 判断级数 $\displaystyle\sum_{n=1}^{\infty}\frac{1+\frac{1}{2}+\cdots+\frac{1}{n}}{(n+1)(n+2)}$ 的敛散性, 若收敛, 则求其和.

第六届全国大学生数学竞赛初赛试题(非数学专业类)

一、填空题 (本题 30 分, 每小题 6 分, 共 5 小题)

(1) 已知 $y_1 = \mathrm{e}^x$ 和 $y_2 = x\mathrm{e}^x$ 是齐次二阶常系数线性微分方程的解, 则该方程为__________.

(2) 设有曲面 $S: z = x^2 + 2y^2$ 和平面 $L: 2x + 2y + z = 0$, 则与 L 平行的 S 的切平面是__________.

(3) 设函数 $y = y(x)$ 由方程 $x = \int_1^{y-x} \sin^2 \frac{\pi t}{4} \mathrm{d}t$ 所确定, 求 $\left.\frac{\mathrm{d}y}{\mathrm{d}x}\right|_{x=0} =$__________.

(4) 设 $x_n = \sum\limits_{k=1}^{n} \frac{k}{(k+1)!}$, 则 $\lim\limits_{n\to\infty} x_n =$__________.

(5) 已知 $\lim\limits_{x\to 0}\left(1 + x + \frac{f(x)}{x}\right)^{\frac{1}{x}} = \mathrm{e}^3$, 则 $\lim\limits_{x\to 0} \frac{f(x)}{x^2} =$__________.

二、(本题 12 分) 设 n 为正整数, 计算 $I = \int_{\mathrm{e}^{-2n\pi}}^{1} \left|\frac{\mathrm{d}}{\mathrm{d}x} \cos\left(\ln \frac{1}{x}\right)\right| \mathrm{d}x$.

三、(本题 14 分) 设函数 $f(x)$ 在 $[0,1]$ 上有二阶导数, 且存在正常数 A, B 使得 $|f(x)| \leqslant A, |f''(x)| \leqslant B$. 证明: 对任意 $x \in [0,1]$, 有 $|f'(x)| \leqslant 2A + \frac{B}{2}$.

四、(本题 14 分) (1) 设一球缺高为 h, 所在球半径为 R. 证明该球缺的体积为 $\frac{\pi}{3}(3R - h)h^2$, 球冠的面积为 $2\pi Rh$.

(2) 设球体 $(x-1)^2 + (y-1)^2 + (z-1)^2 \leqslant 12$ 被平面 $P: x + y + z = 6$ 所截的小球缺为 Ω. 记球上缺的球冠为 Σ, 方向指向球外, 求第二型曲面积分

$$I = \iint_{\Sigma} x\mathrm{d}y\mathrm{d}z + y\mathrm{d}z\mathrm{d}x + z\mathrm{d}x\mathrm{d}y.$$

五、(本题 15 分) 设 f 在 $[a,b]$ 上非负连续, 严格单增, 且对于任意的 $n \in \mathbb{N}$, 存在 $x_n \in [a,b]$ 使得

$$[f(x_n)]^n = \frac{1}{b-a} \int_a^b [f(x)]^n \mathrm{d}x.$$

求 $\lim\limits_{n\to\infty} x_n$.

六、(本题 15 分) 设 $A_n = \frac{n}{n^2+1} + \frac{n}{n^2+2^2} + \cdots + \frac{n}{n^2+n^2}$, 求 $\lim\limits_{n\to\infty} n\left(\frac{\pi}{4} - A_n\right)$.

第七届全国大学生数学竞赛初赛试题(非数学专业类)

一、填空题 (本题 30 分, 每小题 6 分, 共 5 小题).

(1) 求极限 $\lim\limits_{n\to\infty} n\left(\dfrac{\sin\frac{\pi}{n}}{n^2+1}+\dfrac{\sin\frac{2\pi}{n}}{n^2+2}+\cdots+\dfrac{\sin\pi}{n^2+n}\right)=$__________.

(2) 设函数 $z=z(x,y)$ 由方程 $F\left(x+\dfrac{z}{y},y+\dfrac{z}{x}\right)=0$ 所确定, 其中 $F(u,v)$ 具有连续偏导数且 $xF_u+yF_v\neq 0$, 则 $x\dfrac{\partial z}{\partial x}+y\dfrac{\partial z}{\partial y}=$ __________ (本小题结果要求不显含 F 及其偏导数).

(3) 曲面 $z=x^2+y^2+1$ 在点 $M(1,-1,3)$ 处的切平面与曲面 $z=x^2+y^2$ 所围区域的体积为__________.

(4) 函数 $f(x)=\begin{cases}3, & x\in[-5,0),\\ 0, & x\in[0,5)\end{cases}$ 在 $(-5,5]$ 上的 Fourier 级数在 $x=0$ 处收敛的值是__________.

(5) 设区间 $(0,+\infty)$ 上的函数 $u(x)$ 定义为 $u(x)=\displaystyle\int_0^{+\infty}\mathrm{e}^{-xt^2}\mathrm{d}t$, 则 $u(x)$ 的初等表达式是__________.

二、(本题 12 分) 设 M 是以三个正半坐标轴为母线的半圆锥面, 求其方程.

三、(本题 12 分) 设 $f(x)$ 在 (a,b) 内二阶可导, 且存在常数 α,β, 使得对于 $\forall x\in(a,b)$, 有 $f'(x)=\alpha f(x)+\beta f''(x)$. 证明: $f(x)$ 在 (a,b) 内无穷阶可导.

四、(本题 14 分) 求幂级数 $\displaystyle\sum_{n=0}^{\infty}\frac{n^3+2}{(n+1)!}(x-1)^n$ 的收敛域及其和函数.

五、(本题 16 分) 设函数 f 在 $[0,1]$ 上连续, 且 $\displaystyle\int_0^1 f(x)\mathrm{d}x=0,\int_0^1 xf(x)\mathrm{d}x=1$. 试证:

(1) 存在 $x_0\in[0,1]$, 使得 $|f(x_0)|>4$.

(2) 存在 $x_1\in[0,1]$, 使得 $|f(x_1)|=4$.

六、(本题 16 分) 设 $f(x,y)$ 在 $x^2+y^2\leqslant 1$ 上有连续的二阶偏导数, 且 $f_{xx}^2+2f_{xy}^2+f_{yy}^2\leqslant M$. 若 $f(0,0)=0,f_x(0,0)=0,f_y(0,0)=0$, 证明:

$$\left|\iint\limits_{x^2+y^2\leqslant 1}f(x,y)\mathrm{d}x\mathrm{d}y\right|\leqslant\frac{\pi\sqrt{M}}{4}.$$

第八届全国大学生数学竞赛初赛试题(非数学专业类)

一、填空题 (本题 30 分, 每小题 6 分, 共 5 小题)

(1) 若 $f(x)$ 在点 $x=a$ 处可导, 且 $f(a)\neq 0$, 则 $\lim\limits_{n\to\infty}\left(\dfrac{f\left(a+\dfrac{1}{n}\right)}{f(a)}\right)^n=$________.

(2) 若 $f(1)=0, f'(1)$ 存在, 则极限 $\lim\limits_{x\to 0}\dfrac{f\left(\sin^2 x+\cos x\right)\tan 3x}{\left(\mathrm{e}^{x^2}-1\right)\sin x}=$________.

(3) 设 $f(x)$ 有连续导数, 且 $f(1)=2$. 记 $z=f\left(\mathrm{e}^x y^2\right)$. 若 $\dfrac{\partial z}{\partial x}=z$, 则当 $x>0$ 时, $f(x)=$________.

(4) 设 $f(x)=\mathrm{e}^x\sin 2x$, 则 $f^{(4)}(0)=$________.

(5) 曲面 $z=\dfrac{x^2}{2}+y^2$ 平行于平面 $2x+2y-z=0$ 的切平面方程为________.

二、(本题 14 分) 设 $f(x)$ 在 $[0,1]$ 上可导, $f(0)=0$, 且当 $x\in(0,1), 0<f'(x)<1$. 试证: 当 $a\in(0,1)$, $\left(\displaystyle\int_0^a f(x)\mathrm{d}x\right)^2>\displaystyle\int_0^a f^3(x)\mathrm{d}x$.

三、(本题 14 分) 设某物体所在的空间区域为

$$\Omega: x^2+y^2+2z^2\leqslant x+y+2z,$$

密度函数为 $x^2+y^2+z^2$, 求该物体的质量 $M=\displaystyle\iiint_{\Omega}\left(x^2+y^2+z^2\right)\mathrm{d}x\mathrm{d}y\mathrm{d}z$.

四、(本题 14 分) 设函数 $f(x)$ 在闭区间 $[0,1]$ 上具有连续导数, $f(0)=0, f(1)=1$. 证明:

$$\lim_{n\to\infty} n\left(\int_0^1 f(x)\mathrm{d}x-\frac{1}{n}\sum_{k=1}^{n} f\left(\frac{k}{n}\right)\right)=-\frac{1}{2}.$$

五、(本题 14 分) 设函数 $f(x)$ 在区间 $[0,1]$ 上连续, 且 $I=\displaystyle\int_0^1 f(x)\mathrm{d}x\neq 0$. 证明在 $(0,1)$ 内存在不同的两点 x_1, x_2, 使得

$$\frac{1}{f\left(x_1\right)}+\frac{1}{f\left(x_2\right)}=\frac{2}{I}.$$

六、(本题 14 分) 设 $f(x)$ 在 $(-\infty,+\infty)$ 上可导, 且满足

$$f(x)=f(x+2)=f(x+\sqrt{3}),$$

用 Fourier 级数理论证明 $f(x)$ 为常数.

第九届全国大学生数学竞赛初赛试题(非数学专业类)

一、填空题 (本题 42 分, 每小题 7 分, 共 6 小题)

(1) 已知可导函数 $f(x)$ 满足 $f(x)\cos x+2\int_0^x f(t)\sin t\mathrm{d}t=x+1$, 则 $f(x)=$ __________.

(2) 极限 $\lim\limits_{n\to\infty}\sin^2\left(\pi\sqrt{n^2+n}\right)=$ __________.

(3) 设 $w=f(u,v)$ 具有二阶连续偏导数, 且 $u=x-cy, v=x+cy$, 其中 c 为非零常数, 则 $w_{xx}-\dfrac{1}{c^2}w_{yy}=$ __________.

(4) 设 $f(x)$ 有二阶连续导数, 且 $f(0)=f'(0)=0, f''(0)=6$, 则 $\lim\limits_{x\to 0}\dfrac{f\left(\sin^2 x\right)}{x^4}=$ __________.

(5) 不定积分 $I=\displaystyle\int\frac{\mathrm{e}^{-\sin x}\sin 2x}{(1-\sin x)^2}\mathrm{d}x=$ __________.

(6) 记由曲面 $z^2=x^2+y^2$ 和 $z=\sqrt{4-x^2-y^2}$ 围成的空间区域为 V, 则三重积分 $\displaystyle\iiint\limits_V z\mathrm{d}x\mathrm{d}y\mathrm{d}z=$ __________.

二、(本题 14 分) 设二元函数 $f(x,y)$ 在平面上有连续的二阶偏导数. 对任何角度 α, 定义一元函数

$$g_\alpha(t)=f(t\cos\alpha, t\sin\alpha).$$

若对任何 α 都有 $\dfrac{\mathrm{d}g_\alpha(0)}{\mathrm{d}t}=0$ 且 $\dfrac{\mathrm{d}^2g_\alpha(0)}{\mathrm{d}t^2}>0$, 证明 $f(0,0)$ 是 $f(x,y)$ 的极小值.

三、(本题 14 分) 设曲线 Γ 为曲线

$$\begin{cases} x^2+y^2+z^2=1, \\ x+z=1, \end{cases}\quad x\geqslant 0, y\geqslant 0, z\geqslant 0$$

上从点 $A(1,0,0)$ 到点 $B(0,0,1)$ 的一段. 求曲线积分

$$I=\int_\Gamma y\mathrm{d}x+z\mathrm{d}y+x\mathrm{d}z.$$

四、(本题 15 分) 设函数 $f(x)>0$ 且在实轴上连续, 若对任意实数 t, 有 $\displaystyle\int_{-\infty}^{+\infty}\mathrm{e}^{-|t-x|}f(x)\mathrm{d}x\leqslant 1$. 证明: $\forall a,b(a<b)$, 有 $\displaystyle\int_a^b f(x)\mathrm{d}x\leqslant\frac{b-a+2}{2}$.

五、(本题 15 分) 设 $\{a_n\}$ 为一个数列, p 为固定的正整数, 且 $\lim\limits_{n\to\infty}(a_{n+p}-a_n)=\lambda$, 其中 λ 为常数. 证明: $\lim\limits_{n\to\infty}\dfrac{a_n}{n}=\dfrac{\lambda}{p}$.

第十届全国大学生数学竞赛初赛试题(非数学专业类)

一、填空题 (本题 24 分, 每小题 6 分, 共 4 小题)

(1) 设 $\alpha \in (0,1)$, 则 $\lim\limits_{n\to\infty}\left((n+1)^{\alpha}-n^{\alpha}\right)=$__________.

(2) 若曲线 $y=y(x)$ 由 $\begin{cases} x=t+\cos t, \\ \mathrm{e}^{y}+ty+\sin t=1 \end{cases}$ 确定, 则此曲线在 $t=0$ 对应点处的切线方程为__________.

(3) 积分 $\displaystyle\int \frac{\ln\left(x+\sqrt{1+x^{2}}\right)}{\left(1+x^{2}\right)^{3/2}}\mathrm{d}x=$__________.

(4) 极限 $\displaystyle\lim_{x\to 0}\frac{1-\cos x\sqrt{\cos 2x}\sqrt[3]{\cos 3x}}{x^{2}}=$__________.

二、(本题 8 分) 设函数 $f(t)$ 在 $t\neq 0$ 时一阶连续可导, 且 $f(1)=0$, 求函数 $f\left(x^{2}-y^{2}\right)$, 使得曲线积分

$$\int_{L} y\left[2-f\left(x^{2}-y^{2}\right)\right]\mathrm{d}x+xf\left(x^{2}-y^{2}\right)\mathrm{d}y$$

与路径无关, 其中 L 为任一不与直线 $y=\pm x$ 相交的分段光滑闭曲线.

三、(本题 14 分) 设 $f(x)$ 在区间 $[0,1]$ 上连续, 且 $1\leqslant f(x)\leqslant 3$. 证明:

$$1\leqslant \int_{0}^{1} f(x)\mathrm{d}x\int_{0}^{1}\frac{1}{f(x)}\mathrm{d}x\leqslant \frac{4}{3}.$$

四、(本题 12 分) 计算三重积分 $\displaystyle\iiint\limits_{V}\left(x^{2}+y^{2}\right)\mathrm{d}V$, 其中 V 是由 $x^{2}+y^{2}+(z-2)^{2}\geqslant 4$, $x^{2}+y^{2}+(z-1)^{2}\leqslant 9, z\geqslant 0$ 所围成的空心立体.

五、(本题 14 分) 设 $f(x,y)$ 在区域 D 内可微, $\sqrt{\left(\dfrac{\partial f}{\partial x}\right)^{2}+\left(\dfrac{\partial f}{\partial y}\right)^{2}}\leqslant M$, $A\left(x_{1},y_{1}\right)$, $B\left(x_{2},y_{2}\right)$ 是 D 内两点, 线段 AB 包含在 D 内. 证明:

$$\left|f\left(x_{2},y_{2}\right)-f\left(x_{1},y_{1}\right)\right|\leqslant M|AB|,$$

其中 $|AB|$ 表示线段 AB 的长度.

六、(本题 14 分) 证明: 对于连续函数 $f(x)>0$, 有 $\ln\displaystyle\int_{0}^{1} f(x)\mathrm{d}x\geqslant\int_{0}^{1}\ln f(x)\mathrm{d}x$.

七、(本题 14 分) 已知 $\{a_{k}\},\{b_{k}\}$ 是正项数列, 且 $b_{k+1}-b_{k}\geqslant\delta>0(k=1,2,\cdots)$, 其中 δ 为一常数. 证明: 若级数 $\displaystyle\sum_{k=1}^{\infty}a_{k}$ 收敛, 则级数 $\displaystyle\sum_{k=1}^{\infty}\frac{k\sqrt[k]{\left(a_{1}a_{2}\cdots a_{k}\right)\left(b_{1}b_{2}\cdots b_{k}\right)}}{b_{k+1}b_{k}}$ 收敛.

历届全国大学生数学竞赛初赛试题参考解答(非数学专业类)

首届全国大学生数学竞赛初赛试题参考解答(非数学专业类)

一、[参考解析] (1) 作坐标变换

$$u=\sqrt{1-x-y},\quad v=1+\frac{y}{x}$$

或

$$x=\frac{1-u^2}{v},\quad y=\frac{(1-u^2)(v-1)}{v},$$

则

$$D'=\{(u,v)|0\leqslant u\leqslant 1,1\leqslant v<+\infty\},$$

$$\frac{\partial(x,y)}{\partial(u,v)}=\begin{vmatrix}\dfrac{\partial x}{\partial u} & \dfrac{\partial x}{\partial v}\\ \dfrac{\partial y}{\partial u} & \dfrac{\partial y}{\partial v}\end{vmatrix}=\begin{vmatrix}-\dfrac{2u}{v} & -\dfrac{1-u^2}{v^2}\\ -\dfrac{2u(v-1)}{v} & \dfrac{1-u^2}{v^2}\end{vmatrix}=\frac{2u(u^2-1)}{v^2},$$

$$J=\left|\frac{\partial(x,y)}{\partial(u,v)}\right|=\frac{2u(1-u^2)}{v^2},$$

则原式 $=2\iint\limits_{D'}(1-u^2)^2\cdot\frac{\ln v}{v^2}\mathrm{d}u\mathrm{d}v=2\int_0^1(1-u^2)^2\mathrm{d}u\cdot\int_1^{+\infty}\frac{\ln v}{v^2}\mathrm{d}v=2\times\frac{8}{15}\times 1=\frac{16}{15}.$

(2) 令 $A=\int_0^2 f(x)\mathrm{d}x$, 则 $f(x)=3x^2-2-A$. 代入 $A=\int_0^2 f(x)\mathrm{d}x$ 得

$$A=\int_0^2(3x^2-2-A)\mathrm{d}x=(x^3-2x)\big|_0^2-2A.$$

解得 $A=\frac{4}{3}$, 所以 $f(x)=3x^2-\frac{10}{3}$.

(3) 曲面上任意点 (x,y,z) 处的法向量为

$$\vec{n}=(f_x,f_y,-1)=(x,2y,-1).$$

由于此点的切平面与平面 $2x+2y-z=0$ 平行, 所以得 $x=2$, $y=1$, 从而 $z(2,1)=1$. 于是曲面上点 $(2,1,1)$ 处的切平面为

$$2(x-2)+2(y-1)-(z-1)=0.$$

化简得

$$2x+2y-z-5=0.$$

(4) 显然 $x>0$. 两边同时取对数, 再求导得 $\dfrac{1}{x}+f'(y)y'=y'$. 解得

$$y'=\frac{1}{x(1-f'(y))}.$$

再次求导得

$$y''=-\frac{1-f'(y)-xf''(y)y'}{x^2(1-f'(y))^2}=\frac{f''(y)-(1-f'(y))^2}{x^2(1-f'(y))^3}.$$

二、[参考解析] **[方法一]** 利用重要极限 $\lim\limits_{u\to 0}(1+u)^{\frac{1}{u}}=\mathrm{e}$. 注意到如下恒等变形:

$$\begin{aligned}&\left(\frac{\mathrm{e}^x+\mathrm{e}^{2x}+\cdots+\mathrm{e}^{nx}}{n}\right)^{\frac{\mathrm{e}}{x}}\\ =&\left[\left(1+\frac{\mathrm{e}^x+\mathrm{e}^{2x}+\cdots+\mathrm{e}^{nx}-n}{n}\right)^{\frac{n}{\mathrm{e}^x+\mathrm{e}^{2x}+\cdots+\mathrm{e}^{nx}-n}}\right]^{\frac{\mathrm{e}}{n}\cdot\frac{\mathrm{e}^x+\mathrm{e}^{2x}+\cdots+\mathrm{e}^{nx}-n}{x}},\end{aligned}$$

因为当 $x\to 0$ 时, 有 $\mathrm{e}^{kx}-1=kx+o(x)\ (k=1,2,\cdots,n)$, 所以

$$\frac{\mathrm{e}^x+\mathrm{e}^{2x}+\cdots+\mathrm{e}^{nx}-n}{x}=\frac{1}{x}\sum_{k=1}^{n}(\mathrm{e}^{kx}-1)=\frac{1}{x}\sum_{k=1}^{n}(kx+o(x))=\frac{n(n+1)}{2}+\frac{o(x)}{x},$$

于是所求极限为

$$\lim_{x\to 0}\left(\frac{\mathrm{e}^x+\mathrm{e}^{2x}+\cdots+\mathrm{e}^{nx}}{n}\right)^{\frac{\mathrm{e}}{x}}=\mathrm{e}^{\frac{\mathrm{e}}{n}\lim\limits_{x\to 0}\left(\frac{n(n+1)}{2}+\frac{o(x)}{x}\right)}=\mathrm{e}^{\frac{\mathrm{e}(n+1)}{2}}.$$

[方法二] 作对数恒等变形后, 利用 L'Hospital 法则.

$$\text{原式}=\mathrm{e}^{\lim\limits_{x\to 0}\frac{\mathrm{e}}{x}\left[\ln\left(\mathrm{e}^x+\mathrm{e}^{2x}+\cdots+\mathrm{e}^{nx}\right)-\ln n\right]}=\mathrm{e}^{\mathrm{e}\lim\limits_{x\to 0}\frac{\mathrm{e}^x+2\mathrm{e}^{2x}+\cdots+n\mathrm{e}^{nx}}{\mathrm{e}^x+\mathrm{e}^{2x}+\cdots+\mathrm{e}^{nx}}}=\mathrm{e}^{\frac{\mathrm{e}(n+1)}{2}}.$$

三、[参考解析] 当 $x\neq 0$ 时, 作变量代换 $u=xt$, 则 $g(x)=\dfrac{1}{x}\displaystyle\int_0^x f(u)\mathrm{d}u$. 所以

$$g'(x)=\frac{1}{x^2}\left(xf(x)-\int_0^x f(u)\mathrm{d}u\right).$$

当 $x=0$ 时, 显然 $g(0)=0$. 所以

$$g'(0)=\lim_{x\to 0}\frac{g(x)-g(0)}{x-0}=\lim_{x\to 0}\frac{\displaystyle\int_0^x f(u)\mathrm{d}u}{x^2}.$$

由 L'Hospital 法则有 $g'(0)=\lim\limits_{x\to 0}\dfrac{f(x)}{2x}=\dfrac{A}{2}$.

另一方面, 根据 $f(x)$ 的连续性及 $\lim\limits_{x\to 0}\dfrac{f(x)}{x}=A$, 可得 $f(0)=0$, 且

$$\lim_{x\to 0}g'(x)=\lim_{x\to 0}\left(\frac{f(x)}{x}-\frac{1}{x^2}\int_0^x f(u)\mathrm{d}u\right)=A-\frac{A}{2}=\frac{A}{2}=g'(0),$$

因此 $g'(x)$ 在 $x=0$ 处连续.

四、[参考证明] (1) 由 Green 公式, 有

$$\oint_L x\mathrm{e}^{\sin y}\mathrm{d}y-y\mathrm{e}^{-\sin x}\mathrm{d}x=\iint_D(\mathrm{e}^{\sin y}+\mathrm{e}^{-\sin x})\mathrm{d}x\mathrm{d}y.$$

由于区域 D 关于直线 $y=x$ 对称, 因此

$$\iint_D \mathrm{e}^{\sin x}\mathrm{d}x\mathrm{d}y=\iint_D \mathrm{e}^{\sin y}\mathrm{d}x\mathrm{d}y,$$

$$\oint_L x\mathrm{e}^{\sin y}\mathrm{d}y-y\mathrm{e}^{-\sin x}\mathrm{d}x=\iint_D(\mathrm{e}^{\sin y}+\mathrm{e}^{-\sin x})\mathrm{d}x\mathrm{d}y=\iint_D(\mathrm{e}^{\sin x}+\mathrm{e}^{-\sin x})\mathrm{d}x\mathrm{d}y.$$

同理, 得

$$\oint_L x\mathrm{e}^{-\sin y}\mathrm{d}y-y\mathrm{e}^{\sin x}\mathrm{d}x=\iint_D(\mathrm{e}^{-\sin y}+\mathrm{e}^{\sin x})\mathrm{d}x\mathrm{d}y=\iint_D(\mathrm{e}^{\sin x}+\mathrm{e}^{-\sin x})\mathrm{d}x\mathrm{d}y.$$

命题得证.

(2) 利用幂级数 $\mathrm{e}^t=\sum\limits_{n=0}^{\infty}\dfrac{t^n}{n!}$, 有

$$\mathrm{e}^{\sin x}+\mathrm{e}^{-\sin x}=2\sum_{n=0}^{\infty}\frac{\sin^{2n}x}{(2n)!}\geqslant 2+\sin^2 x.$$

因此, 得

$$\oint_L x\mathrm{e}^{\sin y}\mathrm{d}y-y\mathrm{e}^{-\sin x}\mathrm{d}x=\iint_D(\mathrm{e}^{\sin x}+\mathrm{e}^{-\sin x})\mathrm{d}x\mathrm{d}y\geqslant\iint_D(2+\sin^2 x)\mathrm{d}x\mathrm{d}y=\frac{5}{2}\pi^2.$$

五、[参考解析] 由于非齐次方程的两个解之差是对应的齐次方程的解, 因此所求方程对应的齐次方程的两个解为

$$Y_1=\mathrm{e}^{-x},\quad Y_2=\mathrm{e}^{2x},$$

相应这两个解的方程有特征根

$$\lambda_1=-1,\quad \lambda_2=2.$$

方程为

$$y''-y'-2y=0.$$

再注意到原方程有一个特解

$$y_0=x\mathrm{e}^x,$$

代入齐次方程, 结果为 $\mathrm{e}^x(1-2x)$, 因此所求的方程为

$$y''-y'-2y=\mathrm{e}^x(1-2x).$$

六、[参考解析] 由于抛物线 $y=ax^2+bx+2\ln c$ 过原点, 所以 $c=1$.

又根据题设条件, 可得 $\displaystyle\int_0^1(ax^2+bx)\mathrm{d}x=\frac{1}{3}$, 即 $\dfrac{a}{3}+\dfrac{b}{2}=\dfrac{1}{3}$ 或 $2a+3b=2$.

所给旋转体的体积为

$$V=\int_0^1\pi(ax^2+bx)^2\mathrm{d}x=\pi\left(\frac{a^2}{5}+\frac{b^2}{3}+\frac{ab}{2}\right).$$

因此问题归结为求 $\pi\left(\dfrac{a^2}{5}+\dfrac{b^2}{3}+\dfrac{ab}{2}\right)$ 满足条件 $2a+3b=2$ 的最小值, 这是条件极值问题, 用 Lagrange 乘数法构造 Lagrange 函数

$$L(a,b;\lambda)=\pi\left(\frac{a^2}{5}+\frac{b^2}{3}+\frac{ab}{2}\right)-\lambda(2a+3b-2).$$

令 $\dfrac{\partial L}{\partial a}=0,\ \dfrac{\partial L}{\partial b}=0,\ \dfrac{\partial L}{\partial \lambda}=0$, 得 $\dfrac{2}{5}a+\dfrac{1}{2}b-2\lambda=0,\ \dfrac{2}{3}b+\dfrac{1}{2}a-3\lambda=0,\ 2a+3b=2$, 联立解得 $a=-\dfrac{5}{4},b=\dfrac{3}{2}$. 因此 $a=-\dfrac{5}{4},\ b=\dfrac{3}{2},\ c=1$.

七、[参考解析] 求解一阶线性微分方程 $u_n'(x)-u_n(x)=x^{n-1}\mathrm{e}^x$, 得 $u_n(x)=\dfrac{x^n\mathrm{e}^x}{n}+C\mathrm{e}^x$. 由 $u_n(1)=\dfrac{\mathrm{e}}{n}$ 得 $C=0$. 所以 $u_n(x)=\dfrac{x^n\mathrm{e}^x}{n}$. 于是

$$\sum_{n=1}^{\infty}u_n(x)=\sum_{n=1}^{\infty}\frac{\mathrm{e}^x x^n}{n}=-\mathrm{e}^x\ln(1-x)\quad(-1\leqslant x<1).$$

八、[参考解析] 由单调性, 当 $0<x<1$ 时, 我们有

$$x^{n^2}<\int_{(n-1)}^{n}x^{t^2}\mathrm{d}t<x^{(n-1)^2}\quad(n\geqslant 1),$$

因此

$$\int_0^{+\infty} x^{t^2}\mathrm{d}t \leqslant \sum_{n=0}^{+\infty} x^{n^2} \leqslant 1+\int_0^{+\infty} x^{t^2}\mathrm{d}t.$$

而

$$\int_0^{+\infty} x^{t^2}\mathrm{d}t=\int_0^{+\infty} \mathrm{e}^{-t^2\ln\frac{1}{x}}\mathrm{d}t=\frac{1}{\sqrt{\ln\dfrac{1}{x}}}\int_0^{+\infty}\mathrm{e}^{-t^2}\mathrm{d}t=\frac{1}{2}\sqrt{\frac{\pi}{\ln\dfrac{1}{x}}}.$$

当 $x\to 1^-$ 时, $\ln x$ 与 $x-1$ 是等价无穷小, 因此 $\displaystyle\sum_{n=0}^{+\infty} x^{n^2} \sim \frac{1}{2}\sqrt{\frac{\pi}{1-x}}$.

第二届全国大学生数学竞赛初赛试题参考解答(非数学专业类)

一、[参考解析] (1) 由于

$$x_n=\frac{(1-a)(1+a)\cdots(1+a^{2^n})}{1-a}=\frac{1-a^{2^{n+1}}}{1-a},$$

当 $|a|<1$ 时, $\lim\limits_{n\to\infty}a^{2^{n+1}}=0$, 所以

$$\lim_{n\to\infty}x_n=\frac{1}{1-a}.$$

(2) 由于

$$\left(1+\frac{1}{x}\right)^{x^2}=\mathrm{e}^{x^2\ln\left(1+\frac{1}{x}\right)},$$

当 $x\to\infty$ 时

$$x^2\ln\left(1+\frac{1}{x}\right)=x^2\left(\frac{1}{x}-\frac{1}{2x^2}+o\left(\frac{1}{x^2}\right)\right),$$

因此

$$\lim_{x\to\infty}\mathrm{e}^{-x}\left(1+\frac{1}{x}\right)^{x^2}=\mathrm{e}^{-\frac{1}{2}}.$$

(3) 当 $s>0$ 时, 由 L'Hospital 法则得

$$\lim_{x\to+\infty}\mathrm{e}^{-sx}x^n=\lim_{x\to+\infty}\frac{nx^{n-1}}{s\mathrm{e}^{sx}}=\cdots=\lim_{x\to+\infty}\frac{n!}{s^n\mathrm{e}^{sx}}=0.$$

记 $I_n=\int_0^{+\infty}\mathrm{e}^{-sx}x^n\mathrm{d}x$, 则

$$I_n=-\frac{1}{s}\int_0^{+\infty}x^n\mathrm{de}^{-sx}=-\frac{1}{s}x^n\mathrm{e}^{-sx}\bigg|_0^{+\infty}+\frac{1}{s}\int_0^{+\infty}\mathrm{e}^{-sx}\mathrm{d}x^n=\frac{n}{s}I_{n-1}.$$

因此得

$$I_n=\frac{n}{s}\cdot\frac{n-1}{s}I_{n-2}=\cdots=\frac{n!}{s^{n-1}}I_1.$$

又

$$I_1=\int_0^{+\infty}x\mathrm{e}^{-sx}\mathrm{d}x=-\frac{1}{s}x\mathrm{e}^{-sx}\bigg|_0^{+\infty}+\frac{1}{s}\int_0^{+\infty}\mathrm{e}^{-sx}\mathrm{d}x=\frac{1}{s^2},$$

则

$$I_n=\frac{n!}{s^{n-1}}I_1=\frac{n!}{s^{n+1}}.$$

(4) 直接计算得 $\frac{\partial r}{\partial x}=\frac{x}{r},\frac{\partial r}{\partial y}=\frac{y}{r}$, 所以

$$\frac{\partial g}{\partial x}=-\frac{x}{r^3}f'\left(\frac{1}{r}\right),$$

$$\frac{\partial^2 g}{\partial x^2}=\frac{x^2}{r^6}f''\left(\frac{1}{r}\right)+\frac{2x^2-y^2}{r^5}f'\left(\frac{1}{r}\right).$$

利用 x 和 y 的对称性, 可得

$$\frac{\partial g}{\partial y}=-\frac{y}{r^3}f'\left(\frac{1}{r}\right),$$

$$\frac{\partial^2 g}{\partial y^2}=\frac{y^2}{r^6}f''\left(\frac{1}{r}\right)+\frac{2y^2-x^2}{r^5}f'\left(\frac{1}{r}\right).$$

所以

$$\frac{\partial^2 g}{\partial x^2}+\frac{\partial^2 g}{\partial y^2}=\frac{1}{r^4}f''\left(\frac{1}{r}\right)+\frac{1}{r^3}f'\left(\frac{1}{r}\right).$$

(5) 直线 l_1 的对称式方程为

$$l_1:\frac{x}{1}=\frac{y}{1}=\frac{z}{0},$$

两直线的方向向量分别为

$$\vec{l_1}=(1,1,0),\quad \vec{l_2}=(4,-2,-1).$$

两直线上的已知点分别为

$$P_1(0,0,0),\quad P_2(2,1,3),$$

并记

$$\vec{a}=\overrightarrow{P_1P_2}=(2,1,3),\quad \vec{l_1}\times\vec{l_2}=(-1,1,-6).$$

于是两直线间的距离为

$$d=\frac{\left|\vec{a}\cdot(\vec{l_1}\times\vec{l_2})\right|}{\left|\vec{l_1}\times\vec{l_2}\right|}=\frac{|-2+1-18|}{\sqrt{38}}=\frac{\sqrt{38}}{2}.$$

二、[参考证明] 根据 $\lim\limits_{x\to+\infty}f'(x)=\alpha>0$ 与极限的保号性知, 存在充分大的 $x_1>x_0$, 使得 $f'(x_1)>0$. 对于 $x>x_1$, 利用 Taylor 公式, 存在 $\xi\in(x_1,x)$, 使得

$$f(x)=f(x_1)+f'(x_1)(x-x_1)+\frac{1}{2}f''(\xi)(x-x_1)^2.$$

由于 $f''(\xi)>0$, 所以 $f(x)>f(x_1)+f'(x_1)(x-x_1)$.

取 $a>x_1-\dfrac{f(x_1)}{f'(x_1)}$, 则 $a>x_1>x_0$ 且 $f(a)>0$.

另一方面, 由 $\lim\limits_{x\to-\infty}f'(x)=\beta<0$ 可得 $x_2<x_0$, 使得 $f'(x_2)<0$. 再利用 Taylor 公式, 对于 $x<x_2$, 存在 $\zeta\in(x,x_2)$, 使得

$$f(x)=f(x_2)+f'(x_2)(x-x_2)+\frac{1}{2}f''(\zeta)(x-x_2)^2>f(x_2)+f'(x_2)(x-x_2).$$

取 $b<x_2-\dfrac{f(x_2)}{f'(x_2)}$, 则 $b<x_2<x_0$ 且 $f(b)>0$.

根据连续函数的介值定理, $f(x)=0$ 分别在 (b,x_0) 与 (x_0,a) 内至少有一个实根.

假设 $f(x)=0$ 有三个实根 η_1,η_2,η_3, 即 $f(\eta_i)=0$, $i=1,2,3$. 不妨设 $\eta_1<\eta_2<\eta_3$, 由 Rolle 定理, 存在 $\rho_1\in(\eta_1,\eta_2)$, $\rho_2\in(\eta_2,\eta_3)$, 使得 $f'(\rho_i)=0$, $i=1,2$. 再对 $f'(x)$ 在区间 $[\rho_1,\rho_2]$ 上利用 Rolle 定理, 存在 $\theta\in(\rho_1,\rho_2)$ 使得 $f''(\theta)=0$, 与题设条件矛盾.

因此 $f(x)=0$ 有且只有两个实根.

三、[参考解析] 因为 $\dfrac{\mathrm{d}x}{\mathrm{d}t}=2(1+t)$, $\dfrac{\mathrm{d}y}{\mathrm{d}t}=\psi'(t)$, 所以 $\dfrac{\mathrm{d}y}{\mathrm{d}x}=\dfrac{\psi'(t)}{2(1+t)}$, 且

$$\frac{\mathrm{d}^2y}{\mathrm{d}x^2}=\frac{\mathrm{d}}{\mathrm{d}x}\left(\frac{\mathrm{d}y}{\mathrm{d}x}\right)=\frac{\mathrm{d}}{\mathrm{d}t}\left(\frac{\mathrm{d}y}{\mathrm{d}x}\right)\cdot\frac{\mathrm{d}t}{\mathrm{d}x}=\frac{\mathrm{d}}{\mathrm{d}t}\left(\frac{\psi'(t)}{2(1+t)}\right)\frac{1}{2(1+t)}=\frac{(1+t)\psi''(t)-\psi'(t)}{4(1+t)^3}.$$

再由题设 $\dfrac{\mathrm{d}^2y}{\mathrm{d}x^2}=\dfrac{3}{4(1+t)}$, 得 $\psi''(t)-\dfrac{1}{1+t}\psi'(t)=3(1+t)$.

对 $\psi'(t)$ 利用一阶线性微分方程求解公式, 得

$$\psi'(t)=\mathrm{e}^{\int\frac{\mathrm{d}t}{1+t}}\left(\int3(1+t)\mathrm{e}^{-\int\frac{\mathrm{d}t}{1+t}}\mathrm{d}t+C\right)=(1+t)(3t+C).$$

积分得 $\psi(t)=t^3+\dfrac{3+C}{2}t^2+Ct+C_1$.

因为曲线 $y=\psi(t)$ 与 $y=\displaystyle\int_1^{t^2}\mathrm{e}^{-u^2}\mathrm{d}u+\frac{3}{2\mathrm{e}}$ 在 $t=1$ 处相切, 所以 $\psi(1)=\dfrac{3}{2\mathrm{e}}$, $\psi'(1)=\dfrac{2}{\mathrm{e}}$. 由此解得 $C=\dfrac{1}{\mathrm{e}}-3$, $C_1=2$. 因此

$$\psi(t)=t^3+\frac{1}{2\mathrm{e}}t^2+\left(\frac{1}{\mathrm{e}}-3\right)t+2.$$

四、[参考证明] (1) 若 $\alpha>1$, 由于 S_n 单调增加, 由 Lagrange 中值定理有

$$\frac{1}{\alpha-1}(S_{n-1}^{1-\alpha}-S_n^{1-\alpha})=\frac{S_n-S_{n-1}}{\xi^\alpha}=\frac{a_n}{\xi^\alpha}>\frac{a_n}{S_n^\alpha},$$

这里 $S_{n-1}<\xi<S_n$.

因此

$$\sum_{n=2}^{\infty}\frac{a_n}{S_n^{\alpha}}\leqslant\frac{1}{\alpha-1}\sum_{n=2}^{\infty}(S_{n-1}^{1-\alpha}-S_n^{1-\alpha})=\frac{1}{\alpha-1}(a_1^{1-\alpha}-\lim_{n\to\infty}S_n^{1-\alpha}).$$

若 $S_n\to+\infty$, 则 $S_n^{1-\alpha}\to 0$, 从而 $\sum\limits_{n=2}^{\infty}\frac{a_n}{S_n^{\alpha}}\leqslant\frac{1}{\alpha-1}a_1^{1-\alpha}$.

若 $S_n\to S$, 则 $\sum\limits_{n=2}^{\infty}\frac{a_n}{S_n^{\alpha}}\leqslant\frac{1}{\alpha-1}(a_1^{1-\alpha}-S^{1-\alpha})$.

无论哪种情况, $\sum\limits_{n=1}^{\infty}\frac{a_n}{S_n^{\alpha}}$ 都收敛.

(2) 若 $\alpha\leqslant 1$, 则当 $S_n>1$ 时, 我们有 $S_n^{\alpha}\leqslant S_n$. 由于 S_n 单调趋于正无穷, 因此存在 $N>0$, 当 $n>N$ 时, 对充分大的 m, 有 $S_{m+n}>2S_n>1$. 由于

$$\frac{a_{n+1}}{S_{n+1}^{\alpha}}+\frac{a_{n+2}}{S_{n+2}^{\alpha}}+\cdots+\frac{a_{n+m}}{S_{n+m}^{\alpha}}>\frac{a_{n+1}+a_{n+2}+\cdots+a_{n+m}}{S_{n+m}^{\alpha}}=\frac{S_{n+m}-S_n}{S_{n+m}^{\alpha}}>\frac{S_{n+m}-S_n}{S_{n+m}}>\frac{1}{2},$$

由 Cauchy 收敛准则知 $\sum\limits_{n=1}^{\infty}\frac{a_n}{S_n^{\alpha}}$ 发散.

五、[参考解析] (1) 记椭球体为 Ω, 所求转动惯量为 J, 则由转动惯量的定义, 得

$$J=\iiint\limits_{\Omega}[(\beta^2+\gamma^2)x^2+(\alpha^2+\gamma^2)y^2+(\alpha^2+\beta^2)z^2-2\alpha\beta xy-2\beta\gamma yz-2\alpha\gamma xz]\mathrm{d}V.$$

作广义球坐标变换

$$\begin{cases}x=a\rho\cos\theta\sin\varphi,\\ y=b\rho\sin\theta\sin\varphi,\quad 0<\rho<1,\ 0<\theta<2\pi,\ 0<\varphi<\pi.\\ z=c\rho\cos\varphi,\end{cases}$$

则有

$$\begin{aligned}J&=\int_0^{\pi}\mathrm{d}\varphi\int_0^{2\pi}\mathrm{d}\varphi\int_0^1 abc[(\beta^2+\gamma^2)a^2\cos^2\theta\sin^3\varphi+(\gamma^2+\alpha^2)b^2\sin^2\theta\sin^3\varphi\\&\quad+(\alpha^2+\beta^2)c^2\cos^2\varphi\sin\varphi]\rho^4\mathrm{d}\rho\\&=\frac{4\pi abc}{15}[(\alpha^2+\beta^2)c^2+(\beta^2+\gamma^2)a^2+(\gamma^2+\alpha^2)b^2].\end{aligned}$$

(2) 求转动惯量 J 关于方向 (α,β,γ) 的最大值与最小值, 这是条件极值问题. 令

$$J(\alpha,\beta,\gamma)=\frac{4\pi abc}{15}[(b^2+c^2)\alpha^2+(c^2+a^2)\beta^2+(a^2+b^2)\gamma^2],$$

这里 $a > b > c, \alpha^2+\beta^2+\gamma^2=1$. 利用 Lagrange 乘数法, 可得

当 $(\alpha,\beta,\gamma)=(0,0,1)$ 时, 转动惯量 J 取最大值

$$J_{\max}=J(0,0,1)=\frac{4\pi abc}{15}(a^2+b^2).$$

当 $(\alpha,\beta,\gamma)=(1,0,0)$ 时, 转动惯量 J 取最小值

$$J_{\min}=J(1,0,0)=\frac{4\pi abc}{15}(b^2+c^2).$$

六、[参考解析] 记 $P=\dfrac{2xy}{x^4+y^2}, Q=\dfrac{\varphi(x)}{x^4+y^2}$, 根据题意, 曲线积分 $\displaystyle\int_{L_1} P\mathrm{d}x+Q\mathrm{d}y$ 与路径 L_1 无关, 所以 $\dfrac{\partial Q}{\partial x}=\dfrac{\partial P}{\partial y}$.

(1) **[方法一]** 记 $I=\displaystyle\oint_C \frac{2xy\mathrm{d}x+\varphi(x)\mathrm{d}y}{x^4+y^2}$, 根据题意, 积分值 I 与曲线 C 的表达式无关. 在 L 上任意截取正向圆弧 L_1 与 L_2, 使得 $L=L_1+L_2$, 记 L_2 的反向弧段为 L_2^-, 再取任意光滑曲线段 L_0, 使得 L_0+L_1 与 $L_0+L_2^-$ 都构成围绕原点的分段光滑正向闭曲线, 则

$$\oint_L \frac{2xy\mathrm{d}x+\varphi(x)\mathrm{d}y}{x^4+y^2}=\left(\oint_{L_0+L_1}-\oint_{L_0+L_2^-}\right)\frac{2xy\mathrm{d}x+\varphi(x)\mathrm{d}y}{x^4+y^2}=I-I=0.$$

[方法二] 在圆 L 上任意截取正向圆弧 L_1 与 L_2, 使得 $L=L_1+L_2$. 记 L_2 的反向弧段为 L_2^-, 由于 $\dfrac{\partial Q}{\partial x},\dfrac{\partial P}{\partial y}$ 在圆 L 及其所围成的有界闭区域上连续, 所以

$$\oint_L \frac{2xy\mathrm{d}x+\varphi(x)\mathrm{d}y}{x^4+y^2}=\left(\oint_{L_1}+\oint_{L_2}\right)P\mathrm{d}x+Q\mathrm{d}y=\left(\oint_{L_1}-\oint_{L_2^-}\right)P\mathrm{d}x+Q\mathrm{d}y=0.$$

(2) 经计算, 得 $\dfrac{\partial P}{\partial y}=\dfrac{2x^5-2xy^2}{(x^4+y^2)^2}, \dfrac{\partial Q}{\partial x}=\dfrac{(x^4+y^2)\varphi'(x)-4x^3\varphi(x)}{(x^4+y^2)^2}$. 因为 $\dfrac{\partial Q}{\partial x}=\dfrac{\partial P}{\partial y}$, 所以 $2x^5-2xy^2=(x^4+y^2)\varphi'(x)-4x^3\varphi(x)$, 即

$$x^3(2x^2+4\varphi(x)-x\varphi'(x))=(2x+\varphi'(x))y^2.$$

比较等式两端, 得 $2x^2+4\varphi(x)-x\varphi'(x)=0, \varphi'(x)=-2x$, 解得 $\varphi(x)=-x^2$.

(3) 设 D 是以正向闭曲线 $C_1: x^4+y^2=1$ 为边界的闭区域, 根据题意并利用 Green 公式及重积分的对称性, 得

$$\oint_C \frac{2xy\mathrm{d}x+\varphi(x)\mathrm{d}y}{x^4+y^2}=\oint_{C_1} 2xy\mathrm{d}x-x^2\mathrm{d}y=\iint_D(-4x)\mathrm{d}x\mathrm{d}y=0.$$

第三届全国大学生数学竞赛初赛试题参考解答(非数学专业类)

一、[参考解析] (1) 注意到

$$\frac{(1+x)^{\frac{2}{x}}-\mathrm{e}^2(1-\ln(1+x))}{x}=\mathrm{e}^2\frac{\mathrm{e}^{2\frac{\ln(1+x)-x}{x}}-1}{x}+\mathrm{e}^2\frac{\ln(1+x)}{x},$$

利用 Taylor 公式, 得 $\ln(1+x)=x-\dfrac{x^2}{2}+o(x^2)$ 及等价无穷小替换 $\mathrm{e}^u-1\sim u(u\to 0)$, 所以

$$\begin{aligned}\lim_{x\to 0}\frac{(1+x)^{\frac{2}{x}}-\mathrm{e}^2(1-\ln(1+x))}{x}&=\mathrm{e}^2\lim_{x\to 0}\frac{\mathrm{e}^{-x+o(x)}-1}{x}+\mathrm{e}^2\lim_{x\to 0}\frac{\ln(1+x)}{x}\\&=\mathrm{e}^2\lim_{x\to 0}\frac{-x+o(x)}{x}+\mathrm{e}^2=\mathrm{e}^2\lim_{x\to 0}\left(-1+\frac{o(x)}{x}\right)+\mathrm{e}^2=-\mathrm{e}^2+\mathrm{e}^2=0.\end{aligned}$$

(2) 当 $\theta=0$ 时, $a_n=1$. 当 $\theta\neq 0$ 时, 由 $\lim\limits_{n\to\infty}\dfrac{\frac{\theta}{2^n}}{\sin\frac{\theta}{2^n}}=1$ 及

$$a_n=\frac{\sin\theta}{2^n\sin\frac{\theta}{2^n}}=\frac{\sin\theta}{\theta}\cdot\frac{\frac{\theta}{2^n}}{\sin\frac{\theta}{2^n}},$$

得 $\lim\limits_{n\to\infty}a_n=\dfrac{\sin\theta}{\theta}$. 所以

$$\lim_{n\to\infty}a_n=\begin{cases}\dfrac{\sin\theta}{\theta}, & \theta\neq 0,\\ 1, & \theta=0.\end{cases}$$

(3) 记

$$\begin{aligned}D_1&=\left\{(x,y):0\leqslant x\leqslant\frac{1}{2},0\leqslant y\leqslant 2\right\},\\D_2&=\left\{(x,y):\frac{1}{2}\leqslant x\leqslant 2,0\leqslant y\leqslant\frac{1}{x}\right\},\\D_3&=\left\{(x,y):\frac{1}{2}\leqslant x\leqslant 2,\frac{1}{x}\leqslant y\leqslant 2\right\},\end{aligned}$$

则

$$\iint\limits_{D_3}\mathrm{d}x\mathrm{d}y=3-2\ln 2,\quad \iint\limits_{D_1\cup D_2}\mathrm{d}x\mathrm{d}y=1+\int_{\frac{1}{2}}^{2}\frac{\mathrm{d}x}{x}=1+2\ln 2,$$

于是

$$\iint_D \operatorname{sgn}(xy-1)\mathrm{d}x\mathrm{d}y = \iint_{D_3} \mathrm{d}x\mathrm{d}y - \iint_{D_1\cup D_2} \mathrm{d}x\mathrm{d}y = 2-4\ln 2.$$

(4) 令

$$S(x)=\frac{1}{2}\sum_{n=1}^{\infty}(2n-1)\left(\frac{x}{\sqrt{2}}\right)^{2n-2}.$$

易知幂级数的收敛区间为 $(-\sqrt{2},\sqrt{2})$. 对 $\forall x\in(-\sqrt{2},\sqrt{2})$, 有

$$\int_0^x S(t)\mathrm{d}t=\sum_{n=1}^{\infty}\int_0^x \frac{2n-1}{2^n}t^{2n-2}\mathrm{d}t=\sum_{n=1}^{\infty}\frac{x^{2n-1}}{2^n}=\frac{x}{2}\sum_{n=1}^{\infty}\left(\frac{x^2}{2}\right)^{n-1}=\frac{x}{2-x^2}.$$

所以有

$$S(x)=\frac{\mathrm{d}}{\mathrm{d}x}\left(\frac{x}{2-x^2}\right)=\frac{2+x^2}{(2-x^2)^2},\quad \forall x\in(-\sqrt{2},\sqrt{2}),$$

代入 $x=\dfrac{1}{\sqrt{2}}$ 得

$$\sum_{n=1}^{\infty}\frac{2n-1}{2^{2n-1}}=S\left(\frac{1}{\sqrt{2}}\right)=\frac{10}{9}.$$

二、[参考证明] (1) 由于 $\lim\limits_{n\to\infty}a_n=a$, 因此对 $\forall\varepsilon>0,\exists N>0,\forall n>N$, 有 $|a_n-a|<\varepsilon$. 于是有

$$\begin{aligned}\left|\frac{a_1+a_2+\cdots+a_n}{n}-a\right| &\leqslant \frac{|a_1-a|+|a_2-a|+\cdots+|a_n-a|}{n}\\ &\leqslant \frac{|a_1-a|+|a_2-a|+\cdots+|a_N-a|}{n}+\frac{(n-N)\varepsilon}{n},\end{aligned}$$

上述不等式中, 由于 $|a_1-a|+|a_2-a|+\cdots+|a_N-a|$ 是常数, 因此对同样给定的 $\varepsilon>0,\exists N_1>0$, 当 $n>N_1$ 时, 有

$$\frac{|a_1-a|+|a_2-a|+\cdots+|a_N-a|}{n}<\varepsilon.$$

于是 $\forall\varepsilon>0$, 取 $N_2=\max\{N,N_1\}$, 对任意 $n>N_2$, 都有

$$\left|\frac{a_1+a_2+\cdots+a_n}{n}-a\right|<2\varepsilon.$$

由极限的定义有

$$\lim_{n\to+\infty}\frac{a_1+a_2+\cdots+a_n}{n}=a.$$

(2) 记 $A_n^{(i)}=a_{(n-1)p+i}$, $i=1,2,\cdots,p$, 由于 $\lim\limits_{n\to\infty}(a_{n+p}-a_n)=\lambda$, 故对每个子列 $A_n^{(i)}$ 都有

$$\lim_{n\to\infty}(A_{n+1}^i-A_n^i)=\lambda\quad(i=1,2,\cdots,p).$$

由 Stolz 定理, 得

$$\lim_{n\to\infty}\frac{a_{np+i}}{np+i}=\lim_{n\to\infty}\frac{a_{(n+1)p+i}-a_{np+i}}{((n+1)p+i)-(np+i)}=\frac{\lambda}{p}.$$

注意到数列 $\left\{\dfrac{a_n}{n}\right\}$ 可以分解成 p 个子列 $\left\{\dfrac{a_{(n-1)p+i}}{(n-1)p+i}\right\}(i=1,2,\cdots,p)$, 且所有子列都收敛到同一个极限 $\dfrac{\lambda}{p}$, 因此原数列 $\left\{\dfrac{a_n}{n}\right\}$ 收敛, 且 $\lim\limits_{n\to\infty}\dfrac{a_n}{n}=\dfrac{\lambda}{p}$.

三、[参考证明] 由 Taylor 公式可知

$$0=f(-1)=f(0)-f'(0)+\frac{1}{2}f''(0)-\frac{1}{6}f'''(\xi_1),\quad -1<\xi_1<0,$$
$$1=f(1)=f(0)+f'(0)+\frac{1}{2}f''(0)+\frac{1}{6}f'''(\xi_2),\quad 0<\xi_2<1,$$

两式相减, 有 $f'''(\xi_1)+f'''(\xi_2)=6$.

对三阶导数 $f'''(x)$ 利用连续函数的介值定理, 则存在 $x_0\in(-1,1)$, 使得 $f'''(x_0)=3$.

四、[参考解析] 利用微元法得到引力的积分表达式.

沿 x 轴方向的引力为

$$F_x=\int_a^{+\infty}\frac{Gm\rho x\mathrm{d}x}{\sqrt{(h^2+x^2)^3}}=\frac{Gm\rho}{\sqrt{h^2+a^2}}.$$

沿 y 轴方向的引力为

$$F_y=\int_a^{+\infty}\frac{Gmh\rho\mathrm{d}x}{\sqrt{(h^2+x^2)^3}}=\frac{Gm\rho}{h}\left(1-\frac{a}{\sqrt{h^2+a^2}}\right).$$

所求引力为 $F=(F_x,F_y)$.

五、[参考证明] 对方程 $F\left(z+\dfrac{1}{x},z-\dfrac{1}{y}\right)=0$ 微分, 有

$$F_1\cdot\left(\mathrm{d}z-\frac{1}{x^2}\mathrm{d}x\right)+F_2\cdot\left(\mathrm{d}z+\frac{1}{y^2}\mathrm{d}y\right)=0,$$

即

$$\mathrm{d}z=\frac{1}{x^2}\frac{F_1}{F_1+F_2}\mathrm{d}x-\frac{1}{y^2}\frac{F_2}{F_1+F_2}\mathrm{d}y.$$

因此 $\dfrac{\partial z}{\partial x}=\dfrac{1}{x^2}\dfrac{F_1}{F_1+F_2}$, $\dfrac{\partial z}{\partial y}=-\dfrac{1}{y^2}\dfrac{F_2}{F_1+F_2}$, 从而有

$$x^2\frac{\partial z}{\partial x}-y^2\frac{\partial z}{\partial y}=1.$$

对此式分别关于 x,y 求偏导数, 得

$$2x\frac{\partial z}{\partial x}+x^2\frac{\partial^2 z}{\partial x^2}-y^2\frac{\partial^2 z}{\partial x\partial y}=0,\quad x^2\frac{\partial^2 z}{\partial x\partial y}-2y\frac{\partial z}{\partial y}-y^2\frac{\partial^2 z}{\partial y^2}=0.$$

将此二式分别乘 x,y 并相加, 得

$$x^3\frac{\partial^2 z}{\partial x^2}+xy(x-y)\frac{\partial^2 z}{\partial x\partial y}-y^3\frac{\partial^2 z}{\partial y^2}=-2.$$

六、[参考证明] 当 a,b,c 均为零时等式显然成立, 下设 a,b,c 不全为零.

记平面 P_u 为 $\dfrac{ax+by+cz}{\sqrt{a^2+b^2+c^2}}=u$, 则当 u 固定时, $|u|$ 表示原点到平面 P_u 的距离, 所以 $-1\leqslant u\leqslant 1$. 用两平面 P_u 与 $P_{u+\mathrm{d}u}$ 截单位球面 Σ, 截下的部分近似于一圆柱面, 其周长为 $2\pi\sqrt{1-u^2}$, 高为 $\dfrac{\mathrm{d}u}{\sqrt{1-u^2}}$, 则圆柱面的面积 $\mathrm{d}S=2\pi\mathrm{d}u$. 又被积函数在圆柱面上取值为 $f(\sqrt{a^2+b^2+c^2}u)$, 因此

$$\iint\limits_{\Sigma} f(ax+by+cz)\mathrm{d}S=2\pi\int_{-1}^{1}f(\sqrt{a^2+b^2+c^2}u)\mathrm{d}u.$$

第四届全国大学生数学竞赛初赛试题参考解答(非数学专业类)

一、[参考解析] (1) 首先, 显然有不等式

$$\frac{1}{n^2}\ln(n!) \leqslant \frac{1}{n}\left(\frac{\ln 1}{1}+\frac{\ln 2}{2}+\cdots+\frac{\ln n}{n}\right).$$

又易知 $\lim\limits_{n\to\infty}\dfrac{\ln n}{n}=0$, 根据 Cauchy 命题, 知

$$\lim_{n\to\infty}\frac{1}{n}\left(\frac{\ln 1}{1}+\frac{\ln 2}{2}+\cdots+\frac{\ln n}{n}\right)=0.$$

利用夹逼准则, 得

$$\lim_{n\to\infty}\frac{1}{n^2}\ln(n!)=0.$$

因此 $\lim\limits_{n\to\infty}(n!)^{\frac{1}{n^2}}=\mathrm{e}^{\lim\limits_{n\to\infty}\frac{1}{n^2}\ln(n!)}=1.$

(2) 过 L 的平面束方程为

$$\lambda(2x+y+-3z+2)+\mu(5x+5y-4z+3)=0,$$

即

$$(2\lambda+5\mu)x+(\lambda+5\mu)y-(3\lambda+4\mu)z+(2\lambda+3\mu)=0.$$

若平面 π_1 过点 $(4,-3,1)$, 代入得 $\lambda+\mu=0$, 即 $\mu=-\lambda$, 从而 π_1 的方程为

$$3x+4y-z+1=0.$$

若平面束中的平面 π_2 与 π_1 垂直, 则

$$3\cdot(2\lambda+5\mu)+4\cdot(\lambda+5\mu)+(3\lambda+4\mu)=0,$$

解得 $\lambda=-3\mu$, 从而平面 π_2 的方程为

$$x-2y-5z+3=0.$$

(3) 直接计算得

$$\frac{\partial z}{\partial x}=\mathrm{e}^{ax+by}\left[\frac{\partial u}{\partial x}+au(x,y)\right],\qquad \frac{\partial z}{\partial y}=\mathrm{e}^{ax+by}\left[\frac{\partial u}{\partial y}+bu(x,y)\right],$$

$$\frac{\partial^2 z}{\partial x\partial y}=\mathrm{e}^{ax+by}\left[b\frac{\partial u}{\partial x}+a\frac{\partial u}{\partial y}+abu(x,y)\right],$$

所以

$$\frac{\partial^2 z}{\partial x\partial y}-\frac{\partial z}{\partial x}-\frac{\partial z}{\partial y}+z=\mathrm{e}^{ax+by}\left[(b-1)\frac{\partial u}{\partial x}+(a-1)\frac{\partial u}{\partial y}+(ab-a-b+1)u(x,y)\right].$$

由

$$\frac{\partial^2 z}{\partial x\partial y}-\frac{\partial z}{\partial x}-\frac{\partial z}{\partial y}+z=0$$

可得恒等式

$$(b-1)\frac{\partial u}{\partial x}+(a-1)\frac{\partial u}{\partial y}+(ab-a-b+1)u(x,y)=0,$$

因此 $a=b=1$.

(4) 由积分与路径无关, 有

$$\frac{\partial((x+2y)u)}{\partial y}=\frac{\partial((x+u^3)u)}{\partial x},$$

由此可得

$$\frac{\mathrm{d}x}{\mathrm{d}u}=\frac{x}{u}+4u^2.$$

利用一阶线性微分方程的求解公式, 得

$$x=\mathrm{e}^{\int\frac{\mathrm{d}u}{u}}\left(\int 4u^2\mathrm{e}^{-\int\frac{\mathrm{d}u}{u}}\mathrm{d}u+C\right)=2u^3+cu.$$

再由 $x=2$ 时 $u=1$, 可得 $C=0$. 因此

$$u(x)=\sqrt[3]{\frac{x}{2}}.$$

(5) 当 $x>1$ 时, 有

$$0\leqslant\left|\sqrt[3]{x}\int_x^{x+1}\frac{\sin t}{\sqrt{t+\cos t}}\mathrm{d}t\right|\leqslant\sqrt[3]{x}\int_x^{x+1}\frac{1}{\sqrt{t-1}}\mathrm{d}t\leqslant 2\sqrt[3]{x}(\sqrt{x}-\sqrt{x-1}),$$

而 $\lim\limits_{x\to+\infty}\sqrt[3]{x}(\sqrt{x}-\sqrt{x-1})=\lim\limits_{x\to+\infty}\dfrac{\sqrt[3]{x}}{\sqrt{x}+\sqrt{x-1}}=0$, 故由夹逼准则, 得

$$\lim_{x\to\infty}\sqrt[3]{x}\int_x^{x+1}\frac{\sin t}{\sqrt{t+\cos t}}\mathrm{d}t=0.$$

二、[参考解析] 对任意正实数 M, 存在唯一的正整数 n, 使得 $n\pi<M<(n+1)\pi$. 所以, 当 $n\to\infty$ 时, 有 $M\to+\infty$. 注意到被积函数非负, 因此

$$\int_0^{n\pi}\mathrm{e}^{-2x}|\sin x|\,\mathrm{d}x<\int_0^{M}\mathrm{e}^{-2x}|\sin x|\mathrm{d}x<\int_0^{(n+1)\pi}\mathrm{e}^{-2x}|\sin x|\mathrm{d}x.$$

利用分部积分, 得

$$\int_{(k-1)\pi}^{k\pi} \mathrm{e}^{-2x}|\sin x|\mathrm{d}x=\int_{(k-1)\pi}^{k\pi}(-1)^{k-1}\mathrm{e}^{-2x}\sin x\mathrm{d}x=\frac{1+\mathrm{e}^{2\pi}}{5}\mathrm{e}^{-2k\pi}.$$

因为 $\displaystyle\int_0^{n\pi} \mathrm{e}^{-2x}|\sin x|\,\mathrm{d}x=\frac{1+\mathrm{e}^{2\pi}}{5}\sum_{k=1}^{n}\mathrm{e}^{-2k\pi}=\frac{1+\mathrm{e}^{2\pi}}{5}\cdot\frac{(1-\mathrm{e}^{-2n\pi})\mathrm{e}^{-2\pi}}{1-\mathrm{e}^{-2\pi}}\to\frac{1}{5}\cdot\frac{(1+\mathrm{e}^{2\pi})\mathrm{e}^{-2\pi}}{1-\mathrm{e}^{-2\pi}}$ $(n\to\infty)$, 且

$$\begin{aligned}\int_0^{(n+1)\pi} \mathrm{e}^{-2x}|\sin x|\,\mathrm{d}x&=\frac{1+\mathrm{e}^{2\pi}}{5}\sum_{k=1}^{n+1}\mathrm{e}^{-2k\pi}\\&=\frac{1+\mathrm{e}^{2\pi}}{5}\cdot\frac{(1-\mathrm{e}^{-2(n+1)\pi})\mathrm{e}^{-2\pi}}{1-\mathrm{e}^{-2\pi}}\to\frac{1}{5}\cdot\frac{(1+\mathrm{e}^{2\pi})\mathrm{e}^{-2\pi}}{1-\mathrm{e}^{-2\pi}}\quad(n\to\infty),\end{aligned}$$

故由夹逼准则, 可得

$$\int_0^{+\infty} \mathrm{e}^{-2x}|\sin x|\,\mathrm{d}x=\lim_{M\to+\infty}\int_0^{M} \mathrm{e}^{-2x}|\sin x|\mathrm{d}x=\frac{1}{5}\cdot\frac{\mathrm{e}^{2\pi}+1}{\mathrm{e}^{2\pi}-1}.$$

三、[参考解析] 对函数 $\sin\dfrac{1}{x}$ 利用 Taylor 公式, 得

$$\sin\frac{1}{x}=\frac{1}{x}-\frac{1}{2}\sin\frac{\theta}{x}\cdot\frac{1}{x^2},\quad 其中\quad 0<\theta<1,$$

代入原方程 $x^2\sin\dfrac{1}{x}=2x-501$, 得

$$x-\frac{1}{2}\sin\frac{\theta}{x}=2x-501,$$

解得 $x\approx 501$, 误差项为

$$|x-501|=\frac{1}{2}\left|\sin\frac{\theta}{x}\right|<\frac{\theta}{2x}<\frac{1}{1000}=0.001\quad(0<\theta<1).$$

因此, 取 $x\approx 501$ 作为原方程的近似解, 可精确到 0.001.

四、[参考解析] 曲线 $y=f(x)$ 在点 P 处的切线方程为 $Y-f(x)=f'(x)(X-x)$. 令 $Y=0$, 解得 $X=x-\dfrac{f(x)}{f'(x)}$. 所以切线在 x 轴上的截距为 $u=x-\dfrac{f(x)}{f'(x)}$, 且

$$\lim_{x\to0}u=\lim_{x\to0}\left(x-\frac{f(x)}{f'(x)}\right)=-\lim_{x\to0}\frac{\dfrac{f(x)-f(0)}{x-0}}{\dfrac{f'(x)-f'(0)}{x-0}}=-\frac{f'(0)}{f''(0)}=0.$$

利用 Taylor 公式及条件 $f(0)=0, f'(0)=0$, 得

$$f(x)=f(0)+f'(0)x+\frac{1}{2}f''(0)x^2+o(x^2)=\frac{1}{2}f''(0)x^2+o(x^2),$$

其中 $o(x^2)$ 是 x^2 的高阶无穷小. 所以

$$\lim_{x\to 0}\frac{u}{x}=1-\lim_{x\to 0}\frac{f(x)}{xf'(x)}=1-\lim_{x\to 0}\frac{\frac{1}{2}f''(0)+\frac{o(x^2)}{x^2}}{\frac{f'(x)-f'(0)}{x-0}}=1-\frac{1}{2}\frac{f''(0)}{f''(0)}=\frac{1}{2}.$$

注意到 $\sin u\sim u(u\to 0)$, 因此

$$\lim_{x\to 0}\frac{x^3f(u)}{f(x)\sin^3 u}=\lim_{x\to 0}\frac{x^3\left(\frac{1}{2}f''(0)u^2+o(u^2)\right)}{u^3\left(\frac{1}{2}f''(0)x^2+o(x^2)\right)}=\lim_{x\to 0}\frac{x}{u}\cdot\frac{\frac{1}{2}f''(0)+\frac{o(u^2)}{u^2}}{\frac{1}{2}f''(0)+\frac{o(x^2)}{x^2}}=2.$$

五、[参考解析] 由于

$$\int_0^1 f(\sqrt{x})\mathrm{d}x=2\int_0^1 f(t)t\mathrm{d}t\leqslant 2\int_0^1|f(t)|\mathrm{d}t\leqslant 2,$$

因此 $C\leqslant 2$.

另一方面, 若取 $f_n(x)=(n+1)x^n$, 则 $\int_0^1|f_n(x)|\mathrm{d}x=\int_0^1(n+1)x^n\mathrm{d}x=1$, 且

$$\int_0^1 f_n(\sqrt{x})\mathrm{d}x=2\int_0^1(n+1)t^{n+1}\mathrm{d}t=2\frac{n+1}{n+2}\to 2\quad(n\to\infty).$$

因此, 满足条件的最小实数 $C=2$.

六、[参考解析] 利用柱面坐标, 区域 Ω 可表示为

$$\Omega=\left\{(\theta,r,z)|r^2\leqslant z\leqslant\sqrt{t^2-r^2},0\leqslant r\leqslant a,0\leqslant\theta\leqslant 2\pi\right\},$$

其中 a 满足 $a^2+a^4=t^2$, 即 $a^2=\sqrt{t^2-a^2}$, 且 $a^2=\dfrac{\sqrt{1+4t^2}-1}{2}$. 所以

$$F(t)=\int_0^{2\pi}\mathrm{d}\theta\int_0^a r\mathrm{d}r\int_{r^2}^{\sqrt{t^2-r^2}}f(r^2+z^2)\mathrm{d}z=2\pi\int_0^a\left(r\int_{r^2}^{\sqrt{t^2-r^2}}f(r^2+z^2)\mathrm{d}z\right)\mathrm{d}r.$$

利用含参积分的求导与积分上限的求导公式, 得

$$F'(t)=2\pi a\int_{a^2}^{\sqrt{t^2-a^2}}f(a^2+z^2)\mathrm{d}z\frac{\mathrm{d}a}{\mathrm{d}t}+2\pi\int_0^a rf(r^2+t^2-r^2)\frac{t}{\sqrt{t^2-r^2}}\mathrm{d}r$$

$$= 2\pi t f(t^2)\int_0^a \frac{r}{\sqrt{t^2-r^2}}\mathrm{d}r = 2\pi t f(t^2)(t-a^2) = \pi t f(t^2)(1+2t-\sqrt{1+4t^2}).$$

七、[参考证明] (1) 考虑级数 $\sum\limits_{n=1}^{\infty} a_n$ 的部分和 $S_p=\sum\limits_{n=1}^{p} a_n$. 设

$$\lim_{n\to\infty}\left(\frac{a_n}{a_{n+1}b_n}-\frac{1}{b_{n+1}}\right)=2\delta>\delta>0,$$

则存在正整数 N, 当 $n\geqslant N$ 时, $\dfrac{a_n}{a_{n+1}b_n}-\dfrac{1}{b_{n+1}}>\delta \Leftrightarrow a_{n+1}<\dfrac{1}{\delta}\left(\dfrac{a_n}{b_n}-\dfrac{a_{n+1}}{b_{n+1}}\right)$.

于是, 当 $p>N$ 时, 有

$$S_p<\sum_{n=N}^{p} a_{n+1}<\frac{1}{\delta}\sum_{n=N}^{p}\left(\frac{a_n}{b_n}-\frac{a_{n+1}}{b_{n+1}}\right)=\frac{1}{\delta}\left(\frac{a_N}{b_N}-\frac{a_{p+1}}{b_{p+1}}\right)<\frac{1}{\delta}\frac{a_N}{b_N},$$

即部分和数列 $\{S_p\}$ 有上界, 这等价于正项级数 $\sum\limits_{n=1}^{\infty} a_n$ 收敛.

(2) 由 $\lim\limits_{n\to\infty}\left(\dfrac{a_n}{a_{n+1}b_n}-\dfrac{1}{b_{n+1}}\right)<0$ 知, 存在正整数 N, 当 $n\geqslant N$ 时, $\dfrac{a_n}{a_{n+1}b_n}-\dfrac{1}{b_{n+1}}<0$, 即 $a_{n+1}>\dfrac{b_{n+1}}{b_n}a_n$. 从而有

$$a_{n+1}>\frac{b_{n+1}}{b_n}a_n>\frac{b_{n+1}}{b_n}\cdot\frac{b_n}{b_{n-1}}a_{n-1}>\cdots>\frac{a_N}{b_N}b_{n+1}.$$

根据题设条件, $\sum\limits_{n=1}^{\infty} b_n$ 发散, 故由比较判别法可知, $\sum\limits_{n=1}^{\infty} a_n$ 发散.

第五届全国大学生数学竞赛初赛试题参考解答(非数学专业类)

一、[参考解析] (1) 因为

$$\sin(\pi\sqrt{1+4n^2}) = -\sin(2n\pi - \pi\sqrt{1+4n^2}) = \sin\frac{\pi}{2n+\sqrt{1+4n^2}} \sim \frac{\pi}{2n+\sqrt{1+4n^2}},$$

所以

$$\begin{aligned}\text{原式} &= \lim_{n\to\infty}\left(1+\sin\frac{\pi}{2n+\sqrt{1+4n^2}}\right)^n = \exp\left[\lim_{n\to\infty} n\ln\left(1+\sin\frac{\pi}{2n+\sqrt{1+4n^2}}\right)\right] \\ &= \exp\left[\lim_{n\to\infty} n\sin\frac{\pi}{2n+\sqrt{1+4n^2}}\right] = \exp\left[\lim_{n\to\infty}\frac{n\pi}{2n+\sqrt{1+4n^2}}\right] = \mathrm{e}^{\frac{\pi}{4}}.\end{aligned}$$

(2) 记 $a_n = \int_{n\pi}^{(n+1)\pi}\frac{|\sin x|}{x}\mathrm{d}x$, 只需证明级数 $\sum\limits_{n=0}^{\infty} a_n$ 发散即可. 因为

$$a_n \geqslant \frac{1}{(n+1)\pi}\int_{n\pi}^{(n+1)\pi}|\sin x|\mathrm{d}x = \frac{1}{(n+1)\pi}\int_0^{\pi}\sin x\mathrm{d}x = \frac{2}{(n+1)\pi},$$

而 $\sum\limits_{n=0}^{\infty}\frac{2}{(n+1)\pi}$ 发散, 所以 $\sum\limits_{n=0}^{\infty} a_n$ 发散.

(3) 利用隐函数求导法则, 得 $\frac{\mathrm{d}y}{\mathrm{d}x} = \frac{x(x+2y)}{2y^2-x^2}$. 令 $\frac{\mathrm{d}y}{\mathrm{d}x} = 0$, 并结合原方程, 解得 $y(x)$ 的驻点为 $x_1 = 0$, $x_2 = -2$, 相应的函数值为 $y_1 = -1$, $y_2 = 1$. 又因为

$$\frac{\mathrm{d}^2y}{\mathrm{d}x^2} = \frac{(2y^2-x^2)(2x+2y+2xy') - x(x+2y)(4yy'-2x)}{(2y^2-x^2)^2},$$

而 $\left.\frac{\mathrm{d}^2y}{\mathrm{d}x^2}\right|_{(x_1,y_1)} = -1 < 0$, $\left.\frac{\mathrm{d}^2y}{\mathrm{d}x^2}\right|_{(x_2,y_2)} = 1 > 0$, 所以函数 $y(x)$ 在 $x_1 = 0$ 处取得极大值 $y_1 = -1$, 在 $x_2 = -2$ 处取得极小值 $y_2 = 1$.

注 函数 $y(x)$ 在点 $x_3 = \sqrt[3]{2\sqrt{2}-2}$ 和 $x_4 = -\sqrt[3]{2\sqrt{2}+2}$ 处不可导, 相应的函数值为 $y_3 = \sqrt[3]{\frac{2-\sqrt{2}}{2}}$ 和 $y_4 = \sqrt[3]{\frac{2+\sqrt{2}}{2}}$, 可以判断 y_3 和 y_4 都不是函数的极值. 证明从略.

(4) 设切点 A 的坐标为 $(x_0, \sqrt[3]{x_0})$, 则切线方程为 $y - \sqrt[3]{x_0} = \frac{1}{3}x_0^{-\frac{2}{3}}(x-x_0)$, 易知它与 x 轴的交点为 $(-2x_0, 0)$. 根据题意, 所围成的平面图形的面积满足

$$\frac{1}{2}(3x_0)\sqrt[3]{x_0} - \int_0^{x_0}\sqrt[3]{x}\mathrm{d}x = \frac{3}{4},$$

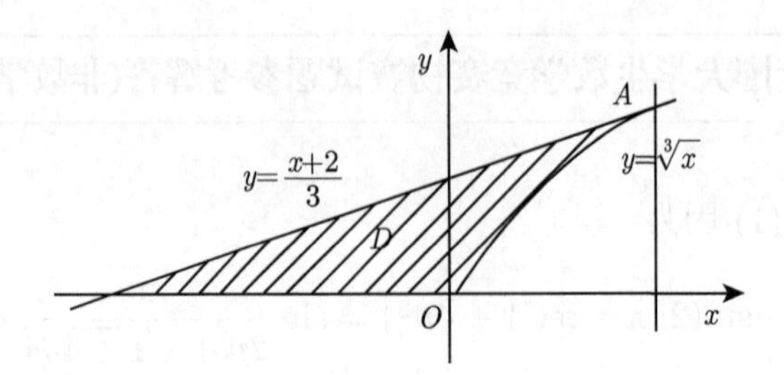

解得 $x_0=1$. 因此切点为 $(1,1)$.

二、[参考解析] 把积分按积分区间拆成两项:

$$I=\int_0^{\pi}\frac{x\sin x\arctan \mathrm{e}^x}{1+\cos^2 x}\mathrm{d}x+\int_{-\pi}^{0}\frac{x\sin x\arctan \mathrm{e}^x}{1+\cos^2 x}\mathrm{d}x$$
$$=\int_0^{\pi}\frac{x\sin x}{1+\cos^2 x}(\arctan \mathrm{e}^x+\arctan \mathrm{e}^{-x})\mathrm{d}x.$$

容易证明: 当 $-\infty<x<+\infty$ 时, $\arctan \mathrm{e}^x+\arctan \mathrm{e}^{-x}\equiv\frac{\pi}{2}$. 所以

$$I=\frac{\pi}{2}\int_0^{\pi}\frac{x\sin x}{1+\cos^2 x}\mathrm{d}x=\left(\frac{\pi}{2}\right)^2\int_0^{\pi}\frac{\sin x}{1+\cos^2 x}\mathrm{d}x=-\left(\frac{\pi}{2}\right)^2\arctan(\cos x)\Big|_0^{\pi}=\frac{\pi^3}{8}.$$

三、[参考证明] 由题设条件 $\lim\limits_{x\to 0}\frac{f(x)}{x}=0$ 及 $f(x)$ 在 $x=0$ 处连续, 可得

$$f(0)=\lim_{x\to 0}f(x)=\lim_{x\to 0}\frac{f(x)}{x}\cdot x=0,$$

$$f'(0)=\lim_{x\to 0}\frac{f(x)-f(0)}{x-0}=\lim_{x\to 0}\frac{f(x)}{x}=0.$$

利用 L'Hospital 法则及二阶导数 $f''(0)$ 的定义, 得

$$\lim_{x\to 0}\frac{f(x)}{x^2}=\lim_{x\to 0}\frac{f'(x)}{2x}=\frac{1}{2}\lim_{x\to 0}\frac{f'(x)-f'(0)}{x-0}=\frac{1}{2}f''(0).$$

根据归结原理, 可知

$$\lim_{n\to\infty}\frac{\left|f\left(\frac{1}{n}\right)\right|}{\frac{1}{n^2}}=\frac{1}{2}\left|f''(0)\right|.$$

而级数 $\sum\limits_{n=1}^{\infty}\frac{1}{n^2}$ 收敛, 故由比较判别法知, $\sum\limits_{n=1}^{\infty}\left|f\left(\frac{1}{n}\right)\right|$ 收敛.

四、[参考证明] 由于 $f'(x) \geqslant m > 0$, 所以 $f(x)$ 在 $[a,b]$ 上严格单调增加, 且有严格单调增加的反函数. 作变换 $t = f(x)$, 则 $\dfrac{\mathrm{d}x}{\mathrm{d}t} = \dfrac{1}{f'(x)} \leqslant \dfrac{1}{m}$, 所以

$$\left|\int_a^b \sin f(x)\mathrm{d}x\right| \leqslant \frac{1}{m}\left|\int_{f(a)}^{f(b)} \sin t\mathrm{d}t\right|.$$

由 $|f(x)| \leqslant \pi$, 知 $-\pi \leqslant f(a) \leqslant f(b) \leqslant \pi$, 所以

$$\left|\int_{f(a)}^{f(b)} \sin t\mathrm{d}t\right| \leqslant \left|\int_0^{f(b)} \sin t\mathrm{d}t\right| \leqslant \int_0^{\pi} \sin t\mathrm{d}t = 2.$$

综合上述两式, 即得所证不等式.

五、[参考解析] 记 Ω 是 Σ 包围的空间区域, 利用 Gauss 公式, 得

$$I = 3\iiint\limits_{\Omega} (x^2 + 2y^2 + 3z^2 - 1)\mathrm{d}V.$$

记 $\Omega = \left\{(x,y,z)|x^2 + 2y^2 + 3z^2 \leqslant r^2\right\}$, 欲使积分值 I 最小, 则积分区域 Ω 是使得被积函数为负值的最大区域, 此时 $r = 1$, 曲面 Σ 为椭球面 $x^2 + 2y^2 + 3z^2 = 1$.

利用广义球坐标变换, 有

$$I_{\min} = \frac{\sqrt{6}}{2}\int_0^{2\pi}\mathrm{d}\theta\int_0^{\pi}\mathrm{d}\varphi\int_0^1 \rho^4 \sin\varphi\mathrm{d}\rho - 3V = -\frac{4\sqrt{6}}{15}\pi.$$

六、[参考解析] 当 $a = 1$ 时, 有 $\dfrac{\partial}{\partial y}\left(\dfrac{y}{x^2+y^2}\right) = \dfrac{\partial}{\partial x}\left(\dfrac{-x}{x^2+y^2}\right)$, 在 C 内作小圆 $C_1 : x^2 + y^2 = \varepsilon^2$ (取正向), 则 $I_1(r) = \dfrac{1}{\varepsilon^2}\displaystyle\oint_{C_1} y\mathrm{d}x - x\mathrm{d}y = \dfrac{1}{\varepsilon^2}\int_0^{2\pi}(-\varepsilon^2\sin^2\theta - \varepsilon^2\cos^2\theta)\mathrm{d}\theta = -2\pi$.

当 $a \neq 1$ 时, 令 $x = \rho\cos\theta, y = \rho\sin\theta$, 则积分可化为

$$I_a(r) = -\int_0^{2\pi}\frac{\mathrm{d}\theta}{\rho^{2a-2}},$$

这里 $\rho = \dfrac{r}{\sqrt{1+\cos\theta\sin\theta}}$. 于是

$$I_a(r) = -\frac{1}{r^{2(a-1)}}\int_0^{2\pi}(1+\cos\theta\sin\theta)^{a-1}\mathrm{d}\theta.$$

注意到上述定积分中被积函数是正的连续函数, 积分值为有限正实数, 因此

$$\lim_{r\to+\infty} I_a(r) = \begin{cases} 0, & a > 1, \\ -\infty, & a < 1, \\ -2\pi, & a = 1. \end{cases}$$

七、[参考解析] 记 $H_n = 1 + \frac{1}{2} + \cdots + \frac{1}{n}$, $a_n = \frac{H_n}{(n+1)(n+2)}$, 因为

$$0 < H_n < 1 + \sum_{k=2}^{n} \int_{k-1}^{k} \frac{1}{x} \mathrm{d}x = 1 + \int_{1}^{n} \frac{1}{x} \mathrm{d}x = 1 + \ln n,$$

当 n 充分大时, $1 + \ln n < \sqrt{n}$, 所以 $0 < a_n < \frac{\sqrt{n}}{(n+1)(n+2)} < \frac{1}{n^{3/2}}$. 而 $\sum_{n=1}^{\infty} \frac{1}{n^{3/2}}$ 收敛, 所以原级数 $\sum_{n=1}^{\infty} a_n$ 收敛.

进一步, 考察原级数的部分和 S_n. 因为

$$\begin{aligned} S_n &= \sum_{k=1}^{n} \frac{1 + \frac{1}{2} + \cdots + \frac{1}{k}}{(k+1)(k+2)} = \sum_{k=1}^{n} \left(\frac{H_k}{k+1} - \frac{H_{k+1}}{k+2} \right) + \sum_{k=1}^{n} \left(\frac{1}{k+1} - \frac{1}{k+2} \right) \\ &= \frac{H_1}{2} - \frac{H_{n+1}}{n+2} + \left(\frac{1}{2} - \frac{1}{n+2} \right) = 1 - \frac{H_{n+1}}{n+2} - \frac{1}{n+2}. \end{aligned}$$

而 $0 < \frac{H_{n+1}}{n+2} < \frac{\sqrt{n+1}}{n+2}$, 根据夹逼准则知 $\lim_{n\to\infty} \frac{H_{n+1}}{n+2} = 0$, 所以原级数的和 $S = \lim_{n\to\infty} S_n = 1$.

第六届全国大学生数学竞赛初赛试题参考解答(非数学专业类)

一、[参考解析] (1) 由解可知, 该方程的特征方程有二重根 $\lambda = 1$, 故特征方程为

$$\lambda^2 - 2\lambda + 1 = 0,$$

所求微分方程为 $y'' - 2y' + y = 0$.

(2) 设 $P_0(x_0, y_0, z_0)$ 为 S 上的一点, 则 S 在 P_0 的切平面是

$$2x_0(x - x_0) + 4y_0(y - y_0) - (z - z_0) = 0.$$

由于该切平面与已知平面 L 平行, 则 $(2x_0, 4y_0, -1)$ 平行于 $(2, 2, 1)$, 故存在常数 $k \neq 0$, 使得

$$(2x_0, 4y_0, -1) = k(2, 2, 1),$$

从而 $k = -1$. 故得 $x_0 = -1, y_0 = -\dfrac{1}{2}$. 这样就有 $z_0 = \dfrac{3}{2}$. 因此, 所求切平面方程为

$$2x + 2y + z + \frac{3}{2} = 0.$$

(3) 代入 $x = 0$ 得 $y(0) = 1$. 方程两边同时对 x 求导, 得

$$1 = \sin^2 \frac{\pi(y - x)}{4}(y' - 1),$$

于是 $y' = \csc^2\left(\dfrac{\pi}{4}(y - x)\right) + 1$. 代入 $x = 0$, 得 $y'(0) = 3$.

(4) 因为

$$x_n = \sum_{k=1}^{n} \frac{k}{(k+1)!} = \sum_{k=1}^{n}\left(\frac{1}{k!} - \frac{1}{(k+1)!}\right) = 1 - \frac{1}{(n+1)!},$$

所以 $\lim\limits_{n\to\infty} x_n = 1$.

(5) 由题设条件 $\lim\limits_{x\to 0}\left(1 + x + \dfrac{f(x)}{x}\right)^{\frac{1}{x}} = \mathrm{e}^3$, 可知

$$\lim_{x\to 0} \frac{1}{x} \ln\left(1 + x + \frac{f(x)}{x}\right) = 3.$$

于是有 $\dfrac{1}{x} \ln\left(1 + x + \dfrac{f(x)}{x}\right) = 3 + \alpha$, 其中 $\alpha \to 0 (x \to 0)$. 所以

$$\lim_{x\to 0} \frac{f(x)}{x^2} = \lim_{x\to 0} \frac{\mathrm{e}^{3x+\alpha x} - 1}{x} - 1 = \lim_{x\to 0} \frac{3x + \alpha x}{x} - 1 = 2.$$

二、[参考解析] 由于

$$I=\int_{e^{-2n\pi}}^{1}\left|\frac{d}{dx}\cos\left(\ln\frac{1}{x}\right)\right|dx=\int_{e^{-2n\pi}}^{1}\left|\frac{d}{dx}\cos(\ln x)\right|dx,$$

所以

$$I=\int_{e^{-2n\pi}}^{1}|\sin(\ln x)|\frac{1}{x}dx\xlongequal{u=\ln x}\int_{-2n\pi}^{0}|\sin u|du$$
$$\xlongequal{t=-u}\int_{0}^{2n\pi}|\sin t|dt=4n\int_{0}^{\pi/2}\sin t dt=4n.$$

三、[参考证明] 利用 Taylor 公式, 对任意 $x\in(0,1)$, 有

$$f(0)=f(x)+f'(x)(-x)+\frac{1}{2}f''(\xi_1)x^2,\quad 0<\xi_1<x,$$
$$f(1)=f(x)+f'(x)(1-x)+\frac{1}{2}f''(\xi_2)(1-x)^2,\quad x<\xi_2<1,$$

两式相减, 得

$$f'(x)=f(1)-f(0)+\frac{1}{2}f''(\xi_1)x^2-\frac{1}{2}f''(\xi_2)(1-x)^2.$$

因为 $|f(x)|\leqslant A,|f''(x)|\leqslant B$, 并注意到 $x^2+(1-x)^2$ 在 $[0,1]$ 上的最大值为 1, 所以

$$|f'(x)|\leqslant 2A+\frac{1}{2}B(x^2+(1-x)^2)\leqslant 2A+\frac{B}{2}.$$

根据 $f'(x)$ 的连续性, 当 $x=0$ 与 $x=1$ 时, 上述不等式仍成立, 故对任意 $x\in[0,1]$, 总有

$$|f'(x)|\leqslant 2A+\frac{B}{2}.$$

四、[参考解析] (1) 设球缺 Ω 所在的球体表面的方程为 $x^2+y^2+z^2=R^2$, 球缺的中心线为 z 轴. 又设该球缺的体积为 V, 利用 “先二后一” 法计算, 得

$$V=\iiint_{\Omega}dV=\int_{R-h}^{R}dz\iint_{D}d\sigma=\int_{R-h}^{R}\pi(R^2-z^2)dz=\frac{\pi}{3}(3R-h)h^2.$$

设球冠 Σ 的面积为 S, 在球面坐标系下球面上的面积微元为 $dS=R\sin\varphi d\varphi d\theta$, 所以

$$S=\iint_{\Sigma}dS=\int_{0}^{2\pi}d\theta\int_{0}^{\arccos\frac{R-h}{R}}R^2\sin\varphi d\varphi=2\pi Rh.$$

(2) 将曲面 Σ 补上其底面圆 Σ_1(位于平面 P 上, 方向指向原点), 使得 $\Sigma+\Sigma_1$ 构成封闭曲面的外侧. 利用 Gauss 公式, 得

$$\oiint_{\Sigma+\Sigma_1} x\mathrm{d}y\mathrm{d}z+y\mathrm{d}z\mathrm{d}x+z\mathrm{d}x\mathrm{d}y=3\iiint_{\Omega}\mathrm{d}V=3\left|\Omega\right|,$$

这里 $|\Omega|$ 表示 Ω 的体积. 另一方面, 由于平面 Σ_1 的正向单位法向量为 $-\dfrac{1}{\sqrt{3}}(1,1,1)$, 利用两类曲面积分之间的关系, 得

$$\iint_{\Sigma_1} x\mathrm{d}y\mathrm{d}z+y\mathrm{d}z\mathrm{d}x+z\mathrm{d}x\mathrm{d}y=-\frac{1}{\sqrt{3}}\iint_{\Sigma_1}(x+y+z)\mathrm{d}S=-\frac{6}{\sqrt{3}}\iint_{\Sigma_1}\mathrm{d}S=-2\sqrt{3}\left|\Sigma_1\right|,$$

其中 $|\Sigma_1|$ 表示 Σ_1 的面积. 利用 (1) 题的计算结果, 这里 $R=2\sqrt{3}$, $h=R-\dfrac{3}{\sqrt{3}}=\sqrt{3}$, 可得 $|\Omega|=\dfrac{\pi}{3}(3R-h)h^2=5\sqrt{3}\pi$. 又由于 $|\Sigma_1|=\pi(R^2-(R-h)^2)=9\pi$, 所以

$$I=3\left|\Omega\right|-(-2\sqrt{3}\left|\Sigma_1\right|)=33\sqrt{3}\pi.$$

五、[参考解析] 首先考虑 $a=0$, $b=1$ 的情形, 则 $0\leqslant x_n\leqslant 1$. 下证 $\lim\limits_{n\to\infty}x_n=1$.

对任意 $c\in(0,1)$, 由于 $f(x)$ 在 $[0,1]$ 上非负且严格单调增加, 所以

$$f^n(x_n)=\int_0^1 f^n(x)\mathrm{d}x>\int_c^1 f^n(x)\mathrm{d}x>f^n(c)(1-c).$$

对任意小的正数 $\varepsilon>0$, 取 $c=1-\dfrac{\varepsilon}{2}$, 则 $f(1-\varepsilon)<f\left(1-\dfrac{\varepsilon}{2}\right)=f(c)$, 即 $0<\dfrac{f(1-\varepsilon)}{f(c)}<1$, 所以 $\lim\limits_{n\to\infty}\left(\dfrac{f(1-\varepsilon)}{f(c)}\right)^n=0$.

故对上述给定的 ε, 存在正整数 N, 当 $n>N$ 时, 恒有 $\left(\dfrac{f(1-\varepsilon)}{f(c)}\right)^n<\dfrac{\varepsilon}{2}=1-c$, 即

$$f^n(c)(1-c)>f^n(1-\varepsilon).$$

结合前述不等式, 得 $f^n(x_n)>f^n(1-\varepsilon)$. 由单调性知 $x_n>1-\varepsilon$. 从而有 $1-\varepsilon<x_n<1+\varepsilon$. 因此 $\lim\limits_{n\to\infty}x_n=1$.

再考虑一般区间 $[a,b]$, 作变换 $t=\dfrac{x-a}{b-a}$, 令 $F(t)=f(a+t(b-a))$, 对 $F(t)$ 在 $[0,1]$ 上利用已证情形, 存在 $[0,1]$ 中的数列 $\{t_n\}$, 使得 $\lim\limits_{n\to\infty}t_n=1$. 于是有 $x_n=a+t_n(b-a)$, 且

$$\lim_{n\to\infty}x_n=\lim_{n\to\infty}[a+t_n(b-a)]=b.$$

六、[参考解析] 考虑函数 $f(x)=\dfrac{1}{1+x^2}$, 记 $x_i=\dfrac{i}{n}$, 利用定积分 $\int_0^1 f(x)\mathrm{d}x$ 的定义, 得

$$\lim_{n\to\infty} A_n=\lim_{n\to\infty}\frac{1}{n}\sum_{i=1}^{n}\frac{1}{1+x_i^2}=\int_0^1\frac{1}{1+x^2}\mathrm{d}x=\frac{\pi}{4}.$$

所以

$$\frac{\pi}{4}-A_n=\int_0^1\frac{1}{1+x^2}\mathrm{d}x-\frac{1}{n}\sum_{i=1}^{n}\frac{1}{1+x_i^2}=\sum_{i=1}^{n}\int_{x_{i-1}}^{x_i}(f(x)-f(x_i))\mathrm{d}x.$$

根据 Lagrange 中值定理, 存在 $\xi_i\in(x,x_i)$, 使得 $f(x)-f(x_i)=f'(\xi_i)(x-x_i)$, 所以

$$n\left(\frac{\pi}{4}-A_n\right)=n\sum_{i=1}^{n}\int_{x_{i-1}}^{x_i}(f(x)-f(x_i))\mathrm{d}x=n\sum_{i=1}^{n}\int_{x_{i-1}}^{x_i}f'(\xi_i)(x-x_i)\mathrm{d}x.$$

设 $f'(x)$ 在 $[x_{i-1},x_i]$ 上的最大值和最小值分别为 M_i, m_i. 因为 $\int_{x_{i-1}}^{x_i}(x_i-x)\mathrm{d}x=\dfrac{1}{2n^2}$, 所以

$$\frac{m_i}{2n^2}\leqslant\int_{x_{i-1}}^{x_i}f'(\xi_i)(x_i-x)\mathrm{d}x\leqslant\frac{M_i}{2n^2},$$

即

$$m_i\leqslant 2n^2\int_{x_{i-1}}^{x_i}f'(\xi_i)(x_i-x)\mathrm{d}x\leqslant M_i,$$

利用连续函数介值定理, 存在 $\eta_i\in(x_{i-1},x_i)$, 使得 $f'(\eta_i)=2n^2\int_{x_{i-1}}^{x_i}f'(\xi_i)(x_i-x)\mathrm{d}x$. 因此

$$\begin{aligned}\lim_{n\to\infty}n\left(\frac{\pi}{4}-A_n\right)&=\lim_{n\to\infty}n\sum_{i=1}^{n}\int_{x_{i-1}}^{x_i}f'(\xi_i)(x-x_i)\mathrm{d}x=-\lim_{n\to\infty}\frac{1}{2n}\sum_{i=1}^{n}f'(\eta_i)\\&=-\frac{1}{2}\int_0^1 f'(x)\mathrm{d}x=\frac{f(0)-f(1)}{2}=\frac{1}{4}.\end{aligned}$$

第七届全国大学生数学竞赛初赛试题参考解答(非数学专业类)

一、[参考解析] (1) 由于

$$\frac{1}{n+1}\sum_{i=1}^{n}\sin\frac{i}{n}\pi \leqslant \sum_{i=1}^{n}\frac{\sin\frac{i}{n}\pi}{n+\frac{i}{n}} \leqslant \frac{1}{n}\sum_{i=1}^{n}\sin\frac{i}{n}\pi,$$

而

$$\lim_{n\to\infty}\frac{1}{n+1}\sum_{i=1}^{n}\sin\frac{i}{n}\pi=\lim_{n\to\infty}\frac{n}{(n+1)\pi}\frac{\pi}{n}\sum_{i=1}^{n}\sin\frac{i}{n}\pi=\frac{1}{\pi}\int_0^{\pi}\sin x\mathrm{d}x=\frac{2}{\pi},$$
$$\lim_{n\to\infty}\frac{1}{n}\sum_{i=1}^{n}\sin\frac{i}{n}\pi=\lim_{n\to\infty}\frac{1}{\pi}\frac{\pi}{n}\sum_{i=1}^{n}\sin\frac{i}{n}\pi=\frac{1}{\pi}\int_0^{\pi}\sin x\mathrm{d}x=\frac{2}{\pi},$$

因此所求极限为 $\dfrac{2}{\pi}$.

(2) 方程两边对 x 求导, 得到

$$\left(1+\frac{1}{y}\frac{\partial z}{\partial x}\right)F_u+\left(\frac{1}{x}\frac{\partial z}{\partial x}-\frac{z}{x^2}\right)F_v=0,$$

即

$$x\frac{\partial z}{\partial x}=\frac{y(zF_v-x^2F_u)}{xF_u+yF_v}.$$

同样, 方程两边对 y 求导, 得到

$$y\frac{\partial z}{\partial y}=\frac{x(zF_u-y^2F_v)}{xF_u+yF_v},$$

于是

$$x\frac{\partial z}{\partial x}+y\frac{\partial z}{\partial y}=\frac{z(xF_u+yF_v)-xy(xF_u+yF_v)}{xF_u+yF_v}=z-xy.$$

(3) 曲面 $z=x^2+y^2+1$ 在点 $M(1,-1,3)$ 处的切平面

$$2(x-1)-2(y+1)-(z-3)=0,$$

即 $z=2x-2y-1$. 联立

$$\begin{cases} z=x^2+y^2, \\ z=2x-2y-1 \end{cases}$$

得到所围区域在 xOy 平面上的投影 $D:(x-1)^2+(y-1)^2\leqslant 1$, 故所求体积

$$V=\iint\limits_D[(2x-2y-1)-(x^2+y^2)]\mathrm{d}x\mathrm{d}y=\iint\limits_D[1-(x-1)^2-(y+1)^2]\mathrm{d}x\mathrm{d}y.$$

作广义极坐标变换 $\begin{cases} x-1=r\cos t, \\ y+1=r\sin t, \end{cases}$ 则

$$V=\int_0^{2\pi}\mathrm{d}t\int_0^1(1-r^2)r\mathrm{d}r=\frac{\pi}{2}.$$

(4) 由 Fourier 级数的收敛性定理可知

$$f(0)=\frac{1}{2}(f(0-0)+f(0+0))=\frac{3}{2}.$$

(5) 当 $x>0$ 时, 有

$$u^2(x)=\int_0^{+\infty}\mathrm{e}^{-xt^2}\mathrm{d}t\int_0^{+\infty}\mathrm{e}^{-xs^2}\mathrm{d}s=\iint\limits_{s\geqslant 0,t\geqslant 0}\mathrm{e}^{-x(s^2+t^2)}\mathrm{d}s\mathrm{d}t=\int_0^{\pi/2}\mathrm{d}\theta\int_0^{+\infty}\mathrm{e}^{-xr^2}r\mathrm{d}r$$

$$=\frac{\pi}{4x}\int_0^{+\infty}\mathrm{e}^{-xr^2}\mathrm{d}(xr^2)=-\frac{\pi}{4x}\mathrm{e}^{-xr^2}\Big|_{r=0}^{+\infty}=\frac{\pi}{4x},$$

注意到 $u(x)>0$, 所以 $u(x)=\dfrac{\sqrt{\pi}}{2\sqrt{x}}$.

二、[参考解析] 根据题意, 可考虑准线方程为 $L:\begin{cases} x+y+z=1, \\ x^2+y^2+z^2=1, \end{cases}$ 设锥面 M 上任意一点 P 的坐标为 (x,y,z), 母线 OP 与 L 的交点的坐标为 (x_0,y_0,z_0), 则有

$$x_0=tx,\quad y_0=ty,\quad z_0=tz.$$

代入准线方程得 $\begin{cases} tx+ty+tz=1, \\ t^2x^2+t^2y^2+t^2z^2=1, \end{cases}$ 消去参数 t, 得圆锥面 M 的方程为

$$xy+yz+xz=0.$$

三、[参考证明] 若 $\beta=0$, 则 $f(x)=C\mathrm{e}^{\alpha x}$. 结论成立. 若 $\beta\neq 0$, 则

$$f''(x)-\frac{1}{\beta}f'(x)+\frac{\alpha}{\beta}f(x)=0.$$

这是二阶常系数齐次线性微分方程, 其通解 $f(x)$ 为指数函数或三角函数. 无论哪种情况, 所证结论均成立.

四、[参考解析] 因为 $\lim\limits_{n\to\infty}\dfrac{a_{n+1}}{a_n}=\lim\limits_{n\to\infty}\dfrac{\dfrac{(n+1)^3+2}{(n+2)!}}{\dfrac{n^3+2}{(n+1)!}}=\lim\limits_{n\to\infty}\dfrac{(n+1)^3+2}{(n+2)n^3+2}=0$, 所以幂级数的收敛半径 $R=+\infty$, 收敛域为 $(-\infty,+\infty)$.

设 $S(x)=\sum\limits_{n=0}^{\infty}\dfrac{n^3+2}{(n+1)!}(x-1)^n$, 由于

$$\frac{n^3+2}{(n+1)!}=\frac{1}{(n+1)!}+\frac{1}{n!}+\frac{1}{(n-2)!}\quad(n\geqslant 2),$$

因此 $S(x)=S_1(x)+S_2(x)+S_3(x)$, 其中

$$S_1(x)=\sum_{n=0}^{\infty}\frac{(x-1)^n}{(n+1)!},\quad S_2(x)=\sum_{n=0}^{\infty}\frac{(x-1)^n}{n!},\quad S_3(x)=\sum_{n=2}^{\infty}\frac{(x-1)^n}{(n-2)!}.$$

当 $x\neq 1$ 时, $(x-1)S_1(x)=\mathrm{e}^{x-1}-1$, $S_2(x)=\mathrm{e}^{x-1}$, $S_3(x)=(x-1)^2\mathrm{e}^{x-1}$; 而 $S(1)=2$, 所以

$$S(x)=\begin{cases}(x^2-2x+2)\mathrm{e}^{x-1}+\dfrac{\mathrm{e}^{x-1}-1}{x-1}, & x\neq 1,\\ 2, & x=1.\end{cases}$$

五、[参考证明] (1) 用反证法. 若在 $[0,1]$ 上恒有 $|f(x)|\leqslant 4$, 则由题设条件得

$$1=\left|\int_0^1\left(x-\frac{1}{2}\right)f(x)\mathrm{d}x\right|\leqslant\int_0^1\left|\left(x-\frac{1}{2}\right)f(x)\right|\mathrm{d}x\leqslant 4\int_0^1\left|x-\frac{1}{2}\right|\mathrm{d}x=1,$$

所以

$$\int_0^1\left|x-\frac{1}{2}\right||f(x)|\,\mathrm{d}x=4\int_0^1\left|x-\frac{1}{2}\right|\mathrm{d}x=1,$$

从而

$$\int_0^1\left|x-\frac{1}{2}\right|(4-|f(x)|)\mathrm{d}x=0.$$

由于被积函数非负连续, 而积分值为零, 因此被积函数恒为零, 即 $f(x)\equiv 4$ 或 $f(x)\equiv -4$. 此与条件 $\displaystyle\int_0^1 f(x)\mathrm{d}x=0$ 矛盾. 因此存在 $x_0\in[0,1]$ 使得 $|f(x_0)|>4$.

(2) 由于函数 $f(x)$ 连续, 且 $\displaystyle\int_0^1 f(x)\mathrm{d}x=0$, 利用积分中值定理, 存在 $\xi\in(0,1)$, 使得 $f(\xi)=0$. 又由 (1) 的结论知, 存在 $x_0\in(0,1)$ 使得 $|f(x_0)|>4$, 所以 $|f(x_0)|>4>|f(\xi)|$. 对 $|f(x)|$ 利用连续函数介值定理, 存在介于 x_0 与 ξ 之间的 x_1, 使得 $|f(x_1)|=4$.

六、**[参考证明]** 根据二元函数的 Taylor 公式, 存在 $\theta \in (0,1)$, 使得

$$\begin{aligned} f(x,y) &= f(0,0) + \left(x\frac{\partial}{\partial x} + y\frac{\partial}{\partial y}\right) f\bigg|_{(0,0)} + \frac{1}{2}\left(x\frac{\partial}{\partial x} + y\frac{\partial}{\partial y}\right)^2 f(\theta x, \theta y) \\ &= \frac{1}{2}\left(x^2\frac{\partial^2}{\partial x^2} + 2xy\frac{\partial^2}{\partial x \partial y} + y^2\frac{\partial^2}{\partial y^2}\right) f(\theta x, \theta y). \end{aligned}$$

记 $(u,v,w) = \left(\frac{\partial^2}{\partial x^2}, \sqrt{2}\frac{\partial^2}{\partial x \partial y}, \frac{\partial^2}{\partial y^2}\right) f(\theta x, \theta y)$, 由 $\|(u,v,w)\| = \sqrt{f_{xx}^2 + 2f_{xy}^2 + f_{yy}^2} \leqslant \sqrt{M}$ 及 $\|(x^2, \sqrt{2}xy, y^2)\| = x^2 + y^2$, 利用 Cauchy 不等式, 得

$$|f(x,y)| = \frac{1}{2}\left|(x^2, \sqrt{2}xy, y^2) \cdot (u,v,w)\right| \leqslant \frac{1}{2}\sqrt{M}(x^2+y^2).$$

因此, 得

$$\left|\iint\limits_{x^2+y^2\leqslant 1} f(x,y)\mathrm{d}x\mathrm{d}y\right| \leqslant \frac{\sqrt{M}}{2}\iint\limits_{x^2+y^2\leqslant 1}(x^2+y^2)\mathrm{d}x\mathrm{d}y = \frac{\sqrt{M}}{2}\int_0^{2\pi}\mathrm{d}\theta\int_0^1 r^3\mathrm{d}r = \frac{\pi\sqrt{M}}{4}.$$

第八届全国大学生数学竞赛初赛试题参考解答(非数学专业类)

一、[参考解析] (1) 利用 $f(x)$ 的一阶 Taylor 公式, 得

$$\lim_{n\to\infty}\left(\frac{f\left(a+\frac{1}{n}\right)}{f(a)}\right)^n=\lim_{n\to\infty}\left(1+\frac{f'(a)}{f(a)}\cdot\frac{1}{n}+\frac{1}{f(a)}\cdot o\left(\frac{1}{n}\right)\right)^n=\mathrm{e}^{\frac{f'(a)}{f(a)}}.$$

(2) 因为

$$I=\lim_{x\to 0}\frac{f(\sin^2 x+\cos x)\cdot 3x}{x^2\cdot x}=3\lim_{x\to 0}\frac{f(\sin^2 x+\cos x)}{x^2},$$

所以

$$I=3\lim_{x\to 0}\frac{f(\sin^2 x+\cos x)-f(1)}{(\sin^2 x+\cos x)-1}\cdot\frac{\sin^2 x+\cos x-1}{x^2}=3f'(1)\left(1-\frac{1}{2}\right)=\frac{3}{2}f'(1).$$

(3) 由题设得

$$\frac{\partial z}{\partial x}=f'(\mathrm{e}^x y^2)\mathrm{e}^x y^2=f(\mathrm{e}^x y^2).$$

令 $u=\mathrm{e}^x y^2$, 得到 $u>0$, 并有 $f'(u)u=f(u)$, 即 $\dfrac{f'(u)}{f(u)}=\dfrac{1}{u}$, 从而

$$(\ln f(u))'=(\ln u)'.$$

所以有

$$\ln f(u)=\ln u+\ln C,$$

即

$$f(u)=Cu.$$

由初始条件 $f(1)=2$ 解得 $C=2$, 所以 $f(u)=2u$. 故当 $x>0$ 时, $f(x)=2x$.

(4) 利用 Taylor 公式, 得

$$f(x)=\left[1+x+\frac{1}{2!}x^2+\frac{1}{3!}x^3+o(x^3)\right]\cdot\left[2x-\frac{1}{3!}(2x)^3+o(x^4)\right],$$

所以 $f(x)$ 展开式的 4 次项为

$$\frac{-1}{3!}(2x)^3\cdot x+\frac{2}{3!}x^4=-x^4,$$

从而 $\dfrac{f^{(4)}(0)}{4!}=-1$, 故 $f^{(4)}(0)=-24$.

(5) 该曲面在点 (x_0,y_0,z_0) 的切平面的法向量为 $(x_0,2y_0,-1)$. 又该切平面与已知平面平行, 从而两平面法向量平行, 故

$$\frac{x_0}{2}=\frac{2y_0}{2}=\frac{-1}{-1},$$

从而 $x_0=2,y_0=1$, 得 $z_0=\dfrac{x_0^2}{2}+y_0^2=3$, 从而所求切平面为

$$2(x-2)+2(y-1)-(z-3)=0,$$

即

$$2x+2y-z=3.$$

二、[参考证明] 由于 $f(0)=0,\ f'(x)>0$, 故 $f(x)>0$. 记

$$F(x)=\left(\int_0^x f(t)\mathrm{d}t\right)^2-\int_0^x f^3(t)\mathrm{d}x,$$

则 $F(0)=0$, 且 $F'(x)=f(x)g(x)$, 其中

$$g(x)=2\int_0^x f(t)\mathrm{d}t-f^2(x),\quad g(0)=0.$$

当 $x>0$ 时,

$$g'(x)=2f(x)[1-f'(x)]>0,$$

从而 $g(x)>0$. 进一步, $F'(x)>0$, 因此当 $a>0$ 时, $F(a)>F(0)=0$, 不等式得证.

三、[参考解析] 由于 $\Omega:\left(x-\dfrac{1}{2}\right)^2+\left(y-\dfrac{1}{2}\right)^2+2\left(z-\dfrac{1}{2}\right)^2\leqslant 1$ 是一个椭球, 其体积为

$$V=\frac{2\sqrt{2}}{3}\pi.$$

作变换 $u=x-\dfrac{1}{2},v=y-\dfrac{1}{2},w=\sqrt{2}\left(z-\dfrac{1}{2}\right)$, 将 Ω 变为单位球 $\Sigma:u^2+v^2+w^2\leqslant 1$, 而

$$\frac{\partial(u,v,w)}{\partial(x,y,z)}=\sqrt{2},$$

故 $\mathrm{d}u\mathrm{d}v\mathrm{d}w=\sqrt{2}\mathrm{d}x\mathrm{d}y\mathrm{d}z$, 且

$$M=\frac{1}{\sqrt{2}}\iiint_{\Sigma}\left[\left(u+\frac{1}{2}\right)^2+\left(v+\frac{1}{2}\right)^2+\left(\frac{w}{\sqrt{2}}+\frac{1}{2}\right)^2\right]\mathrm{d}u\mathrm{d}v\mathrm{d}w.$$

根据对称性, 一次项的积分都等于 0, 所以

$$M=\frac{1}{\sqrt{2}}\iiint\limits_{\Sigma}\left[u^2+v^2+\frac{w^2}{2}\right]\mathrm{d}u\mathrm{d}v\mathrm{d}w+A,$$

其中 $A=\frac{1}{\sqrt{2}}\left(\frac{1}{4}+\frac{1}{4}+\frac{1}{4}\right)\sqrt{2}V=\frac{\sqrt{2}\pi}{2}$. 因为

$$I=\iiint\limits_{\Sigma}(u^2+v^2+w^2)\mathrm{d}u\mathrm{d}v\mathrm{d}w=\int_0^{2\pi}\mathrm{d}\varphi\int_0^{\pi}\mathrm{d}\theta\int_0^1\rho^2\cdot\rho^2\sin\theta\mathrm{d}\rho=\frac{4\pi}{5},$$

仍由对称性, $\iiint\limits_{\Sigma}u^2\mathrm{d}u\mathrm{d}v\mathrm{d}w=\iiint\limits_{\Sigma}v^2\mathrm{d}u\mathrm{d}v\mathrm{d}w=\iiint\limits_{\Sigma}w^2\mathrm{d}u\mathrm{d}v\mathrm{d}w=\frac{I}{3}$, 所以

$$M=\frac{1}{\sqrt{2}}\left(\frac{1}{3}+\frac{1}{3}+\frac{1}{6}\right)I+A=\frac{5\sqrt{2}}{6}\pi.$$

四、[参考解析] **[方法一]** 将区间 [0,1] 分成 n 等份, 设分点 $x_k=\frac{k}{n}$, 则 $\Delta x_k=\frac{1}{n}$, 且

$$\begin{aligned}
&\lim_{n\to\infty}n\left(\int_0^1 f(x)\mathrm{d}x-\frac{1}{n}\sum_{k=1}^{n}f\left(\frac{k}{n}\right)\right)=\lim_{n\to\infty}n\left(\sum_{k=1}^{n}\int_{x_{k-1}}^{x_k}f(x)\mathrm{d}x-\sum_{k=1}^{n}f\left(x_k\right)\Delta x_k\right)\\
&=\lim_{n\to\infty}n\left(\sum_{k=1}^{n}\int_{x_{k-1}}^{x_k}\left[f(x)-f\left(x_k\right)\right]\mathrm{d}x\right)=\lim_{n\to\infty}n\left(\sum_{k=1}^{n}\int_{x_{k-1}}^{x_k}\frac{f(x)-f\left(x_k\right)}{x-x_k}\left(x-x_k\right)\mathrm{d}x\right)\\
&=\lim_{n\to\infty}n\left(\sum_{k=1}^{n}\frac{f\left(\xi_k\right)-f\left(x_k\right)}{\xi_k-x_k}\int_{x_{k-1}}^{x_k}\left(x-x_k\right)\mathrm{d}x\right)\ (\text{其中}\ \ \xi_k\in\left(x_{k-1},x_x\right))\\
&=\lim_{n\to\infty}n\left(\sum_{k=1}^{n}f'\left(\eta_k\right)\int_{x_{k-1}}^{x_k}\left(x-x_k\right)\mathrm{d}x\right)\ (\text{其中}\ \ \eta_k\ \text{在}\ \ \xi_k,x_x\ \text{之间})\\
&=\lim_{n\to\infty}n\left(\sum_{k=1}^{n}f'\left(\eta_k\right)\left(-\frac{1}{2}\left(x_k-x_{k-1}\right)^2\right)\right)\\
&=\lim_{n\to\infty}\frac{-1}{2}\left(\sum_{k=1}^{n}f'\left(\eta_k\right)\left(x_k-x_{k-1}\right)\right)=-\frac{1}{2}\int_0^1 f'(x)\mathrm{d}x=-\frac{1}{2}.
\end{aligned}$$

[方法二] 记 $F(x)=\int_0^x f(t)\mathrm{d}t$, 则 $F(0)=0$, $F'(x)=f(x)$. 因此

$$\int_0^1 f(x)\mathrm{d}x=F(1)-F(0)=\sum_{k=1}^{n}\left[F\left(\frac{k}{n}\right)-F\left(\frac{k-1}{n}\right)\right],$$

利用 Taylor 公式, 存在 $\xi_k \in \left(\frac{k-1}{n}, \frac{k}{n}\right)$, 使得

$$F\left(\frac{k-1}{n}\right) = F\left(\frac{k}{n}\right) - \frac{1}{n}F'\left(\frac{k}{n}\right) + \frac{1}{2n^2}F''(\xi_k),$$

$$F\left(\frac{k}{n}\right) - F\left(\frac{k-1}{n}\right) - \frac{1}{n}f\left(\frac{k}{n}\right) = -\frac{1}{2n^2}f'(\xi_k),$$

于是, 得

$$\begin{aligned}\lim_{n\to\infty} n\left(\int_0^1 f(x)\mathrm{d}x - \frac{1}{n}\sum_{k=1}^{n} f\left(\frac{k}{n}\right)\right) &= -\frac{1}{2}\lim_{n\to\infty}\frac{1}{n}\sum_{k=1}^{n} f'(\xi_k) = -\frac{1}{2}\int_0^1 f'(x)\mathrm{d}x \\ &= -\frac{1}{2}(f(1)-f(0)) = -\frac{1}{2}.\end{aligned}$$

五、[参考证明] 设 $F(x) = \frac{1}{I}\int_0^x f(t)\mathrm{d}t$, 则 $F(0)=0, F(1)=1$, 且 $F'(x) = \frac{f(x)}{I}$. 根据连续函数的介值定理, 存在 $\xi \in (0,1)$, 使得 $F(\xi) = \frac{1}{2}$.

分别在两个子区间 $[0,\xi], [\xi,1]$ 上应用 Lagrange 中值定理, 得

$$F'(x_1) = \frac{f(x_1)}{I} = \frac{F(\xi)-F(0)}{\xi - 0} = \frac{1/2}{\xi}, \quad x_1 \in (0,\xi),$$

$$F'(x_2) = \frac{f(x_2)}{I} = \frac{F(1)-F(\xi)}{1-\xi} = \frac{1/2}{1-\xi}, \quad x_2 \in (\xi,1),$$

所以

$$\frac{1}{f(x_1)} + \frac{1}{f(x_2)} = \frac{1}{I}\left[\frac{1}{F'(x_1)} + \frac{1}{F'(x_2)}\right] = \frac{1}{I}\left[\frac{\xi}{1/2} + \frac{1-\xi}{1/2}\right] = \frac{2}{I}.$$

六、[参考证明] 由 $f(x) = f(x+2)$ 知, $f(x)$ 为以 2 为周期的周期函数, 其 Fourier 系数为

$$a_n = \int_{-1}^{1} f(x)\cos n\pi x\mathrm{d}x, \quad b_n = \int_{-1}^{1} f(x)\sin n\pi x\mathrm{d}x,$$

再由 $f(x) = f(x+\sqrt{3})$ 得

$$\begin{aligned}a_n &= \int_{-1}^{1} f(x+\sqrt{3})\cos n\pi x\mathrm{d}x \\ &= \int_{-1+\sqrt{3}}^{1+\sqrt{3}} f(t)\cos n\pi(t-\sqrt{3})\mathrm{d}t \\ &= \int_{-1+\sqrt{3}}^{1+\sqrt{3}} f(t)(\cos n\pi t\cos\sqrt{3}n\pi + \sin n\pi t\sin\sqrt{3}n\pi)\mathrm{d}t\end{aligned}$$

$$= \cos\sqrt{3}n\pi\int_{-1+\sqrt{3}}^{1+\sqrt{3}} f(t)\cos n\pi t\mathrm{d}t + \sin\sqrt{3}n\pi\int_{-1+\sqrt{3}}^{1+\sqrt{3}} f(t)\sin n\pi t\mathrm{d}t$$

$$= \cos\sqrt{3}n\pi\int_{-1}^{1} f(t)\cos n\pi t\mathrm{d}t + \sin\sqrt{3}n\pi\int_{-1}^{1} f(t)\sin n\pi t\mathrm{d}t,$$

所以 $a_n = a_n\cos\sqrt{3}n\pi + b_n\sin\sqrt{3}n\pi$.

同理可得 $b_n = b_n\cos\sqrt{3}n\pi - a_n\sin\sqrt{3}n\pi$.

联立解得 $a_n = b_n = 0\ (n = 1, 2, \cdots)$.

因为 $f(x)$ 在 $(-\infty, +\infty)$ 上处处可导, 其 Fourier 级数处处收敛于 $f(x)$, 所以

$$f(x) = \frac{a_0}{2} + \sum_{n=1}^{\infty}(a_n\cos nx + b_n\sin nx) = \frac{a_0}{2},$$

其中 $a_0 = \int_{-1}^{1} f(x)\mathrm{d}x$ 为常数.

第九届全国大学生数学竞赛初赛试题参考解答(非数学专业类)

一、[参考解析] (1) 对方程两边求导, 得

$$f'(x)\cos x + f(x)\sin x = 1, \quad f'(x) + f(x)\tan x = \sec x.$$

从而

$$\begin{aligned}
f(x) &= \mathrm{e}^{-\int \tan x \mathrm{d}x}\left(\int \sec x \mathrm{e}^{\int \tan x \mathrm{d}x}\mathrm{d}x + c\right) \\
&= \mathrm{e}^{\ln\cos x}\left(\int \frac{1}{\cos x}\mathrm{e}^{-\ln\cos x}\mathrm{d}x + c\right) = \cos x\left(\int \frac{1}{\cos^2 x}\mathrm{d}x + c\right) \\
&= \cos x\,(\tan x + c) = \sin x + c\cos x.
\end{aligned}$$

由 $f(0)=1$, 得 $c=1$. 所以 $f(x)=\sin x+\cos x$.

(2) 由于

$$\sin^2\left(\pi\sqrt{n^2+n}\right) = \sin^2\left(n\pi - \pi\sqrt{n^2+n}\right) = \sin^2\left(\frac{n\pi}{n+\sqrt{n^2+n}}\right),$$

所以 $\lim\limits_{n\to\infty}\sin^2(\pi\sqrt{n^2+n}) = \lim\limits_{n\to\infty}\sin^2\left(\dfrac{n\pi}{n+\sqrt{n^2+n}}\right) = \sin^2\dfrac{\pi}{2} = 1.$

(3) 因为 $w_x = f_1 + f_2$, $w_y = c(f_2 - f_1)$, 且

$$\begin{aligned}
&w_{xx} = f_{11} + 2f_{12} + f_{22}, \\
&w_{yy} = c\frac{\partial}{\partial y}(f_2 - f_1) = c\,(cf_{11} - cf_{12} - cf_{21} + cf_{22}) = c^2\,(f_{11} - 2f_{12} + f_{22}),
\end{aligned}$$

所以 $w_{xx} - \dfrac{1}{c^2}w_{yy} = 4f_{12}$.

(4) 利用 Taylor 公式, 得

$$f(x) = f(0) + f'(0)x + \frac{1}{2}f''(\xi)x^2 = \frac{1}{2}f''(\xi)x^2,$$

所以

$$\lim_{x\to 0}\frac{f(\sin^2 x)}{x^4} = \lim_{x\to 0}\frac{f''(\xi)}{2}\left(\frac{\sin x}{x}\right)^4 = 3.$$

(5) 作变量代换: $v=\sin x$, 再分部积分, 则可得

$$I = 2\int \frac{\mathrm{e}^{-\sin x}\sin x\cos x}{(1-\sin x)^2}\mathrm{d}x \xlongequal{\sin x = v} 2\int \frac{v\mathrm{e}^{-v}}{(1-v)^2}\mathrm{d}v = 2\int \frac{(v-1+1)\mathrm{e}^{-v}}{(1-v)^2}\mathrm{d}v$$

$$
\begin{aligned}
&=2\int\frac{\mathrm{e}^{-v}}{v-1}\mathrm{d}v+2\int\frac{\mathrm{e}^{-v}}{(v-1)^2}\mathrm{d}v=2\int\frac{\mathrm{e}^{-v}}{v-1}\mathrm{d}v-2\int\mathrm{e}^{-v}\mathrm{d}\left(\frac{1}{v-1}\right)\\
&=2\int\frac{\mathrm{e}^{-v}}{v-1}\mathrm{d}v-2\left(\frac{\mathrm{e}^{-v}}{v-1}+\int\frac{\mathrm{e}^{-v}}{v-1}\mathrm{d}v\right)=-\frac{2\mathrm{e}^{-v}}{v-1}+C=\frac{2\mathrm{e}^{-\sin x}}{1-\sin x}+C.
\end{aligned}
$$

(6) 利用球面坐标计算.

$$
\begin{aligned}
I&=\iiint\limits_V z\mathrm{d}x\mathrm{d}y\mathrm{d}z=\int_0^{2\pi}\mathrm{d}\theta\int_0^{\pi/4}\mathrm{d}\varphi\int_0^2\rho\cos\varphi\cdot\rho^2\sin\varphi\mathrm{d}\rho\\
&=2\pi\cdot\frac{1}{2}\sin^2\varphi\Big|_0^{\pi/4}\cdot\frac{1}{4}\rho^4\Big|_0^2=2\pi.
\end{aligned}
$$

二、[参考证明] 由于

$$
\frac{\mathrm{d}g_\alpha(0)}{\mathrm{d}t}=(f_x,\ f_y)_{(0,0)}\begin{pmatrix}\cos\alpha\\ \sin\alpha\end{pmatrix}=0,
$$

对一切 α 成立, 故 $(f_x,f_y)_{(0,0)}=(0,0)$, 即 $(0,0)$ 是 $f(x,y)$ 的驻点.

记 $H_f(x,y)=\begin{pmatrix}f_{xx}&f_{xy}\\ f_{yx}&f_{yy}\end{pmatrix}$, 则

$$
\frac{\mathrm{d}^2g_\alpha(0)}{\mathrm{d}t^2}=\frac{\mathrm{d}}{\mathrm{d}t}\left[(f_x,f_y)\begin{pmatrix}\cos\alpha\\ \sin\alpha\end{pmatrix}\right]_{(0,0)}=(\cos\alpha,\sin\alpha)H_f(0,0)\begin{pmatrix}\cos\alpha\\ \sin\alpha\end{pmatrix}>0.
$$

上式对任何单位向量 $(\cos\alpha,\sin\alpha)$ 成立, 故 $H_f(0,0)$ 是一个正定阵, 而 $f(0,0)$ 是 f 的极小值.

三、[参考解析] 记 Γ_1 为从 B 到 A 的直线段, 则 $x=t,y=0,z=1-t,\ 0\leqslant t\leqslant 1$, 所以

$$
\int_{\Gamma_1}y\mathrm{d}x+z\mathrm{d}y+x\mathrm{d}z=\int_0^1t\mathrm{d}(1-t)=-\frac{1}{2}.
$$

设 Γ 和 Γ_1 围成的平面区域为 Σ, 方向按右手法则. 由 Stokes 公式得到

$$
\left(\int_\Gamma+\int_{\Gamma_1}\right)y\mathrm{d}x+z\mathrm{d}y+x\mathrm{d}z=\iint\limits_\Sigma\begin{vmatrix}\mathrm{d}y\mathrm{d}z&\mathrm{d}z\mathrm{d}x&\mathrm{d}x\mathrm{d}y\\ \dfrac{\partial}{\partial x}&\dfrac{\partial}{\partial y}&\dfrac{\partial}{\partial z}\\ y&z&x\end{vmatrix}=-\iint\limits_\Sigma\mathrm{d}y\mathrm{d}z+\mathrm{d}z\mathrm{d}x+\mathrm{d}x\mathrm{d}y.
$$

上式右边三个积分都是 Σ 在相应坐标面上的投影区域的面积, 而 Σ 在 zOx 面上投影面积为零. 故

$$
I+\int_{\Gamma_1}=-\iint\limits_\Sigma\mathrm{d}y\mathrm{d}z+\mathrm{d}x\mathrm{d}y.
$$

曲线 Γ 在 xOy 面上投影 (半个椭圆) 的方程为

$$\frac{(x-1/2)^2}{(1/2)^2}+\frac{y^2}{(1/\sqrt{2})^2}=1.$$

由投影面积可知 $\iint\limits_{\Sigma}\mathrm{d}x\mathrm{d}y=\frac{\pi}{4\sqrt{2}}$. 同理, 得 $\iint\limits_{\Sigma}\mathrm{d}y\mathrm{d}z=\frac{\pi}{4\sqrt{2}}$. 因此 $I=\frac{1}{2}-\frac{\pi}{2\sqrt{2}}$.

四、[参考证明] 由于 $f(x)>0$, 故对于任意 $a,b\ (a<b)$, 有

$$\int_a^b \mathrm{e}^{-|t-x|}f(x)\mathrm{d}x\leqslant\int_{-\infty}^{+\infty}\mathrm{e}^{-|t-x|}f(x)\mathrm{d}x\leqslant 1.$$

两边对变量 t 在区间 $[a,b]$ 上积分, 得

$$\int_a^b\mathrm{d}t\int_a^b \mathrm{e}^{-|t-x|}f(x)\mathrm{d}x\leqslant b-a.$$

交换积分次序, 得

$$\int_a^b\mathrm{d}t\int_a^b \mathrm{e}^{-|t-x|}f(x)\mathrm{d}x=\int_a^b f(x)\left(\int_a^b \mathrm{e}^{-|t-x|}\mathrm{d}t\right)\mathrm{d}x,$$

其中

$$\int_a^b \mathrm{e}^{-|t-x|}\mathrm{d}t=\int_a^x \mathrm{e}^{t-x}\mathrm{d}t+\int_x^b \mathrm{e}^{x-t}\mathrm{d}t=2-\mathrm{e}^{a-x}-\mathrm{e}^{x-b},$$

于是就有

$$\int_a^b f(x)(2-\mathrm{e}^{a-x}-\mathrm{e}^{x-b})\mathrm{d}x\leqslant b-a,\tag{1}$$

即

$$\int_a^b f(x)\mathrm{d}x\leqslant\frac{b-a}{2}+\frac{1}{2}\left[\int_a^b \mathrm{e}^{a-x}f(x)\mathrm{d}x+\int_a^b \mathrm{e}^{x-b}f(x)\mathrm{d}x\right].$$

注意到

$$\int_a^b \mathrm{e}^{a-x}f(x)\mathrm{d}x=\int_a^b \mathrm{e}^{-|a-x|}f(x)\mathrm{d}x\leqslant 1\quad 及\quad\int_a^b f(x)\mathrm{e}^{x-b}\mathrm{d}x\leqslant 1,$$

把以上两个式子代入上述 (1) 式, 即得所证结论.

五、[参考证明] 直接参考第三届全国大学生数学竞赛初赛试题参考解答 (非数学专业类) 第二题 (2).

第十届全国大学生数学竞赛初赛试题参考解答(非数学专业类)

一、[参考解析] (1) 因为 $\left(1+\dfrac{1}{n}\right)^{\alpha}<1+\dfrac{1}{n}$, 所以

$$0<(n+1)^{\alpha}-n^{\alpha}=n^{\alpha}\left(\left(1+\frac{1}{n}\right)^{\alpha}-1\right)<n^{\alpha}\left(\left(1+\frac{1}{n}\right)-1\right)=\frac{1}{n^{1-\alpha}}.$$

显然 $\lim\limits_{n\to\infty}\dfrac{1}{n^{1-\alpha}}=0$, 故由夹逼准则可知

$$\lim_{n\to\infty}\left((n+1)^{\alpha}-n^{\alpha}\right)=0.$$

(2) 当 $t=0$ 时, $x=1$,$y=0$. 对 $x=t+\cos t$ 的两边关于 t 求导, 得

$$\frac{\mathrm{d}x}{\mathrm{d}t}=1-\sin t,\quad \left.\frac{\mathrm{d}x}{\mathrm{d}t}\right|_{t=0}=1.$$

再对 $\mathrm{e}^{y}+ty+\sin t=1$ 的两边关于 t 求导, 得

$$\mathrm{e}^{y}\frac{\mathrm{d}y}{\mathrm{d}t}+y+t\frac{\mathrm{d}y}{\mathrm{d}t}+\cos t=0,\quad \left.\frac{\mathrm{d}y}{\mathrm{d}t}\right|_{t=0}=-1,$$

从而 $\left.\dfrac{\mathrm{d}y}{\mathrm{d}x}\right|_{t=0}=-1$, 所以切线方程为 $y-0=-(x-1)$, 即 $x+y=1$.

(3) [**方法一**]

$$\begin{aligned}
I&=\int\frac{\ln\left(x+\sqrt{1+x^{2}}\right)}{(1+x^{2})^{3/2}}\mathrm{d}x\xlongequal{x=\tan t}\int\frac{\ln(\tan t+\sec t)}{\sec t}\mathrm{d}t\\
&=\int\ln(\tan t+\sec t)\mathrm{d}(\sin t)\\
&=\sin t\ln(\tan t+\sec t)-\int\sin t\mathrm{d}[\ln(\tan t+\sec t)]\\
&=\sin t\ln(\tan t+\sec t)-\int\sin t\frac{1}{\tan t+\sec t}\left(\sec^{2}t+\tan t\sec t\right)\mathrm{d}t\\
&=\sin t\ln(\tan t+\sec t)-\int\frac{\sin t}{\cos t}\mathrm{d}t\\
&=\sin t\ln(\tan t+\sec t)+\ln|\cos t|+C\\
&=\frac{x}{\sqrt{1+x^{2}}}\ln\left(x+\sqrt{1+x^{2}}\right)-\frac{1}{2}\ln\left(1+x^{2}\right)+C.
\end{aligned}$$

[方法二]

$$I=\int \frac{\ln\left(x+\sqrt{1+x^2}\right)}{(1+x^2)^{3/2}}\mathrm{d}x=\int \ln\left(x+\sqrt{1+x^2}\right)\mathrm{d}\frac{x}{\sqrt{1+x^2}}$$

$$=\frac{x}{\sqrt{1+x^2}}\ln\left(x+\sqrt{1+x^2}\right)-\int \frac{x}{\sqrt{1+x^2}}\cdot\frac{1}{x+\sqrt{1+x^2}}\left(1+\frac{x}{\sqrt{1+x^2}}\right)\mathrm{d}x$$

$$=\frac{x}{\sqrt{1+x^2}}\ln\left(x+\sqrt{1+x^2}\right)-\int \frac{x}{1+x^2}\mathrm{d}x$$

$$=\frac{x}{\sqrt{1+x^2}}\ln\left(x+\sqrt{1+x^2}\right)-\frac{1}{2}\ln\left(1+x^2\right)+C.$$

(4)

$$\lim_{x\to 0}\frac{1-\cos x\sqrt{\cos 2x}\sqrt[3]{\cos 3x}}{x^2}$$

$$=\lim_{x\to 0}\left[\frac{1-\cos x}{x^2}+\frac{\cos x(1-\sqrt{\cos 2x}\sqrt[3]{\cos 3x})}{x^2}\right]$$

$$=\frac{1}{2}+\lim_{x\to 0}\left[\frac{\cos x(1-\sqrt{\cos 2x}\sqrt[3]{\cos 3x})}{x^2}\right]$$

$$=\frac{1}{2}+\lim_{x\to 0}\left[\frac{1-\sqrt{(\cos 2x-1)+1}}{x^2}+\frac{1-\sqrt[3]{(\cos 3x-1)+1}}{x^2}\right]$$

$$=\frac{1}{2}+\lim_{x\to 0}\frac{1-\cos 2x}{2x^2}+\lim_{x\to 0}\frac{1-\cos 3x}{3x^2}=\frac{1}{2}+1+\frac{3}{2}=3.$$

二、[参考解析] 设

$$P(x,y)=y(2-f(x^2-y^2)),\quad Q(x,y)=xf(x^2-y^2).$$

由题设可知, 积分与路径无关, 于是有 $\dfrac{\partial Q}{\partial x}=\dfrac{\partial P}{\partial y}$, 由此可知

$$(x^2-y^2)f'(x^2-y^2)+f(x^2-y^2)=1.$$

记 $t=x^2-y^2$, 则得微分方程 $tf'(t)+f(t)=1$. 凑微分得 $(tf(t))'=1$, 所以

$$tf(t)=t+C.$$

由 $f(1)=0$, 得 $C=-1$, 所以 $f(t)=1-\dfrac{1}{t}$. 从而

$$f(x^2-y^2)=1-\frac{1}{x^2-y^2}.$$

三、[参考证明] 由 Cauchy 不等式可得

$$\int_0^1 f(x)\mathrm{d}x\int_0^1 \frac{1}{f(x)}\mathrm{d}x \geqslant \left(\int_0^1 \sqrt{f(x)}\sqrt{\frac{1}{f(x)}}\mathrm{d}x\right)^2=1.$$

又由于

$$(f(x)-1)(f(x)-3)\leqslant 0,$$

则

$$(f(x)-1)(f(x)-3)/f(x)\leqslant 0,$$

即

$$f(x)+\frac{3}{f(x)}\leqslant 4,\quad 且 \int_0^1\left(f(x)+\frac{3}{f(x)}\right)\mathrm{d}x\leqslant 4.$$

由于

$$\int_0^1 f(x)\mathrm{d}x\int_0^1 \frac{1}{f(x)}\mathrm{d}x\leqslant \frac{1}{3}\left(\frac{1}{2}\int_0^1\left(f(x)+\frac{3}{f(x)}\right)\mathrm{d}x\right)^2,$$

故

$$1\leqslant \int_0^1 f(x)\mathrm{d}x\int_0^1 \frac{1}{f(x)}\mathrm{d}x\leqslant \frac{4}{3}.$$

四、[参考解析] 为了便于计算, 将区域 V 割补成三部分.

第一部分: 整个大球 $x^2+y^2+(z-1)^2\leqslant 9$, 记为 V_1, 用广义球坐标表示, 即

$$\begin{cases} x=r\cos\theta\sin\varphi,\quad y=r\sin\theta\sin\varphi,\quad z-1=r\cos\varphi,\\ 0\leqslant\theta\leqslant 2\pi,\quad 0\leqslant\varphi\leqslant\pi,\quad 0\leqslant r\leqslant 3. \end{cases}$$

$$I_1=\iiint\limits_{V_1}\left(x^2+y^2\right)\mathrm{d}V=\int_0^{2\pi}\mathrm{d}\theta\int_0^{\pi}\mathrm{d}\varphi\int_0^3 r^2\sin^2\varphi r^2\sin\varphi\mathrm{d}r=\frac{648\pi}{5};$$

第二部分: 小球 $x^2+y^2+(z-2)^2\leqslant 4$, 记为 V_2, 用广义球坐标表示, 即

$$\begin{cases} x=r\cos\theta\sin\varphi,\quad y=r\sin\theta\sin\varphi,\quad z-2=r\cos\varphi,\\ 0\leqslant\theta\leqslant 2\pi,\quad 0\leqslant\varphi\leqslant\pi,\quad 0\leqslant r\leqslant 2. \end{cases}$$

$$I_2=\iiint\limits_{V_2}\left(x^2+y^2\right)\mathrm{d}V=\int_0^{2\pi}\mathrm{d}\theta\int_0^{\pi}\mathrm{d}\varphi\int_0^2 r^2\sin^2\varphi r^2\sin\varphi\mathrm{d}r=\frac{256\pi}{15};$$

第三部分: 大球 V_1 位于 xOy 平面以下的部分, 记为 V_3, 用“先二后一”法计算.

$$I_3=\iiint\limits_{V_3}(x^2+y^2)\mathrm{d}V=\int_{-2}^0\mathrm{d}z\iint\limits_{x^2+y^2\leqslant 9-(z-1)^2}(x^2+y^2)\mathrm{d}\sigma$$

$$= \int_{-2}^{0} \mathrm{d}z \int_{0}^{2\pi} \mathrm{d}\theta \int_{0}^{\sqrt{9-(z-1)^2}} r^3 \mathrm{d}r = \frac{\pi}{2} \int_{-2}^{0} \left(9-(z-1)^2\right)^2 \mathrm{d}z = \frac{136\pi}{5}.$$

综合上述, 得

$$\iiint_V (x^2+y^2)\mathrm{d}V = I_1 - I_2 - I_3 = \left(\frac{648}{5} - \frac{256}{15} - \frac{136}{5}\right)\pi = \frac{256}{3}\pi.$$

五、[参考证明] 作辅助函数

$$\varphi(t) = f(x_1 + t(x_2 - x_1), y_1 + t(y_2 - y_1)),$$

显然 $\varphi(t)$ 在 [0,1] 上可导. 根据 Lagrange 中值定理, 存在 $c \in (0,1)$, 使得

$$\varphi(1) - \varphi(0) = \varphi'(c) = \frac{\partial f(u,v)}{\partial u}(x_2 - x_1) + \frac{\partial f(u,v)}{\partial v}(y_2 - y_1),$$

$$|\phi(1) - \phi(0)| = |f(x_2, y_2) - f(x_1, y_1)| = \left|\frac{\partial f(u,v)}{\partial u}(x_2 - x_1) + \frac{\partial f(u,v)}{\partial v}(y_2 - y_1)\right|$$

$$\leqslant \left(\left(\frac{\partial f(u,v)}{\partial u}\right)^2 + \left(\frac{\partial f(u,v)}{\partial v}\right)^2\right)^{1/2} \left((x_2 - x_1)^2 + (y_2 - y_1)^2\right)^{1/2}$$

$$\leqslant M|AB|.$$

六、[参考证明] 由于 $f(x)$ 在 [0,1] 上连续, 所以积分 $\int_0^1 f(x)\mathrm{d}x$ 存在. 根据定积分的定义, 得

$$\int_0^1 f(x)\mathrm{d}x = \lim_{n\to\infty} \frac{1}{n} \sum_{k=1}^{n} f(x_k),$$

其中 $x_k \in \left[\frac{k-1}{n}, \frac{k}{n}\right]$. 利用平均值不等式

$$\left(f(x_1) f(x_2) \cdots f(x_n)\right)^{\frac{1}{n}} \leqslant \frac{1}{n} \sum_{k=1}^{n} f(x_k)$$

及函数 $\ln x$ 的单调性, 得

$$\frac{1}{n} \sum_{k=1}^{n} \ln f(x_k) \leqslant \ln\left(\frac{1}{n} \sum_{k=1}^{n} f(x_k)\right).$$

两边取极限, 并利用函数 $\ln x$ 的连续性, 得

$$\lim_{n\to\infty} \frac{1}{n} \sum_{k=1}^{n} \ln f(x_k) \leqslant \lim_{n\to\infty} \ln\left(\frac{1}{n} \sum_{k=1}^{n} f(x_k)\right) = \ln\left(\lim_{n\to\infty} \frac{1}{n} \sum_{k=1}^{n} f(x_k)\right),$$

仍根据定积分的定义, 上述不等式即

$$\int_0^1 \ln f(x)\mathrm{d}x \leqslant \ln \int_0^1 f(x)\mathrm{d}x.$$

七、[参考证明] 令 $S_0 = 0$, $S_k = \sum_{i=1}^{k} a_i b_i$, 则

$$a_k b_k = S_k - S_{k-1}, \quad a_k = \frac{S_k - S_{k-1}}{b_k}, \quad k = 1, 2, \cdots.$$

因为

$$\sum_{k=1}^{N} a_k = \sum_{k=1}^{N} \frac{S_k - S_{k-1}}{b_k} = \sum_{k=1}^{N-1} \left(\frac{S_k}{b_k} - \frac{S_k}{b_{k+1}} \right) + \frac{S_N}{b_N} \geqslant \sum_{k=1}^{N-1} \frac{\delta}{b_k b_{k+1}} S_k,$$

所以 $\sum_{k=1}^{\infty} \frac{S_k}{b_k b_{k+1}}$ 收敛.

根据平均值不等式

$$\sqrt[k]{(a_1 a_2 \cdots a_k)(b_1 b_2 \cdots b_k)} \leqslant \frac{a_1 b_1 + a_2 b_2 + \cdots + a_k b_k}{k} = \frac{S_k}{k}$$

可得

$$\sum_{k=1}^{\infty} \frac{k \sqrt[k]{(a_1 a_2 \cdots a_k)(b_1 b_2 \cdots b_k)}}{b_{k+1} b_k} \leqslant \sum_{k=1}^{\infty} \frac{S_k}{b_{k+1} b_k},$$

故结论成立.

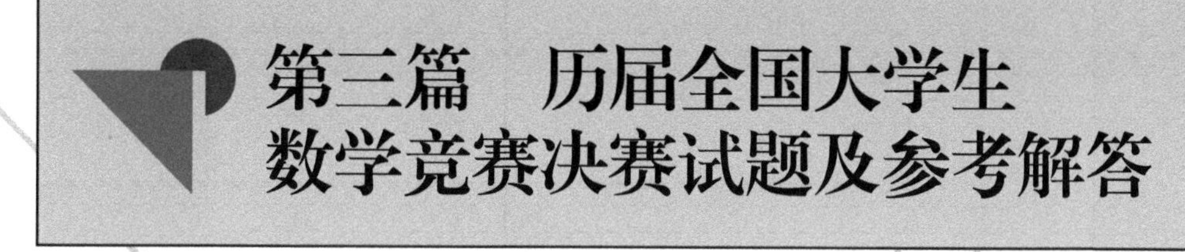

第三篇　历届全国大学生数学竞赛决赛试题及参考解答

历届全国大学生数学竞赛决赛试题(数学专业类)

首届全国大学生数学竞赛决赛试题(数学专业类)

一、填空题 (本题 8 分, 每小题 2 分, 共 4 小题)

(1) 设 $\beta>\alpha>0$, 则 $\displaystyle\int_0^{+\infty}\frac{\mathrm{e}^{-\alpha x^2}-\mathrm{e}^{-\beta x^2}}{x^2}\mathrm{d}x=$__________.

(2) 若关于 x 的方程 $kx+\dfrac{1}{x^2}=1(k>0)$ 在区间 $(0,+\infty)$ 中有唯一实数解, 则常数 $k=$__________.

(3) 设函数 $f(x)$ 在区间 $[a,b]$ 上连续. 由积分中值公式有 $\displaystyle\int_a^x f(t)\mathrm{d}t=(x-a)f(\xi)$ $(a\leqslant\xi\leqslant x<b)$. 若导数 $f'_+(a)$ 存在且非零, 则 $\displaystyle\lim_{x\to a^+}\frac{\xi-a}{x-a}$ 的值等于__________.

(4) 设 $(\vec{a}\times\vec{b})\cdot\vec{c}=6$, 则 $[(\vec{a}+\vec{b})\times(\vec{b}+\vec{c})]\cdot(\vec{a}+\vec{c})=$__________.

二、(本题 10 分) 设 $f(x)$ 在 $(-1,1)$ 内有定义, 在 $x=0$ 处可导, 且 $f(0)=0$. 证明:

$$\lim_{n\to\infty}\sum_{k=1}^{n}f\left(\frac{k}{n^2}\right)=\frac{f'(0)}{2}.$$

三、(本题 12 分) 设 $f(x)$ 在 $[0,+\infty)$ 上一致连续, 且对于固定的 $x\in[0,+\infty)$, 当自然数 $n\to+\infty$ 时, $f(x+n)\to 0$. 证明函数序列 $\{f(x+n):n=1,2,\cdots\}$ 在 $[0,1]$ 上一致收敛于 0.

四、(本题 12 分) 设 $D=\left\{(x,y):x^2+y^2<1\right\}$, $f(x,y)$ 在 D 内连续, $g(x,y)$ 在 D 内连续有界, 且满足条件:

(1) 当 $x^2+y^2\to 1^-$ 时, $f(x,y)\to+\infty$;

(2) 在 D 内 f 与 g 有二阶偏导数, $\dfrac{\partial^2 f}{\partial x^2}+\dfrac{\partial^2 f}{\partial y^2}=\mathrm{e}^f$ 和 $\dfrac{\partial^2 g}{\partial x^2}+\dfrac{\partial^2 g}{\partial y^2}\geqslant\mathrm{e}^g$.

证明: $f(x,y)\geqslant g(x,y)$ 在 D 内处处成立.

五、(本题 10 分) 分别设

$$R=\{(x,y):0\leqslant x\leqslant 1;0\leqslant y\leqslant 1\},$$

$$R_\varepsilon=\{(x,y):0\leqslant x\leqslant 1-\varepsilon;0\leqslant y\leqslant 1-\varepsilon\}.$$

令 $I=\iint\limits_{R}\dfrac{\mathrm{d}x\mathrm{d}y}{1-xy}$ 与 $I_{\varepsilon}=\iint\limits_{R_{\varepsilon}}\dfrac{\mathrm{d}x\mathrm{d}y}{1-xy}$, 且定义 $I=\lim\limits_{\varepsilon\to 0^{+}}I_{\varepsilon}$.

(1) 证明 $I=\sum\limits_{n=1}^{\infty}\dfrac{1}{n^{2}}$.

(2) 利用变量替换: $\begin{cases}u=\dfrac{1}{2}(x+y),\\ v=\dfrac{1}{2}(y-x)\end{cases}$ 计算积分 I 的值, 并由此推出 $\dfrac{\pi^{2}}{6}=\sum\limits_{n=1}^{\infty}\dfrac{1}{n^{2}}$.

六、(本题 13 分) 已知两直线的方程: $L: x=y=z, L': \dfrac{x}{1}=\dfrac{y}{a}=\dfrac{z-b}{1}$.

(1) 问: 当参数 a, b 满足什么条件时, L 与 L' 是异面直线?

(2) 当 L 与 L' 不重合时, 求 L' 绕 L 旋转所生成的旋转面 π 的方程, 并指出曲面 π 的类型.

七、(本题 20 分) 设 A, B 均为 n 阶半正定实对称矩阵, 且满足 $n-1\leqslant \operatorname{rank}A\leqslant n$. 证明存在实可逆矩阵 C 使得 $C^{\mathrm{T}}AC, C^{\mathrm{T}}BC$ 均为对角阵.

八、(本题 15 分) 设 V 是复数域 $\mathbb{C}$ 上的 n 维线性空间, $f_{j}: V\to\mathbb{C}$ 是非零的线性函数, $j=1,2$. 若不存在 $c\in\mathbb{C}$ 使得 $f_{1}=cf_{2}$, 证明: 任意的 $\alpha\in V$ 都可表示为 $\alpha=\alpha_{1}+\alpha_{2}$ 使得

$$f_{1}(\alpha)=f_{1}(\alpha_{2}),\quad f_{2}(\alpha)=f_{2}(\alpha_{1}).$$

第二届全国大学生数学竞赛决赛试题(数学专业类)

一、(本题 15 分) 求出过原点且和椭球面 $4x^2+5y^2+6z^2=1$ 的交线为一个圆周的所有平面.

二、(本题 15 分) 设 $0<f(x)<1$, 无穷积分 $\displaystyle\int_0^{+\infty}f(x)\mathrm{d}x$ 和 $\displaystyle\int_0^{+\infty}xf(x)\mathrm{d}x$ 都收敛. 求证:

$$\int_0^{+\infty}xf(x)\mathrm{d}x>\frac{1}{2}\left(\int_0^{+\infty}f(x)\mathrm{d}x\right)^2.$$

三、(本题 15 分) 设 $\displaystyle\sum_{n=1}^{+\infty}na_n$ 收敛, $t_n=a_{n+1}+2a_{n+2}+\cdots+ka_{n+k}+\cdots$. 证明:

$$\lim_{n\to+\infty}t_n=0.$$

四、(本题 15 分) 设 $A\in M_n(\mathbb{C})$, 定义线性变换

$$\sigma_A:M_n(\mathbb{C})\to M_n(\mathbb{C}),\quad \sigma_A(X)=AX-XA.$$

证明: 当 A 可对角化时, σ_A 也可对角化. 这里 $M_n(\mathbb{C})$ 是复数域 $\mathbb{C}$ 上 n 阶方阵组成的复线性空间.

五、(本题 20 分) 设连续函数 $f:\mathbb{R}\to\mathbb{R}$ 满足

$$\sup_{x,y\in\mathbb{R}}|f(x+y)-f(x)-f(y)|<+\infty.$$

证明: 存在实常数 a 满足 $\sup\limits_{x\in\mathbb{R}}|f(x)-ax|<+\infty$.

六、(本题 20 分) 设 $\varphi:M_n(\mathbb{R})\to\mathbb{R}$ 是非零线性映射, 满足

$$\varphi(XY)=\varphi(YX),\quad \forall X,Y\in M_n(\mathbb{R}),$$

这里 $M_n(\mathbb{R})$ 是实数域 $\mathbb{R}$ 上 n 阶方阵组成的实线性空间. 在 $M_n(\mathbb{R})$ 上定义双线性型

$$(-,-):M_n(\mathbb{R})\times M_n(\mathbb{R})\to\mathbb{R}\quad 为\quad (X,Y)=\varphi(XY).$$

(1) 证明 $(-,-)$ 是非退化的, 即若 $(X,Y)=0,\forall Y\in M_n(\mathbb{R})$, 则 $X=O$.

(2) 设 $A_1,A_2,\cdots,A_{n^2}$ 是 $M_n(\mathbb{R})$ 的一组基, $B_1,B_2,\cdots,B_{n^2}$ 是其相应的对偶基, 即

$$(A_i,B_j)=\delta_{ij}=\begin{cases}0, & i\neq j,\\ 1, & i=j.\end{cases}$$

证明 $\displaystyle\sum_{i=1}^{n^2}A_iB_i$ 是数量矩阵.

第三届全国大学生数学竞赛决赛试题(数学专业类)

一、(本题 15 分) 设有空间中五点

$$A(1,0,1),\quad B(1,1,2),\quad C(1,-1,-2),\quad D(3,1,0),\quad E(3,1,2).$$

试求过点 E 且与 A,B,C 所在平面 Σ 平行而与直线 AD 垂直的直线方程.

二、(本题 15 分) 设 $f(x)$ 在 $[a,b]$ 上有两阶导数, 且 $f''(x)$ 在 $[a,b]$ 上 Riemann 可积. 证明:

$$f(x)=f(a)+f'(a)(x-a)+\int_a^x (x-t)f''(t)\mathrm{d}t,\quad \forall x\in[a,b].$$

三、(本题 10 分) 设 $k_0<k_1<\cdots<k_n$ 为给定的正整数, $A_1,A_2,\cdots,A_n$ 为实参数. 指出函数 $f(x)=\sin k_0x+A_1\sin k_1x+\cdots+A_n\sin k_nx$ 在 $[0,2\pi)$ 上零点的个数 (当 $A_1,A_2,\cdots,A_n$ 变化时) 的最小可能值并加以证明.

四、(本题 10 分) 设正数列 $\{a_n\}$ 满足

$$\varliminf_{n\to\infty} a_n=1,\quad \varlimsup_{n\to\infty} a_n<+\infty,\quad \lim_{n\to\infty}\sqrt[n]{a_1a_2\cdots a_n}=1.$$

求证: $\displaystyle\lim_{n\to\infty}\frac{a_1+a_2+\cdots+a_n}{n}=1.$

五、(本题 15 分) 设 A,B 分别是 $3\times2, 2\times3$ 实矩阵, 若有 $AB=\begin{pmatrix}8&0&-4\\-\frac{3}{2}&9&-6\\-2&0&1\end{pmatrix}$, 求 BA.

六、(本题 20 分) 设 $\{A_i\}_{i\in I},\{B_i\}_{i\in I}$ 是数域 F 上两个矩阵集合, 称它们在 F 上相似, 如果存在 F 上与 $i\in I$ 无关的可逆矩阵 P, 使得 $P^{-1}A_iP=B_i,\forall i\in I$. 证明: 在有理数域 $\mathbb{Q}$ 上两个矩阵集合 $\{A_i\}_{i\in I},\{B_i\}_{i\in I}$, 如果它们在实数域 $\mathbb{R}$ 上相似, 则它们在有理数域 $\mathbb{Q}$ 上也相似.

七、(本题 15 分) 设 $F(x),G(x)$ 是 $[0,+\infty)$ 上的两个非负单调递减函数,

$$\lim_{x\to\infty}x(F(x)+G(x))=0.$$

(1) 证明: $\forall\varepsilon>0$, $\displaystyle\lim_{x\to\infty}\int_\varepsilon^{+\infty}xF(xt)\cos t\mathrm{d}t=0.$

(2) 若进一步有 $\displaystyle\lim_{n\to\infty}\int_0^{+\infty}(F(t)-G(t))\cos\frac{t}{n}\mathrm{d}t=0$, 证明

$$\lim_{x\to0}\int_0^{+\infty}(F(t)-G(t))\cos(xt)\mathrm{d}t=0.$$

第四届全国大学生数学竞赛决赛试题(数学专业类)

一、(本题 15 分) 设 A 为正常数, 直线 l 与双曲线 $x^2-y^2=2(x>0)$ 所围的有限部分的面积为 A. 证明:

(1) 所有上述 l 与双曲线 $x^2-y^2=2(x>0)$ 的截线段的中点的轨迹为双曲线.

(2) l 总是 (1) 中的轨迹曲线的切线.

二、(本题 15 分) 设函数 $f(x)$ 满足条件:

(1) $-\infty<a\leqslant f(x)\leqslant b<+\infty(\forall x\in[a,b])$;

(2) 对于任意不同的 $x,y\in[a,b]$, 有 $|f(x)-f(y)|<L|x-y|$, 其中 L 是大于 0 小于 1 的常数. 设 $x_1\in[a,b]$, 令 $x_{n+1}=\dfrac{1}{2}\left(x_n+f\left(x_n\right)\right)(n=1,2,\cdots)$.

证明: $\xi=\lim\limits_{n\to\infty}x_n$ 存在, 且 $f(\xi)=\xi$.

三、(本题 15 分) 设 n 阶实方阵 A 的每个元素的绝对值为 2. 证明: 当 $n\geqslant 3$ 时,

$$|A|\leqslant\frac{1}{3}\cdot 2^{n+1}n!.$$

四、(本题 15 分) 设 $f(x)$ 为区间 (a,b) 上的可导函数. 对于 $x_0\in(a,b)$, 若存在 x_0 的邻域 U 使得任意的 $x\in U\backslash\left\{x_0\right\}$, 有

$$f(x)>f\left(x_0\right)+f'\left(x_0\right)\left(x-x_0\right),$$

则称 x_0 为 $f(x)$ 的凹点. 类似地, 若存在 x_0 的邻域 U 使得任意的 $x\in U\backslash\left\{x_0\right\}$, 有

$$f(x)<f\left(x_0\right)+f'\left(x_0\right)\left(x-x_0\right),$$

则称 x_0 为 $f(x)$ 的凸点. 证明: 若 $f(x)$ 为区间 (a,b) 上的可导函数, 且不是一次函数, 则 $f(x)$ 一定存在凹点或凸点.

五、(本题 20 分) 设 $A=\begin{pmatrix}a_{11}&a_{12}&a_{13}\\a_{12}&a_{22}&a_{23}\\a_{13}&a_{23}&a_{33}\end{pmatrix}$ 为实对称矩阵, A^* 为 A 的伴随矩阵. 又设 $|A|=-12$, A 的特征值之和为 1, 且 $(1,0,-2)^{\mathrm{T}}$ 为 $(A^*-4I)x=0$ 的一个解. 记

$$f\left(x_1,x_2,x_3,x_4\right)=\begin{vmatrix}x_1^2&x_2&x_3&x_4\\-x_2&a_{11}&a_{12}&a_{13}\\-x_3&a_{12}&a_{22}&a_{23}\\-x_4&a_{13}&a_{23}&a_{33}\end{vmatrix}.$$

试给出一正交变换 $\begin{pmatrix} x_1 \\ x_2 \\ x_3 \\ x_4 \end{pmatrix} = Q \begin{pmatrix} y_1 \\ y_2 \\ y_3 \\ y_4 \end{pmatrix}$ 使得 $f(x_1, x_2, x_3, x_4)$ 化为标准形.

六、(本题 20 分) 设 $\mathbb{R}$ 为实数域, n 为给定的自然数, A 表示所有 n 次首一实系数多项式组成的集合. 证明:

$$\inf_{b \in \mathbb{R}, a>0, P(x) \in A} \frac{\displaystyle\int_b^{b+a} |P(x)| \mathrm{d}x}{a^{n+1}} > 0.$$

第五届全国大学生数学竞赛决赛低年级组试题(数学专业类)

一、(本题 15 分) 设 S 为 $\mathbb{R}^3$ 中的抛物面 $z=\frac{1}{2}\left(x^2+y^2\right)$, $P=(a,b,c)$ 为 S 外一固定点, 满足 $a^2+b^2>2c$. 过 P 作 S 的所有切线. 证明: 这些切线的切点落在同一张平面上.

二、(本题 15 分) 设实二次型 $f\left(x_1,x_2,x_3,x_4\right)=x^{\mathrm{T}}Ax$, 其中

$$x=\begin{pmatrix} x_1\\ x_2\\ x_3\\ x_4 \end{pmatrix},\quad A=\begin{pmatrix} 2 & a_0 & 2 & -2\\ a & 0 & b & c\\ d & e & 0 & f\\ g & h & k & 4 \end{pmatrix},$$

a_0,a,b,c,d,e,f,g,h,k 皆为实数. 已知 $\lambda_1=2$ 是 A 的一个几何重数为 3 的特征值. 试回答以下问题:

(1) A 能否相似于对角矩阵. 若能, 请给出证明; 若不能, 请给出例子.

(2) 当 $a_0=2$ 时, 试求 $f\left(x_1,x_2,x_3,x_4\right)$ 在正交变换下的标准形.

三、(本题 15 分) 设 n 阶实方阵 $A=\begin{pmatrix} a_1 & b_1 & 0 & \cdots & 0\\ * & * & b_2 & \cdots & 0\\ \vdots & \vdots & \vdots & \ddots & \vdots\\ * & * & * & \cdots & b_{n-1}\\ * & * & * & \cdots & a_n \end{pmatrix}$ 有 n 个线性无关的特征向量, 其中 $b_1,b_2,\cdots,b_{n-1}$ 均不为 0. 记 $W=\left\{X\in\mathbb{R}^{n\times n}|XA=AX\right\}$. 证明: W 是实数域 $\mathbb{R}$ 上的向量空间, 且 $I,A,\cdots,A^{n-1}$ 为其一组基, 其中 I 为 n 阶单位阵.

四、(本题 15 分) 设 $f(x,y)$ 为 $[a,b]\times\mathbb{R}$ 上关于 y 单调下降的二元函数. 设 $y=y(x), z=z(x)$ 是可微函数, 且满足

$$y'=f(x,y),\quad z'\leqslant f(x,z),\quad x\in[a,b].$$

已知 $z(a)\leqslant y(a)$. 求证: $z(x)\leqslant y(x), x\in[a,b]$.

五、(本题 20 分) 设 $f(x)$ 是 $[0,+\infty)$ 上非负可导函数,

$$f(0)=0,\quad f'(x)\leqslant\frac{1}{2}.$$

假设 $\int_0^{+\infty} f(x)\mathrm{d}x$ 收敛. 求证: 对于任意 $\alpha>1, \int_0^{+\infty} f^\alpha(x)\mathrm{d}x$ 也收敛, 并且

$$\int_0^{+\infty} f^\alpha(x)\mathrm{d}x \leqslant \left(\int_0^{+\infty} f(x)\mathrm{d}x\right)^\beta,$$

其中 $\beta=\dfrac{\alpha+1}{2}$.

六、(本题 20 分) 对多项式 $f(x)$, 记 $\mathrm{d}(f)$ 为其最大实根和最小实根之间的距离. 设 $n \geqslant 2$ 为自然数. 求最大实数 C, 使得对任意所有根都是实数的 n 次多项式 $f(x)$, 都有

$$\mathrm{d}\left(f'\right) \geqslant C \mathrm{d}(f).$$

第五届全国大学生数学竞赛决赛高年级组试题(数学专业类)

一、(本题 15 分) 设 S 为 $\mathbb{R}^3$ 中的抛物面 $z=\dfrac{1}{2}\left(x^2+y^2\right)$, $P=(a,b,c)$ 为 S 外一固定点, 满足 $a^2+b^2>2c$. 过 P 作 S 的所有切线. 证明: 这些切线的切点落在同一张平面上.

二、(本题 15 分) 设实二次型 $f\left(x_1,x_2,x_3,x_4\right)=x^{\mathrm{T}}Ax$, 其中

$$x=\begin{pmatrix} x_1\\ x_2\\ x_3\\ x_4 \end{pmatrix},\quad A=\begin{pmatrix} 2 & a_0 & 2 & -2\\ a & 0 & b & c\\ d & e & 0 & f\\ g & h & k & 4 \end{pmatrix},$$

a_0,a,b,c,d,e,f,g,h,k 皆为实数. 已知 $\lambda_1=2$ 是 A 的一个几何重数为 3 的特征值. 试回答以下问题:

(1) A 能否相似于对角矩阵. 若能, 请给出证明; 若不能, 请给出例子.

(2) 当 $a_0=2$ 时, 试求 $f\left(x_1,x_2,x_3,x_4\right)$ 在正交变换下的标准形.

三、(本题 20 分) 设 $f(x)$ 是 $[0,+\infty)$ 上非负可导函数,

$$f(0)=0,\quad f'(x)\leqslant\frac{1}{2}.$$

假设 $\displaystyle\int_0^{+\infty}f(x)\mathrm{d}x$ 收敛. 求证: 对于任意 $\alpha>1$, $\displaystyle\int_0^{+\infty}f^{\alpha}(x)\mathrm{d}x$ 也收敛, 并且

$$\int_0^{+\infty}f^{\alpha}(x)\mathrm{d}x\leqslant\left(\int_0^{+\infty}f(x)\mathrm{d}x\right)^{\beta},$$

其中 $\beta=\dfrac{\alpha+1}{2}$.

四、(本题 20 分) 对多项式 $f(x)$, 记 $\mathrm{d}(f)$ 为其最大实根和最小实根之间的距离. 设 $n\geqslant 2$ 为自然数. 求最大实数 C, 使得对任意所有根都是实数的 n 次多项式 $f(x)$, 都有

$$\mathrm{d}\left(f'\right)\geqslant C\mathrm{d}(f).$$

五、(常微分方程, 本题 15 分) 设 $f(x,y)$ 为 $[a,b]\times\mathbb{R}$ 上关于 y 单调下降的二元函数. 设 $y=y(x), z=z(x)$ 是可微函数, 且满足

$$y'=f(x,y),\quad z'\leqslant f(x,z),\quad \forall x\in[a,b].$$

已知 $z(a)\leqslant y(a)$. 求证: $z(x)\leqslant y(x), \forall x\in[a,b]$.

六、(复变函数, 本题 15 分) 设 $D=\{z\in\mathbb{C}:|z|<1\}$ 是单位圆盘, 非常数函数 $f(z)$ 在 $\overline{D}$ 上解析, 且当 $|z|=1$ 时, $|f(z)|=1$. 证明: $f(D)=D$.

七、(实变函数, 本题 15 分) 设 E_k 是一列可测集, $f\in L_{\left(\bigcup\limits_{k=1}^{\infty}E_k\right)}$.

(1) 令 $A=\overline{\lim\limits_{k\to\infty}}E_k$, 证明: $\displaystyle\int_A f(x)\mathrm{d}m=\lim_{n\to\infty}\int_{\bigcup\limits_{k=n}^{\infty}E_k}f(x)\mathrm{d}m$.

(2) 令 $B=\underline{\lim\limits_{k\to\infty}}E_k$, 证明: $\displaystyle\int_B f(x)\mathrm{d}m=\lim_{n\to\infty}\int_{\bigcap\limits_{k=n}^{\infty}E_k}f(x)\mathrm{d}m$.

(3) 如果 $\{E_k\}$ 是单调的. 求证: $E=\lim\limits_{k\to\infty}E_k$ 存在, 且有

$$\int_E f(x)\mathrm{d}m=\lim_{k\to\infty}\int_{E_k}f(x)\mathrm{d}m.$$

八、(微分几何, 本题 15 分) 设 $\varGamma$ 是三维欧氏空间中一张平面上的一条抛物线, l 是 $\varGamma$ 的准线. 将 $\varGamma$ 绕其准线 l 旋转一周, 得到旋转曲面 S. 求 S 的两个主曲率的比值.

九、(概率论, 本题 15 分) 一只盒子中装有标上 1 到 N 的 N 张票券, 有放回地一张一张地抽取, 若我们想收集 r 张不同的票券, 则要期望抽多少次才能得到它们? 当然假设取得每张票券是等可能的, 各次抽取是独立的.

十、(抽象代数, 本题 15 分) 设群 $G=AB$, 其中 A,B 均为 G 的 Abel 子群, 且 $AB=BA$. $\forall g_1,g_2\in G$, 用 $[g_1,g_2]$ 表示换位子, 即 $[g_1,g_2]=g_1g_2g_1^{-1}g_2^{-1}$, G' 表示 G 的换位子群 (即由 G 的换位子所生成的子群). 证明:

(1) $\forall a,x\in A,\forall b,y\in B$ 有下式成立:

$$\left[x^{-1},y^{-1}\right][a,b]\left[x^{-1},y^{-1}\right]^{-1}=[a,b].$$

(2) G' 为 Abel 群.

十一、(数值分析, 本题 15 分) 给定多项式序列

$$T_0(x)=1,\quad T_1(x)=x,$$

$$T_{n+1}(x)=2xT_n(x)-T_{n-1}(x),\quad n=1,2,\cdots.$$

(1) 求证: 当 $x\in[-1,1]$ 时, $T_n(x)=\cos(n\arccos x)$.

(2) 设 $C[-1,1]$ 是区间 $[-1,1]$ 上连续函数构成的内积空间, 其中内积定义为

$$\langle f,g\rangle:=\int_{-1}^{1}\frac{f(x)g(x)}{\sqrt{1-x^2}}\mathrm{d}x.$$

求证: $T_n(x)$ 是该内积空间的正交多项式, 即当 $n\neq m$ 时, $\langle T_n(x),T_m(x)\rangle=0$.

(3) 设 $P(x)$ 是次数为 n 的首项系数为 1 的多项式. 求证: $\|P(x)\|_\infty\geqslant\dfrac{1}{2^{n-1}}$ 且等号成立当且仅当 $P(x)=\dfrac{1}{2^{n-1}}T_n(x)$, 这里 $\|P(x)\|_\infty=\max\limits_{x\in[-1,1]}|P(x)|$.

第六届全国大学生数学竞赛决赛低年级组试题(数学专业类)

一、填空题 (本题 20 分, 每小题 5 分, 共 4 小题)

(1) 实二次型 $2x_1x_2 - x_1x_3 + 5x_2x_3$ 的规范形为 ________.

(2) 级数 $\sum\limits_{n=1}^{\infty} \dfrac{n}{3^n}$ 的和为 ________.

(3) 计算 $I = \iint\limits_{x^2+y^2+z^2=1} (x^2 + 2y^2 + 3z^2)\,\mathrm{d}S =$ ________.

(4) 设 $A = (a_{ij})$ 为 n 阶实对称矩阵 $(n > 1)$, $\mathrm{rank}(A) = n - 1$, A 的每行元素之和均为 0. 又设 $2, 3, \cdots, n$ 为 A 的全部非零特征值. 用 A_{11} 表示 A 的元素 a_{11} 所对应的代数余子式, 则有 $A_{11} =$ ________.

二、(本题 15 分) 设空间中定点 P 到一定直线 l 的距离为 p. 一族球面中的每个球面都过点 P, 且截直线 l 得到的弦长都是定值 a. 求该球面族的球心的轨迹.

三、(本题 15 分) 设 $\Gamma = \left\{ \begin{pmatrix} z_1 & z_2 \\ -\bar{z}_2 & \bar{z}_1 \end{pmatrix} \middle| z_1, z_2 \in \mathbb{C} \right\}$, 其中 $\mathbb{C}$ 表示复数域. 试证明: $\forall A \in \Gamma$, A 的 Jordan 标准形 J_A 仍属于 Γ ; 进一步还存在可逆的矩阵 $P \in \Gamma$ 使得 $P^{-1}AP = J_A$.

四、(本题 20 分) 设 $f(x) = \begin{cases} x \sin \dfrac{1}{x}, & x \neq 0, \\ 0, & x = 0. \end{cases}$ 求最大常数 α 满足

$$\sup_{x \neq y} \frac{|f(x) - f(y)|}{|x - y|^{\alpha}} < +\infty.$$

五、(本题 15 分) 设 $a(t), f(t)$ 为实连续函数, $\forall t \in \mathbb{R}$, 有

$$f(t) > 0, \quad a(t) \geqslant 1,$$

且

$$\int_0^{\infty} f(t)\mathrm{d}t = +\infty.$$

已知 $x(t)$ 满足 $x''(t) + a(t)f(x(t)) \leqslant 0$ $(\forall t \in \mathbb{R})$. 求证: $x(t)$ 在 $[0, +\infty)$ 有上界.

六、(本题 15 分) 设 $f(x)$ 在区间 $[0,1]$ 上连续可导, 且 $f(0) = f(1) = 0$. 求证:

$$\left[\int_0^1 x f(x)\mathrm{d}x\right]^2 \leqslant \frac{1}{45} \int_0^1 (f'(x))^2\,\mathrm{d}x,$$

且等号当且仅当 $f(x) = A\left(x - x^3\right)$ 时成立, 其中 A 是常数.

第六届全国大学生数学竞赛决赛高年级组试题(数学专业类)

一、填空题 (本题 20 分, 每小题 5 分, 共 4 小题)

(1) 实二次型 $2x_1x_2 - x_1x_3 + 5x_2x_3$ 的规范形为 __________.

(2) 级数 $\sum\limits_{n=1}^{\infty}\dfrac{n}{3^n}$ 的和为 __________.

(3) 计算 $I = \iint\limits_{x^2+y^2+z^2=1}\left(x^2+2y^2+3z^2\right)\mathrm{d}S =$ __________.

(4) 设 $A=(a_{ij})$ 为 n 阶实对称矩阵 $(n>1)$, $\operatorname{rank}(A)=n-1$, A 的每行元素之和均为 0. 又设 $2,3,\cdots,n$ 为 A 的全部非零特征值. 用 A_{11} 表示 A 的元素 a_{11} 所对应的代数余子式, 则有 $A_{11}=$ __________.

二、(本题 15 分) 设空间中定点 P 到一定直线 l 的距离为 p. 一族球面中的每个球面都过点 P, 且截直线 l 得到的弦长都是定值 a. 求该球面族的球心的轨迹.

三、(本题 15 分) 设 $\varGamma=\left\{\begin{pmatrix} z_1 & z_2 \\ -\bar{z}_2 & \bar{z}_1 \end{pmatrix}\middle| z_1,z_2\in\mathbb{C}\right\}$, 其中 $\mathbb{C}$ 表示复数域. 试证明: $\forall A\in\varGamma$, A 的 Jordan 标准形 J_A 仍属于 $\varGamma$; 进一步还存在可逆的矩阵 $P\in\varGamma$ 使得 $P^{-1}AP=J_A$.

四、(本题 20 分) 设 $f(x)=\begin{cases} x\sin\dfrac{1}{x}, & x\neq 0, \\ 0, & x=0. \end{cases}$ 求最大常数 α 满足

$$\sup_{x\neq y}\frac{|f(x)-f(y)|}{|x-y|^{\alpha}}<+\infty.$$

五、(本题 15 分) 设 $a(t), f(t)$ 为实连续函数, $\forall t\in\mathbb{R}$, 有

$$f(t)>0,\quad a(t)\geqslant 1,$$

且

$$\int_0^{\infty}f(t)\mathrm{d}t=+\infty.$$

已知 $x(t)$ 满足 $x''(t)+a(t)f(x(t))\leqslant 0\ (\forall t\in\mathbb{R})$. 求证: $x(t)$ 在 $[0,+\infty)$ 有上界.

六、(复变函数, 本题 10 分) 设 a,b 是两个不同的复数, 求满足方程

$$\left(f'(z)\right)^2=(f(z)-a)(f(z)-b)$$

的非常数整函数 $f(z)$.

七、(实变函数, 本题 10 分) 设 $f(x)$ 是 $\mathbb{R}^1$ 上的 Lipschitz 函数, Lipschitz 常数为 K, 则对任意的可测集 $E \subset \mathbb{R}^1$, 均有 $m(f(E)) \leqslant K \cdot m(E)$.

八、(微分几何, 本题 10 分) 设三维空间的曲面 S 满足

(1) $P_0=(0,0,-1) \in S$;

(2) 对任意 $P \in S, |\overrightarrow{OP}| \leqslant 1$, 其中 O 是原点.

证明: 曲面 S 在 P_0 的 Gauss 曲率 $K\left(P_0\right) \geqslant 1$.

九、(数值分析, 本题 10 分) 考虑求解线性方程组 $Ax=b$ 的如下迭代格式:

$$(\alpha D-C) x^{(k+1)}=\left((\alpha-1) D+C^{\mathrm{T}}\right) x^{(k)}+b,$$

其中 D 为实对称正定方阵, C 是满足 $C+C^{\mathrm{T}}=D-A$ 的实方阵, α 为实数. 设 A 是实对称正定方阵, 且 $\alpha D-C$ 可逆, $\alpha>\dfrac{1}{2}$. 证明: 上述迭代格式对任何初始向量 $x^{(0)}$ 收敛.

十、(抽象代数, 本题 10 分) 设 R 为 $[0,1]$ 上的连续函数环, 其加法为普通的函数加法, 乘法为普通的函数乘法. 又设 I 为 R 的一个极大左理想. 证明: $\forall f, g \in I, f$ 与 g 在 $[0,1]$ 上必有公共的零点.

十一、(概率论, 本题 10 分) 设在国际市场上对我国某种出口商品每年的需求量 X (单位: 吨) 是随机变量, X 服从 $[100,200]$ 上的均匀分布. 每出售这种商品一吨, 可以为国家挣得 3 万元; 若销售不出而积压在仓库, 则每吨需要花费保养费用 1 万元. 求: 应组织多少吨货源, 才能使得国家的平均收益最大?

第七届全国大学生数学竞赛决赛低年级组试题(数学专业类)

一、填空题 (本题 20 分, 每小题 5 分, 共 4 小题)

(1) 设 Γ 为形如下列形式的 2016 阶矩阵全体: 矩阵的每行每列只有一个非零元素, 且该非零元素为 1, 则 $\sum\limits_{A\in\Gamma}|A| =$ __________.

(2) 令 $a_n = \int_0^{\frac{\pi}{4}} \tan^n x\mathrm{d}x$. 若 $\sum\limits_{n=1}^{\infty} a_n^p$ 收敛, 则 p 的取值范围是__________.

(3) 设 $D: x^2+2y^2 \leqslant 2x+4y$, 则积分 $I = \iint\limits_D (x+y)\mathrm{d}x\mathrm{d}y =$ __________.

(4) 若实向量 $X=(a,b,c)$ 的三个分量 a,b,c 满足 $\begin{pmatrix} a & b \\ 0 & c \end{pmatrix}^{2016} = I_2$, 则 $X =$ __________.

二、(本题 15 分) 在空间直角坐标系中, 设 S 为椭圆柱面 $x^2+2y^2=1$, σ 是空间中的平面, 它与 S 的交集为一个圆. 求所有这样平面 σ 的法向量.

三、(本题 15 分) 设 A,B 为 n 阶实对称矩阵. 证明 $\mathrm{tr}\left((AB)^2\right) \leqslant \mathrm{tr}\left(A^2B^2\right)$.

四、(本题 20 分) 设单位圆 Γ 的外切 n 边形 $A_1A_2\cdots A_n$ 各边与 Γ 分别切于 $B_1,B_2,\cdots,B_n$. 令 P_A,P_B 分别表示多边形 $A_1A_2\cdots A_n$ 与 $B_1B_2\cdots B_n$ 的周长. 求证:

$$P_A^{\frac{1}{3}}P_B^{\frac{2}{3}} > 2\pi.$$

五、(本题 15 分) 设 $a(x),f(x)$ 为 $\mathbb{R}$ 上的连续函数, 且对任意 $x\in\mathbb{R}$ 有 $a(x)>0$. 已知

$$\int_0^{\infty} a(x)\mathrm{d}x = +\infty, \quad \lim_{x\to+\infty}\frac{f(x)}{a(x)} = 0,$$

且

$$y'(x)+a(x)y(x)=f(x), \quad \forall x\in\mathbb{R}.$$

求证: $\lim\limits_{x\to+\infty} y(x) = 0$.

六、(本题 15 分) 设 $f(x)$ 是定义在 $\mathbb{R}$ 上的连续函数, 且满足方程

$$xf(x) = 2\int_{\frac{x}{2}}^{x} f(t)\mathrm{d}t + \frac{x^2}{4}.$$

求 $f(x)$.

第七届全国大学生数学竞赛决赛高年级组试题(数学专业类)

一、填空题 (本题 20 分, 每小题 5 分, 共 4 小题)

(1) 设 Γ 为形如下列形式的 2016 阶矩阵全体: 矩阵的每行每列只有一个非零元素, 且该非零元素为 1, 则 $\sum\limits_{A\in\Gamma}|A| =$ ________.

(2) 令 $a_n = \int_0^{\frac{\pi}{4}} \tan^n x\mathrm{d}x$. 若 $\sum\limits_{n=1}^{\infty} a_n^p$ 收敛, 则 p 的取值范围是________.

(3) 设 $D: x^2+2y^2 \leqslant 2x+4y$, 则积分 $I = \iint\limits_D (x+y)\mathrm{d}x\mathrm{d}y =$ ________.

(4) 若实向量 $X=(a,b,c)$ 的三个分量 a,b,c 满足 $\begin{pmatrix} a & b \\ 0 & c \end{pmatrix}^{2016} = I_2$, 则 $X =$ ________.

二、(本题 15 分) 在空间直角坐标系中, 设 S 为椭圆柱面 $x^2+2y^2=1$, σ 是空间中的平面, 它与 S 的交集为一个圆. 求所有这样平面 σ 的法向量.

三、(本题 15 分) 设 A,B 为 n 阶实对称矩阵. 证明 $\mathrm{tr}\left((AB)^2\right) \leqslant \mathrm{tr}\left(A^2B^2\right)$.

四、(本题 20 分) 设单位圆 Γ 的外切 n 边形 $A_1A_2\cdots A_n$ 各边与 Γ 分别切于 $B_1,B_2,\cdots,B_n$. 令 P_A,P_B 分别表示多边形 $A_1A_2\cdots A_n$ 与 $B_1B_2\cdots B_n$ 的周长. 求证:

$$P_A^{\frac{1}{3}}P_B^{\frac{2}{3}} > 2\pi.$$

五、(抽象代数, 本题 10 分) 设 u_1,v_1,u_2,v_2 为群 G 中的元素, 满足

$$u_1v_1 = v_1u_1 = u_2v_2 = v_2u_2.$$

若 u_1,u_2 的阶均为 8, v_1,v_2 的阶均为 13, 证明: u_1u_2 的阶为 4 及 v_1v_2 的阶为 13.

六、(实变函数, 本题 10 分) 设 $E\subset\mathbb{R}^1$, E 是 L-可测的, 若 $m(E)>a>0$, 则存在无内点的有界闭集 $F\subset E$, 使得 $m(F)=a$.

七、(微分几何, 本题 10 分) 设 $\gamma(s)$ $(s\in[0,l])$ 是空间中一条光滑闭曲线, 以弧长为参数, 且曲率 $k>0$. 设 $\beta:[0,l]\to S^2$ 为单位球面上由 $\gamma(s)$ 的单位主法向量构成的一条简单闭曲线 B. 证明: B 将球面分成面积相等的两个部分.

八、(数值分析, 本题 10 分) 实系数多项式 $p(x)$ 的模 1 范数定义为

$$\|p\|_1 := \int_0^1 |p(x)|\mathrm{d}x.$$

(1) 求二次实系数多项式 $p(x)$ 使得 $p(x)\leqslant x^3$ 对任意 $x\in[0,1]$ 成立, 且 $\left\|x^3-p(x)\right\|_1$ 达到最小.

(2) 求三次实系数多项式 $p(x)$ 使得 $p(x)\leqslant x^4$ 对任意 $x\in[0,1]$ 成立, 且 $\left\|x^4-p(x)\right\|_1$ 达到最小.

九、(复变函数, 本题 10 分) 设 $D=\{z\in\mathbb{C}:|z|<1\}$ 是单位圆盘, $f(z)$ 在 D 内解析, $f(0)=0$, 且在 D 内有 $\operatorname{Re} f(z)\leqslant 1$. 求证: 在 D 内有 $\operatorname{Re} f(z)\leqslant \dfrac{2|z|}{1+|z|}$.

十、(概率论, 本题 10 分) 甲袋中有 $N-1$ $(N>1)$ 个白球和 1 个黑球, 乙袋中有 N 个白球, 每次从甲乙两袋中分别取出一个球并交换放入另一袋中, 这样经过了 n 次, 求黑球出现在甲袋中的概率 p_n, 并计算 $\lim\limits_{n\to\infty} p_n$.

第八届全国大学生数学竞赛决赛低年级组试题(数学专业类)

一、填空题 (本题 20 分, 每小题 5 分, 共 4 小题)

(1) 设 $x^4+3x^2+2x+1=0$ 的 4 个根为 $\alpha_1,\alpha_2,\alpha_3,\alpha_4$, 则 $\begin{vmatrix} \alpha_1 & \alpha_2 & \alpha_3 & \alpha_4 \\ \alpha_2 & \alpha_3 & \alpha_4 & \alpha_1 \\ \alpha_3 & \alpha_4 & \alpha_1 & \alpha_2 \\ \alpha_4 & \alpha_1 & \alpha_2 & \alpha_3 \end{vmatrix}=$ __________.

(2) 设 a 为实数, 关于 x 的方程 $3x^4-8x^3-30x^2+72x+a=0$ 有虚根的充分必要条件是 a 满足__________.

(3) 记曲面积分 $I=\iint\limits_S \dfrac{ax\mathrm{d}y\mathrm{d}z+(z+a)^2\mathrm{d}x\mathrm{d}y}{\sqrt{x^2+y^2+z^2}}$($a>0$ 为常数), 其中 $S: z=-\sqrt{a^2-x^2-y^2}$, 取上侧, 则 $I=$__________.

(4) 记特征值为 1,2 的 2 阶实对称矩阵的全体为 $\varGamma$. $\forall A\in\varGamma, a_{21}$ 表示 A 的 $(2,1)$ 位置元素, 则集合 $\bigcup\limits_{A\in\varGamma}\{a_{21}\}$ 里的最小元等于__________.

二、(本题 15 分) 在空间直角坐标系中设旋转抛物面 $\varGamma$ 的方程为 $z=\dfrac{1}{2}\left(x^2+y^2\right)$. 设 P 为空间中的平面, 它交抛物面 $\varGamma$ 于交线 C. 问: C 是何种类型的曲线? 证明你的结论.

三、(本题 15 分) 设 n 阶方阵 A,B 满足 $\operatorname{rank}(ABA)=\operatorname{rank}(B)$. 证明: AB 与 BA 相似.

四、(本题 20 分) 对 $\mathbb{R}$ 上无穷次可微的 (复值) 函数 $\varphi(x)$, 称 $\varphi\in\mathscr{S}$, 如果 $\forall m,k\geqslant 0$, $\sup\limits_{x\in\mathbb{R}}\left|x^m\varphi^{(k)}(x)\right|<+\infty$ 成立. 若 $f\in\mathscr{S}$, 可定义 $\hat{f}(x)=\displaystyle\int_{\mathbb{R}} f(y)\mathrm{e}^{-2\pi\mathrm{i}xy}\mathrm{d}y\,(\forall x\in\mathbb{R})$. 证明: $\hat{f}\in\mathscr{S}$, 且 $f(x)=\displaystyle\int_{\mathbb{R}}\hat{f}(y)\mathrm{e}^{2\pi\mathrm{i}xy}\mathrm{d}y\,(\forall x\in\mathbb{R})$.

五、(本题 15 分) 设 $n>1$ 为正整数, 令 $S_n=\left(\dfrac{1}{n}\right)^n+\left(\dfrac{2}{n}\right)^n+\cdots+\left(\dfrac{n-1}{n}\right)^n$.

(1) 证明: 数列 $\{S_n\}$ 单调增加且有界, 从而极限 $\lim\limits_{n\to\infty}S_n$ 存在.

(2) 求极限 $\lim\limits_{n\to\infty}S_n$.

六、(本题 15 分) 求证: 常微分方程 $\dfrac{\mathrm{d}y}{\mathrm{d}x}=-y^3+\sin x, x\in[0,2\pi]$ 有唯一的满足 $y(0)=y(2\pi)$ 的解.

第八届全国大学生数学竞赛决赛高年级组试题(数学专业类)

一、填空题 (本题 20 分, 每小题 5 分, 共 4 小题)

(1) 设 $x^4+3x^2+2x+1=0$ 的 4 个根为 $\alpha_1,\alpha_2,\alpha_3,\alpha_4$, 则 $\begin{vmatrix} \alpha_1 & \alpha_2 & \alpha_3 & \alpha_4 \\ \alpha_2 & \alpha_3 & \alpha_4 & \alpha_1 \\ \alpha_3 & \alpha_4 & \alpha_1 & \alpha_2 \\ \alpha_4 & \alpha_1 & \alpha_2 & \alpha_3 \end{vmatrix} =$ ________.

(2) 设 a 为实数, 关于 x 的方程 $3x^4-8x^3-30x^2+72x+a=0$ 有虚根的充分必要条件是 a 满足________.

(3) 记曲面积分 $I=\iint\limits_S \dfrac{ax\mathrm{d}y\mathrm{d}z+(z+a)^2\mathrm{d}x\mathrm{d}y}{\sqrt{x^2+y^2+z^2}}$ ($a>0$ 为常数), 其中 $S: z=-\sqrt{a^2-x^2-y^2}$, 取上侧, 则 $I=$________.

(4) 记特征值为 1, 2 的 2 阶实对称矩阵的全体为 Γ. $\forall A\in\Gamma, a_{21}$ 表示 A 的 $(2,1)$ 位置元素, 则集合 $\bigcup\limits_{A\in\Gamma}\{a_{21}\}$ 里的最小元等于________.

二、(本题 15 分) 在空间直角坐标系中设旋转抛物面 Γ 的方程为 $z=\dfrac{1}{2}\left(x^2+y^2\right)$. 设 P 为空间中的平面, 它交抛物面 Γ 于交线 C. 问: C 是何种类型的曲线? 证明你的结论.

三、(本题 15 分) 设 n 阶方阵 A,B 满足 $\operatorname{rank}(ABA)=\operatorname{rank}(B)$. 证明: AB 与 BA 相似.

四、(本题 20 分) 对 $\mathbb{R}$ 上无穷次可微的 (复值) 函数 $\varphi(x)$, 称 $\varphi\in\mathscr{S}$, 如果 $\forall m,k\geqslant 0$, $\sup\limits_{x\in\mathbb{R}}\left|x^m\varphi^{(k)}(x)\right|<+\infty$ 成立. 若 $f\in\mathscr{S}$, 可定义 $\hat{f}(x)=\displaystyle\int_{\mathbb{R}} f(y)\mathrm{e}^{-2\pi\mathrm{i}xy}\mathrm{d}y\ (\forall x\in\mathbb{R})$. 证明: $\hat{f}\in\mathscr{S}$, 且 $f(x)=\displaystyle\int_{\mathbb{R}}\hat{f}(y)\mathrm{e}^{2\pi\mathrm{i}xy}\mathrm{d}y\ (\forall x\in\mathbb{R})$.

五、(抽象代数, 本题 10 分) 设 $(F,+,\cdot)$ 是特征为 $p\,(p\neq 0)$ 的域, 1 和 0 分别为 F 的单位元和零元. 若 φ 为其加群 $(F,+)$ 到其乘法半群 $(F,\cdot)$ 的同态, 即 $\forall x,y\in F$ 有 $\varphi(x+y)=\varphi(x)\varphi(y)$. 证明: φ 要么将 F 的所有元映照为 0, 要么将 F 的所有元映照为 1.

六、(实变函数, 本题 10 分)

(1) 设 E 是三分 Cantor 集, 证明 $\chi_E(x)$ 不是 $[0,1]$ 上的有界变差函数.

(2) 设 $E\subset[0,1]$, 证明 $\chi_E(x)$ 在 $[0,1]$ 上有界变差的充要条件是 E 的边界点集是有限集.

七、(微分几何, 本题 10 分) 设 S 为三维欧氏空间中的一张连通光滑的正则曲面, 过 S 上每一点都存在不同的三条直线落在曲面 S 上. 证明: S 是平面的一部分.

八、(数值分析, 本题 10 分) 考虑求解一阶常微分方程的初值问题 $\begin{cases} y' = f(x,y), \\ y(x_0) = y_0 \end{cases}$ 的 Runge-Kutta 法.

(1) 确定下列三级三阶 Runge-Kutta 法中的所有特定参数

$$y_{n+1} = y_n + h\left(c_1K_1 + c_2K_2 + c_3K_3\right),$$

其中

$$K_1 = f\left(x_n, y_n\right), \quad K_2 = f\left(x_n + ah, y_n + b_{21}hK_1\right),$$

$$K_3 = f\left(x_n + a_3h, y_n + b_{31}hK_1 + b_{32}hK_2\right).$$

(2) 讨论上述 Runge-Kutta 法格式的稳定性.

九、(复变函数, 本题 10 分) 设函数 $f(z)$ 在 $\mathbb{C}$ 上有定义, 在单位圆 $|z| < 1$ 内解析, 并且 $|f(z)| \leqslant M$, M 为正常数. 证明: $|f'(0)| \leqslant M - \dfrac{|f(0)|^2}{M}$.

十、(概率论, 本题 10 分) 设 $\{X_n\}$ 是独立同分布的随机变量序列, 且

$$P\left(X_n = 0\right) = P\left(X_n = a\right) = \frac{1}{2},$$

其中常数 $a > 0$. 记 $Y_n = \sum\limits_{k=1}^{n} \dfrac{X_k}{2^k}$, 求 Y_n 的特征函数, 并证明其分布收敛于区间 $[0,a]$ 上的均匀分布.

第九届全国大学生数学竞赛决赛低年级组试题(数学专业类)

一、填空题 (本题 20 分, 每小题 5 分, 共 4 小题)

(1) 设实方阵 $H_1=\begin{pmatrix}0&1\\1&0\end{pmatrix}, H_{n+1}=\begin{pmatrix}H_n&I\\I&H_n\end{pmatrix}(n\geqslant 1)$, 其中 I 是与 H_n 同阶的单位方阵, 则 $\operatorname{rank}(H_4)=$ __________.

(2) $\lim\limits_{x\to 0}\dfrac{\ln(1+\tan x)-\ln(1+\sin x)}{x^3}=$ __________.

(3) 设 Γ 为空间曲线 $\begin{cases}x=\pi\sin(t/2),\\ y=t-\sin t,\\ z=\sin 2t\end{cases}$ 从 $t=0$ 到 $t=\pi$ 的一段, 则第二型曲线积分 $\int_\Gamma \mathrm{e}^{\sin x}(\cos x\cos y\mathrm{d}x-\sin y\mathrm{d}y)+\cos z\mathrm{d}z=$ __________.

(4) 设二次型 $f(x_1,x_2,\cdots,x_n)=(x_1,x_2,\cdots,x_n)A\begin{pmatrix}x_1\\x_2\\\vdots\\x_n\end{pmatrix}$ 的矩阵 A 为

$$\begin{pmatrix}1&a&a&\cdots&a\\a&1&a&\cdots&a\\\vdots&\ddots&\ddots&\ddots&\vdots\\a&\cdots&a&1&a\\a&a&\cdots&a&1\end{pmatrix},$$

其中 $n>1, a\in\mathbb{R}$, 则 f 在正交变换下的标准形为 __________.

二、(本题 15 分) 在空间直角坐标系下, 设有椭球面

$$S:\frac{x^2}{a^2}+\frac{y^2}{b^2}+\frac{z^2}{c^2}=1,\quad a,b,c>0$$

及 S 外部一点 $A(x_0,y_0,z_0)$, 过 A 点且与 S 相切的所有直线构成锥面 Σ. 证明: 存在平面 Π, 使得交线 $S\cap\Sigma=S\cap\Pi$; 同时求出平面 Π 的方程.

三、(本题 15 分) 设 A,B,C 均为 n 阶复方阵, 且满足

$$AB-BA=C,\quad AC=CA,\quad BC=CB.$$

(1) 证明: C 是幂零方阵.

(2) 证明: A, B, C 同时相似于上三角阵.

(3) 若 $C \neq O$, 求 n 的最小值 (即求 $\min\{n \in \mathbb{N} \mid \exists A, B, C \in \mathbb{C}^{n\times n}$ 使得 $AB - BA = C,\ AC = CA, BC = CB, C \neq O\}$).

四、(本题 20 分) 设 $f(x)$ 在 $[0,1]$ 上有二阶连续导函数, 且 $f(0)f(1) \geqslant 0$. 求证:

$$\int_0^1 |f'(x)|\,\mathrm{d}x \leqslant 2\int_0^1 |f(x)|\mathrm{d}x + \int_0^1 |f''(x)|\,\mathrm{d}x.$$

五、(本题 15 分) 设 $\alpha \in (1,2)$, $(1-x)^\alpha$ 的 Maclaurin 级数为 $\sum\limits_{k=0}^{\infty} a_k x^k$, $n \times n$ 实常数矩阵 A 为幂零矩阵, I 为单位阵. 定义矩阵值函数 $G(x)$ 为

$$G(x) \equiv (g_{ij}(x)) := \sum_{k=0}^{\infty} a_k (xI + A)^k, \quad 0 \leqslant x < 1.$$

试证对于 $1 \leqslant i, j \leqslant n$, 积分 $\displaystyle\int_0^1 g_{ij}(x)\mathrm{d}x$ 均存在的充分必要条件是 $A^3 = O$.

六、(本题 15 分) 有界连续函数 $g(t) : \mathbb{R} \to \mathbb{R}$ 满足 $1 < g(t) < 2$, $\forall t \in \mathbb{R}$. $x(t)(t \in \mathbb{R})$ 是方程 $\ddot{x}(t) = g(t)x$ 的单调正解. 求证: 存在常数 $C_2 > C_1 > 0$ 满足

$$C_1\, x(t) < |\dot{x}(t)| < C_2\, x(t), \quad \forall t \in \mathbb{R}.$$

第九届全国大学生数学竞赛决赛高年级组试题(数学专业类)

一、填空题 (本题 20 分, 每小题 5 分, 共 4 小题)

(1) 设实方阵 $H_1=\begin{pmatrix}0&1\\1&0\end{pmatrix}, H_{n+1}=\begin{pmatrix}H_n&I\\I&H_n\end{pmatrix}(n\geqslant 1)$, 其中 I 是与 H_n 同阶的单位方阵, 则 $\operatorname{rank}(H_4)=$ __________.

(2) $\lim\limits_{x\to 0}\dfrac{\ln(1+\tan x)-\ln(1+\sin x)}{x^3}=$ __________.

(3) 设 Γ 为空间曲线 $\begin{cases}x=\pi\sin(t/2),\\ y=t-\sin t,\\ z=\sin 2t\end{cases}$ 从 $t=0$ 到 $t=\pi$ 的一段, 则第二型曲线积分 $\displaystyle\int_\Gamma \mathrm{e}^{\sin x}(\cos x\cos y\mathrm{d}x-\sin y\mathrm{d}y)+\cos z\mathrm{d}z=$ __________.

(4) 设二次型 $f(x_1,\cdots,x_n)=(x_1,\cdots,x_n)A\begin{pmatrix}x_1\\x_2\\\vdots\\x_n\end{pmatrix}$ 的矩阵 A 为

$$\begin{pmatrix}1&a&a&\cdots&a\\a&1&a&\cdots&a\\\vdots&\ddots&\ddots&\ddots&\vdots\\a&\cdots&a&1&a\\a&a&\cdots&a&1\end{pmatrix},$$

其中 $n>1, a\in\mathbb{R}$, 则 f 在正交变换下的标准形为 __________.

二、(本题 15 分) 在空间直角坐标系下, 设有椭球面

$$S:\frac{x^2}{a^2}+\frac{y^2}{b^2}+\frac{z^2}{c^2}=1,\quad a,b,c>0$$

及 S 外部一点 $A(x_0,y_0,z_0)$, 过 A 点且与 S 相切的所有直线构成锥面 Σ. 证明: 存在平面 Π, 使得交线 $S\cap\Sigma=S\cap\Pi$; 同时求出平面 Π 的方程.

三、(本题 15 分) 设 A,B,C 均为 n 阶复方阵, 且满足

$$AB-BA=C,\quad AC=CA,\quad BC=CB.$$

(1) 证明: C 是幂零方阵;

(2) 证明: A, B, C 同时相似于上三角阵;

(3) 若 $C \neq O$, 求 n 的最小值 (即求 $\min\left\{n \in \mathbb{N} \mid \exists A, B, C \in \mathbb{C}^{n\times n}, \text{使得 } AB - BA = C,\ AC = CA, BC = CB, C \neq O\right\}$).

四、(本题 20 分) 设 $f(x)$ 在 $[0,1]$ 上有二阶连续导函数, 且 $f(0)f(1) \geqslant 0$. 求证:

$$\int_0^1 |f'(x)|\,\mathrm{d}x \leqslant 2\int_0^1 |f(x)|\mathrm{d}x + \int_0^1 |f''(x)|\,\mathrm{d}x.$$

五、(抽象代数, 本题 10 分) 设 G 为群, 且满足 $\forall x, y \in G, (xy)^2 = (yx)^2$. 证明: $\forall x, y \in G$, 元素 $xyx^{-1}y^{-1}$ 的阶不超过 2.

六、(实变函数, 本题 10 分) 设 $E \subset \mathbb{R}^n$ 为可测集, 满足 $m(E) < \infty$. 又设 $f, f_k \in L^2(E)$, 在 E 上几乎处处有 $f_k \to f$, 且

$$\overline{\lim_{k\to\infty}} \int_E |f_k(t)|^2\,\mathrm{d}t \leqslant \int_E |f(t)|^2\mathrm{d}t < \infty.$$

求证:

$$\lim_{k\to\infty} \int_E |f_k(t) - f(t)|^2\,\mathrm{d}t = 0.$$

七、(微分几何, 本题 10 分) 已知椭圆柱面 S:

$$r(u,v) = (a\cos u, b\sin u, v), \quad -\pi \leqslant u \leqslant \pi, \quad -\infty < v < +\infty.$$

(1) 求 S 上任意测地线的方程.

(2) 设 $a = b$. 取 $P = (a,0,0), Q = (a\cos u_0, a\sin u_0, v_0)\,(-\pi < u_0 < \pi, -\infty < v_0 < +\infty)$. 写出 S 上连接 P, Q 两点的最短曲线的方程.

八、(数值分析, 本题 10 分) 推导求解线性方程组的共轭梯度法的计算格式, 并证明该格式经有限步迭代后收敛.

九、(复变函数, 本题 10 分) 设函数 $f(z)$ 在 $\mathbb{C}$ 上有定义, 在单位圆 $|z| < 1$ 内解析, 在 $|z| \leqslant 1$ 上连续. 若在 $|z| = 1$ 上 $|f(z)| = 1$, 证明 $f(z)$ 为有理函数.

十、(概率论, 本题 10 分) 设 $X_1, X_2, \cdots, X_n$ 是独立同分布的随机变量, 其有共同的分布函数 $F(x)$ 和密度函数 $f(x)$. 现对随机变量 $X_1, X_2, \cdots, X_n$ 按大小顺序重新排列为 $X_{n1} \leqslant X_{n2} \leqslant \cdots \leqslant X_{nn}$.

(1) 求随机变量 (X_{n1}, X_{nn}) 的联合概率密度函数 $f_{1n}(x,y)$.

(2) 如果 $X_i (i = 1, 2, \cdots, n)$ 服从区间 $[0,1]$ 上的均匀分布, 求随机变量 $U = X_{nn} + X_{n1}$ 的密度函数 $f_U(u)$.

第十届全国大学生数学竞赛决赛低年级组试题(数学专业类)

一、填空题 (本题 20 分, 每小题 5 分, 共 4 小题)

(1) 设 A 为实对称方阵, $(1,0,1)$ 和 $(1,2,0)$ 构成其行向量的一个极大无关组, 则有 $A=$__________.

(2) 设 $y(x)\in C^1[0,1)$ 满足 $y(x)\in[0,\pi]$ 及

$$x=\begin{cases}\dfrac{\sin y(x)}{y(x)}, & y\in(0,\pi],\\ 1, & y=0.\end{cases}$$

则 $y'(0)=$__________.

(3) 设 $f(x)=\displaystyle\int_x^{+\infty}\mathrm{e}^{-t^2}\mathrm{d}t$, 则 $\displaystyle\int_0^{+\infty}xf(x)\mathrm{d}x=$__________.

(4) 设 U 为 8 阶实正交方阵, U 中元素皆为 $\dfrac{1}{2\sqrt{2}}$ 的 3×3 子矩阵的个数记为 t, 则 t 最多为__________.

二、(本题 15 分) 给定空间直角坐标系中的两条直线: l_1 为 z 轴, l_2 过 $(-1,0,0)$ 及 $(0,1,1)$ 两点. 动直线 l 分别与 l_1,l_2 共面, 且与平面 $z=0$ 平行.

(1) 求动直线 l 全体构成的曲面 S 的方程.

(2) 确定 S 是什么曲面.

三、(本题 15 分) 证明: 任意 n 阶实方阵 A 可以分解成 $A=A_0+A_1+A_2$, 其中 $A_0=aI_n, a$ 是实数, A_1 与 A_2 都是幂零方阵.

四、(本题 20 分) 设 $\alpha>0$, $f(x)\in C^1[0,1]$, 且对任何非负整数 n, $f^{(n)}(0)$ 均存在且为零. 进一步存在常数 $C>0$ 使得 $|x^\alpha f'(x)|\leqslant C|f(x)|$ $(\forall x\in[0,1])$.

(1) 证明: 若 $\alpha=1$, 则在 $[0,1]$ 上 $f(x)\equiv 0$.

(2) 若 $\alpha>1$, 举例说明在 $[0,1]$ 上 $f(x)\equiv 0$ 可以不成立.

五、(本题 15 分) 设 $c\in(0,1)$, $x_1\in(0,1)$ 且 $x_1\neq c\left(1-x_1^2\right)$, $x_{n+1}=c\left(1-x_n^2\right)$ $(n\geqslant 1)$. 证明: $\{x_n\}$ 收敛当且仅当 $c\in\left(0,\dfrac{\sqrt{3}}{2}\right]$.

六、(本题 15 分) 已知 $a(x),b(x),c(x)\in C(\mathbb{R})$, 方程 $\dfrac{\mathrm{d}y}{\mathrm{d}x}=a(x)y^2+b(x)y+c(x)$ 只有有限个 2π 周期解. 求它的 2π 周期解个数的最大值.

第十届全国大学生数学竞赛决赛高年级组试题(数学专业类)

一、填空题 (本题 20 分, 每小题 5 分, 共 4 小题)

(1) 设 A 为实对称方阵, $(1,0,1)$ 和 $(1,2,0)$ 构成其行向量的一个极大无关组, 则有 $A=$__________.

(2) 设 $y(x)\in C^1[0,1)$ 满足 $y(x)\in[0,\pi]$ 及

$$x=\begin{cases}\dfrac{\sin y(x)}{y(x)}, & y\in(0,\pi],\\ 1, & y=0,\end{cases}$$

则 $y'(0)=$__________.

(3) 设 $f(x)=\int_x^{+\infty}\mathrm{e}^{-t^2}\mathrm{d}t$, 则 $\int_0^{+\infty}xf(x)\mathrm{d}x=$__________.

(4) 设 U 为 8 阶实正交方阵, U 中元素皆为 $\dfrac{1}{2\sqrt{2}}$ 的 3×3 子矩阵的个数记为 t, 则 t 最多为__________.

二、(本题 15 分) 给定空间直角坐标系中的两条直线: l_1 为 z 轴, l_2 过 $(-1,0,0)$ 及 $(0,1,1)$ 两点. 动直线 l 分别与 l_1,l_2 共面, 且与平面 $z=0$ 平行.

(1) 求动直线 l 全体构成的曲面 S 的方程.

(2) 确定 S 是什么曲面.

三、(本题 15 分) 证明: 任意 n 阶实方阵 A 可以分解成 $A=A_0+A_1+A_2$, 其中 $A_0=aI_n,a$ 是实数, A_1 与 A_2 都是幂零方阵.

四、(本题 20 分) 设 $\alpha>0$, $f(x)\in C^1[0,1]$, 且对任何非负整数 n, $f^{(n)}(0)$ 均存在且为零. 进一步存在常数 $C>0$ 使得 $|x^\alpha f'(x)|\leqslant C|f(x)|$ $(\forall x\in[0,1])$.

(1) 证明: 若 $\alpha=1$, 则在 $[0,1]$ 上 $f(x)\equiv0$.

(2) 若 $\alpha>1$, 举例说明在 $[0,1]$ 上 $f(x)\equiv0$ 可以不成立.

五、(抽象代数, 本题 10 分) 设 $(R,+,\cdot)$ 为含 $1\neq0$ 的结合环, $a,b\in R$. 若 $a+b=ba$, 且关于 x 的方程

$$\begin{cases}x^2-\left(ax^2+x^2a\right)+ax^2a=1,\\ x+a-(ax+xa)+axa=1\end{cases}$$

在 R 中有解. 证明: $ab=ba$.

六、(实变函数, 本题 10 分) 设 $f:\mathbb{R}\to\mathbb{R}$ 可测, 则 $G=\{(x,f(x));x\in\mathbb{R}\}$ 是 2 维 Lebesgue 零测集.

七、(微分几何, 本题 10 分) 在空间直角坐标系中设椭圆抛物面 S 的方程为

$$\gamma(u,v)=\left(u,v,u^2+\frac{1}{2}v^2\right),\quad (u,v)\in\mathbb{R}^2.$$

(1) 求 S 的所有脐点.

(2) 设 σ 为与脐点处切平面平行的平面 S, 它截 S 于曲线 C, 证明 C 是一个圆周.

八、(数值分析, 本题 10 分) 设 $\Delta: a=x_0<x_1<\cdots<x_n=b$ 是 $[a,b]$ 区间的一个剖分. 用 $S[a,b]$ 表示满足下列条件的分段实系数多项式全体构成的集合: 对任意 $s(x)\in S[a,b]$,

- $s(x)\Big|_{[x_i,x_{i+1}]}$ 是三次多项式, $i=0,1,\cdots,n-1$;
- $s(x)$ 在区间 $[a,b]$ 上二阶连续可导.

那么

(1) 对区间 $[a,b]$ 的任意实函数 $f(x)$, 存在唯一的 $s(x)\in S[a,b]$ 满足

$$s(x_i)=f(x_i),\quad i=0,1,\cdots,n,\quad s''(a)=s''(b)=0.$$

(2) 设 $f(x)\in C^2[a,b]$, 则对满足 (1) 的函数 $s(x)$ 有

$$\int_a^b (s''(x))^2\,\mathrm{d}x\leqslant\int_a^b (f''(x))^2\,\mathrm{d}x,$$

且等号成立当且仅当 $s(x)=f(x)$.

九、(复变函数, 本题 10 分) 设 z_0 是函数 $w=f(z)$ 的 n 阶极点. 试证明: 一定存在 $\rho>0$ 及 $R>0$, 使得对任意 $w\in\{w\in\mathbb{C}:|w|>R\}$, 函数 $f(z)-w$ 在 $|z-z_0|<\rho$ 中必有 n 个零点.

十、(概率论, 本题 10 分) 设独立随机变量序列 $\{X_n,n\geqslant1\}$ 满足 $P\left(X_n=\pm n^\theta\right)=\frac{1}{2}$, 其中 $\theta>0$ 是常数. 记 $S_n=\sum\limits_{i=1}^n X_i$.

(1) 当 $\theta<\frac{1}{2}$ 时, 证明 $\frac{S_n}{n}$ 依概率收敛于 0, 即对任意 $\varepsilon>0$, $\lim\limits_{n\to\infty}P\left(\frac{|S_n|}{n}\geqslant\varepsilon\right)=0$.

(2) 证明: $\frac{S_n}{\sqrt{\operatorname{Var}(S_n)}}\xrightarrow{D}N(0,1)$, 其中 $\operatorname{Var}(S_n)$ 是表示 S_n 的方差, $\xrightarrow{D}$ 表示依分布收敛.

历届全国大学生数学竞赛决赛试题参考解答(数学专业类)

首届全国大学生数学竞赛决赛试题参考解答(数学专业类)

一、[参考解析]

(1) $\sqrt{\pi}(\sqrt{\beta}-\sqrt{\alpha})$.

(2) $\dfrac{2\sqrt{3}}{9}$.

(3) $\dfrac{1}{2}$.

(4) 12.

二、[参考证明] 根据题目假设和 Taylor 公式, 有

$$f(x)=f(0)+f'(0)x+\alpha(x)x,$$

其中 $\alpha(x)$ 是 x 的函数, $\alpha(0)=0$ 且 $\alpha(x)\to 0(x\to 0)$. 因此, 对于任意给定的 $\varepsilon>0$, 存在 $\delta>0$, 使得当 $|x|<\delta$ 时, $|\alpha(x)|<\varepsilon$. 对于任意自然数 n 和 $k\leqslant n$, 总有

$$f\left(\frac{k}{n^2}\right)=f'(0)\frac{k}{n^2}+\alpha\left(\frac{k}{n^2}\right)\frac{k}{n^2}.$$

取 $N>\delta^{-1}$, 对上述给定的 $\varepsilon>0$, 当 $n>N,k\leqslant n$ 时, $\left|\alpha\left(\dfrac{k}{n^2}\right)\right|<\varepsilon$. 于是当 $n>N$ 时,

$$\left|\sum_{k=1}^{n}f\left(\frac{k}{n^2}\right)-f'(0)\sum_{k=1}^{n}\frac{k}{n^2}\right|\leqslant\varepsilon\sum_{k=1}^{n}\frac{k}{n^2},$$

改写该式得当 $n>N$ 时,

$$\left|\sum_{k=1}^{n}f\left(\frac{k}{n^2}\right)-\frac{1}{2}f'(0)\left(1+\frac{1}{n}\right)\right|\leqslant\frac{\varepsilon}{2}\left(1+\frac{1}{n}\right).$$

令 $n\to\infty$, 对上式取极限即得

$$\varlimsup_{n\to\infty}\left|\sum_{k=1}^{n}f\left(\frac{k}{n^2}\right)-\frac{1}{2}f'(0)\right|\leqslant\frac{\varepsilon}{2},$$

由 ε 的任意性, 即得

$$\lim_{n\to\infty}\sum_{k=1}^{n} f\left(\frac{k}{n^2}\right)=\frac{1}{2}f'(0).$$

三、[参考证明] 由于 f 在 $[0,+\infty)$ 上一致连续, 故对于任意给定的 $\varepsilon>0$, 存在一个 $\delta>0$, 当 $|x_1-x_2|<\delta\,(x_1\geqslant 0, x_2\geqslant 0)$ 时, 有 $|f(x_1)-f(x_2)|<\dfrac{\varepsilon}{2}$.

取一个充分大的自然数 m, 使得 $m>\delta^{-1}$. 由于 $\lim\limits_{n\to\infty} f(x+n)=0$, 故存在 $N\geqslant 1$, 使得当 $n>N$ 时, 有

$$\left|f\left(\frac{j}{m}+n\right)\right|<\frac{\varepsilon}{2},\quad \forall j=1,2,\cdots,m.$$

任取 $x\in[0,1]$, 则总有一个 $j\in\{1,2,\cdots,m\}$ 使得 $\left|x-\dfrac{j}{m}\right|\leqslant\dfrac{1}{m}$. 于是

$$|f(x+n)|\leqslant\left|f(x+n)-f\left(\frac{j}{m}+n\right)\right|+\left|f\left(\frac{j}{m}+n\right)\right|<\varepsilon.$$

这就证明了函数序列 $\{f(x+n)\}$ 在 $[0,1]$ 上一致收敛于 0.

四、[参考证明] 令 $F(x,y)=f(x,y)-g(x,y)$. 那么, 根据题目假设, 当 $x^2+y^2\to 1^-$ 时, $F(x,y)\to+\infty$. 这样, $F(x,y)$ 在 D 内必然有最小值. 设最小值在 $(x_0,y_0)\in D$ 达到. 则

$$F_{xx}(x_0,y_0)\geqslant 0,\quad F_{yy}(x_0,y_0)\geqslant 0.$$

结合题目假设得到

$$0\leqslant F_{xx}(x_0,y_0)+F_{yy}(x_0,y_0)\leqslant \mathrm{e}^{f(x_0,y_0)}-\mathrm{e}^{g(x_0,y_0)}.$$

因此, $f(x_0,y_0)\geqslant g(x_0,y_0)$. 于是 $F(x,y)\geqslant F(x_0,y_0)\geqslant 0$. 即 $f(x,y)\geqslant g(x,y)$.

五、[参考解析] 显然, $I_\varepsilon=\displaystyle\iint_{R_\varepsilon}\sum_{n=0}^{\infty}(xy)^n\,\mathrm{d}x\,\mathrm{d}y$.

注意到上述级数在 R_ε 上的一致收敛性, 则有

$$I_\varepsilon=\sum_{n=0}^{\infty}\int_0^{1-\varepsilon}x^n\,\mathrm{d}x\int_0^{1-\varepsilon}y^n\,\mathrm{d}y=\sum_{n=1}^{\infty}\frac{(1-\varepsilon)^{2n}}{n^2}.$$

由于 $\displaystyle\sum_{n=1}^{\infty}\frac{x^{2n}}{n^2}$ 在点 $x=1$ 收敛, 故有 $I=\lim\limits_{\varepsilon\to 0^+}I_\varepsilon=\displaystyle\sum_{n=1}^{\infty}\frac{1}{n^2}$.

下面证明 $I=\dfrac{\pi^2}{6}$. 在给定的变换下, $x=u-v, y=u+v$, 那么 $\dfrac{1}{1-xy}=\dfrac{1}{1-u^2+v^2}$, 变换的 Jacobi 行列式

$$J=\left|\frac{\partial(x,y)}{\partial(u,v)}\right|=2.$$

假定正方形 R 在给定变换下的像为 $\widetilde{R}$, 那么根据 $\widetilde{R}$ 的图像以及被积函数的特征, 我们有

$$\begin{aligned} I&=2\iint\limits_{\widetilde{R}}\frac{1}{1-u^2+v^2}\,\mathrm{d}u\mathrm{d}v\\ &=4\int_0^{\frac{1}{2}}\left(\int_0^u\frac{\mathrm{d}v}{1-u^2+v^2}\right)\mathrm{d}u+4\int_{\frac{1}{2}}^1\left(\int_0^{1-u}\frac{\mathrm{d}v}{1-u^2+v^2}\right)\mathrm{d}u. \end{aligned}$$

利用 $\displaystyle\int\frac{\mathrm{d}x}{a^2+x^2}=\frac{1}{a}\arctan\frac{x}{a}+C(a>0)$, 又得

$$I=4\int_0^{\frac{1}{2}}\frac{\arctan\left(\dfrac{u}{\sqrt{1-u^2}}\right)}{\sqrt{1-u^2}}\,\mathrm{d}u+4\int_{\frac{1}{2}}^1\frac{\arctan\left(\dfrac{1-u}{\sqrt{1-u^2}}\right)}{\sqrt{1-u^2}}\,\mathrm{d}u.$$

令 $g(u)=\arctan\dfrac{u}{\sqrt{1-u^2}}, h(u)=\arctan\dfrac{1-u}{\sqrt{1-u^2}}=\arctan\sqrt{\dfrac{1-u}{1+u}}$, 那么 $g'(u)=\dfrac{1}{\sqrt{1-u^2}}, h'(u)=-\dfrac{2}{\sqrt{1-u^2}}$. 最后, 得到

$$\begin{aligned} I&=4\int_0^{\frac{1}{2}}g'(u)g(u)\,\mathrm{d}u-8\int_{\frac{1}{2}}^1h'(u)h(u)\,\mathrm{d}u\\ &=2[g(u)]^2\Big|_0^{\frac{1}{2}}-4[h(u)]^2\Big|_{\frac{1}{2}}^1\\ &=2\left(\frac{\pi}{6}\right)^2-0-0+4\left(\frac{\pi}{6}\right)^2=\frac{\pi^2}{6}. \end{aligned}$$

六、[参考解析] (1) L, L' 的方向向量分别为

$$\vec{n}=(1,1,1),\quad \vec{n'}=(1,a,1).$$

分别取 L, L' 上的点 $O(0,0,0), P(0,0,b)$. L 与 L' 是异面直线当且仅当矢量 $\vec{n}, \vec{n}', \overrightarrow{OP}$ 不共面, 即它们的混合积不为零:

$$(\vec{n}\times\vec{n}')\cdot\overrightarrow{OP}=\begin{vmatrix}1&1&1\\1&a&1\\0&0&b\end{vmatrix}=(a-1)b\neq 0,$$

所以, L 与 L' 是异面直线当且仅当 $a\neq 1$ 且 $b\neq 0$.

(2) 假设 $P(x,y,z)$ 是 π 上任一点, 于是 P 必定是 L' 上一点 $P'(x',y',z')$ 绕 L 旋转所生成的. 由于 $\overrightarrow{P'P}$ 与 L 垂直, 所以

$$(x-x')+(y-y')+(z-z')=0. \tag{1}$$

又由于 P' 在 L' 上, 所以

$$\frac{x'}{1}=\frac{y'}{a}=\frac{z'-b}{1}. \tag{2}$$

因为 L 经过坐标原点, 所以 P,P' 到原点的距离相等, 故

$$x^2+y^2+z^2=x'^2+y'^2+z'^2. \tag{3}$$

将 (1), (2), (3) 联立, 消去其中的 x',y',z'.

令 $\dfrac{x'}{1}=\dfrac{y'}{a}=\dfrac{z'-b}{1}=t$, 将 x',y',z' 用 t 表示:

$$x'=t,\quad y'=at,\quad z'=t+b, \tag{4}$$

将 (4) 代入 (1), 得

$$(a+2)t=x+y+z-b. \tag{5}$$

当 $a\neq -2$, 即 L 与 L' 不垂直时, 解得

$$t=\frac{1}{a+2}(x+y+z-b). \tag{6}$$

据此, 结合 (3), (4), (6), 得到 π 的方程

$$x^2+y^2+z^2-\frac{a^2+2}{(a+2)^2}(x+y+z-b)^2-\frac{2b}{a+2}(x+y+z-b)-b^2=0.$$

当 $a=-2$ 时, 由 (5) 得 $x+y+z=b$, 这表明, π 在这个平面上. 同时, 将 (4) 代入 (3), 有

$$x^2+y^2+z^2=6t^2+2bt+b^2=6\left(t+\frac{1}{6}b\right)^2+\frac{5}{6}b^2.$$

由于 t 可以是任意的, 所以, 这时, π 的方程为

$$\begin{cases} x+y+z=b, \\ x^2+y^2+z^2 \geqslant \dfrac{5}{6}b^2. \end{cases}$$

π 的类型: 当 $a=1$ 且 $b\neq 0$ 时, L 与 L' 平行, π 为柱面. 当 $a\neq 1$ 且 $b=0$ 时, 如果 $a\neq -2$, 则 L 与 L' 相交, π 为锥面; 如果 $a=-2$, 则 π 是平面. 当 $a\neq 1$ 且 $b\neq 0$ 时, 如果 $a\neq -2$, π 为单叶双曲面; 如果 $a=-2$, 则 π 为去掉一个圆盘后的平面.

七、[参考证明] (1) A 的秩为 n 的情形: 此时, A 为正定阵. 于是存在可逆矩阵 P 使得 $P^{\mathrm{T}}AP=E$. 因为 $P^{\mathrm{T}}BP$ 是实对称矩阵, 所以存在正交矩阵 Q 使得 $Q^{\mathrm{T}}\left(P^{\mathrm{T}}BP\right)Q=\Lambda$ 是对角阵. 令 $C=PQ$, 则有 $C^{\mathrm{T}}AC=E, C^{\mathrm{T}}BC=\Lambda$ 都是对角阵.

(2) A 的秩为 $n-1$ 的情形: 此时, 存在实可逆矩阵 P 使得 $P^{\mathrm{T}}AP=\begin{pmatrix} E_{n-1} & 0 \\ 0 & 0 \end{pmatrix}$. 因为 $P^{\mathrm{T}}BP$ 是实对称矩阵, 所以, 可以假定 $P^{\mathrm{T}}BP=\begin{pmatrix} B_{n-1} & \alpha \\ \alpha^{\mathrm{T}} & b \end{pmatrix}$, 其中 B_{n-1} 是 $n-1$ 阶实对称矩阵.

因为 B_{n-1} 是 $n-1$ 阶实对称矩阵, 所以存在 $n-1$ 阶正交矩阵 Q_{n-1}, 使得

$$Q_{n-1}^{\mathrm{T}}B_{n-1}Q_{n-1}=\begin{pmatrix} \lambda_1 & \cdots & 0 \\ \vdots & & \vdots \\ 0 & \cdots & \lambda_{n-1} \end{pmatrix}=\Lambda_{n-1}$$

为对角阵. 令 $Q=\begin{pmatrix} Q_{n-1} & \\ & 1 \end{pmatrix}$, $C=PQ$, 则 $C^{\mathrm{T}}AC, C^{\mathrm{T}}BC$ 可以表示为

$$C^{\mathrm{T}}AC=\begin{pmatrix} E_{n-1} & \\ & 0 \end{pmatrix},\quad C^{\mathrm{T}}BC=\begin{pmatrix} \Lambda_{n-1} & \eta \\ \eta^{\mathrm{T}} & d \end{pmatrix},$$

其中 $\eta=(d_1,d_2,\cdots,d_{n-1})^{\mathrm{T}}$ 是 $n-1$ 维列向量.

为简化记号, 不妨假定

$$A=\begin{pmatrix} E_{n-1} & \\ & 0 \end{pmatrix},\quad B=\begin{pmatrix} \Lambda_{n-1} & \eta \\ \eta^{\mathrm{T}} & d \end{pmatrix}.$$

如果 $d=0$, 由于 B 是半正定的, B 的各个主子式均 $\geqslant 0$. 考虑 B 的含 d 的各个 2 阶主子式, 容易知道, $\eta=0$. 此时 B 已经是对角阵了, 如所需.

现假设 $d\neq 0$. 显然, 对于任意实数 k,A,B 可以通过合同变换同时化成对角阵当且仅当同一合同变换可以将 $A,kA+B$ 同时化成对角阵. 由于当 $k\geqslant 0$ 时, $kA+B$ 仍然是半正定矩阵, 由 (1), 我们只需要证明存在 $k\geqslant 0,kA+B$ 是可逆矩阵即可.

注意到, 当 $k+\lambda_i$ 都不是 0 时, 行列式

$$
\begin{aligned}
|kA+B|&=\begin{vmatrix} k+\lambda_1 & & & d_1\\ & \ddots & & \vdots\\ & & k+\lambda_{n-1} & d_{n-1}\\ d_1 & \cdots & d_{n-1} & d\end{vmatrix}\\
&=\left(d-\sum_{i=1}^{n-1}\frac{d_i^2}{k+\lambda_i}\right)\prod_{j=1}^{n-1}(k+\lambda_i),
\end{aligned}
$$

故只要 k 足够大就能保证 $kA+B$ 是可逆矩阵. 从而 A,B 可以通过合同变换同时化成对角阵.

八、**[参考证明]** 记 $E_j=\ker f_j, j=1,2$. 由 $f_j\neq 0$ 知 $\dim E_j=n-1, j=1,2$. 不失一般性, 可令

$$
V=\mathbb{C}^n=\{\alpha=(x_1,x_2,\cdots,x_n):x_1,x_2,\cdots,x_n\in\mathbb{C}\},
$$

$$
f_j(\alpha)=a_{j1}x_1+a_{j2}x_2+\cdots+a_{jn}x_n,\quad j=1,2.
$$

由 $f_1\neq 0,f_2\neq 0,f_1\neq cf_2,\forall c\in\mathbb{C}$, 知

$$
\begin{cases} a_{11}x_1+a_{12}x_2+\cdots+a_{1n}x_n=0,\\ a_{21}x_1+a_{22}x_2+\cdots+a_{2n}x_n=0\end{cases}
$$

的系数矩阵之秩为 2. 因此其解空间维数为 $n-2$, 即 $\dim(E_1\cap E_2)=n-2$. 但

$$
\dim E_1+\dim E_2=\dim(E_1+E_2)+\dim(E_1\cap E_2),
$$

故有 $\dim(E_1+E_2)=n$, 即 $E_1+E_2=V$.

现在, 任意的 $\alpha\in V$ 都可表示为 $\alpha=\alpha_1+\alpha_2$, 其中 $\alpha_1\in E_1,\alpha_2\in E_2$. 注意到 $f_1(\alpha_1)=0,f_2(\alpha_2)=0$, 因此

$$
f_1(\alpha)=f_1(\alpha_2),\quad f_2(\alpha)=f_2(\alpha_1).
$$

第二届全国大学生数学竞赛决赛试题参考解答(数学专业类)

一、[参考解析] 当过原点的平面 Σ 和椭球面

$$4x^2+5y^2+6z^2=1$$

的交线 Γ 为圆时, 圆心必为原点. 从而 Γ 必在以原点为中心的某个球面上. 设该球面方程为 $x^2+y^2+z^2=r^2$. 在该圆上

$$z^2-x^2=5x^2+5y^2+5z^2-5r^2+z^2-x^2=1-5r^2,$$

即该圆在曲面 $H: z^2-x^2=1-5r^2$ 上.

断言 $5r^2=1$, 否则 $H: z^2-x^2=1-5r^2$ 是一个双曲柱面. 注意到 Γ 关于原点中心对称, H 的一叶是另一叶的中心对称的像, 所以 Γ 和 H 的两叶一定都有交点. 另一方面, Γ 又要整个地落在 H 上, 这与作为圆周的 Γ 是一条连续的曲线矛盾, 所以必有 $5r^2=1$. 从而 Γ 在 $z^2-x^2=0$ 上, 即 Γ 在平面 $x-z=0$ 或 $x+z=0$ 上. 所以 Σ 为 $x-z=0$ 或 $x+z=0$.

反过来, 当 Σ 为 $x-z=0$ 或 $x+z=0$ 时, Σ 和 $4x^2+5y^2+6z^2=1$ 的交线在 $5x^2+5y^2+5z^2=1$ 上, 从而为一个圆. 总之, 平面 $x-z=0$ 或 $x+z=0$ 即为所求.

二、[参考证明] 记 $a=\displaystyle\int_0^{+\infty} f(x)\,\mathrm{d}x$, 则 $a\in(0,+\infty)$.

$$\begin{aligned}\int_0^{+\infty} xf(x)\,\mathrm{d}x &\geqslant a\int_a^{+\infty} f(x)\,\mathrm{d}x = a\left(a-\int_0^a f(x)\,\mathrm{d}x\right)\\ &= a\int_0^a (1-f(x))\,\mathrm{d}x > \int_0^a x(1-f(x))\,\mathrm{d}x,\end{aligned}$$

从而有 $\displaystyle\int_0^{+\infty} xf(x)\,\mathrm{d}x > \int_a^{+\infty} xf(x)\,\mathrm{d}x > \int_0^a x\,\mathrm{d}x = \frac{a^2}{2}$.

注 如果 $f(x)$ 连续, 则可以采用以下方法证明.

考虑 $F(x)=\displaystyle\int_0^x tf(t)\,\mathrm{d}t-\frac{1}{2}\left(\int_0^x f(t)\,\mathrm{d}t\right)^2$, $\forall\, x\geqslant 0$, 则

$$F'(x)=f(x)\left(x-\int_0^x f(t)\,\mathrm{d}t\right)>0,\quad \forall x>0.$$

从而 $F(x)$ 在 $[0,+\infty)$ 上严格单调上升. 所以 $F(+\infty)>F(0)=0$, 即结论成立.

三、[参考证明] $t_n=\sum\limits_{k=1}^{+\infty}ka_{n+k}=\sum\limits_{k=1}^{+\infty}\frac{k}{n+k}(n+k)a_{n+k}$. 由假设, $\sum\limits_{k=1}^{+\infty}(n+k)a_{n+k}$ 收敛, 而 $\frac{k}{n+k}$ 关于 k 单调且一致有界, 从而由 Abel 判别法知 $\sum\limits_{k=1}^{+\infty}ka_{n+k}$ 收敛, 即 t_n 有定义.

进一步, $\forall\varepsilon>0,\exists N>0$, 使得当 $n>N$ 时,

$$S_n=\sum_{k=n}^{+\infty}ka_k\in(-\varepsilon,\varepsilon).$$

此时对任何 $n>N$ 以及 $m>1$,

$$\begin{aligned}&\sum_{k=1}^{m}ka_{n+k}=\sum_{k=1}^{m}\frac{k}{n+k}\left(S_{k+n}-S_{k+n+1}\right)\\&=\sum_{k=1}^{m}\frac{k}{n+k}S_{k+n}-\sum_{k=2}^{m+1}\frac{k-1}{n+k-1}S_{k+n}\\&=\frac{1}{n+1}S_{n+1}-\frac{m}{n+m}S_{m+n+1}+\sum_{k=2}^{m}\left(\frac{k}{n+k}-\frac{k-1}{n+k-1}\right)S_{k+n}.\end{aligned}$$

从而有

$$\begin{aligned}\left|\sum_{k=1}^{m}ka_{n+k}\right|&\leqslant\left(\frac{1}{n+1}+\frac{m}{n+m}\right)\varepsilon+\sum_{k=2}^{m}\left(\frac{k}{n+k}-\frac{k-1}{n+k-1}\right)\varepsilon\\&=\left(\frac{1}{n+1}+\frac{2m}{n+m}-\frac{1}{n+1}\right)\varepsilon\leqslant2\varepsilon.\end{aligned}$$

所以 $|t_n|\leqslant2\varepsilon,\forall n>N$, 即 $\lim\limits_{n\to+\infty}t_n=0$.

四、[参考证明] 设 A 可对角化, 则有 A 的特征向量 $\alpha_1,\alpha_2,\cdots,\alpha_n$ 构成 $\mathbb{C}^n$ 的一组基, $A\alpha_i=\lambda_i\alpha_i,i=1,2,\cdots,n$, 其中 λ_i 是特征值. 对任意的 i,j, 令 $T_{ij}\in M_n(\mathbb{C})$, 满足

$$T_{ij}\alpha_k=\delta_{ik}\alpha_j\quad(k=1,2,\cdots,n),$$

其中 $\delta_{ik}=1$ 当 $i=k$; $\delta_{ik}=0$ 当 $i\neq k$, 则可证 $T_{ij}\ (i,j=1,2,\cdots,n)$ 是 $M_n(\mathbb{C})$ 的一组基, 为此, 只要验证其线性无关性:

设 $\sum\limits_{i,j}\lambda_{ij}T_{ij}=O$, 注意到

$$T_{ij}\left(\alpha_1,\cdots,\alpha_i,\cdots,\alpha_n\right)=\left(0,\cdots,\alpha_j,\cdots,0\right),$$

有 $\sum_{i,j}\lambda_{ij}T_{ij}(\alpha_1,\cdots,\alpha_i,\cdots,\alpha_n)=O$. 从而

$$\sum_i\sum_j\lambda_{ij}(0,\cdots,0,\alpha_j,0,\cdots,0)=O.$$

即

$$\left(\sum_j\lambda_{1j}\alpha_j,\cdots,\sum_j\lambda_{ij}\alpha_j,\cdots,\sum_j\lambda_{nj}\alpha_j\right)=O.$$

从而有 $\sum_j\lambda_{ij}\alpha_j=0\ (\forall i)$, 故 $\lambda_{ij}=0\ (\forall i,j)$. 所以

$$T_{ij},\quad i,j=1,2,\cdots,n$$

是 $M_n(\mathbb{C})$ 的一组基. 又 $\sigma_A(T_{ij})=AT_{ij}-T_{ij}A$,

$$\begin{aligned}&\sigma_A(T_{ij})(\alpha_1,\cdots,\alpha_i,\cdots,\alpha_n)\\=&\ (0,\cdots,0,(\lambda_j-\lambda_i)\alpha_j,0,\cdots,0)\\=&\ (\lambda_j-\lambda_i)T_{ij}(\alpha_1,\cdots,\alpha_i,\cdots,\alpha_n),\end{aligned}$$

故 $\sigma_A(T_{ij})=(\lambda_j-\lambda_i)T_{ij}$, 即 $T_{ij}\ (i,j=1,2,\cdots,n)$ 是 σ_A 的特征向量, 所以 σ_A 可对角化.

五、[参考证明] 记 $M=\sup\limits_{x,y\in\mathbb{R}}|f(x+y)-f(x)-f(y)|$, 则

$$\begin{aligned}&|f(2x)-2f(x)|\leqslant M,\\&|f(3x)-f(2x)-f(x)|\leqslant M,\\&\cdots\cdots\\&|f(nx)-f((n-1)x)-f(x)|\leqslant M,\quad \forall x\in\mathbb{R},n\in\mathbb{N}^+.\end{aligned}$$

从而

$$|f(nx)-nf(x)|\leqslant(n-1)M\leqslant nM,\quad \forall x\in\mathbb{R},n\in\mathbb{N}^+. \tag{1}$$

上式中 x 用 mx 代入, 则有

$$|f(mnx)-nf(mx)|\leqslant nM,\quad \forall x\in\mathbb{R},m,n\in\mathbb{N}^+.$$

把上式中的 m,n 互换, 得

$$|f(mnx)-mf(nx)|\leqslant mM,\quad \forall x\in\mathbb{R},m,n\in\mathbb{N}^+.$$

于是有

$$\left|\frac{f(mx)}{m}-\frac{f(nx)}{n}\right| \leqslant \left(\frac{1}{n}+\frac{1}{m}\right) M, \quad \forall x \in \mathbb{R}, m, n \in \mathbb{N}^{+}. \tag{2}$$

这表明函数列 $\left\{\dfrac{f(nx)}{n}\right\}$ 是关于 $x \in \mathbb{R}$ 一致收敛的. 设其极限为 $g(x)$, 则 $g(x)$ 连续. 又由题设

$$\left|\frac{f(n(x+y))}{n}-\frac{f(nx)}{n}-\frac{f(ny)}{n}\right| \leqslant \frac{M}{n}, \quad \forall x, y \in \mathbb{R}, n \in \mathbb{N}^{+}.$$

取极限即得

$$g(x+y)=g(x)+g(y), \quad \forall x, y \in \mathbb{R}. \tag{3}$$

而在 (1) 式除以 n 后取极限可以得到

$$|g(x)-f(x)| \leqslant M, \quad \forall x \in \mathbb{R}. \tag{4}$$

从而 $\sup\limits_{x \in \mathbb{R}}|g(x)-f(x)|<+\infty$.

下面证明 $g(x)=g(1)x$. 由 (3) 可得

$$g\left(\frac{m}{n}\right)=\frac{m}{n} g(1), \quad \forall m \in \mathbb{Z}, n \in \mathbb{N}^{+}.$$

由 $g(x)$ 的连续性和有理数的稠密性得到

$$g(x)=g(1)x, \quad \forall x \in \mathbb{R}.$$

综上所述, 要证的结论成立.

注 如果最后由 $g(x)$ 的连续性和 $g(x)+g(y)=g(x+y)$ 直接得到 $g(x)=ax$, 算全对.

六、[参考证明] 首先证明 $\varphi=a \cdot \operatorname{tr}(-)$, 这里 $\operatorname{tr}(-)$ 是取迹映射:

$$\varphi\left(E_{ij}\right)=\varphi\left(E_{i1} E_{1j}\right)=\varphi\left(E_{1j} E_{i1}\right)=\delta_{ij} \varphi\left(E_{11}\right),$$

其中 E_{ij} 是 (i, j) 位置为 1, 其他位置为 0 的矩阵.

取 $a=\varphi\left(E_{11}\right)$, 则 $\varphi\left(E_{ij}\right)=a \cdot \operatorname{tr}\left(E_{ij}\right)$, 故

$$\varphi=a \cdot \operatorname{tr}(-), \quad a \neq 0.$$

(1) 显然 $(-,-)$ 是双线性型, 且是对称的. 设 $(X, Y)=0, \forall Y \in M_n(\mathbb{R})$, 取 $Y=X^{\mathrm{T}}$, 即 X 的转置矩阵, 则 $(X, Y)=a \operatorname{tr}\left(X X^{\mathrm{T}}\right)=0$. 从而有 $\operatorname{tr}\left(X X^{\mathrm{T}}\right)=0$, 故 $X=O$.

(2) 只需证明 $\sum_{i=1}^{n^2} A_iB_i$ 与任意 A_k 可交换: 注意到 $B_1, B_2, \cdots, B_{n^2}$ 也为 $M_n(\mathbb{R})$ 的一组基, 因此可设 $B_iA_k = \sum_l x_lB_l$, 其中 $x_l = (B_iA_k, A_l)$; 另一方面, 由 $A_1, A_2, \cdots, A_{n^2}$ 为 $M_n(\mathbb{R})$ 的一组基, 又可设 $A_kA_i = \sum_l y_lA_l$, 其中 $y_l = (A_kA_i, B_l)$. 计算

$$
\begin{aligned}
\Delta &= \left(\sum_{i=1}^{n^2} A_iB_i\right)A_k - A_k\sum_{i=1}^{n^2} A_iB_i \\
&= \sum_{i=1}^{n^2}(A_iB_iA_k - A_kA_iB_i) \\
&= \sum_{i=1}^{n^2}\left(A_i\sum_l (B_iA_k, A_l)\, B_l - \sum_l (A_kA_i, B_l)\, A_lB_i\right) \\
&= \sum_{i=1}^{n^2}\sum_l \left[(B_iA_k, A_l)\, A_iB_l - (A_kA_i, B_l)\, A_lB_i\right].
\end{aligned}
$$

上式中 $(A_kA_i, B_l) = (B_lA_k, A_i)$, 故 $\Delta = O$. 从而 $\sum_{i=1}^{n^2} A_iB_i$ 与任意 A_k 可交换, $\sum_{i=1}^{n^2} A_iB_i$ 是数量矩阵.

第三届全国大学生数学竞赛决赛试题参考解答(数学专业类)

一、[参考解析] 平面 ABC 的法向量 $\vec{n}=\overrightarrow{AB}\times\overrightarrow{AC}=(0,1,1)\times(0,-1,-3)=(-2,0,0)$. 设所求直线的方向向量为 $\vec{l}=(a,b,c)$, 则由条件得 $\vec{l}\cdot\vec{n}=0, \vec{l}\cdot\overrightarrow{AD}=0$. 由此可解得 $\vec{l}=(0,c,c)(c\neq 0)$. 取 $\vec{l}=(0,1,1)$. 于是所求直线方程为 $\dfrac{x-3}{0}=\dfrac{y-1}{1}=\dfrac{z-2}{1}$.

二、[参考证明] 任取 $\varepsilon>0$, 易证存在 $[a,b]$ 的划分 P 使得 f'' 的 Darboux 上和 $U(P,f'')<\displaystyle\int_a^b f''(t)\,\mathrm{d}t+\varepsilon$. 由此可见, 存在分段常值函数 g 满足 $g\geqslant f''$ 以及 $\displaystyle\int_a^b g(x)\,\mathrm{d}x<\int_a^b f''(t)\,\mathrm{d}t+\varepsilon$. 进一步, 不难得到 $\psi\in C[a,b]$ 使得 $\psi\geqslant g$ 且 $\displaystyle\int_a^b\big(\psi(x)-g(x)\big)\,\mathrm{d}x\leqslant\varepsilon$. 令

$$F(x)=f(a)+f'(a)(x-a)+\int_a^x(x-t)\psi(t)\,\mathrm{d}t,\qquad \forall x\in[a,b],$$

则 $F(a)=f(a)$, $F'(a)=f'(a)$, $F''(x)=\psi(x)\geqslant f''(x)$ $(\forall x\in[a,b])$. 从而

$$F(x)\geqslant f(x),\quad \forall x\in[a,b].$$

另一方面,

$$\int_a^x(x-t)\big(\psi(t)-f''(t)\big)\,\mathrm{d}t\leqslant\int_a^x(b-a)\big(\psi(t)-f''(t)\big)\,\mathrm{d}t\leqslant 2(b-a)\varepsilon,$$

从而

$$f(x)\leqslant F(x)\leqslant f(a)+f'(a)(x-a)+\int_a^x(x-t)f''(t)\,\mathrm{d}t+2(b-a)\varepsilon,\quad \forall x\in[a,b].$$

令 $\varepsilon\to 0^+$ 得到

$$f(x)\leqslant f(a)+f'(a)(x-a)+\int_a^x(x-t)f''(t)\,\mathrm{d}t,\qquad \forall x\in[a,b].$$

同理可证

$$f(x)\geqslant f(a)+f'(a)(x-a)+\int_a^x(x-t)f''(t)\,\mathrm{d}t,\qquad \forall x\in[a,b].$$

最后得到结论. 证毕.

三、[参考解析] 当 $A_1=A_2=\cdots=A_n=0$ 时, 函数 $f(x)$ 在 $[0,2\pi)$ 上恰有 $2k_0$ 个零点, 下面证明无论 $A_1,A_2,\cdots,A_n$ 取什么值, $f(x)$ 在 $[0,2\pi)$ 上都至少有 $2k_0$ 个零点.

考虑函数 $F_1(x)=-\dfrac{1}{k_0^2}\left(\sin k_0x+\displaystyle\sum_{i=1}^{n}\dfrac{A_ik_0^2\sin k_ix}{k_i^2}\right)$, 容易得到

$$F_1(0)=F_1(2\pi)=0,\quad F_1''(x)=f(x).$$

设 $F_1(x)$ 在 $[0,2\pi)$ 上的零点个数为 N, 则由 Rolle 定理知 $F'(x)$ 在 $(0,2\pi)$ 上至少有 N 个零点; 从而 $F_1''(x)$ 在 $(0,2\pi)$ 上至少有 $N-1$ 个零点, 于是 $F_1''(x)$ 在 $[0,2\pi)$ 上至少有 N 个零点. 记 $F_0(x)=f(x)$. 重复上面的过程, 得到一系列函数 $F_s(x)=\dfrac{(-1)^s}{k_0^{2s}}\left(\sin k_0x+\displaystyle\sum_{i=1}^{n}\dfrac{A_ik_0^{2s}}{k_i^{2s}}\sin k_ix\right)$ 满足 $F_{s+1}''(x)=F_s(x), s=0,1,2,\cdots$, 从而若 $F_s(x)$ 在 $[0,2\pi)$ 上的零点个数为 N, 则 $f(x)$ 在 $[0,2\pi)$ 上的零点个数至少为 N. 令 $g_s(x)=\sin k_0x+\displaystyle\sum_{i=1}^{n}\dfrac{A_ik_0^{2s}}{k_i^{2s}}\sin k_ix$, 则 $F_s(x)=\dfrac{(-1)^s}{k_0^{2s}}g_s(x)$. 由于 $k_0<k_1<\cdots<k_n$, 可取充分大的正整数 s, 使得 $\displaystyle\sum_{i=1}^{n}\dfrac{|A_i|k_0^{2s}}{k_i^{2s}}<\dfrac{\sqrt{2}}{2}$, 从而有

$$\left|\sum_{i=1}^{n}\frac{A_ik_0^{2s}}{k_i^{2s}}\sin k_ix\right|\leqslant\sum_{i=1}^{n}\frac{|A_i|k_0^{2s}}{k_i^{2s}}<\frac{\sqrt{2}}{2}.$$

因此, 当 $m=1,2,\cdots,2k_0-1$ 时, 或者

$$g\left(\frac{m\pi+\frac{\pi}{4}}{k_0}\right)\geqslant\frac{\sqrt{2}}{2}-\sum_{i=1}^{n}\frac{|A_i|\,k_0^{2s}}{k_i^{2s}}>0,$$

$$g\left(\frac{m\pi-\frac{\pi}{4}}{k_0}\right)\leqslant-\frac{\sqrt{2}}{2}+\sum_{i=1}^{n}\frac{|A_i|\,k_0^{2s}}{k_i^{2s}}<0$$

成立, 或者

$$g\left(\frac{m\pi-\frac{\pi}{4}}{k_0}\right)\geqslant\frac{\sqrt{2}}{2}-\sum_{i=1}^{n}\frac{|A_i|\,k_0^{2s}}{k_i^{2s}}>0,$$

$$g\left(\frac{m\pi+\frac{\pi}{4}}{k_0}\right)\leqslant-\frac{\sqrt{2}}{2}+\sum_{i=1}^{n}\frac{|A_i|\,k_0^{2s}}{k_i^{2s}}<0$$

成立. 不论何种情形, 都存在 $x_m\in\left(\dfrac{m\pi-\frac{\pi}{4}}{k_0},\dfrac{m\pi+\frac{\pi}{4}}{k_0}\right)$, 使得

$$g(x_m)=0,\quad m=1,2,\cdots,2k_0-1.$$

由此可知, $F_s(x)$ 在 $[0,2\pi)$ 上的零点个数为 $N \geqslant 2k_0$, 故 $f(x)$ 零点个数的最小可能值为 $2k_0$.

四、[参考证明] 令 $x_n = \ln a_n$, 则由题设条件

$$\varliminf_{n\to\infty} x_n = 0, \quad \varlimsup_{n\to\infty} x_n < +\infty, \quad \lim_{n\to\infty} \frac{1}{n}\sum_{k=1}^{n} x_k = 0.$$

首先假设所有的 $x_n > 0$. 由上面第二式可知存在 $A > 0$, 使得所有的 $x_n \leqslant A$. 容易知道当 $0 \leqslant x \leqslant \ln 2$ 时, 不等式 $\mathrm{e}^x \leqslant 1 + 2x$ 成立. 对于固定的 n, 令

$$S_n = \{i \in \mathbb{Z} \mid 1 \leqslant i \leqslant n, x_i \leqslant \ln 2\},$$
$$T_n = \{i \in \mathbb{Z} \mid 1 \leqslant i \leqslant n, x_i > \ln 2\},$$

有 $\frac{1}{n}\sum\limits_{k=1}^{n} x_k \geqslant \frac{1}{n}\sum\limits_{k\in T_n} x_k > \frac{|T_n|}{n}\ln 2 \geqslant 2$, 其中 $|T_n|$ 表示 T_n 中元素的个数. 因此 $\lim\limits_{n\to\infty}\frac{|T_n|}{n} = 0$. 由于

$$\begin{aligned}\frac{1}{n}\sum_{k=1}^{n}\mathrm{e}^{x_k} &= \frac{1}{n}\sum_{k\in S_n}\mathrm{e}^{x_k} + \frac{1}{n}\sum_{k\in T_n}\mathrm{e}^{x_k} \leqslant \frac{1}{n}\sum_{k\in S_n}(1+2x_k) + \frac{|T_n|}{n}\mathrm{e}^A \\ &\leqslant 1 - \frac{|T_n|}{n}\left(1-\mathrm{e}^A\right) + \frac{2}{n}\sum_{k=1}^{n} x_k,\end{aligned}$$

并且 $\frac{1}{n}\sum\limits_{k=1}^{n}\mathrm{e}^{x_k} \geqslant \mathrm{e}^{\frac{1}{n}\sum\limits_{k=1}^{n}\mathrm{e}^{x_k}}$, 由夹逼准则得

$$\lim_{n\to\infty}\frac{1}{n}\sum_{k=1}^{n} a_k = \lim_{n\to\infty}\frac{1}{n}\sum_{k=1}^{n}\mathrm{e}^{x_k} = 1.$$

对于一般情形, 作数列 $z_n = \begin{cases} -x_n, & x_n < 0, \\ 0, & x_n \geqslant 0 \end{cases}$ $(n = 1, 2, \cdots)$, 则 $\varliminf\limits_{n\to\infty} z_n = 0$. 令 $y_n = x_n + z_n$, 则 $y_n \geqslant 0$, 且

$$\varliminf_{n\to\infty} y_n = 0, \quad \varlimsup_{n\to\infty} y_n < +\infty, \quad \lim_{n\to\infty}\frac{1}{n}\sum_{k=1}^{n} y_k = 0.$$

由上面已经证明的结论, 有 $\lim\limits_{n\to\infty}\frac{1}{n}\sum\limits_{k=1}^{n}\mathrm{e}^{y_k} = 1$. 又因为 $z_n \geqslant 0$, 从而 $x_n \leqslant y_n$, 于是有

$$\mathrm{e}^{\frac{1}{n}\sum\limits_{k=1}^{n} x_k} \leqslant \frac{1}{n}\sum_{k=1}^{n}\mathrm{e}^{x_k} \leqslant \frac{1}{n}\sum_{k=1}^{n}\mathrm{e}^{y_k}.$$

再由夹逼准则, 得到 $\lim\limits_{n\to\infty}\dfrac{1}{n}\sum\limits_{k=1}^{n}a_k=\lim\limits_{n\to\infty}\dfrac{1}{n}\sum\limits_{k=1}^{n}\mathrm{e}^{x_k}=1.$

五、[参考解析] 可得 AB 的特征多项式为 $\lambda(\lambda-9)^2$. 由于 AB 和 BA 有相同的非零特征值 (并且重数也相同), 可知 BA 的特征值均为 9. 由此可知 BA 可逆, 即存在 2 阶矩阵 C, 使得 $CBA=BAC=I_2$, 其中 I_2 为二阶单位矩阵. 直接计算可知

$$A(BA-9I_2)B=ABAB-9AB=AB(AB-9I_3)=O,$$

于是有 $BA-9I_2=CB\cdot A(BA-9I_2)B\cdot AC=O$, 即

$$BA=9I_2=\begin{pmatrix}9&0\\0&9\end{pmatrix}.$$

六、[参考证明] $\forall i\in I$, 考虑 $M_n(\mathbb{R})$ 的子空间

$$U_{i,\mathbb{R}}=\{T\in M_n(\mathbb{R})\mid A_iT=TB_i\}$$

以及 $M_n(\mathbb{Q})$ 的子空间

$$U_{i,\mathbb{Q}}=\{T\in M_n(\mathbb{Q})\mid A_iT=TB_i\}.$$

其中 $M_n(\mathbb{R})$ 和 $M_n(\mathbb{Q})$ 分别表示实数域 $\mathbb{R}$ 和有理数域 $\mathbb{Q}$ 上全体 n 阶矩阵构成的向量空间.

令 $U_{\mathbb{R}}=\bigcap\limits_{i\in I}U_{i,\mathbb{R}},U_{\mathbb{Q}}=\bigcap\limits_{i\in I}U_{i,\mathbb{Q}}$, 由题意 $U_{\mathbb{R}}\neq\varnothing$. 由于涉及的向量空间的维数都不超过 n^2, 因此 $U_{\mathbb{R}},U_{\mathbb{Q}}$ 实际上都只能是有限个 $U_{i,\mathbb{R}}$ 和 $U_{i,\mathbb{Q}}$ 的交集. 求 $U_{i,\mathbb{R}}$ 和 $U_{i,\mathbb{Q}}$ 的基底实际上就是解线性方程组 (这些方程由 $A_iT=TB_i$ 给出), 并且求它们的基础解系步骤相同, 因此可以取到一组公共基底, 设为 $T_1,T_2,\cdots,T_l$. 考虑多项式

$$f(t_1,t_2,\cdots,t_l)=\det\left(\sum_{k=1}^{l}t_kT_k\right),$$

由 $U_{\mathbb{R}}$ 含实可逆矩阵可知, 存在一组实数 $s_1,s_2,\cdots,s_l$ 满足 $f(s_1,s_2,\cdots,s_l)\neq0$, 从而可知 f 作为 $\mathbb{Q}$ 上的多项式不是零多项式, 因此存在一组有理数 $r_1,r_2,\cdots,r_l$ 满足 $f(r_1,r_2,\cdots,r_l)\neq0$, 此时矩阵 $P=\sum\limits_{k=1}^{l}r_kT_k\in U_{\mathbb{Q}}$ 且可逆, 即 $\forall i\in I$, 都有 $P^{-1}A_iP=B_i$.

七、[参考证明] (1) 由题设知 $F(x)$ 单减且 $\lim\limits_{x\to+\infty}F(x)=0$. 于是由 Dirichlet 判别法, $\forall x>0$, $\int_{\varepsilon}^{+\infty}F(xt)\cos t\,\mathrm{d}t$ 收敛. 任取 $A>\varepsilon$, 由积分第二中值定理, 有 $\xi\in[\varepsilon,A]$ 使得

$$\left|\int_{\varepsilon}^{A} xF(xt)\cos t\,\mathrm{d}t\right| = \left|xF(x\varepsilon)\int_{\varepsilon}^{\xi}\cos t\,\mathrm{d}t\right| \leqslant 2xF(x\varepsilon).$$

从而

$$\left|\int_{\varepsilon}^{+\infty} xF(xt)\cos t\,\mathrm{d}t\right| \leqslant 2xF(x\varepsilon).$$

由此得到

$$\lim_{x\to+\infty}\int_{\varepsilon}^{+\infty} xF(xt)\cos t\,\mathrm{d}t = 0.$$

(2) 记

$$g(x) = \int_{0}^{+\infty}(F(t)-G(t))\cos(xt)\,\mathrm{d}t.$$

由 (1), 对于任何 $\varepsilon > 0$,

$$\lim_{x\to0^+}\int_{\varepsilon}^{+\infty} x^{-1}F(x^{-1}t)\cos t\,\mathrm{d}t = \lim_{x\to0^+}\int_{\varepsilon}^{+\infty} x^{-1}G(x^{-1}t)\cos t\,\mathrm{d}t = 0,$$

对于 $x\in(0,1)$, 我们有

$$\begin{aligned}g(x) = &\int_{\varepsilon}^{+\infty} x^{-1}\Big(F(x^{-1}t)-G(x^{-1}t)\Big)\cos t\,\mathrm{d}t \\ &+\int_{0}^{x^{-1}\varepsilon}(F(t)-G(t))\cos(xt)\,\mathrm{d}t.\end{aligned}$$

为简便计, 记 $s=s(x)=\dfrac{1}{[x^{-1}]}$, 其中 $[\gamma]$ 表示实数 γ 的整数部分. 则

$$0\leqslant s-x\leqslant \frac{1}{x^{-1}-1}-x=\frac{x^2}{1-x},\quad \forall x\in(0,1).$$

由前述结论,

$$\lim_{x\to0^+}\int_{\varepsilon}^{+\infty} s^{-1}\Big(F(s^{-1}t)-G(s^{-1}t)\Big)\cos t\,\mathrm{d}t = 0.$$

结合 $\lim\limits_{x\to0^+} g(s)=0$ 得到

$$\lim_{x\to0^+}\int_{0}^{s^{-1}\varepsilon}(F(t)-G(t))\cos(st)\,\mathrm{d}t = 0.$$

于是记 $M_0=F(0)+G(0)$, 我们有

$$\varlimsup_{x\to0^+}|g(x)|$$

$$
\begin{aligned}
&\leqslant \overline{\lim_{x\to 0^+}}\left|\int_0^{x^{-1}\varepsilon}(F(t)-G(t))\cos(xt)\,\mathrm{d}t-\int_0^{s^{-1}\varepsilon}(F(t)-G(t))\cos(st)\,\mathrm{d}t\right|\\
&=\overline{\lim_{x\to 0^+}}\left|\int_0^{x^{-1}\varepsilon}(F(t)-G(t))\big(\cos(xt)-\cos(st)\big)\,\mathrm{d}t+\int_{s^{-1}\varepsilon}^{x^{-1}\varepsilon}(F(t)-G(t))\cos(st)\,\mathrm{d}t\right|\\
&\leqslant M_0\,\overline{\lim_{x\to 0^+}}\int_0^{x^{-1}\varepsilon}\big|\cos(xt)-\cos(st)\big|\,\mathrm{d}t+M_0\,\overline{\lim_{x\to 0^+}}\,|\varepsilon(x^{-1}-s^{-1})|\\
&\leqslant M_0\,\overline{\lim_{x\to 0^+}}\int_0^{x^{-1}\varepsilon}(s-x)t\,\mathrm{d}t+M_0\varepsilon\\
&=M_0\,\overline{\lim_{x\to 0^+}}\frac{(s-x)\varepsilon^2}{2x^2}+M_0\varepsilon\\
&\leqslant \frac{M_0\varepsilon^2}{2}+M_0\varepsilon.
\end{aligned}
$$

由 $\varepsilon>0$ 的任意性, 并结合 $g(-x)=g(x)$ 得到 $\lim\limits_{x\to 0}g(x)=0$.

第四届全国大学生数学竞赛决赛试题参考解答(数学专业类)

一、[参考证明] 将双曲线图形进行 45° 旋转, 可以假定双曲线方程为 $y=\dfrac{1}{x}(x>0)$. 设直线 l 交双曲线于 $\left(a,\dfrac{1}{a}\right),\left(ta,\dfrac{1}{ta}\right)(t>1)$, 与双曲线所围的面积为 A, 则有

$$A=\frac{1}{2}\left(1+\frac{1}{t}\right)(t-1)-\int_a^{ta}\frac{1}{x}\,\mathrm{d}x=\frac{1}{2}\left(1+\frac{1}{t}\right)(t-1)-\ln t=\frac{1}{2}\left(t-\frac{1}{t}\right)-\ln t.$$

令 $f(t)=\dfrac{1}{2}\left(t-\dfrac{1}{t}\right)-\ln t$. 有

$$f(1)=0,\quad f(+\infty)=+\infty,\quad f'(t)=\frac{1}{2}\left(1-\frac{1}{t}\right)^2>0\quad(t>1).$$

所以对于常数 A, 存在唯一常数 t, 使得 $A=f(t)$. l 与双曲线的截线段中点坐标为

$$x=\frac{1}{2}(1+t)a,\quad y=\frac{1}{2}\left(1+\frac{1}{t}\right)\frac{1}{a}.$$

于是, 中点的轨迹曲线为 $xy=\dfrac{1}{4}(1+t)\left(1+\dfrac{1}{t}\right)$. 故中点轨迹为双曲线, 也就是函数

$$y=\frac{1}{4}(1+t)\left(1+\frac{1}{t}\right)\frac{1}{x}$$

给出的曲线. 该曲线在上述中点处的切线的斜率为

$$k=-\frac{1}{4}(1+t)\left(1+\frac{1}{t}\right)\frac{1}{x^2}=-\frac{1}{ta^2},$$

它恰好等于过两交点 $\left(a,\dfrac{1}{a}\right),\left(ta,\dfrac{1}{ta}\right)$ 的直线 l 的斜率:

$$\frac{\dfrac{1}{ta}-\dfrac{1}{a}}{ta-a}=-\frac{1}{ta^2}.$$

故 l 为轨迹曲线的切线.

二、[参考证明] 由题设 $x_1\in[a,b],f(x)\in[a,b]$ 得 $x_2=\dfrac{1}{2}\left(x_1+f\left(x_1\right)\right)\in[a,b]$, 归纳可证, 对于任意 $n\geqslant 1$, 有 $a\leqslant x_n\leqslant b$. 由条件 (2), 有

$$\left|x_3-x_2\right|=\frac{1}{2}\left|\left(x_2-x_1\right)+\left(f\left(x_2\right)-f\left(x_1\right)\right)\right|\leqslant\frac{1}{2}\left(\left|x_2-x_1\right|+\left|f\left(x_2\right)-f\left(x_1\right)\right|\right)$$

$$\leqslant \frac{1}{2}\left(|x_2 - x_1| + L\,|x_2 - x_1|\right) = \frac{1}{2}(1+L)\,|x_2 - x_1|.$$

归纳可证

$$|x_{n+1} - x_n| \leqslant \left(\frac{1+L}{2}\right)^{n-1} |x_2 - x_1|, \quad \forall n \geqslant 1.$$

由于 $\sum\limits_{k=1}^{\infty}\left(\frac{1+L}{2}\right)^{k}$ 收敛, 从而 $\sum\limits_{k=1}^{\infty}|x_{k+1}-x_k|$ 收敛, 当然 $\sum\limits_{k=1}^{\infty}(x_{k+1}-x_k)$ 也收敛. 故数列 $\left\{\sum\limits_{k=1}^{n}(x_{k+1}-x_k) = x_{n+1}-x_1\right\}$ 的极限存在, 从而 $\lim\limits_{n\to\infty} x_n$ 存在, 记为 ξ. 由条件 (2) 可知, $f(x)$ 是连续的. 在 $x_{n+1} = \frac{1}{2}\left(x_n + f\left(x_n\right)\right)$ 中令 $n\to\infty$, 得 $\xi = \frac{1}{2}(\xi + f(\xi))$, 即 $f(\xi)=\xi$.

三、[参考证明] (1) 首先, $|A| = 2^n\,|A_1|$, 其中 $A_1 = \frac{1}{2}A$, 它的所有元素为 1 或 -1.

(2) 当 $n=3$ 时,

$$\begin{aligned}|A_1| &= \begin{vmatrix} a_{11} & a_{12} & a_{13} \\ a_{21} & a_{22} & a_{23} \\ a_{31} & a_{32} & a_{33} \end{vmatrix} \\ &= a_{11}a_{22}a_{33} + a_{12}a_{23}a_{31} + a_{13}a_{21}a_{32} - a_{31}a_{22}a_{13} - a_{32}a_{23}a_{11} - a_{33}a_{21}a_{12} \\ &\triangleq b_1 + b_2 + b_3 + b_4 + b_5 + b_6.\end{aligned}$$

上式 b_i 每项为 ± 1, 且六项的乘积为 -1, 故至少有一个 b_i 为 -1. 从而这六项中至少有两项抵消, 故有 $|A_1| \leqslant \frac{1}{3}\cdot 2\cdot 3!$. 于是命题对于 $n=3$ 成立.

(3) 设此命题对于一切这样的 $(n-1)$ 阶方阵成立, 那么对于 n 阶矩阵的情形, 将 $|A|$ 按第一行展开, 记 1 行 k 列的代数余子式为 M_{1k}, 便有

$$\begin{aligned}|A| &= \pm 2M_{11} \pm 2M_{12} + \cdots \pm 2M_{1n} \leqslant 2\left(|M_{11}| + |M_{12}| + \cdots + |M_{1n}|\right) \\ &\leqslant 2n\cdot\frac{1}{3}\cdot 2^n\cdot(n-1)! = \frac{1}{3}\cdot 2^{n+1}\cdot n!.\end{aligned}$$

四、[参考证明] 因为 $f(x)$ 不是一次函数, 故存在 $a < x_1 < x_2 < x_3 < b$, 使得 $(x_2, f(x_2))$ 不在连接 $(x_1, f(x_1))$ 与 $(x_3, f(x_3))$ 的直线 $y = L(x) \equiv f(x_1) + k(x - x_1)$ 上, 其中 $k = \frac{f(x_3) - f(x_1)}{x_3 - x_1}$. 不妨设 $f(x_2) > L(x_2)$. 令 $Q(x) = (x - x_1)(x_3 - x)$, 则可取到 $\varepsilon > 0$ 使得 $f(x_2) - L(x_2) > \varepsilon Q(x_2)$. 令

$$g(x) = f(x) - L(x) - \varepsilon Q(x),$$

则 $g(x_1)=g(x_3)=0$, $g(x_2)>0$. 所以 g 在 $[x_1,x_3]$ 的最大值可在某内点 $\xi\in(x_1,x_3)$ 取到. 此时,

$$0=g'(\xi)=f'(\xi)-L'(\xi)-\varepsilon Q'(\xi)=f'(\xi)-k-\varepsilon Q'(\xi).$$

由于 Q 为严格凹函数, 当 $x\in(x_1,x_3)$ 且 $x\neq\xi$ 时, $Q(x)<Q(\xi)+Q'(\xi)(x-\xi)$ 成立. 另一方面, $L(x)-L(\xi)=k(x-\xi)$. 因此, 此时有

$$\begin{aligned}0&\geqslant g(x)-g(\xi)=f(x)-L(x)-\varepsilon Q(x)-f(\xi)+L(\xi)+\varepsilon Q(\xi)\\&>f(x)-f(\xi)-k(x-\xi)-\varepsilon Q'(\xi)(x-\xi)\\&=f(x)-f(\xi)-f'(\xi)(x-\xi).\end{aligned}$$

所以 ξ 为凸点.

五、[参考解析] 首先,

$$\begin{aligned}f(x_1,x_2,x_3,x_4)=&x_1^2|A|-x_2\begin{vmatrix}-x_2&a_{12}&a_{13}\\-x_3&a_{22}&a_{23}\\-x_4&a_{23}&a_{33}\end{vmatrix}\\&+x_3\begin{vmatrix}-x_2&a_{11}&a_{13}\\-x_3&a_{12}&a_{23}\\-x_4&a_{13}&a_{33}\end{vmatrix}-x_4\begin{vmatrix}-x_2&a_{11}&a_{12}\\-x_3&a_{12}&a_{22}\\-x_4&a_{13}&a_{23}\end{vmatrix}\\&=-12x_1^2+(x_2,x_3,x_4)A^*\begin{pmatrix}x_2\\x_3\\x_4\end{pmatrix}.\end{aligned}$$

由此 $f(x_1,x_2,x_3,x_4)$ 为关于 x_1,x_2,x_3,x_4 的二次型.

其次, 由 $(A^*-4I)x=0$ 得 $(|A|I-4A)x=0$, 即 $(A+3I)x=0$.

故由 $(1,0,-2)^{\mathrm{T}}$ 为 $(A^*-4I)x=0$ 的一个解知, A 有特征值 -3. 现在设 A 的特征值为 $\lambda_1,\lambda_2,-3$, 于是由 $|A|=-12$ 及 A 的特征值之和为 1, 得方程组

$$\lambda_1+\lambda_2-3=1,\quad -3\lambda_1\lambda_2=-12,$$

得 $\lambda_1=\lambda_2=2$. 所以 A 的特征值为 $2,2,-3$. 因此, 对应特征值 -3 的特征空间 V_{-3} 的维数为 1, 对应特征值 2 的特征空间的维数 V_2 为 2. 注意到 $(1,0,-2)^{\mathrm{T}}$ 是 A 对应于特征值 -3 的一个特征向量, 因此它是 V_{-3} 的基. 求解下列线性方程组的基础解系: $t_1-2t_3=0$, 得到正交基础解系

$$\alpha=(0,1,0)^{\mathrm{T}},\quad \beta=\left(\frac{2}{\sqrt5},0,\frac{1}{\sqrt5}\right)^{\mathrm{T}},$$

且令 $\gamma=\left(\frac{1}{\sqrt{5}},0,\frac{-2}{\sqrt{5}}\right)^{\mathrm{T}}$, 则 α,β 为 V_2 的标准正交基, α,β,γ 为 $\mathbb{R}^3$ 的标准正交基. 事实上, 因为 A 为实对称矩阵, $V_2=V_3^{\perp}$, 它是唯一的, 维数为 2. 现在 A 可写成

$$A=P\begin{pmatrix}2&0&0\\0&2&0\\0&0&-3\end{pmatrix}P^{-1},$$

其中 $P=\begin{pmatrix}0&\frac{2}{\sqrt{5}}&\frac{1}{\sqrt{5}}\\1&0&0\\0&\frac{1}{\sqrt{5}}&-\frac{2}{\sqrt{5}}\end{pmatrix}$. 从而得

$$A=\begin{pmatrix}1&0&2\\0&2&0\\2&0&-2\end{pmatrix},\quad A^{-1}=P\begin{pmatrix}1/2&0&0\\0&1/2&0\\0&0&-1/3\end{pmatrix}P^{\mathrm{T}},$$

$$A^*=|A|A^{-1}=-12P\begin{pmatrix}1/2&0&0\\0&1/2&0\\0&0&-1/3\end{pmatrix}P^{\mathrm{T}}=P\begin{pmatrix}-6&0&0\\0&-6&0\\0&0&4\end{pmatrix}P^{\mathrm{T}}.$$

令 $Q=\begin{pmatrix}1&0\\0&P\end{pmatrix}$, $\begin{pmatrix}x_1\\x_2\\x_3\\x_4\end{pmatrix}=Q\begin{pmatrix}y_1\\y_2\\y_3\\y_4\end{pmatrix}$, 则由 P 为正交矩阵知 $\begin{pmatrix}x_1\\x_2\\x_3\\x_4\end{pmatrix}=Q\begin{pmatrix}y_1\\y_2\\y_3\\y_4\end{pmatrix}$ 为正交变换, 其中

$$Q=\begin{pmatrix}1&0&0&0\\0&0&2/\sqrt{5}&1/\sqrt{5}\\0&1&0&0\\0&0&1/\sqrt{5}&-2/\sqrt{5}\end{pmatrix},$$

它使得

$$f(x_1,x_2,x_3,x_4)=-12x_1^2+(x_2,x_3,x_4)P\begin{pmatrix}-6&0&0\\0&-6&0\\0&0&4\end{pmatrix}P^{\mathrm{T}}\begin{pmatrix}x_2\\x_3\\x_4\end{pmatrix}$$

$$= -12y_1^2 - 6y_2^2 - 6y_3^2 + 4y_4^2$$

为 $f(x_1, x_2, x_3, x_4)$ 的标准形.

六、[参考证明] 我们证明对任意 n 次首一实系数多项式, 都有 $\int_b^{b+a} |P(x)|\, \mathrm{d}x \geqslant c_n a^{n+1}$, 其中 c_n 满足 $c_0 = 1, c_n = \frac{n}{2^{n+1}} c_{n-1} (n \geqslant 0)$. 对 n 用数学归纳法. 若 $n = 0$, 则 $P(x) = 1$, 从而

$$\int_b^{b+a} |P(x)|\, \mathrm{d}x = a \geqslant c_0 a,$$

结论成立. 设结论在 $k \leqslant n-1$ $(n \geqslant 1)$ 时成立. 设 $P(x)$ 是 n 次首一实系数多项式, 则对任意给定的 $a > 0$,

$$Q(x) = \frac{2}{na}\left(P\left(x + \frac{a}{2}\right) - P(x)\right)$$

是一个 $(n-1)$ 次首一多项式. 由归纳法假设, 有 $\int_b^{b+a/2} |Q(x)|\, \mathrm{d}x \geqslant \frac{c_{n-1}}{2^n} a^n$. 由此推出

$$\int_b^{b+a} |P(x)|\, \mathrm{d}x = \int_b^{b+a/2} \left(\left|P(x)\right| + \left|P\left(x + \frac{a}{2}\right)\right|\right) \mathrm{d}x$$

$$\geqslant \int_b^{b+a/2} \left|P\left(x + \frac{a}{2}\right) - P(x)\right| \mathrm{d}x = \frac{na}{2} \int_b^{b+a/2} |Q(x)|\, \mathrm{d}x \geqslant \frac{na}{2} c_{n-1} \left(\frac{a}{2}\right)^n = c_n a^{n+1}.$$

第五届全国大学生数学竞赛决赛低年级组试题参考解答(数学专业类)

一、[参考证明] 设 l 是过 P 点的抛物面 S 的一条切线, 它的方向向量为 $V=(u,v,w)$, 则切点可以表示为

$$Q=P+tV=(a+tu,b+tv,c+tw),$$

其中 t 是二次方程 $2(c+tw)=(a+tu)^2+(b+tv)^2$, 也就是

$$\left(u^2+v^2\right)t^2+2(au+bv-w)t+\left(a^2+b^2-2c\right)=0$$

的唯一重根.

这时, $(au+bv-w)^2=\left(u^2+v^2\right)\left(a^2+b^2-2c\right)$, 得 $t=\dfrac{w-au-bv}{u^2+v^2}=\dfrac{a^2+b^2-2c}{w-au-bv}$. 于是切点

$$Q=(X,Y,Z)=(a+tu,b+tv,c+tw)$$

满足

$$aX+bY-Z=\left(a^2+b^2-c\right)+t(au+bv-w)=c.$$

于是所有切点 Q 落在平面 $ax+by-z=c$ 上.

二、[参考解析] (1) 由于 $\operatorname{tr}(A)$ 是 A 的特征值之和, 得 λ_1 的代数重数也是 3, 而 A 的另一特征值 $\lambda_2=0$, 且 λ_2 的代数重数为 1. 结果 A 有四个线性无关的特征向量. 故 A 可对角化.

(2) 由于 $\lambda_1=2$ 的重数为 3, 故有

$$1=\operatorname{rank}(A-2E)=\operatorname{rank}\begin{pmatrix}0&2&2&-2\\a&-2&b&c\\d&e&-2&f\\g&h&k&2\end{pmatrix}.$$

进而由 $0/a=2/-2=2/b=-2/c$, 得 $a=0,b=-2,c=2$; 由 $0/d=2/e=2/-2=-2/f$, 得 $d=0,e=-2,f=2$; 由 $0/g=2/h=2/k=-2/2$, 得 $g=0,h=-2,k=-2$.

于是 $A=\begin{pmatrix}2&2&2&-2\\0&0&-2&2\\0&-2&0&2\\0&-2&-2&4\end{pmatrix}$. 注意到 $f(x_1,x_2,x_3,x_4)=x^{\mathrm{T}}Ax=x^{\mathrm{T}}Bx$, 其中

$$B=\frac{A+A^{\mathrm{T}}}{2},\quad B=\begin{pmatrix}2&1&1&-1\\1&0&-2&0\\1&-2&0&0\\-1&0&0&4\end{pmatrix},$$

B 的特征值为 $\lambda_1=2\,(\text{二重}),\lambda_{1,2}=1\pm2\sqrt{3}\,(\text{一重})$. 故 $f\,(x_1,x_2,x_3,x_4)$ 在正交变换下的标准形为 $2y_1^2+2y_2^2+(1+2\sqrt{3})y_3^2+(1-2\sqrt{3})y_4^2$.

三、[参考证明] (1) A 有 n 个线性无关的特征向量, 故 A 可对角化. 设 λ_0 是 A 的一个特征值, 考察 $A-\lambda_0 I$, 它有一个 $n-1$ 阶子式不为 0, 因此 $\operatorname{rank}(A-\lambda_0 I)=n-1$. 故 λ_0 的重数为 1, 从而 A 有 n 个各不相同的特征值: $\lambda_1,\lambda_2,\cdots,\lambda_n$.

(2) $\forall X_1,X_2\in W,\forall\mu\in\mathbb{R}$, 显然 $X_1+\mu X_2\in W$, 故 W 为 $\mathbb{R}$ 上的向量空间.

令 $A=P\begin{pmatrix}\lambda_1&0&\cdots&0\\0&\lambda_2&\cdots&0\\\vdots&\vdots&\ddots&\vdots\\0&0&\cdots&\lambda_n\end{pmatrix}P^{-1}$, 于是

$$XA=AX\iff XP\begin{pmatrix}\lambda_1&0&\cdots&0\\0&\lambda_2&\cdots&0\\\vdots&\vdots&\ddots&\vdots\\0&0&\cdots&\lambda_n\end{pmatrix}P^{-1}=P\begin{pmatrix}\lambda_1&0&\cdots&0\\0&\lambda_2&\cdots&0\\\vdots&\vdots&\ddots&\vdots\\0&0&\cdots&\lambda_n\end{pmatrix}P^{-1}X$$

$$\iff P^{-1}XP\begin{pmatrix}\lambda_1&0&\cdots&0\\0&\lambda_2&\cdots&0\\\vdots&\vdots&\ddots&\vdots\\0&0&\cdots&\lambda_n\end{pmatrix}=\begin{pmatrix}\lambda_1&0&\cdots&0\\0&\lambda_2&\cdots&0\\\vdots&\vdots&\ddots&\vdots\\0&0&\cdots&\lambda_n\end{pmatrix}P^{-1}XP.$$

故若记

$$V=\left\{Y\in\mathbb{R}^{n\times n}\,\middle|\,Y\begin{pmatrix}\lambda_1&0&\cdots&0\\0&\lambda_2&\cdots&0\\\vdots&\vdots&\ddots&\vdots\\0&0&\cdots&\lambda_n\end{pmatrix}=\begin{pmatrix}\lambda_1&0&\cdots&0\\0&\lambda_2&\cdots&0\\\vdots&\vdots&\ddots&\vdots\\0&0&\cdots&\lambda_n\end{pmatrix}Y\right\},$$

则 W 与 V 有线性同构 $\sigma:X\to P^{-1}XP$. 从而

$$\dim V=\dim W.$$

注意到 $V=\left\{\left.\begin{pmatrix} d_1 & 0 & \cdots & 0 \\ 0 & d_2 & \cdots & 0 \\ \vdots & \vdots & \ddots & \vdots \\ 0 & 0 & \cdots & d_n \end{pmatrix}\right| d_1,d_2,\cdots,d_n\in\mathbb{R}\right\}$, 故

$$\dim V=\dim W=n.$$

(3) 显然, $I,A,\cdots,A^{n-1}\in W$. 下面证 $I,A,\cdots,A^{n-1}$ 线性无关. 事实上, 若

$$x_0I+x_1A+\cdots+x_{n-1}A^{n-1}=O,$$

则得方程组

$$\begin{cases} x_0+x_1\lambda_1+\cdots+x_{n-1}\lambda_1^{n-1}=0, \\ \cdots\cdots \\ x_0+x_1\lambda_n+\cdots+x_{n-1}\lambda_n^{n-1}=0, \end{cases}$$

其系数行列式为范德蒙德行列式, 由 $\lambda_1,\lambda_2,\cdots,\lambda_n$ 各不相同, 故上述方程组关于 x_0, $x_1,\cdots,x_{n-1}$ 只有零解, 从而 $I,A,\cdots,A^{n-1}$ 线性无关, 即 $I,A,\cdots,A^{n-1}$ 为其一组基.

四、[参考证明] 用反证法. 设存在 $x_0\in[a,b]$ 使得 $z(x_0)>y(x_0)$. 令

$$M=\{x\in[a,b]\mid z(x)>y(x)\},$$

则 M 为 $[a,b]$ 的非空开子集. 故存在开区间 $(\alpha,\beta)\subset M$ 满足

$$y(\alpha)=z(\alpha),\quad z(x)>y(x),\quad x\in(\alpha,\beta).$$

这推出 $z(x)-y(x)$ 单调不增, 故 $z(x)-y(x)\leqslant z(a)-y(a)=0$. 矛盾.

五、[参考证明] 令 $g(t)=\left(\int_0^t f(x)\,\mathrm{d}x\right)^\beta-\int_0^t f^\alpha(x)\,\mathrm{d}x$, 则 $g(t)$ 可导,

$$g'(t)=f(t)\left[\beta\left(\int_0^t f(x)\,\mathrm{d}x\right)^{\beta-1}-f^{\alpha-1}(t)\right].$$

令 $h(t)=\beta^{\frac{1}{\beta-1}}\int_0^t f(x)\,\mathrm{d}x-f^2(t)$, 则有 $h'(t)=f(t)\left[\beta^{\frac{1}{\beta-1}}-2f'(t)\right]$.

由于 $\beta>1$, $f'(x)\leqslant\dfrac{1}{2}$, 我们有 $h'(t)\geqslant 0$. 这说明 $h(t)$ 单调递增, 从 $h(0)=0$, 得 $h(t)\geqslant 0$. 因而 $g'(t)\geqslant 0$. 从 $g(0)=0$, 得 $g(t)\geqslant 0$, 即

$$\int_0^t f^\alpha(x)\,\mathrm{d}x\leqslant\left(\int_0^t f(x)\,\mathrm{d}x\right)^\beta.$$

令 $t\to+\infty$, 即得所证.

六、[参考解析] $C_{\max}=\sqrt{1-\frac{2}{n}}$. 不妨设 $f(x)$ 的最小实根为 0, 最大实根为 a. 设

$$f(x)=\left(x-x_1\right)\left(x-x_2\right)\cdots\left(x-x_n\right), \quad 0=x_1 \leqslant x_2 \leqslant \cdots \leqslant x_n=a.$$

先证以下引理:

引理 设存在 $k, m\ (2 \leqslant k, m \leqslant n-1)$ 使得 $x_k<x_m$. 令 $x_k<x_k^{\prime} \leqslant x_m^{\prime}<x_m$ 满足

$$x_k+x_m=x_k^{\prime}+x_m^{\prime},$$

令

$$f_1(x)=\left(x-x_1^{\prime}\right)\left(x-x_2^{\prime}\right)\cdots\left(x-x_n^{\prime}\right), \quad \text{其中 } x_i^{\prime}=x_i, i \neq k, m.$$

则 $\mathrm{d}\left(f_1^{\prime}\right) \leqslant \mathrm{d}\left(f^{\prime}\right)$.

证明 注意到 $f(x)=f_1(x)-\delta F(x)$, 其中

$$F(x)=\frac{f_1(x)}{\left(x-x_k^{\prime}\right)\left(x-x_m^{\prime}\right)}, \quad \delta=x_k^{\prime} x_m^{\prime}-x_k x_m>0.$$

设 α, β 分别为 $f_1^{\prime}(x)$ 的最大和最小实根, 则有

$$f_1(\alpha) \leqslant 0, \quad f_1(\beta)(-1)^n \leqslant 0.$$

由 Rolle 定理知 $\alpha \geqslant x_m, \beta \leqslant x_k$, 并且

$$f^{\prime}(\alpha)=\delta \frac{\left(2 \alpha-x_k^{\prime}-x_m^{\prime}\right)}{\left(\alpha-x_k^{\prime}\right)^2\left(\alpha-x_m^{\prime}\right)^2} f_1(\alpha),$$

则 $f^{\prime}(\alpha) f_1(\alpha) \geqslant 0$, 故 $f^{\prime}(\alpha) \leqslant 0$. 这表明 $f^{\prime}(x)=0$ 的最大实根大于或等于 α. 同理, $f^{\prime}(x)=0$ 最小实根小于或等于 β. 引理证毕.

令

$$b=\frac{x_2+x_3+\cdots+x_{n-1}}{n-2}, \quad g(x)=x(x-a)(x-b)^{n-2}.$$

由引理得到 $\mathrm{d}\left(f^{\prime}\right) \geqslant \mathrm{d}\left(g^{\prime}\right)$. 由于

$$g^{\prime}(x)=(x-b)^{n-3}\left(n x^2-((n-1) a+2 b) x+a b\right),$$

$$\mathrm{d}\left(g^{\prime}\right)=\sqrt{a^2-\frac{2 a^2}{n}+\left(\frac{a-2 b}{n}\right)^2} \geqslant \sqrt{1-\frac{2}{n}} a,$$

于是 C 的最大值 $C_{\max} \geqslant \sqrt{1-\frac{2}{n}}$, 且当 $f(x)=x(x-a)\left(x-\frac{a}{2}\right)^{n-2}$ 时, $\mathrm{d}\left(f^{\prime}\right)=\sqrt{1-\frac{2}{n}}\, \mathrm{d}(f)$.

第五届全国大学生数学竞赛决赛高年级组试题参考解答(数学专业类)

一、参见第五届全国大学生数学竞赛决赛低年级组试题参考解答 (数学专业类) 第一题.

二、参见第五届全国大学生数学竞赛决赛低年级组试题参考解答 (数学专业类) 第二题.

三、参见第五届全国大学生数学竞赛决赛低年级组试题参考解答 (数学专业类) 第五题.

四、参见第五届全国大学生数学竞赛决赛低年级组试题参考解答 (数学专业类) 第六题.

五、参见第五届全国大学生数学竞赛决赛低年级组试题参考解答 (数学专业类) 第四题.

六、[参考证明] 因为当 $|z|=1$ 时, $|f(z)|=1$, 所以根据极大模原理, 在 D 上 $|f(z)|<1$, 即 $f(D)\subseteq D$.

若存在 $a\in D$ 使得 $a\notin f(D)$, 则函数 $g(z)=\dfrac{1-\bar{a}f(z)}{f(z)-a}$ 以及 $1/g(z)$ 在 D 内解析, 并容易验证当 $|z|=1$ 时, $|g(z)|=1$. 因此, 根据极大模原理, 在 D 内有 $|g(z)|\leqslant 1, |1/g(z)|\leqslant 1$, 这说明在 D 内有 $|g(z)|=1$. 因为模为常数的解析函数是常数, 所以 $g(z)$ 在 D 内为常数, 从而 $f(z)$ 在 D 内为常数, 这与题设矛盾, 于是 $D\subset f(D)$. 从而 $f(D)=D$.

七、[参考证明] (1) $A=\varlimsup\limits_{k\to\infty}E_k=\bigcap\limits_{n=1}^{\infty}\bigcup\limits_{k=n}^{\infty}E_k=\bigcap\limits_{n=1}^{\infty}F_n$, 其中 $F_n=\bigcup\limits_{k=n}^{\infty}E_k$, 则

$$F_1\supset F_2\supset\cdots\supset F_n\supset F_{n+1}\supset\cdots.$$

因为 $f\in L_{\left(\bigcup\limits_{k=1}^{\infty}E_k\right)}$, 所以 $f\in L_{F_n}, \forall n\geqslant 1$, 从而有 $f\in L_A$. 令

$$f_n(x)=\begin{cases} f(x), & x\in F_n,\\ 0, & x\notin F_n.\end{cases}$$

(i) $f_n(x)$ 可测, $\forall n\geqslant 1$.

(ii) $\lim\limits_{n\to\infty}f_n(x)=f(x)\chi_A(x), x\in\mathbb{R}$.

若 $x\in A$, 则 $f(x)\chi_A(x)=f(x)$, 又

$$x\in A=\bigcap_{n=1}^{\infty}F_n\Rightarrow \forall n\geqslant 1, f_n(x)=f(x).$$

故 $\lim\limits_{n\to\infty} f_n(x) = f(x)\chi_A(x)$.

若 $x \notin A$, 则 $f(x)\chi_A(x) = 0$. 而

$$x \notin A = \bigcap_{n=1}^{\infty} F_n \Rightarrow \exists n_0,\ \text{使得}\ x \notin F_{n_0} \Rightarrow \forall n \geqslant n_0,\ x \notin F_n \quad (\text{因为}\ \{F_n\}\downarrow)$$

$$\Rightarrow f_n(x) = 0,\ \forall n \geqslant n_0.$$

故 $\lim\limits_{n\to\infty} f_n(x) = f(x)\chi_A(x)$.

总之, 成立 $\lim\limits_{n\to\infty} f_n(x) = f(x)\chi_A(x)$.

(iii) $|f_n(x)| \leqslant |f(x)|\mathcal{X}_{F_1}(x), x \in \mathbb{R}, \forall n \geqslant 1$, 且 $|f(x)|\mathcal{X}_{F_1}(x) \in L_{\mathbb{R}}$.

由控制收敛定理, $\lim\limits_{n\to\infty} \int_{\mathbb{R}} f_n(x)\,\mathrm{d}m = \int_{\mathbb{R}} \lim\limits_{n\to\infty} f_n(x)\,\mathrm{d}m$. 即

$$\lim_{n\to\infty} \int_{\bigcup\limits_{k=n}^{\infty} E_k} f(x)\,\mathrm{d}m = \lim_{n\to\infty} \int_{F_n} f(x)\,\mathrm{d}m = \int_{\mathbb{R}} f(x)\chi_A(x)\,\mathrm{d}m = \int_A f(x)\,\mathrm{d}m.$$

(2) $B = \varliminf\limits_{k\to\infty} E_k = \bigcup\limits_{n=1}^{\infty} \bigcap\limits_{k=n}^{\infty} E_k = \bigcup\limits_{n=1}^{\infty} F_n$, 其中 $F_n = \bigcap\limits_{k=n}^{\infty} E_k$, 则

$$F_1 \subset F_2 \subset \cdots \subset F_n \subset F_{n+1} \subset \cdots.$$

因为 $f \in L_{\left(\bigcup\limits_{k=1}^{\infty} E_k\right)}$, 所以 $f \in L_{F_n}, \forall n \geqslant 1$, 从而有 $f \in L_B$. 令

$$f_n(x) = \begin{cases} f(x), & x \in F_n, \\ 0, & x \notin F_n. \end{cases}$$

(i) $f_n(x)$ 可测, $\forall n \geqslant 1$;

(ii) $\lim\limits_{n\to\infty} f_n(x) = f(x), x \in B$;

(iii) $|f_n(x)| \leqslant |f(x)|, x \in B, \forall n \geqslant 1$, 且 $|f(x)|\chi_B(x) \in L_{\mathbb{R}}$.

由控制收敛定理, $\lim\limits_{n\to\infty} \int_B f_n(x)\,\mathrm{d}m = \int_B f(x)\,\mathrm{d}m$. 即

$$\lim_{n\to\infty} \int_{\bigcap\limits_{k=n}^{\infty} E_k} f(x)\,\mathrm{d}m = \lim_{n\to\infty} \int_{F_n} f(x)\,\mathrm{d}m = \lim_{n\to\infty} \int_B f_n(x)\,\mathrm{d}m = \int_B f(x)\,\mathrm{d}m.$$

(3) 若 $\{E_k\}\uparrow \Rightarrow \lim\limits_{k\to\infty} E_k = \varlimsup\limits_{k\to\infty} E_k = \varliminf\limits_{k\to\infty} E_k = \bigcup\limits_{k=1}^{\infty} E_k = E$. 由 (2), $F_n =$

$\bigcap\limits_{k=n}^{\infty} E_k = E_n$, 故

$$\int_E f(x)\,\mathrm{d}m = \lim_{n\to\infty}\int_{F_n} f(x)\,\mathrm{d}m = \lim_{n\to\infty}\int_{E_n} f(x)\,\mathrm{d}m.$$

若 $\{E_k\}\downarrow \Rightarrow \lim\limits_{k\to\infty} E_k = \overline{\lim\limits_{k\to\infty}}\, E_k = \underline{\lim\limits_{k\to\infty}}\, E_k = \bigcap\limits_{k=1}^{\infty} E_k = E$. 由 (1), $F_n = \bigcup\limits_{k=n}^{\infty} E_k = E_n$, 故

$$\int_E f(x)\,\mathrm{d}m = \lim_{n\to\infty}\int_{F_n} f(x)\,\mathrm{d}m = \lim_{n\to\infty}\int_{E_n} f(x)\,\mathrm{d}m.$$

八、**[参考解析]** 在空间选取坐标系, 使得准线 l 为 z 轴, 抛物线 Γ 落在 xOz 平面上, 且抛物线顶点为 $P=(p,0,0)$, 焦点为 $F=(2p,0,0)$. 由于抛物线上的任意点 $X=(x,0,z)$ 满足 $|XF|=x$, 我们得到 $(x-2p)^2+z^2=x^2$. 故抛物线方程为 $x=p+\dfrac{1}{4p}z^2$. 记 $f(z)=p+\dfrac{1}{4p}z^2$, 这时旋转面 S 的方程可表示为

$$\gamma=\gamma(z,\theta)=(f(z)\cos\theta, f(z)\sin\theta, z)\,,\quad \theta\in[0,2\pi],\ z\in\mathbb{R}.$$

于是

$$\gamma_\theta=(-f(z)\sin\theta, f(z)\cos\theta, 0)\,,\quad \gamma_z=(f'(z)\cos\theta, f'(z)\sin\theta, 1)\,,$$

则 S 的单位法向量为

$$\vec{n}=\frac{1}{\sqrt{f'(z)^2+1}}(\cos\theta,\sin\theta,-f'(z))\,,$$

并且有

$$\gamma_{\theta\theta}=(-f(z)\cos\theta,-f(z)\sin\theta,0)\,,$$
$$\gamma_{\theta z}=(-f'(z)\sin\theta, f'(z)\cos\theta,0)\,,$$
$$\gamma_{zz}=(f''(z)\cos\theta, f''(z)\sin\theta,0)\,,$$

于是, 旋转面的第一基本形式 $\mathrm{I}=E\,\mathrm{d}\theta^2+2F\,\mathrm{d}\theta\,\mathrm{d}z+G\,\mathrm{d}z^2$ 和第二基本形式 $\mathrm{II}=L\,\mathrm{d}\theta^2+2M\,\mathrm{d}\theta\,\mathrm{d}z+N\,\mathrm{d}z^2$ 的各系数为

$$E=(f(z))^2\,,\quad F=0,\quad G=(f'(z))^2+1.$$
$$L=-\frac{f(z)}{\sqrt{(f'(z))^2+1}},\quad M=0,\quad N=\frac{f''(z)}{\sqrt{(f'(z))^2+1}}.$$

因为 $k_1 = L/E, k_2 = N/G$, 我们得到

$$\frac{k_1}{k_2} = LG/EN = -\frac{(f'(z))^2 + 1}{f(z)f''(z)} = -2.$$

注 根据 k_1, k_2 的不同排序, 也可以是 $\frac{k_1}{k_2} = -\frac{1}{2}$.

九、[参考解析] 这个问题可以看作是一种等待时间问题. 我们等待第 r 张新票券出现. 以 $\xi_1, \xi_2, \cdots$ 依次表示对一张新票券的等待时间. 因为第一次抽到的总是新的, 所以 $\xi_1 = 1$. 于是 ξ_2 就是抽到任一张不同于第一张抽出的那张票券的等待时间. 由于这次抽时仍有 N 张票券, 但新的只有 $N-1$ 张, 因此成功的概率为 $p = \frac{N-1}{N}$. 于是 ξ_2 的分布列为

$$P(\xi_2 = n) = \frac{N-1}{N}\left(\frac{1}{N}\right)^{n-1}, \quad n = 1, 2, \cdots,$$

从而 $E\xi_2 = \sum_{n=1}^{\infty} n\frac{N-1}{N}\left(\frac{1}{N}\right)^{n-1} = \left(1-\frac{1}{N}\right)\cdot\frac{1}{\left(1-\frac{1}{N}\right)^2} = \frac{N}{N-1}$.

在收集到这两张不同的票券之后, 对第三张新票券的等待时间其成功的概率为 $p = \frac{N-2}{N}$, 因此 $E\xi_3 = \frac{N}{N-2}$.

以此类推, 对 $1 \leqslant r \leqslant N$, 有

$$\begin{aligned} E(\xi_1 + \xi_2 + \cdots + \xi_r) &= \frac{N}{N} + \frac{N}{N-1} + \cdots + \frac{N}{N-r+1} \\ &= N\left(\frac{1}{N} + \frac{1}{N-1} + \cdots + \frac{1}{N-r+1}\right). \end{aligned}$$

特别, 当 $r = N$ 时, 则

$$E(\xi_1 + \xi_2 + \cdots + \xi_N) = N\left(1 + \frac{1}{2} + \cdots + \frac{1}{N}\right).$$

当 N 是偶数, $r = N/2$ 时, 则

$$E\left(\xi_1 + \xi_2 + \cdots + \xi_{\frac{N}{2}}\right) = N\left(\frac{1}{\frac{N}{2}+1} + \frac{1}{\frac{N}{2}+2} + \cdots + \frac{1}{N}\right).$$

由 Euler 公式 $1 + \frac{1}{2} + \cdots + \frac{1}{N} = \ln N + C + \varepsilon_N$, 其中 C 是 Euler 常数, ε_N 为 N 趋于无穷时的无穷小量, 得 $\lim\limits_{N\to\infty}\frac{1}{\ln N}\left(1 + \frac{1}{2} + \cdots + \frac{1}{N}\right) = 1$. 于是当 N 充分大时, 我

们可以得到近似公式

$$1+\frac{1}{2}+\cdots+\frac{1}{N}\approx \ln N.$$

因而 $E\left(\xi_1+\xi_2+\cdots+\xi_N\right)=N\left(1+\frac{1}{2}+\cdots+\frac{1}{N}\right)\approx N\ln N$. 另外,

$$\begin{aligned}
&E\left(\xi_1+\xi_2+\cdots+\xi_{\frac{N}{2}}\right)\\
&=N\left(\frac{1}{\frac{N}{2}+1}+\frac{1}{\frac{N}{2}+2}+\cdots+\frac{1}{N}\right)\\
&=2r\left(\frac{1}{r+1}+\frac{1}{r+2}+\cdots+\frac{1}{2r}+1+\frac{1}{2}+\cdots+\frac{1}{r}\right)-2r\left(1+\frac{1}{2}+\cdots+\frac{1}{r}\right)\\
&\approx 2r\ln 2r-2r\ln r=N\ln 2,
\end{aligned}$$

即 $E\left(\xi_1+\xi_2+\cdots+\xi_{\frac{N}{2}}\right)\approx N\ln 2\approx 0.69315N$. 这说明如果只要收集一半票券, 则只要稍多于票半数的抽取次数即可.

十、[参考证明](1) 根据题述条件, 要证明结论, 即要证明 $x^{-1}y^{-1}xyaba^{-1}b^{-1}y^{-1}x^{-1}\cdot yx=aba^{-1}b^{-1}$. 由已知 $AB=BA$ 可得, 存在 A 中的元素 a^*,x^*, B 中的元素 b^*,y^* 使得 $ya=a^*y^*,xb=b^*x^*$. 于是有

$$\begin{aligned}
&yaba^{-1}b^{-1}y^{-1}=a^*y^*ba^{-1}b^{-1}y^{-1}\quad (\text{由 } ya=a^*y^*)\\
&=a^*by^*a^{-1}b^{-1}y^{-1}=a^*ba^{*-1}yb^{-1}y^{-1}\quad (\text{由 } y^*a^{-1}=a^{*-1}y)\\
&=a^*ba^{*-1}b^{-1}=[a^*,b].
\end{aligned}$$

类似可证: $x[a^*,b]x^{-1}=[a^*,b^*],y^{-1}[a^*,b^*]y=[a,b^*],x^{-1}[a,b^*]x=[a,b]$. 如所需. (1) 获证.

(2) 任取 G 的一个换位子 $[a_1b_1,b_2a_2],a_i\in A,b_i\in B,i=1,2$, 有

$$\begin{aligned}
&[a_1b_1,b_2a_2]\\
&=a_1b_1b_2a_2b_1^{-1}a_1^{-1}a_2^{-1}b_2^{-1}=a_1b_1\underbrace{a_1^{-1}b_1^{-1}}\underbrace{b_1a_1}b_2a_2b_1^{-1}a_1^{-1}a_2^{-1}b_2^{-1}\\
&=[a_1,b_1]b_1a_1b_2\underbrace{a_1^{-1}b_2^{-1}b_2a_1}a_2b_1^{-1}a_1^{-1}a_2^{-1}b_2^{-1}\\
&=[a_1,b_1]b_1a_1b_2a_1^{-1}b_2^{-1}\underbrace{b_1^{-1}b_1}b_2a_1a_2b_1^{-1}a_1^{-1}a_2^{-1}b_2^{-1}\\
&=[a_1,b_1][a_1^*,b_2]\underbrace{b_1b_2a_1a_2b_1^{-1}}a_1^{-1}a_2^{-1}b_2^{-1}
\end{aligned}$$

$$= [a_1, b_1]\,[a_1^*, b_2]\,\underbrace{b_1 b_2 a_1 a_2 b_1^{-1} a_2^{-1} a_1^{-1} b_1 b_1^{-1} b_2^{-1}}$$

$$= [a_1, b_1]\,[a_1^*, b_2]\,\left[(a_1 a_2)^*, b_1^{-1}\right],$$

其中 $(a_1a_2)^*, a_1^*$ 均表示 A 中的某元. 这样, $G' = \langle\{[a,b] : a \in A, b \in B\}\rangle$, 从而由 (1) 可知, G' 为 Abel 群.

十一、[参考证明] (1) 用归纳法. 当 $n = 0, 1$ 时, 结论显然成立.

设 $n \leqslant k$ 时, $T_n(x) = \cos(n \arccos x)$. 当 $n = k+1$ 时, 令 $x = \cos\theta$, 则

$$\begin{aligned} T_{k+1}(x) &= 2xT_k(x) - T_{k-1}(x) = 2\cos\theta\cos(k\theta) - \cos((k-1)\theta) \\ &= \cos((k+1)\theta) = \cos((k+1)\arccos x). \end{aligned}$$

(2) $\langle T_n(x), T_m(x)\rangle = \displaystyle\int_{-1}^{1} \frac{T_n(x)T_m(x)}{\sqrt{1-x^2}}\,\mathrm{d}x$. 令 $x = \cos\theta$, 上述积分化为

$$\int_{\pi}^{0} \frac{\cos(n\theta)\cos(m\theta)}{\sin\theta}\,\mathrm{d}(\cos\theta) = \int_0^{\pi} \cos(n\theta)\cos(m\theta)\,\mathrm{d}\theta.$$

当 $n \neq m$ 时, 上述积分为 0.

(3) 注意以下事实: $T_n(x)$ 是首项系数为 2^{n-1} 的 n 次多项式, $\|T_n(x)\|_\infty = 1$, 且 $T_n(x)$ 在 $x_k = \cos\left(\dfrac{k\pi}{n}\right)$ 处达到极值, 即 $T_n(x_k) = (-1)^k, k = 0, 1, \cdots, n$.

现假设 $\|p(x)\|_\infty < \dfrac{1}{2^{n-1}}$, 考虑函数 $q(x) = p(x) - \dfrac{1}{2^{n-1}}T_n(x)$, 则 $q(x)$ 在 x_k 处的符号与 $T_n(x)$ 在 x_k 处的符号相反, 即为 $(-1)^{k+1}, k = 0, 1, \cdots, n$. 于是 $q(x)$ 至少有 n 个零点. 但 $q(x)$ 次数小于 n, 这是不可能的！因此,

$$\|p(x)\|_\infty \geqslant \frac{1}{2^{n-1}}.$$

当 $\|p(x)\|_\infty = \dfrac{1}{2^{n-1}}$ 时, 可证 $q(z)$ 至少有 n 个零点, 从而 $q(x) \equiv 0$, 即

$$p(x) = \frac{1}{2^{n-1}}T_n(x).$$

第六届全国大学生数学竞赛决赛低年级组试题参考解答(数学专业类)

一、[参考解析]

(1) $z_1^2+z_2^2-z_3^2$.

(2) $\dfrac{3}{4}$.

(3) 8π.

(4) $(n-1)!$.

秩 $A=n-1 \Rightarrow$ 秩 $A^*=1$ 且 $Ax=0$ 的解空间维数为 1.

A 行和 $=0 \Rightarrow A\begin{pmatrix}1\\ \vdots\\ 1\end{pmatrix}=0 \Rightarrow Ax=0$ 的一组基础解系为 $\begin{pmatrix}1\\ \vdots\\ 1\end{pmatrix}$.

注意到 $AA^*=0$, 从而 A^* 的每一列均形如 $a\begin{pmatrix}1\\ \vdots\\ 1\end{pmatrix}$, 又由于 A 为实对称矩阵, 故 A^* 也为实对称矩阵, 故 $A^*=\begin{pmatrix}a & \cdots & a\\ \vdots & & \vdots\\ a & \cdots & a\end{pmatrix}$.

考虑多项式 $f(\lambda)=|\lambda I-A|=\lambda(\lambda-2)\cdots(\lambda-n)$, 其一次项系数为 $(-1)^{n-1}n!$. 另一方面, 由 $f(\lambda)=|\lambda I-A|$ 又知, 其一次项系数为 $(-1)^{n-1}(A_{11}+\cdots+A_{nn})$, 结果为

$$a=(n-1)!.$$

二、[参考解析] 设 l 为 z 轴, 以过点 P 且垂直于 z 轴的直线为 x 轴来建立直角坐标系, 可以设 $P(p,0,0)$, l 的参数方程为 $l: x=0, y=0, z=t$.

设球面 C 的球心为 (x_0,y_0,z_0), 由于 C 过点 P, 则

$$C:(x-x_0)^2+(y-y_0)^2+(z-z_0)^2=(p-x_0)^2+y_0^2+z_0^2.$$

求 l 与 C 的交点: 将 l 的参数方程代入 C, 有

$$x_0^2+y_0^2+(t-z_0)^2=(p-x_0)^2+y_0^2+z_0^2,$$

即

$$t^2-2z_0t+\left(2px_0-p^2\right)=0. \tag{1}$$

由此可得两个解为 $t_{1,2} = z_0 \pm \sqrt{z_0^2-(2px_0-p^2)}$. 故弦长 $a = |t_1-t_2| = 2\sqrt{z_0^2-(2px_0-p^2)}$, 从而

$$z_0^2-2px_0+p^2-\frac{a^2}{4}=0. \tag{2}$$

反之, 如果球面 C 的球心满足 (2), C 过点 P, 此时二次方程 (1) 的判别式

$$\varDelta=4z_0^2-4\left(2px_0-p^2\right)=a^2\geqslant 0,$$

方程有两个实根 $t_{1,2}=z_0\pm\dfrac{a}{2}$. 从而 C 和 l 相交, 而且截出来弦长为 a. 所以所求轨迹方程为

$$z^2-2px+p^2-\frac{a^2}{4}=0.$$

三、[参考证明] $A=\begin{pmatrix} z_1 & z_2 \\ -\bar{z}_2 & \bar{z}_1 \end{pmatrix}$ 的特征方程为

$$0=|\lambda I-A|=\lambda^2-2\operatorname{Re} z_1\lambda+|z_1|^2+|z_2|^2,$$

有

$$\varDelta=4(\operatorname{Re} z_1)^2-4\left(|z_1|^2+|z_2|^2\right)\leqslant 0.$$

情形 1: $\varDelta=0$. 此时, $z_2=0, z_1=\operatorname{Re} z_1$, 从而 $A=\begin{pmatrix} \operatorname{Re} z_1 & 0 \\ 0 & \operatorname{Re} z_1 \end{pmatrix}=J_A\in\varGamma$. 取 $P=I$ 即有 $P^{-1}AP=J_A$.

情形 2 : $\varDelta<0$. 此时 A 的特征值为

$$\begin{aligned} &\lambda_1=\operatorname{Re} z_1+\mathrm{i}\sqrt{|z_1|^2+|z_2|^2-(\operatorname{Re} z_1)^2}, \\ &\lambda_2=\operatorname{Re} z_1-\mathrm{i}\sqrt{|z_1|^2+|z_2|^2-(\operatorname{Re} z_1)^2}, \\ &\lambda_2=\bar{\lambda}_1, \quad \lambda_2\neq\lambda_1. \end{aligned}$$

从而 $J_A=\begin{pmatrix} \lambda_1 & 0 \\ 0 & \lambda_2 \end{pmatrix}\in\varGamma$. 现取 A 关于 λ_1 的一个非零特征向量 $\begin{pmatrix} x \\ y \end{pmatrix}$, 则有

$$\begin{pmatrix} z_1 & z_2 \\ -\bar{z}_2 & \bar{z}_1 \end{pmatrix}\begin{pmatrix} x \\ y \end{pmatrix}=\lambda_1\begin{pmatrix} x \\ y \end{pmatrix}\Leftrightarrow\begin{cases} \overline{z_1x}+\overline{z_2y}=\overline{\lambda_1x}, \\ z_2\bar{x}-z_1\bar{y}=-\overline{\lambda_1}y. \end{cases}$$

直接检验知 $A\begin{pmatrix}-\bar{y}\\ \bar{x}\end{pmatrix}=\bar{\lambda}_1\begin{pmatrix}-\bar{y}\\ \bar{x}\end{pmatrix}$, 因此 $\begin{pmatrix}-\bar{y}\\ \bar{x}\end{pmatrix}$ 为 A 关于 $\bar{\lambda}_1$ 的一个非零特征向量. 令 $P=\begin{pmatrix}x & -\bar{y}\\ y & \bar{x}\end{pmatrix}$, 则有 P 可逆, 且 $P\in\Gamma, P^{-1}AP=J_A$.

四、[参考解析] α 的最大值为 $\dfrac{1}{2}$. 若 $\alpha>\dfrac{1}{2}$, 取 $x_n=\dfrac{1}{n\pi}, y_n=\dfrac{1}{\left(n+\dfrac{1}{2}\right)\pi}$, 则

$$\frac{|f(x_n)-f(y_n)|}{|x_n-y_n|^{\alpha}}=2^{\alpha}\pi^{\alpha-1}n^{2\alpha-1}\left(1+\frac{1}{2n}\right)^{\alpha-1}\to\infty.$$

下面证明 $\sup\limits_{x\neq y}\dfrac{|f(x)-f(y)|}{|x-y|^{\frac{1}{2}}}<+\infty$.

由于 $f(x)$ 为偶函数, 不妨设 $0\leqslant x<y$, 并令

$$z=\sup\{u\leqslant y|f(u)=f(x)\},$$

则 $\dfrac{1}{z}\leqslant\dfrac{1}{y}+2\pi$. 从而有

$$\begin{aligned}|f(x)-f(y)|=|f(z)-f(y)|&\leqslant\int_z^y|f'(t)|\ \mathrm{d}t\leqslant|y-z|^{\frac{1}{2}}\left(\int_z^y f'(t)^2\ \mathrm{d}t\right)^{\frac{1}{2}}\\ &\leqslant|x-y|^{\frac{1}{2}}\left(\int_z^y\left(\sin\frac{1}{t}-\frac{1}{t}\cos\frac{1}{t}\right)^2\ \mathrm{d}t\right)^{\frac{1}{2}}\\ &\xlongequal{s=\frac{1}{t}}|x-y|^{\frac{1}{2}}\left(\int_{y^{-1}}^{z^{-1}}\left(\frac{\sin s}{s}-\cos s\right)^2\ \mathrm{d}s\right)^{\frac{1}{2}}\\ &\leqslant|x-y|^{\frac{1}{2}}\left(\int_{y^{-1}}^{y^{-1}+2\pi}4\ \mathrm{d}s\right)^{\frac{1}{2}}=\sqrt{8\pi}|x-y|^{\frac{1}{2}}.\end{aligned}$$

五、[参考证明] 由 $x''(t)\leqslant-a(t)f(x(t))<0$ 知 $x(t)$ 是凹的. 故 $\lim\limits_{t\to+\infty}x'(t)$ 存在或为 $-\infty$. 若 $\overline{\lim\limits_{t\to+\infty}}\,x(t)=+\infty$, 则 $x'(t)>0$, $\lim\limits_{t\to+\infty}x(t)=+\infty$. 故

$$x'(t)f(x(t))\leqslant a(t)x'(t)f(x(t))\leqslant-x'(t)x''(t),$$

积分得

$$\int_0^t f(x(s))\ \mathrm{d}x(s)\leqslant\frac{x'(0)^2-x'(t)^2}{2}\leqslant\frac{x'(0)^2}{2}.$$

从而 $\displaystyle\int_0^{x(t)}f(x)\mathrm{d}x\leqslant\frac{x'(0)^2}{2}$. 令 $t\to+\infty$ 得 $\displaystyle\int_0^{+\infty}f(x)\ \mathrm{d}x\leqslant\frac{x'(0)^2}{2}$, 这与题设矛盾.

六、[参考证明] 分部积分可得

$$\int_0^1 xf(x)\,\mathrm{d}x=\frac{1}{2}x^2f(x)\Big|_0^1-\int_0^1\frac{x^2}{2}f'(x)\,\mathrm{d}x=-\frac{1}{2}\int_0^1 x^2f'(x)\,\mathrm{d}x.$$

因此, 根据 Newton-Leibniz 公式, 得

$$6\int_0^1 xf(x)\,\mathrm{d}x=\int_0^1\left(1-3x^2\right)f'(x)\,\mathrm{d}x,$$

再根据 Cauchy 积分不等式, 得

$$36\left(\int_0^1 xf(x)\,\mathrm{d}x\right)^2\leqslant\int_0^1\left(1-3x^2\right)^2\,\mathrm{d}x\int_0^1\left(f'(x)\right)^2\,\mathrm{d}x=\frac{4}{5}\int_0^1\left(f'(x)\right)^2\,\mathrm{d}x.$$

由此可得 $\left(\int_0^1 xf(x)\,\mathrm{d}x\right)^2\leqslant\frac{1}{45}\int_0^1\left(f'(x)\right)^2\,\mathrm{d}x$, 等号成立当且仅当 $f'(x)=A(1-3x^2)$, 积分并由 $f(0)=f(1)=0$ 即得 $f(x)=A\left(x-x^3\right)$.

第六届全国大学生数学竞赛决赛高年级组试题参考解答(数学专业类)

一、参见第六届全国大学生数学竞赛决赛低年级组试题参考解答 (数学专业类) 第一题.

二、参见第六届全国大学生数学竞赛决赛低年级组试题参考解答 (数学专业类) 第二题.

三、参见第六届全国大学生数学竞赛决赛低年级组试题参考解答 (数学专业类) 第三题.

四、参见第六届全国大学生数学竞赛决赛低年级组试题参考解答 (数学专业类) 第四题.

五、参见第六届全国大学生数学竞赛决赛低年级组试题参考解答 (数学专业类) 第五题.

六、**[参考解析]** 由题目中方程可得

$$\left(f'-f+\frac{a+b}{2}\right)\left(f'+f-\frac{a+b}{2}\right)=-\left(\frac{a-b}{2}\right)^2, \tag{1}$$

由此可知 $f'-f+\frac{a+b}{2}$ 是无零点的整函数. 可设

$$f'-f+\frac{a+b}{2}=\frac{a-b}{2}\mathrm{e}^{\alpha}, \tag{2}$$

其中 α 是一个整函数, 由 (1) 得

$$f'+f-\frac{a+b}{2}=-\frac{a-b}{2}\mathrm{e}^{-\alpha}. \tag{3}$$

由 (2), (3) 可得

$$f=\frac{a+b}{2}-\frac{a-b}{4}\mathrm{e}^{\alpha}-\frac{a-b}{4}\mathrm{e}^{-\alpha}, \tag{4}$$

$$f'=\frac{a-b}{4}\mathrm{e}^{\alpha}-\frac{a-b}{4}\mathrm{e}^{-\alpha}. \tag{5}$$

对 (4) 求导得

$$f'=-\alpha'\frac{a-b}{4}\mathrm{e}^{\alpha}+\alpha'\frac{a-b}{4}\mathrm{e}^{-\alpha}, \tag{6}$$

由 (5), (6) 可得

$$(\alpha'+1)(\mathrm{e}^{\alpha}-1)(\mathrm{e}^{\alpha}+1)=0.$$

因此 $e^{\alpha}-1=0$ 或者 $e^{\alpha}+1=0$ 或者 $\alpha'+1=0$.

若 $e^{\alpha}-1=0$, 则由 (4) 得到 $f=b$ 是一个常数; 同理, 若 $e^{\alpha}+1=0$, 则 $f=a$, 也是一个常数; 若 $\alpha'+1=0$, 则 $\alpha(z)=-z+C$, 其中 C 是任意常数, 再由 (4) 可得

$$f(z)=\frac{a+b}{2}-\frac{a-b}{4}e^{-z+C}-\frac{a-b}{4}e^{z-C}=\frac{a+b}{2}-\frac{a-b}{2}\operatorname{ch}(z-C).$$

七、[参考证明] [思路一] 1) 先证明: 在题设条件下, 对任何可测集 E, 有

$$m^*(f(E))\leqslant K\cdot m(E).$$

(1) 若 E 为区间, 由 f 的连续性知: $f(E)$ 为区间. 又 $f(x)$ 是 Lipschitz 函数, 有 $|f(E)|\leqslant K|E|$, 即

$$m(f(E))\leqslant K\cdot m(E).$$

(2) 若 E 为开集, 由开集的构造知 $E=\bigcup\limits_{n\geqslant 1}(\alpha_n,\beta_n)$, 其中 $\{(\alpha_n,\beta_n)\}$ 互不相交. 由 (1) 得

$$m^*(f(E))=m^*\left(f\left(\bigcup_{n\geqslant 1}(\alpha_n,\beta_n)\right)\right)=m^*\left(\bigcup_{n\geqslant 1}f(\alpha_n,\beta_n)\right)\leqslant\sum_{n\geqslant 1}m^*\left(f\left((\alpha_n,\beta_n)\right)\right)$$

$$\leqslant K\sum_{n\geqslant 1}m\left((\alpha_n,\beta_n)\right)=K\cdot m\left(\bigcup_{n\geqslant 1}(\alpha_n,\beta_n)\right)=K\cdot m(E).$$

(3) 若 E 为可测, 则 $\forall\varepsilon>0,\exists$ 开集 $G\supset E$, 使得 $m(G-E)<\varepsilon$, 由 (2) 及 $f(G)\supset f(E)$ 知

$$\begin{aligned}m^*(f(E))&\leqslant m^*(f(G))\leqslant K\cdot m(G)=K\cdot m(E\cup(G-E))\\&\leqslant K\cdot m(E)+K\cdot m(G-E)<K\cdot m(E)+K\cdot\varepsilon.\end{aligned}$$

由 ε 的任意性知 $m^*(f(E))\leqslant K\cdot m(E)$.

2) 证明: 在题设条件下, 若 E 可测, 则 $f(E)$ 可测. E 可测 $\Rightarrow\exists F_\sigma$-型集 $A=\bigcup\limits_{n=1}^{\infty}F_n$, F_n 闭集, $A\subset E$, $m(E-A)=0$. 又 $f(A)=\bigcup\limits_{n=1}^{\infty}f(F_n)$, 由 $f(x)$ 的连续性知, $f(F_n)$ 闭. 那么 $f(A)$ 是 F_σ-型集且 $f(A)\subset f(E)$. 由 1) 知

$$m^*(f(E-A))\leqslant K\cdot m(E-A)=0,$$

即 $m(f(E-A))=0$. 而 $f(E-A)\supset f(E)-f(A)$, 从而有 $m(f(E)-f(A))=0$. 故 $f(E)$ 可测.

综合 1), 2) 可得: 对任意的可测集 E, 均有 $f(E)$ 可测且 $m(f(E))\leqslant K\cdot m(E)$.

[思路二] (i) 证明: 若 $f(x)$ 为 $\mathbb{R}^1$ 上的绝对连续函数, $A\subset\mathbb{R}, m(A)=0$, 则 $m(f(A))=0$.

$f\in AC\left(\mathbb{R}^1\right)\Rightarrow\forall\varepsilon>0,\exists\delta>0$, 对任意至多可数个互不相交的开区间 $\{(a_i,b_i)\}_{i\geqslant1}$, 当 $\sum\limits_{i\geqslant1}(b_i-a_i)<\delta$ 时, 有

$$\sum_{i>1}(f(b_i)-f(a_i))<\varepsilon.$$

由 $m(A)=0$, 对以上 $\delta>0$, $\exists$ 开集 $G\supset A$, $m(G)<\delta$.

令 $G=\bigcup\limits_{k\geqslant1}(c_k,d_k)$, $m_k=\min\limits_{x\in[c_k,d_k]}f(x)=f(\alpha_k)$, $M_k=\min\limits_{x\in[c_k,d_k]}f(x)=f(\beta_k)$. 因为 $\sum\limits_{k\geqslant1}(\beta_k-\alpha_k)\leqslant\sum\limits_{k\geqslant1}(d_k-c_k)<\delta$, 所以 $\sum\limits_{k\geqslant1}(f(\beta_k)-f(\alpha_k))<\varepsilon$. 而

$$m^*f(G)=m^*\left(\bigcup_{k\geqslant1}f(c_k,d_k)\right)\leqslant\sum_{k\geqslant1}|f(\beta_k)-f(\alpha_k)|<\varepsilon.$$

又因为 $f(G)\supset f(A)$, 所以 $m^*(f(A))<\varepsilon$, 由 ε 的任意性知 $m^*(f(A))=0$.

(ii) 证明: 若 $f(x)$ 为 $\mathbb{R}^1$ 上的绝对连续函数, A 可测, 则 $f(A)$ 可测.

A 可测 $\Rightarrow\exists F_\sigma$-型集 $B=\bigcup\limits_{n=1}^{\infty}F_n, F_n$ 闭集, $B\subset A, m(A-B)=0\Rightarrow f(B)=\bigcup\limits_{n=1}^{\infty}f(F_n)$,

由 f 的连续性知, $f(F_n)$ 闭. 那么 $f(B)$ 是 F_σ-型集, $f(B)\subset f(A)$. 由 (i) 知 $m(f(A-B))=0$. 又因为 $f(A-B)\supset f(A)-f(B)$, 从而有 $m(f(A)-f(B))=0$. 故 $f(A)$ 可测.

(iii) 不妨设 E 测度有限. f 为 $\mathbb{R}^1$ 上的 Lipschitz 函数 $\Rightarrow f(x)$ 为 $\mathbb{R}^1$ 上的绝对连续函数 $\Rightarrow f'(x)$ 在 $\mathbb{R}^1$ 上几乎处处存在且 $|f'(x)|\leqslant K$, 即 $\exists Z\subset\mathbb{R}^1, m(Z)=0, f'(x)$ 存在且

$$|f'(x)|\leqslant K,\quad\forall x\in E-Z,$$

且 f' 在 E 上 L-可积. 由 (i) 知 $m(f(Z))=0$. 于是

$$\begin{aligned}m(f(E)) &\leqslant m(f(E-Z))+m(f(Z))=m(f(E-Z))\leqslant\int_{E-Z}|f'(x)|\ \mathrm{d}m\\&\leqslant\int_{E-Z}K\ \mathrm{d}m\leqslant K\cdot m(E).\end{aligned}$$

注 上式的第二个不等式的证明可由引理得到:

引理 若 f 在 $\mathbb{R}^1$ 上绝对连续, f' 在 A 上存在积分, 则 $m(f(A))\leqslant\int_A|f'|\ \mathrm{d}m$.

引理的证明 (1) 对任何区间 $I, m(f(I))\leqslant\int_I|f'|\ \mathrm{d}m$. 令

$$\max_{x\in\bar{I}}f(x)=f(b),\quad \min_{x\in\bar{I}}f(x)=f(a),\quad a,b\in\bar{I}.$$

则 $m(f(I))=f(b)-f(a)=\left|\int_{(a,b)}f'\ \mathrm{d}m\right|\leqslant\int_{(a,b)}|f'|\ \mathrm{d}m\leqslant\int_I|f'|\ \mathrm{d}m$.

(2) f' 可积 $\Rightarrow\forall\varepsilon>0,\exists\delta>0,\forall e\subset E$, 若 $m(e)<\delta$, 有 $\int_e|f'|\ \mathrm{d}m<\varepsilon$. A 可测 $\Rightarrow$ 对上 $\delta>0,\exists$ 开集 $G\supset A, m(G-A)<\delta$. 于是 $\int_{G-A}|f'|\ \mathrm{d}m<\varepsilon$. 令 $G=\bigcup\limits_{k\geqslant1}(\alpha_k,\beta_k)$, 则

$$\begin{aligned}m(f(A))&\leqslant m(f(G))\leqslant\sum_{k\geqslant1}m\left(f\left(\alpha_k,\beta_k\right)\right)\\&\leqslant\sum_{k\geqslant1}\int_{(\alpha_k,\beta_k)}|f'|\ \mathrm{d}m=\int_G|f'|\ \mathrm{d}m=\int_G|f'|\ \mathrm{d}m-\varepsilon+\varepsilon\\&\leqslant\int_G|f'|\ \mathrm{d}m-\int_{G-A}|f'|\ \mathrm{d}m+\varepsilon=\int_A|f'|\ \mathrm{d}m+\varepsilon,\end{aligned}$$

由 ε 的任意性得 $m(f(A))\leqslant\int_A|f'|\ \mathrm{d}m$.

八、[**参考证明**] 在 P_0 附近取曲率线坐标 (u,v), 曲面的参数方程设为 $r(u,v)$. 不妨设 $r(0,0)=P_0$. 用 E,F,G 和 L,M,N 分别表示曲面 $r(u,v)$ 的第一基本型、第二基本型系数, 则 $F=M=0$.

令 $f(u,v)=\langle r(u,v),r(u,v)\rangle$, 则 $f(u,v)$ 在 $(0,0)$ 点取极大值 1. 于是

$$f_u(0,0)=2\langle r_u(0,0),\ r(0,0)\rangle=0,$$

$$f_v(0,0)=2\langle r_v(0,0),\ r(0,0)\rangle=0.$$

从而曲面 S 在 P_0 的法向量 $\vec{n}(0,0)=r(0,0)$. 又由于

$$f_{uu}(0,0)=2(E(0,0)+L(0,0)),\quad f_{uv}(0,0)=0,$$
$$f_{vv}(0,0)=2(G(0,0)+N(0,0)).$$

根据 $f(u,v)$ 在 $(0,0)$ 点取极大值, $f_{uu}(0,0)\leqslant 0, f_{vv}(0,0)\leqslant 0$, 于是

$$0<E(0,0)\leqslant -L(0,0),\quad 0<G(0,0)\leqslant -N(0,0),$$

从而 S 在 P_0 的 Gauss 曲率

$$K\left(P_0\right)=\frac{L(0,0)N(0,0)}{E(0,0)G(0,0)}\geqslant 1.$$

九、[参考证明] 令 $G=(\alpha D-C)^{-1}\left((\alpha-1)D+C^{\mathrm{T}}\right)$, λ 为 G 的特征值, x 是对应的特征向量, $y=(I-G)x$, 则

$$(\alpha D-C)y=(\alpha D-C)x-\left((\alpha-1)D+C^{\mathrm{T}}\right)x=\left(D-C-C^{\mathrm{T}}\right)x=Ax,$$
$$\begin{aligned}(\alpha D-D+C^{\mathrm{T}})y&=(\alpha D-C-A)y=(\alpha D-C-A)x-(\alpha D-C-A)Gx\\&=(\alpha D-C-A)x-\left((\alpha-1)D+C^{\mathrm{T}}\right)x+AGx=AGx=\lambda Ax.\end{aligned}$$

以上两个方程两边分别与 y 作内积, 得

$$\alpha\langle Dy,y\rangle-\langle Cy,y\rangle=\langle Ax,y\rangle.$$
$$\alpha\langle y,Dy\rangle-\langle y,Dy\rangle+\left\langle y,C^{\mathrm{T}}y\right\rangle=\langle y,\lambda Ax\rangle.$$

以上两式相加得

$$\begin{aligned}(2\alpha-1)\langle Dy,y\rangle&=\langle Ax,y\rangle+\langle y,\lambda Ax\rangle\\&=(1-\bar{\lambda})\langle Ax,x\rangle+\bar{\lambda}(1-\lambda)\langle x,Ax\rangle=\left(1-|\lambda|^2\right)\langle Ax,x\rangle.\end{aligned}$$

由于 $\alpha>\dfrac{1}{2},\langle Dy,y\rangle\geqslant 0,\langle Ax,x\rangle>0$, 则必有 $|\lambda|\leqslant 1$, 若 $|\lambda|=1$, 则 $y=0$, 从而

$$Ax=(\alpha D-C)y=0,$$

进而 $x=0$, 矛盾. 因此 $|\lambda|<1$, 即 $\rho(G)<1$. 故迭代收敛.

十、[参考证明] 考虑 R 中的元素是从 $[0,1]$ 到复数域的连续函数情形. 若 f,g 在 $[0,1]$ 上无公共零点, 则连续函数 $|f|^2+|g|^2$ 在 $[0,1]$ 上恒大于 0, 结果

$$\frac{1}{|f|^2+|g|^2}\in R.$$

注意到 I 为左理想, $f \in I, \bar{f} \in R$, 从而 $|f|^2 = \bar{f}f \in I$, 同样 $|g|^2 \in I$, 故 $|f|^2 + |g|^2 \in I$, 进而 $\dfrac{1}{|f|^2+|g|^2}\left(|f|^2+|g|^2\right) = 1 \in I$, 与 I 为 R 的一个极大左理想矛盾.

十一、[参考解析] 设需要组织 t 吨货源预备出口, 则国家收益 Y (单位: 万元) 是随机变量 X 的函数 $Y = g(X)$, 表达式为

$$g(X) = \begin{cases} 3t, & X \geqslant t, \\ 3X - (t - X), & X < t. \end{cases}$$

显然, $100 \leqslant t \leqslant 200$, 由已知条件, 知 X 的概率密度函数为

$$f(x) = \begin{cases} \dfrac{1}{100}, & x \in [100, 200], \\ 0, & x \notin [100, 200]. \end{cases}$$

由于 Y 是随机变量, 因此, 题中所指的国家平均收益最大可理解为均值最大, 因而问题转化为求 Y 的均值, 即求 $E[g(X)]$ 的均值. 简单计算可得

$$\begin{aligned} E[g(X)] &= \int_{-\infty}^{+\infty} g(x)f(x)\,\mathrm{d}x = \frac{1}{100}\int_{100}^{200} g(x)\,\mathrm{d}x \\ &= \frac{1}{100}\int_{100}^{t} [3x - (t - x)]\,\mathrm{d}x + \frac{1}{100}\int_{t}^{200} 3t\,\mathrm{d}x = \frac{1}{50}\left[-t^2 + 350t - 10000\right]. \end{aligned}$$

记 $h(t) = -t^2 + 350t - 10000$. 令 $h'(t) = 0$, 得 $t = 175$. 而 $h''(t) = -2 < 0$.

因此, 当 $t = 175$ 时函数 $h(t)$ 达到最大值, 亦即 $E[g(X)]$ 达到最大, 故应组织 175 吨这种商品, 能使国家获得收益均值最大.

第七届全国大学生数学竞赛决赛低年级组试题参考解答(数学专业类)

一、[参考解析]

(1) 0;

(2) $p>1$;

(3) $3\sqrt{2}\pi$;

(4) $(1,0,1)$, $(-1,0,-1)$, $(1,t,-1)$, $(-1,t,1)$, $t\in\mathbb{R}$.

二、[参考解析] 由于形如 $\alpha x+\beta y+\gamma=0$ 的平面与 S 只能交于直线或空集, 所以可以设平面 σ 的方程为 $z=\alpha x+\beta y+\gamma$, 它与 S 交线为圆. 令 $x=\cos\theta, y=\dfrac{1}{\sqrt{2}}\sin\theta$, 则 σ 与 S 的交线可表示为

$$\Gamma(\theta)=\left(\cos\theta,\frac{1}{\sqrt{2}}\sin\theta,\alpha\cos\theta+\frac{\beta}{\sqrt{2}}\sin\theta+\gamma\right),\quad \theta\in[0,2\pi].$$

由于 $\Gamma(\theta)$ 是一个圆, 所以它到一个定点 $P=(a,b,c)$ 的距离为常数 R. 于是有恒等式

$$(\cos\theta-a)^2+\left(\frac{1}{\sqrt{2}}\sin\theta-b\right)^2+\left(\alpha\cos\theta+\frac{\beta}{\sqrt{2}}\sin\theta+\gamma-c\right)^2=R^2.$$

利用 $\cos^2\theta=\dfrac{1+\cos 2\theta}{2},\sin^2\theta=\dfrac{1-\cos 2\theta}{2}$, 可以将上式写成

$$A\cos 2\theta+B\sin 2\theta+C\cos\theta+D\sin\theta+E=0,$$

其中 A,B,C,D,E 为常数. 由于这样的方程对所有的 $\theta\in[0,2\pi]$ 恒成立, 所以 $A=B=C=D=E=0$. 特别地, 我们得到

$$A=\frac{1}{2}\left(\alpha^2+1\right)-\frac{1}{4}\left(\beta^2+1\right)=0,\quad B=\frac{1}{\sqrt{2}}\alpha\beta=0.$$

于是得到 $\alpha=0$, $\beta=\pm1$, 故平面 σ 的法向量为 $(-\alpha,-\beta,1)=(0,1,1)$ 或 $(0,-1,1)$ 的非零倍数.

三、[参考证明] 存在可逆方阵 T 使得 $T^{-1}AT=\tilde{A}$ 为对角阵. 令 $T^{-1}BT=\tilde{B}$, 则

$$\operatorname{tr}\left((AB)^2\right)=\operatorname{tr}\left((\tilde{A}\tilde{B})^2\right),\quad \operatorname{tr}\left(A^2B^2\right)=\operatorname{tr}\left(\tilde{A}^2\tilde{B}^2\right).$$

令 $\tilde{A}=\operatorname{diag}(a_1,a_2,\cdots,a_n)$, $\tilde{B}=\left(\tilde{b}_{ij}\right)_{n\times n}$, 则

$$\operatorname{tr}\left((\tilde{A}\tilde{B})^2\right)=\sum_{i,j=1}^{n}a_ia_j\tilde{b}_{ij}\tilde{b}_{ji}=\sum_{1\leqslant i<j\leqslant n}2a_ia_j\tilde{b}_{ij}^2+\sum_{i=1}^{n}a_i^2\tilde{b}_{ii}^2,$$

$$\operatorname{tr}\left(\tilde{A}^2\tilde{B}^2\right)=\sum_{i,j=1}^{n}a_i^2\tilde{b}_{ij}^2=\sum_{1\leqslant i<j\leqslant n}\left(a_i^2+a_j^2\right)\tilde{b}_{ij}^2+\sum_{i=1}^{n}a_i^2\tilde{b}_{ii}^2,$$

于是

$$\operatorname{tr}\left((\tilde{A}\tilde{B})^2\right)-\operatorname{tr}\left(\tilde{A}^2\tilde{B}^2\right)=-\sum_{1\leqslant i<j\leqslant n}\left(a_i-a_j\right)^2\tilde{b}_{ij}^2\leqslant 0.$$

四、[参考证明] 设 Γ 的圆心为 O, $\alpha_i=\dfrac{1}{2}\angle B_iOB_{i+1}$, $B_{n+1}=B_1$, 则

$$P_A=2\sum_{i=1}^{n}\tan\alpha_i,\quad P_B=2\sum_{i=1}^{n}\sin\alpha_i.$$

先证: 当 $0<x<\dfrac{\pi}{2}$ 时, 有

$$\tan^{\frac{1}{3}}x\sin^{\frac{2}{3}}x>x.\tag{$*$}$$

为此, 令 $g(x)=\dfrac{\sin x}{\cos^{\frac{1}{3}}x}-x$, 则 $g(0)=0$,

$$g'(x)=\frac{\cos^{\frac{4}{3}}x+\dfrac{1}{3}\cos^{-\frac{2}{3}}x\sin^2x}{\cos^{\frac{2}{3}}x}-1=\frac{2\cos^2x+1}{3\cos^{\frac{4}{3}}x}-1>\frac{3\sqrt[3]{\cos^2x\cos^2x\cdot 1}}{3\cos^{\frac{4}{3}}x}-1=0,$$

故 $g(x)$ 严格单调递增, 因而 $g(x)>g(0)=0$. $(*)$ 得证.

由此, 立刻可得

$$\begin{aligned}P_A^{\frac{1}{3}}P_B^{\frac{2}{3}}&=2\left(\sum_{i=1}^{n}\tan\alpha_i\right)^{\frac{1}{3}}\left(\sum_{i=1}^{n}\sin\alpha_i\right)^{\frac{2}{3}}=2\left[\sum_{i=1}^{n}\left(\tan^{\frac{1}{3}}\alpha_i\right)^3\right]^{\frac{1}{3}}\left[\sum_{i=1}^{n}\left(\sin^{\frac{2}{3}}\alpha_i\right)^{\frac{3}{2}}\right]^{\frac{2}{3}}\\&\geqslant 2\sum_{i=1}^{n}\tan^{\frac{1}{3}}\alpha_i\sin^{\frac{2}{3}}\alpha_i>2\sum_{i=1}^{n}\alpha_i=2\pi.\end{aligned}$$

五、[参考证明] 令 $F(x)=\displaystyle\int_0^x a(t)\,\mathrm{d}t$, 则

$$y(x)=C\mathrm{e}^{-F(x)}+\int_0^x f(t)\mathrm{e}^{F(t)-F(x)}\,\mathrm{d}t.$$

由题意, 对于任意 $\varepsilon>0$, 存在 x_0, 当 $t\geqslant x_0$ 时, 有 $|f(t)|\leqslant\varepsilon a(t)$.

$$\int_0^x f(t)\mathrm{e}^{F(t)-F(x)}\,\mathrm{d}t=\mathrm{e}^{-F(x)}\int_0^{x_0}f(t)\mathrm{e}^{F(t)}\,\mathrm{d}t+\mathrm{e}^{-F(x)}\int_{x_0}^{x}f(t)\mathrm{e}^{F(t)}\,\mathrm{d}t.$$

注意到

$$\left|\mathrm{e}^{-F(x)} \int_{x_0}^{x} f(t)\mathrm{e}^{F(t)}\,\mathrm{d}t\right| \leqslant \mathrm{e}^{-F(x)} \int_{x_0}^{x} \varepsilon a(t)\mathrm{e}^{F(t)}\,\mathrm{d}t$$

$$= \varepsilon \mathrm{e}^{-F(x)}\mathrm{e}^{F(t)}\Big|_{t=x_0}^{t=x} = \varepsilon\left(1-\mathrm{e}^{F(x_0)-F(x)}\right) < \varepsilon.$$

所以

$$\varlimsup_{x\to+\infty} |y(x)| \leqslant \lim_{x\to+\infty} C\mathrm{e}^{-F(x)} + \lim_{x\to+\infty} \mathrm{e}^{-F(x)} \int_0^{x_0} |f(t)|\mathrm{e}^{-F(t)}\,\mathrm{d}t + \varepsilon = \varepsilon.$$

由 ε 的任意性, 知 $\lim\limits_{x\to+\infty} |y(x)| = 0$.

六、[参考解析] 令 $g(x) = f(x) - x$, 则有

$$xg(x) = 2\int_{\frac{x}{2}}^{x} g(t)\,\mathrm{d}t.$$

对于 $x > 0$, 根据积分中值定理, 存在 $x_1 \in (0, x)$, 使得 $\displaystyle\int_{\frac{x}{2}}^{x} g(t)\,\mathrm{d}t = g(x_1)\frac{x}{2}$. 因而

$$g(x) = g(x_1).$$

现设 $x_0 = \inf\{t \in (0, x) \mid f(x) = f(t)\}$, 则 x_0 存在, 且有 $g(x_0) = g(x)$. 若 $x_0 > 0$, 则重复上面的过程, 可知存在 $y_0 \in (0, x_0)$, 使得 $g(y_0) = g(x_0) = g(x)$. 这与 x_0 的取法矛盾. 因此, 必有 $x_0 = 0$. 这说明 $g(x) = g(0)$.

同理, 对 $x < 0$, 也可以证明 $g(x) = g(0)$. 总之, $g(x)$ 是常数. 于是 $f(x) = x + C$, C 是常数.

第七届全国大学生数学竞赛决赛高年级组试题参考解答(数学专业类)

一、参见第七届全国大学生数学竞赛决赛低年级组试题参考解答 (数学专业类) 第一题.

二、参见第七届全国大学生数学竞赛决赛低年级组试题参考解答 (数学专业类) 第二题.

三、参见第七届全国大学生数学竞赛决赛低年级组试题参考解答 (数学专业类) 第三题.

四、参见第七届全国大学生数学竞赛决赛低年级组试题参考解答 (数学专业类) 第四题.

五、[参考证明] 第一, 令

$$G_1=(u_1),\quad G_2=(v_1),\quad G_3=(u_2),\quad G_4=(v_2),$$

$$T=\{g_1g_2\mid g_1\in G_1,g_2\in G_2\},\quad H=\{g_3g_4\mid g_3\in G_3,g_4\in G_4\}.$$

则 T,H 均为 G 的 Abel 子群. 进一步, 由 $(8,13)=1$ 可知

$$G_1\cap G_2=\{e\},\quad G_3\cap G_4=\{e\},$$

从而, $T=G_1G_2$ 为内直积分解, $H=G_3G_4$ 为内直积分解.

第二, 分别计算 u_1v_1,u_2v_2 的阶. 若 $(u_1v_1)^x=e$, 则 $u_1^xv_1^x=e$, 由 $T=G_1G_2$ 为内直积分解, 得 $u_1^x=e,v_1^x=e$, 从而 $8\mid x,13\mid x$, 故 $o(u_1v_1)=8\times13$, 即有 $T=(u_1v_1)$. 同理知, $o(u_2v_2)=8\times13$, 即有 $H=(u_2v_2)$. 注意到 $u_1v_1=u_2v_2$, 故 $T=H$.

第三, $u_2\in G_3\subseteq H=T$, 故 u_2 可表示为 $u_2=g_1g_2,g_1\in G_1,g_2\in G_2$. 于是 $u_2^8=g_1^8g_2^8$, 即 $g_2^8=e$. 令 $g_2=v_1^t$, 于是 $v_1^{8t}=e$, 得 $13\,\big|\,8t$, 故 $g_2=e$, 由此得 $u_2\in G_1$; 同理可知 $v_2\in G_2$.

第四, 在此考虑 $u_1v_1=u_2v_2$ 以及 $T=G_1G_2$ 为内直积分解, 因此有 $u_1=u_2,v_1=v_2$.

第五, 直接计算可知, u_1u_2 的阶为 4, v_1v_2 的阶为 13.

六、[参考证明] 令 $E_1=E-\mathbb{Q}$, 其中 $\mathbb{Q}$ 是有理数集, 则 E_1 无内点且 $m(E_1)=m(E)$.

首先, 可以证明: 存在闭集 $E_2\subset E_1$, 使得 $a<m(E_2)<m(E_1)=m(E)$. 对 $m(E_1)>a+q>a$ 的正实数 q, 由测度的连续性知, 存在 $A\subset E_1$, 使得 $m(A)=a+q$. 由可测集的定义, 对 $\dfrac{q}{2}$, 存在闭集 $E_2\subset A$, 使得 $m(A-E_2)<\dfrac{q}{2}$, 于是

$$m(E_2)=m(A)-m(A-E_2)>a+q-\frac{q}{2}>a+\frac{q}{2}>a,$$

又 $m(E_2) \leqslant m(A) = a + q < m(E_1)$, 即

$$a < m(E_2) < m(E_1) = m(E).$$

那么, 令 $f(x) = m(E_2 \cap [-x, x]), x \in \mathbb{R}$, 可证 $f(x)$ 是连续单增函数且

$$f(0) = 0, \quad \lim_{x \to +\infty} f(x) = m(E_2) > a,$$

由连续函数的介值定理知: 存在 $r > 0$, 使得

$$f(r) = m(E_2 \cap [-r, r]) = a.$$

令 $F = E_2 \cap [-r, r]$, 则 F 为无内点的有界闭集且 $F \subset E, m(F) = a$.

七、[参考证明] 设 e_1, e_2, e_3 为曲线 γ 的 Frenet 标架:

$$e_1 = \frac{\mathrm{d}\gamma}{\mathrm{d}s}, \quad e_2 = \frac{1}{k}\frac{\mathrm{d}^2\gamma}{\mathrm{d}s^2}, \quad e_3 = e_1 \times e_2.$$

则有 $\dfrac{\mathrm{d}e_1}{\mathrm{d}s} = ke_2, \dfrac{\mathrm{d}e_2}{\mathrm{d}s} = -ke_1 + \tau e_3, \dfrac{\mathrm{d}e_3}{\mathrm{d}s} = -\tau e_2$, 其中 τ 为曲线 γ 的挠率.

设 $\beta = e_2 : [0, l] \to S^2$ 为球面上的简单曲线, 它的弧长参数为 $\tilde{s}$, 于是有

$$\frac{\mathrm{d}\beta}{\mathrm{d}s} = -ke_1 + \tau e_3, \quad \frac{\mathrm{d}\tilde{s}}{\mathrm{d}s} = \sqrt{k^2 + \tau^2}.$$

球面在 $\beta(s)$ 点的单位法向量为 β, 曲线 $\beta(s)$ 的切向量为 $\dfrac{\mathrm{d}\beta}{\mathrm{d}s} = -ke_1 + \tau e_3$, 所以曲线 $\beta(s)$ 的球面上的法向量 $\tilde{e}_2$ 为

$$\tilde{e}_2 = \frac{\beta \times \dfrac{\mathrm{d}\beta}{\mathrm{d}s}}{\left|\beta \times \dfrac{\mathrm{d}\beta}{\mathrm{d}s}\right|} = \frac{\tau e_1 + ke_3}{\sqrt{k^2 + \tau^2}}.$$

于是, 曲线 β 在球面上的测地曲率

$$\begin{aligned}
k_g = \frac{\mathrm{d}^2\beta}{\mathrm{d}\tilde{s}^2} \cdot \tilde{e}_2 &= \left(\frac{\mathrm{d}^2\beta}{\mathrm{d}s^2}\left(\frac{\mathrm{d}s}{\mathrm{d}\tilde{s}}\right)^2 + \frac{\mathrm{d}\beta}{\mathrm{d}s}\frac{\mathrm{d}^2 s}{\mathrm{d}\tilde{s}^2}\right) \cdot \tilde{e}_2 \\
&= \frac{1}{(k^2 + \tau^2)^{3/2}}\left(-\frac{\mathrm{d}k}{\mathrm{d}s}e_1 + \frac{\mathrm{d}\tau}{\mathrm{d}s}e_3\right) \cdot (\tau e_1 + ke_3) \\
&= \frac{1}{(k^2 + \tau^2)^{3/2}}\left(k\frac{\mathrm{d}\tau}{\mathrm{d}s} - \tau\frac{\mathrm{d}k}{\mathrm{d}s}\right),
\end{aligned}$$

故有

$$\int_B k_g \, \mathrm{d}\tilde{s} = \int_0^l \frac{1}{(k^2+\tau^2)^{3/2}} \left(k\frac{\mathrm{d}\tau}{\mathrm{d}s} - \tau\frac{\mathrm{d}k}{\mathrm{d}s}\right)\sqrt{k^2+\tau^2} \, \mathrm{d}s$$

$$= \int_0^l \frac{1}{k^2+\tau^2} \left(k\frac{\mathrm{d}\tau}{\mathrm{d}s} - \tau\frac{\mathrm{d}k}{\mathrm{d}s}\right) \mathrm{d}s = \int_0^l \frac{\mathrm{d}}{\mathrm{d}s}\left(\arctan\frac{\tau}{k}\right) \mathrm{d}s = \arctan\frac{\tau}{k}\bigg|_0^l = 0,$$

其中用到闭曲线性质: $k(0)=k(l), \tau(0)=\tau(l)$. 由于 B 为简单闭曲线, 它围成球面一个单连通区域 D. 由 Gauss-Bonett 定理, 有

$$\int_B k_g \, \mathrm{d}\tilde{s} + \int_D K \, \mathrm{d}S = 2\pi.$$

对球面而言, Gauss 曲率 $K=1$, 故区域 D 的面积 $|D| = 2\pi$, 为球面面积的一半.

八、**[参考解析]** (1) 令 $q(x) = x^3 - p(x)$. 我们证明 $q(x)$ 具有形式 $q(x) = xJ^2(x)$, 其中 $J(x)$ 为一次多项式. 首先说明 $q(x)$ 的根都为实数. 实际上 $q(x)$ 必有一个实根 α_1, 如另两个为一对共轭复根, 则 $q(x)$ 具有形式

$$q(x) = (x-\alpha_1)\left(x^2+ax+b\right), \qquad 且 \quad a^2-4b<0.$$

由于 $q(x) \geqslant 0, \alpha_1 \leqslant 0, q(x) > x\left(x+\frac{a}{2}\right)^2, \int_0^1 q(x) \, \mathrm{d}x > \int_0^1 x\left(x+\frac{a}{2}\right)^2 \mathrm{d}x$. 这与 $\|q(x)\|_1$ 达到最小矛盾! 因此, $q(x)$ 的三个根都为实数, 设为 $\alpha_1, \alpha_2, \alpha_3$.

若 $q(x)$ 的三个实根互不相等, 则

$$\alpha_i \leqslant 0, \quad \int_0^1 q(x) \, \mathrm{d}x \geqslant \int_0^1 x^3 \, \mathrm{d}x > \int_0^1 x\left(x-\frac{1}{2}\right)^2 \mathrm{d}x,$$

矛盾! 因此 $q(x)$ 有两个实根相等, 设 $\alpha_2 = \alpha_3$. 故

$$q(x) = (x-\alpha_1)(x-\alpha_2)^2,$$

并且 $\alpha_1 = 0$ 时 $\int_0^1 q(x) \, \mathrm{d}x$ 会更小.

由于 $\int_0^1 q(x) \, \mathrm{d}x = \frac{1}{12}\left(6\alpha_2^2 - 8\alpha_2 + 3\right)$, 当 $\alpha_2 = \frac{2}{3}$, 即 $p(x) = x^3 - q(x) = \frac{4}{3}x^2 - \frac{4}{9}x$ 时, $\left\|x^3 - p(x)\right\|_1$ 最小.

(2) 令 $q(x) = x^4 - p(x)$. 类似于 (1) 的分析, $q(x)$ 的根都为实数, 且都为重根, 即 $q(x) = J^2(x)$, 其中 $J(x)$ 为二次多项式. 设 $J(x) = x^2 + ax + b$, 则

$$f(a,b) := \int_0^1 q(x) \, \mathrm{d}x = \frac{1}{5} + \frac{1}{2}a + \frac{2}{3}b + \frac{1}{3}a^2 + ab + b^2.$$

由 $\dfrac{\partial f}{\partial a}=\dfrac{2}{3}a+b+\dfrac{1}{2}=0, \dfrac{\partial f}{\partial b}=a+2b+\dfrac{2}{3}=0$, 解得 $a=-1, b=\dfrac{1}{6}$, 因此得

$$p(x)=x^4-\left(x^2-x+\frac{1}{6}\right)^2=2x^3-\frac{4}{3}x^2+\frac{1}{3}x-\frac{1}{36}.$$

九、[参考证明] $\forall\varepsilon>0$, 置 $g(z)=1+\varepsilon-f(z)$, 则 $g(z)$ 在 D 内解析,

$$g(0)=1+\varepsilon>0,\quad \operatorname{Re}g(z)=1+\varepsilon-\operatorname{Re}f(z)\geqslant\varepsilon>0,$$

因而

$$\left|\frac{g(z)-g(0)}{g(z)+g(0)}\right|^2=\frac{|g(z)|^2-2(1+\varepsilon)\operatorname{Re}g(z)+(1+\varepsilon)^2}{|g(z)|^2+2(1+\varepsilon)\operatorname{Re}g(z)+(1+\varepsilon)^2}<1.$$

所以 $\dfrac{g(z)-g(0)}{g(z)+g(0)}$ 是一个将 D 映到 D, 将 0 映到 0 的解析函数, 根据 Schwarz 引理, 有

$$\left|\frac{g(z)-g(0)}{g(z)+g(0)}\right|\leqslant|z|.$$

令 $\varepsilon\to0$, 得到 $\dfrac{|f(z)|}{|2-f(z)|}\leqslant|z|$. 两边平方得

$$|f(z)|^2\leqslant|z|^2\left(4-4\operatorname{Re}f(z)+|f(z)|^2\right),$$

即 $\left(1-|z|^2\right)|f(z)|^2\leqslant4|z|^2(1-\operatorname{Re}f(z))$. 由于 $(\operatorname{Re}f(z))^2\leqslant|f(z)|^2$, 从上式可得

$$\left(\operatorname{Re}f(z)+\frac{2|z|^2}{1-|z|^2}\right)^2\leqslant\frac{4|z|^2}{(1-|z|^2)^2}.$$

由此可得

$$\operatorname{Re}f(z)\leqslant\frac{2|z|}{1-|z|^2}-\frac{2|z|^2}{1-|z|^2}=\frac{2|z|}{1+|z|}.$$

十、[参考解析] A_n 表示事件“经 n 次试验后, 黑球出现在甲袋中”, $\bar{A}_n$ 表示事件“经 n 次试验后, 黑球出现在乙袋中”, C_n 表示事件“第 n 次从黑球所在的袋中取出一个白球”. 记

$$p_n=P\left(A_n\right),\quad q_n=P\left(\bar{A}_n\right)=1-p_n,\quad n=1,2,\cdots.$$

当 $n\geqslant1$ 时, 由全概率公式得

$$\begin{aligned}p_n&=P\left(A_n\mid A_{n-1}\right)P\left(A_{n-1}\right)+P\left(A_n\mid\bar{A}_{n-1}\right)P\left(\bar{A}_{n-1}\right)\\&=P\left(C_n\mid A_{n-1}\right)P\left(A_{n-1}\right)+P\left(\bar{C}_n\mid\bar{A}_{n-1}\right)P\left(\bar{A}_{n-1}\right)\\&=p_{n-1}\cdot\frac{N-1}{N}+q_{n-1}\cdot\frac{1}{N}=\frac{N-1}{N}p_{n-1}+\frac{1}{N}\left(1-p_{n-1}\right),\end{aligned}$$

因此可得递推等式 $p_n=\dfrac{N-2}{N}p_{n-1}+\dfrac{1}{N}(n\geqslant 1)$. 由初始条件 $p_0=1$, 于是由递推关系式并利用等比级数求和公式, 得

$$p_n=\frac{1}{N}+\frac{1}{N}\cdot\frac{N-2}{N}+\cdots+\frac{1}{N}\left(\frac{N-2}{N}\right)^{n-1}+\left(\frac{N-2}{N}\right)^n$$
$$=\frac{1}{N}\frac{1-\left(\dfrac{N-2}{N}\right)^n}{1-\left(\dfrac{N-2}{N}\right)}+\left(\frac{N-2}{N}\right)^n=\frac{1}{2}+\frac{1}{2}\left(\frac{N-2}{N}\right)^n.$$

故黑球出现在甲袋中的概率为 $\dfrac{1}{2}+\dfrac{1}{2}\left(\dfrac{N-2}{N}\right)^n$. 若 $N=2$, 则对任何 n, 有 $p_n=\dfrac{1}{2}$; 若 $N>2$, 则有 $\lim\limits_{n\to\infty}p_n=\dfrac{1}{2}$.

第八届全国大学生数学竞赛决赛低年级组试题参考解答(数学专业类)

一、[参考解析]

(1) 0.

因为该多项式无 3 次项, 故 4 个根之和为 0. 行列式的每一列加到第一列即可得到行列式的值为 0.

(2) $a>27$ 或 $a<-37$.

记 $f(x)=3x^4-8x^3-30x^2+72x+a$, 则

$$\begin{aligned}f'(x)&=12x^3-24x^2-60x+72=12\left(x^3-2x^2-5x+6\right)\\&=12(x-1)(x-3)(x+2).\end{aligned}$$

$f(x)$ 在 -2 和 3 取得极小值 $-152+a$ 和 $-27+a$. $f(x)$ 在 1 取得极大值 $37+a$. 因此, 当且仅当 $a>27$ 或 $a<-37$ 时方程有虚根.

(3) $-\dfrac{\pi}{2}a^3$.

令曲面 $S_1:\begin{cases}x^2+y^2\leqslant a^2,\\ z=0,\end{cases}$ 取下侧, 则 $S_1\cup S$ 为闭下半球面的内侧. 设其内部区域为 Ω, 令 D 为 xOy 平面上的圆域 $x^2+y^2\leqslant a^2$, 则利用 Gauss 公式, 得

$$\begin{aligned}I&=\frac{1}{a}\left\{\iint\limits_{S\cup S_1}\left[ax\,\mathrm{d}y\mathrm{d}z+(z+a)^2\,\mathrm{d}x\mathrm{d}y\right]-\iint\limits_{S_1}\left[ax\,\mathrm{d}y\mathrm{d}z+(z+a)^2\,\mathrm{d}x\mathrm{d}y\right]\right\}\\&=\frac{1}{a}\left\{-\iiint\limits_{\Omega}(3a+2z)\,\mathrm{d}V+\iint\limits_{D}a^2\,\mathrm{d}x\mathrm{d}y\right\}\\&=\frac{1}{a}\left\{-2\pi a^4-2\iiint\limits_{\Omega}z\,\mathrm{d}V+\pi a^4\right\}\\&=-\pi a^3-\frac{2}{a}\int_0^{2\pi}\mathrm{d}\theta\int_0^a r\,\mathrm{d}r\int_{-\sqrt{a^2-r^2}}^0 z\,\mathrm{d}z=-\frac{\pi}{2}a^3.\end{aligned}$$

(4) $-\dfrac{1}{2}$.

$A=Q\begin{pmatrix}1&0\\0&2\end{pmatrix}Q^{\mathrm{T}}$, Q 可以表示为

$$\begin{pmatrix}\cos t&-\sin t\\ \sin t&\cos t\end{pmatrix}\quad 或\quad \begin{pmatrix}\cos t&\sin t\\ \sin t&-\cos t\end{pmatrix},$$

所以 $a_{21}=-\sin t\cos t$, 立即得到结果.

二、[参考解析] 交线为抛物线或椭圆.

(1) 如果平面 P 平行于 z 轴, 则相交曲线 $C=\Gamma\cap P$ 可以经过以 z 轴为旋转轴的旋转, 使得 P 平行于 yOz 平面, C 的形状不变. 所以可不妨设 P 的方程为 $x=c$, 交线 C 的方程为

$$z=\frac{1}{2}\left(c^2+y^2\right).$$

将 C 投影到 yOz 平面上, 得到抛物线 $z-\dfrac{c^2}{2}=\dfrac{1}{2}y^2$. 由于平面 P 平行于 yOz 平面, 故交线为抛物线.

(2) 如果平面 P 不平行于 z 轴, 设 P 的方程为 $z=ax+by+c$. 代入 Γ 的方程 $z=\dfrac{1}{2}\left(x^2+y^2\right)$, 得

$$(x-a)^2+(y-b)^2=a^2+b^2+2c:=R^2.$$

将 $C=\Gamma\cap P$ 垂直投影到 xOy 平面, 得到圆周

$$(x-a)^2+(y-b)^2=R^2.$$

令 Q 是以这个圆为底的圆柱, 则 C 也是圆柱 Q 与平面 P 的交线. 在圆柱 Q 中从上或从下放置半径为 R 的球体, 它们与平面 P 相切于 F_1,F_2, 与圆柱 Q 相交于圆 D_1,D_2. 对 $C=Q\cap P$ 上的任意一点 A, 过 A 点的圆柱母线交圆 D_1 于 B_1, 交圆 D_2 于 B_2, 则线段 B_1B_2 为定长. 这时, 由于球的切线长相等, 得到 $|AF_1|+|AF_2|=|AB_1|+|AB_2|=|B_1B_2|$ 为常数, 故曲线 C 为椭圆.

三、[参考证明] 设 $A=P\begin{pmatrix} I_r & 0\\ 0 & 0\end{pmatrix}Q, B=Q^{-1}\begin{pmatrix} B_1 & B_2\\ B_3 & B_4\end{pmatrix}P^{-1}$, 其中 P,Q 为可逆方阵, B_1 为 r 阶方阵, 则有 $AB=P\begin{pmatrix} B_1 & B_2\\ O & O\end{pmatrix}P^{-1}$, $BA=Q^{-1}\begin{pmatrix} B_1 & O\\ B_3 & O\end{pmatrix}Q$, $ABA=P\begin{pmatrix} B_1 & O\\ O & O\end{pmatrix}Q$.

由 $\operatorname{rank}(ABA)=\operatorname{rank}(B_1)=\operatorname{rank}(B)$ 可得, 存在矩阵 X,Y 使得 $B_2=B_1X$, $B_3=YB_1$, 从而有

$$\begin{aligned}AB=&P\begin{pmatrix} I & -X\\ O & I\end{pmatrix}\begin{pmatrix} B_1 & O\\ O & O\end{pmatrix}\begin{pmatrix} I & X\\ O & I\end{pmatrix}P^{-1},\\ BA=&Q^{-1}\begin{pmatrix} I & O\\ Y & I\end{pmatrix}\begin{pmatrix} B_1 & O\\ O & O\end{pmatrix}\begin{pmatrix} I & O\\ -Y & I\end{pmatrix}Q,\end{aligned}$$

因此, AB 与 BA 相似.

四、[参考证明] 由于 $f \in \mathscr{S}$, 因此存在 $M_1 > 0$ 使得

$$|2\pi i x f(x)| \leqslant \frac{M_1}{x^2+1}, \quad \forall x \in \mathbb{R}. \tag{1}$$

于是 $\int_{\mathbb{R}}(-2\pi i y)f(y)e^{-2\pi i x y}\,dy$ 关于 $x \in \mathbb{R}$ 一致收敛, 从而可得

$$\frac{d\hat{f}(x)}{dx} = \int_{\mathbb{R}} -2\pi i y\, f(y)\, e^{-2\pi i x y}\,dy. \tag{2}$$

同理可得

$$\frac{d^n\hat{f}(x)}{dx^n} = \int_{\mathbb{R}} (-2\pi i y)^n f(y)\, e^{-2\pi i x y}\,dy. \tag{3}$$

利用分部积分法可得

$$\widehat{(f^{(n)})}(x) = (2\pi i x)^n \hat{f}(x), \quad \forall n \geqslant 0. \tag{4}$$

结合 (3) 和 (4) 并利用 $f \in \mathscr{S}$, 可得对任何 $m, k \geqslant 0$, 有

$$x^m \frac{d^k\hat{f}(x)}{dx^k} = \frac{1}{(2\pi i)^m}\int_{\mathbb{R}} \frac{d^m\left((-2\pi i y)^k f(y)\right)}{dy^m} e^{-2\pi i x y}\,dy$$

在 $\mathbb{R}$ 上有界. 从而 $\hat{f} \in \mathscr{S}$. 于是 $\int_{-\infty}^{+\infty} \hat{f}(y)e^{2\pi i x y}\,dy$ 收敛,

$$\begin{aligned}
\int_{-A}^{A} \hat{f}(y)e^{2\pi i x y}\,dy &= \int_{-A}^{A} dy \int_{-\infty}^{+\infty} f(t)e^{2\pi i(x-t)y}\,dt \\
&= \int_{-A}^{A} dy \int_{-\infty}^{+\infty} f(x-t)e^{2\pi i t y}\,dt \\
&= \int_{-\infty}^{+\infty} dt \int_{-A}^{A} f(x-t)e^{2\pi i t y}\,dy \\
&= \int_{-\infty}^{+\infty} f(x-t)\frac{\sin(2\pi A t)}{\pi t}\,dt \\
&= \int_{-\infty}^{+\infty} \frac{f(x-t)-f(x)}{\pi t}\sin(2\pi A t)\,dt + f(x).
\end{aligned} \tag{5}$$

由于 $f \in \mathscr{S}$ 易得积分 $\int_{-\infty}^{+\infty}\left|\frac{f(x-t)-f(x)}{\pi t}\right| dt$ 收敛, 从而由 Riemann 引理可得

$$\lim_{A\to+\infty}\int_{-\infty}^{+\infty} \frac{f(x-t)-f(x)}{\pi t}\sin(2\pi A t)\,dt = 0. \tag{6}$$

组合 (5) 和 (6) 即得结论成立.

五、[参考解析] (1) 先证

$$\left(\frac{k}{n}\right)^n < \left(\frac{k+1}{n+1}\right)^{n+1}, \quad k=1,2,\cdots,n-1.$$

由均值不等式, 有 $k+1=\underbrace{\frac{k}{n}+\cdots+\frac{k}{n}}_{n个}+1<(n+1)\sqrt[n+1]{\left(\frac{k}{n}\right)^n}$, 因此, 有

$$\left(\frac{k}{n}\right)^n < \left(\frac{k+1}{n+1}\right)^{n+1}, \quad k=1,2,\cdots,n-1.$$

于是

$$\begin{aligned} S_{n+1} &= \left(\frac{1}{n+1}\right)^{n+1} + \left(\frac{2}{n+1}\right)^{n+1} + \cdots + \left(\frac{n}{n+1}\right)^{n+1} \\ &> \left(\frac{1}{n+1}\right)^{n+1} + \left(\frac{1}{n}\right)^{n} + \cdots + \left(\frac{n-1}{n}\right)^{n} > S_n, \end{aligned}$$

即 S_n 单调递增. 另一方面, $\frac{S_n}{n}<\int_0^1 x^n\,\mathrm{d}x=\frac{1}{n+1}$, 故有 $S_n<\frac{n}{n+1}<1$, 即 S_n 有界. 所以 S_n 单调递增有上界, 所以 $\lim\limits_{n\to\infty} S_n$ 存在.

(2) 当 $x\neq 0$ 时, $\mathrm{e}^x>1+x$, 则 $\left(1-\frac{k}{n}\right)^n<\mathrm{e}^{n\cdot(-k/n)}=\mathrm{e}^{-k}$, 从而有

$$S_n=\sum_{k=1}^{n-1}\left(\frac{n-k}{n}\right)^n<\sum_{k=1}^{n-1}\mathrm{e}^{-k}<\sum_{k=1}^{\infty}\mathrm{e}^{-k}=\frac{1}{\mathrm{e}-1}.$$

因此, $\lim\limits_{n\to\infty} S_n=S\leqslant\frac{1}{\mathrm{e}-1}$. 另外, 对任意正整数 $n>m$, 则 $S_n\geqslant\sum\limits_{k=1}^{m}\left(1-\frac{k}{n}\right)^n$, 令 $n\to\infty$, 则有

$$S\geqslant\lim_{m\to\infty}\sum_{k=1}^{m}\mathrm{e}^{-k}\geqslant\frac{1}{\mathrm{e}-1}.$$

所以可得 $\lim\limits_{n\to\infty} S_n=S=\frac{1}{\mathrm{e}-1}$.

六、[参考证明] 令 $y(x,y_0)$ 为方程满足初值条件 $y(0,y_0)=y_0$ 的解. 由常微分方程解的存在唯一性定理, 这样的解局部存在并且唯一. 首先证明:

引理 对任意 $r\in\mathbb{R}$, 函数 $y(x,r)$ 在 $x\in[0,2\pi]$ 上有定义, 且对任意 $r\geqslant 2$ 有

$$y(x,r)\leqslant r \quad 和 \quad y(x,-r)\geqslant -r.$$

引理的证明 反证法. 设存在 $x_0 \in [0, 2\pi]$, $r \geqslant 2$ 使得 $y(x_0, r) > r$, 则 $x_0 > 0$. 记

$$t = \inf\{s \in [0, x_0] | y(x, r) \geqslant r, \forall x \in [s, x_0]\}.$$

则 $y(t, r) = r$, $y'_x(t, r) \geqslant 0$. 但 $y'_x(t, r) = -y(t, r)^3 + \sin t < 0$, 矛盾. 同理可证, 对于任意的 $x \in [0, 2\pi]$, $r \geqslant 2$ 有

$$y(x, -r) \geqslant -r.$$

所以引理成立.

考虑函数 $f(r) = y(2\pi, r), r \in \mathbb{R}$, 则连续函数 f 满足 $f([-2, 2]) \subseteq [-2, 2]$, 故存在 $y_0 \in [-2, 2]$, 使得

$$f(y_0) = y_0.$$

对恒等式

$$\frac{\mathrm{d}y(x, r)}{\mathrm{d}x} = -(y(x, r))^3 + \sin x$$

两边对 r 求导, 得到

$$\frac{\mathrm{d}}{\mathrm{d}x}\left(\frac{\partial y(x, r)}{\partial r}\right) = -3(y(x, r))^2 \frac{\partial y(x, r)}{\partial r},$$

故有 $\dfrac{\partial y(x, r)}{\partial r} = \mathrm{e}^{-3\int_0^x (y(s, r))^2 \mathrm{d}s}$, 于是有

$$f'(r) = \mathrm{e}^{-3\int_0^{2\pi} (y(s, r))^2 \mathrm{d}s} < 1.$$

所以 f 至多只有一个不动点.

唯一性的另一种证明方法: 设 $y_1(x), y_2(x)$ 是方程的两个满足边值条件的解. 由存在唯一性定理,

$$y_1(x) \neq y_2(x), \quad \forall x \in [0, 2\pi].$$

不妨设 $y_1(x) > y_2(x)$, $\forall x \in [0, 2\pi]$. 令 $y = y_1 - y_2 > 0$, 则 $y(0) = y(2\pi)$, 又

$$\dot{y} = -\left(y_1^2 + y_1 y_2 + y_2^2\right) y < 0 \Rightarrow y(0) < y(2\pi).$$

矛盾.

第八届全国大学生数学竞赛决赛高年级组试题参考解答(数学专业类)

一、参见第八届全国大学生数学竞赛决赛低年级组试题参考解答 (数学专业类) 第一题.

二、参见第八届全国大学生数学竞赛决赛低年级组试题参考解答 (数学专业类) 第二题.

三、参见第八届全国大学生数学竞赛决赛低年级组试题参考解答 (数学专业类) 第三题.

四、参见第八届全国大学生数学竞赛决赛低年级组试题参考解答 (数学专业类) 第四题.

五、[参考证明] 假设 φ 不恒为 0, 则 $\exists a \in F$ 使得 $\varphi(a) \neq 0$. 于是由 $\varphi(0+a)=\varphi(a)$ 可知

$$\varphi(a)=\varphi(0)\varphi(a),$$

导致 $\varphi(0)=1$. 进而 $\forall x \in F$ 有

$$1=\varphi(0)=\varphi(\underbrace{x+\cdots+x}_{p\text{个}})=(\varphi(x))^p, \quad (\varphi(x))^p-1=0.$$

注意到 $\operatorname{char} F=p, p$ 为素数, 故有 $\forall a, b \in F$,

$$(a+b)^p=a^p+b^p, \quad \text{进而} \quad (a-b)^p=a^p-b^p.$$

所以由 $(\varphi(x))^p-1=0$ 可得 $(\varphi(x)-1)^p=0$, 即 $\varphi(x)=1$. 证毕.

六、[参考证明] (1) 作 $[0,1]$ 的划分 $\Delta: 0=x_0<x_1<\cdots<x_n=1$, 其中

$$x_0 \in E, x_2 \in E, \cdots, x_n \in E; \quad x_1 \notin E, x_3 \notin E, \cdots, x_{n-1} \notin E.$$

该划分构造如下: $\forall n \geqslant 1$, 先取 $x_0=0,\ x_2, x_4, \cdots, x_{n-2} \in E,\ x_n=1$. 由 E 的构造知

$$[x_0, x_2], [x_2, x_4], \cdots, [x_{n-2}, x_n]$$

中有无穷多不属于 E 的点, 取 $x_1 \in (x_0, x_2) \backslash E, x_3 \in (x_2, x_4) \backslash E, \cdots, x_{n-1} \in (x_{n-2}, x_n) \backslash E$, 于是

$$\sum_{i=1}^n |\chi_E(x_i)-\chi_E(x_{i-1})|=n.$$

当 $n \rightarrow \infty$ 时, $\sum\limits_{i=1}^n |\chi_E(x_i)-\chi_E(x_{i-1})| \rightarrow \infty$, 即 $\bigvee\limits_0^1(\chi_E(x))=+\infty$.

(2) 证明: (⇒) 反证法. 假设 E 有无穷多边界点 $\{c_j\}_{j=1}^{\infty}$. $\forall n>1$, 构造 $[0,1]$ 的分划 Δ 如下:

取 $x_0=0$, 在 $\{c_j\}_{j=1}^{\infty}$ 中任取 n 个点按从小到大排列记作 $\{c_1,c_2,\cdots,c_n\}$.

由边界点的定义: $\forall \varepsilon>0, U(c_i,\varepsilon)\cap E\neq\varnothing$ 且 $U(c_i,\varepsilon)\cap \mathscr{C}E\neq\varnothing\,(1\leqslant i\leqslant n)$. 对

$$0<\varepsilon<\frac{1}{2}\min\{c_{i+1}-c_i|i=1,2,\cdots,n-1\},$$

若取 $x_0\in E\cap(0,c_1)$, 取

$$x_1\in(x_0,c_1+\varepsilon)\cap\mathscr{C}E,\quad x_2\in(x_1,c_2+\varepsilon)\cap E,$$

$$x_3\in(x_2,c_3+\varepsilon)\cap\mathscr{C}E,\quad x_4\in(x_3,c_4+\varepsilon)\cap E,\cdots;$$

若 $x_{n-2}\in\mathscr{C}E\cap(x_{n-3},c_{n-2}+\varepsilon)$, 取

$$x_{n-1}\in(x_{n-2},c_{n-1}+\varepsilon)\cap E,\quad x_n=1.$$

于是 $\sum\limits_{i=1}^{n}|\chi_E(x_i)-\chi_E(x_{i-1})|\geqslant n-1$, 当 $n\to\infty$ 时,

$$\sum_{i=1}^{n}|\chi_E(x_i)-\chi_E(x_{i-1})|\to\infty,$$

即 $\bigvee\limits_0^1(\chi_E(x))=+\infty$. 与 $\chi_E(x)$ 在 $[0,1]$ 上有界变差矛盾, 故假设不真.

(⇐) 设 $c_1,c_2,\cdots,c_m$ 是 E 的边界点, m 有限. 对任意 $[0,1]$ 分划 $\Delta:0=x_0<x_1<\cdots<x_n=1$, n 个小区间

$$[x_i,x_{i+1}]\quad(0\leqslant i\leqslant n-1)$$

中至多 m 个含有 $\{c_i\}_{i=1}^{m}$ 的点, 也即

$$[x_i,x_{i+1}]\quad(0\leqslant i\leqslant n-1)$$

中至多 m 个小区间中既有 E 的点同时也有 $\mathscr{C}E$ 的点. 由 $\chi_E(x)$ 的定义, 有

$$|\chi_E(x_i)-\chi_E(x_{i-1})|=\begin{cases}1, & x_i\in E,x_{i-1}\in\mathscr{C}E;\text{或者 }x_{i-1}\in E,x_i\in\mathscr{C}E,\\ 0, & x_i,x_{i-1}\in E;\text{或者 }x_i,x_{i-1}\in\mathscr{C}E.\end{cases}$$

于是

$$\sum_{i=1}^{n}|\chi_E(x_i)-\chi_E(x_{i-1})|\leqslant m\Rightarrow\bigvee_0^1(\chi_E(x))\leqslant m<+\infty.$$

七、**[参考证明]** 设 k_1, k_2 为曲面 S 的两个主曲率, 它对应的单位主方向向量为 $\vec{e}_1, \vec{e}_2$. 设 $\vec{v}$ 是 $p \in S$ 点处的单位切向量, 它与 $\vec{e}_1$ 的交角为 θ, 则沿 $\vec{v}$ 的方向法曲率为

$$k_n(\vec{v}) = k_1 \cos^2\theta + k_2 \sin^2\theta.$$

在 $p \in S$ 点记 σ 为曲面法向量 $\vec{N}$ 和 $\vec{v}$ 张成的平面, 它截曲面 S 为曲线 C, C 称为 S 沿 $\vec{v}$ 方向的法截线, 则法曲率 $k_n(\vec{v})$ 等于法截线 C 在平面 σ 上 p 点处的相对曲率.

因为 p 点处沿三个不同方向 $\vec{v}_1, \vec{v}_2, \vec{v}_3$ 的法截线 C 为直线, 故存在不同的 $\theta_1, \theta_2, \theta_3$ $(0 \leqslant \theta_1, \theta_2, \theta_3 < \pi)$ 使得

$$k_n(\vec{v}_1) = k_1\cos^2\theta_1 + k_2\sin^2\theta_1 = 0;$$

$$k_n(\vec{v}_2) = k_1\cos^2\theta_2 + k_2\sin^2\theta_2 = 0;$$

$$k_n(\vec{v}_3) = k_1\cos^2\theta_3 + k_2\sin^2\theta_3 = 0.$$

如果 $(k_1, k_2) \neq (0,0)$, 则存在 $\varepsilon_1 = \pm 1, \varepsilon_2 = \pm 1$, 使得

$$\sin\theta_1\cos\theta_2 + \varepsilon_1\cos\theta_1\sin\theta_2 = \sin(\theta_1 + \varepsilon_1\theta_2) = 0;$$

$$\sin\theta_1\cos\theta_3 + \varepsilon_2\cos\theta_1\sin\theta_3 = \sin(\theta_1 + \varepsilon_2\theta_3) = 0;$$

$$\sin\theta_2\cos\theta_3 - \varepsilon_1\varepsilon_2\cos\theta_2\sin\theta_3 = \sin(\theta_2 - \varepsilon_1\varepsilon_2\theta_3) = 0.$$

不妨设 $0 \leqslant \theta_1 < \theta_2 < \theta_3 < \pi$, 这时有

$$0 < \theta_2 - \theta_1, \theta_3 - \theta_1, \theta_3 - \theta_2 < \pi,$$

故 $\varepsilon_1 = \varepsilon_2 = 1$, 并且 $\theta_2 = \theta_3$, 矛盾. 故在曲面 S 的任何点 p 有 $k_1 = k_2 = 0$.

由此推出 Weingarten 变换 $W \equiv 0$. 将曲面 S 参数化为 $x(u,v)$, 它的法向量为 $\vec{N}(u,v)$, 则有

$$W(x_u) = -N_u = 0, \quad W(x_v) = -N_v = 0.$$

故法向量 $\vec{N}$ 为常向量. 再由 $x_u \cdot \vec{N} = x_v \cdot \vec{N} = 0$, 得到 $\vec{x} \cdot \vec{N} = C$ 为常数, 故 S 落在一张平面上.

八、**[参考解析]** (1) 对 $y' = f(x,y)$ 两边取积分得

$$y(x_{n+1}) = y(x_n) + \int_{x_n}^{x_{n+1}} f(x, y(x))\,\mathrm{d}x.$$

由 Simpson 公式, 有

$$y(x_{n+1}) = y(x_n) + \frac{h}{6}\left[f(x_n, y(x_n)) + 4f(x_n + h/2, y(x_n + h/2))\right.$$

$$+f\left(x_{n+1}, y\left(x_{n+1}\right)\right)]+o\left(h^{5}\right).$$

由此可令 $c_1=\dfrac{1}{6}, c_2=\dfrac{4}{6}, c_3=\dfrac{1}{6}$.

令 $y_n=y\left(x_n\right)$, 可得

$$\begin{aligned} y\left(x_{n+1}\right)-y_{n+1}= & \frac{2h}{3}\left[f\left(x_n+h/2, y\left(x_n+h/2\right)\right)-f\left(x_n+a_2 h, y_n+b_{21} h K_1\right)\right] \\ & +\frac{h}{6}\left[f\left(x_{n+1}, y\left(x_{n+1}\right)\right)-f\left(x_n+a_3 h, y_n+b_{31} h K_1+b_{32} h K_2\right)\right]. \end{aligned}$$

我们只需要选取参数化 $a_2, a_3, b_{21}, b_{31}, b_{32}$ 使得上式右端为 $O\left(h^4\right)$.

注意到 $y'\left(x_n\right)=f\left(x_n, y\left(x_n\right)\right)$, 记 $f_n=f\left(x_n, y\left(x_n\right)\right)$, 将 $y\left(x_n+h/2\right)$ 作 Taylor 展开得

$$\begin{aligned} & f\left(x_n+h/2, y\left(x_n+h/2\right)\right)-f\left(x_n+a_2 h, y_n+b_{21} h K_1\right) \\ = & f\left(x_n+h/2, y\left(x_n\right)+h f_n/2+h^2 y''\left(x_n\right)/8+O\left(h^3\right)\right)-f\left(x_n+a_2 h, y_n+b_{21} h K_1\right). \end{aligned}$$

为了使得上式达到精度的要求, 应取 $a_2=\dfrac{1}{2}, b_{21}=\dfrac{1}{2}$. 于是利用 Taylor 展开有

$$\begin{aligned} & f\left(x_n+h/2, y\left(x_n+h/2\right)\right)-f\left(x_n+h/2, y_n+h K_1/2\right) \\ = & \frac{h^2}{8} y''\left(x_n\right) f_y\left(x_n, y_n\right)+O\left(h^3\right). \end{aligned}$$

另一方面

$$\begin{aligned} & f\left(x_n+h, y\left(x_n+h\right)\right)-f\left(x_n+a_3 h, y_n+b_{31} h f_n+b_{32} h f\left(x_n+h/2, y_n+h/2 f_n\right)\right) \\ = & f\left(x_n+h, y\left(x_n\right)+h f_n+h^2 y''\left(x_n\right)/2+O\left(h^3\right)\right) \\ & -f\left(x_n+a_3 h, y_n+\left(b_{31}+b_{32}\right) h f_n+b_{32} h^2/2\left(f_x\left(x_n, y_n\right)+f_y\left(x_n, y_n\right) f_n\right)+O\left(h^3\right)\right). \end{aligned}$$

为了使得上式达到给定的精度, 令 $a_3=1, b_{31}+b_{32}=1$. 注意到

$$y''\left(x_n\right)=f_x\left(x_n, y_n\right)+f_y\left(x_n, y_n\right) f_n,$$

再次利用 Taylor 展开得

$$\begin{aligned} & f\left(x_n+h, y\left(x_n+h\right)\right)-f\left(x_n+a_3 h, b_{31} h f_n+b_{32} h f\left(x_n+h/2, y_n+h/2 f_n\right)\right) \\ = & \frac{h^2}{3}\left(1-b_{32}\right) y''\left(x_n\right) f_y\left(x_n, y_n\right)+O\left(h^3\right). \end{aligned}$$

综合上面的结果得

$$y\left(x_{n+1}\right)-y_{n+1}=\frac{h^3}{12}\left(2-b_{32}\right)y''\left(x_n\right)f_y\left(x_n,y_n\right)+O\left(h^4\right).$$

令 $b_{32}=2$, 得到三级三阶 Runge-Kutta 格式的所有参数.

(2) 下面讨论格式的稳定性. 对微分方程 $y'=\lambda y$ 应用上述 Runge-Kutta 格式, 得

$$K_1=\lambda y_n,\quad K_2=\lambda\left(1+\frac{1}{2}\lambda h\right)y_n,\quad K_3=\lambda\left(1+\lambda h+(\lambda h)^2\right)y_n,$$

从而有 $y_{n+1}=\left(1+\lambda h+\frac{1}{2}(\lambda h)^2+\frac{1}{6}(\lambda h)^3\right)y_n$, 故格式稳定的条件是

$$\left|1+\lambda h+\frac{1}{2}(\lambda h)^2+\frac{1}{6}(\lambda h)^3\right|<1.$$

九、[参考证明] 令 $w=w(z)=\frac{f(z)}{M}$, 作变换 $F(z)=\frac{w(z)-w(0)}{1-\overline{w(0)}w(z)}$, 这里 $w(0)=\frac{f(0)}{M}$. 则该变换把单位圆 $|w|<1$ 映射为 $|F(z)|<1$. 由 Schwarz 引理 $|F'(0)|\leqslant 1$. 由于

$$F'(z)\Big|_{z=0}=\left(\frac{w(z)-w(0)}{1-\overline{w(0)}w(z)}\right)'\Bigg|_{z=0}=\frac{w'(0)}{1-|w(0)|^2}=\frac{f'(0)M}{M^2-|f(0)|^2},$$

则 $\left|\frac{f'(0)M}{M^2-|f(0)|^2}\right|\leqslant 1$, $|f'(0)|\,M\leqslant\left|M^2-|f(0)|^2\right|$.

由于在单位圆 $|z|<1$ 内 $|f(z)|\leqslant M$ $(M>0)$, 特别地有 $|f(0)|\leqslant M$. 于是 $\left|M^2-|f(0)|^2\right|=M^2-|f(0)|^2$, 即 $|f'(0)|\,M\leqslant M^2-|f(0)|^2$.

十、[参考解析] X_k 的特征函数为

$$f_{X_k}(t)=E\mathrm{e}^{\mathrm{i}tX_k}=\frac{1}{2}\left(\mathrm{e}^{\mathrm{i}at}+1\right)=\exp\left\{\frac{\mathrm{i}at}{2}\right\}\cos\frac{at}{2}\quad(k=1,2,\cdots),$$

所以 $X_k/2^k$ 的特征函数为

$$f_{X_k/2^k}(t)=f_{X_k}\left(t/2^k\right)=\exp\left\{\frac{\mathrm{i}at}{2^{k+1}}\right\}\cos\frac{at}{2^{k+1}}.$$

于是应用 $\cos\frac{at}{2^2}\cos\frac{at}{2^3}\cdots\cos\frac{at}{2^{n+1}}=\frac{1}{2^n}\frac{\sin\frac{at}{2}}{\sin\frac{at}{2^{n+1}}}$ 得 Y_n 的特征函数为

$$f_{Y_n}(t)=\prod_{k=1}^{n}f_{X_k/2^k}(t)$$

$$= \cos\frac{at}{2^2}\cos\frac{at}{2^3}\cdots\cos\frac{at}{2^{n+1}}\exp\left\{\mathrm{i}at\left(\frac{1}{2^2}+\frac{1}{2^3}+\cdots+\frac{1}{2^{n+1}}\right)\right\}$$

$$= \frac{1}{2^n}\frac{\sin\dfrac{at}{2}}{\sin\dfrac{at}{2^{n+1}}}\exp\left\{\frac{\mathrm{i}at}{2}\left(1-\frac{1}{2^n}\right)\right\}.$$

应用 $\lim\limits_{n\to\infty}\dfrac{\sin\dfrac{at}{2^{n+1}}}{\dfrac{at}{2^{n+1}}}=1,\ \lim\limits_{n\to\infty}\dfrac{1}{2^n}=0$, 以及

$$\exp\left(\frac{\mathrm{i}at}{2}\right)-\exp\left(-\frac{\mathrm{i}at}{2}\right)=2\mathrm{i}\sin\frac{at}{2},$$

得 $\lim\limits_{n\to\infty}f_{Y_n}(t)=\dfrac{2}{at}\exp\left(\dfrac{\mathrm{i}at}{2}\right)\sin\dfrac{at}{2}=\dfrac{1}{\mathrm{i}at}(\exp(\mathrm{i}at)-1)$. 由于在区间 $[0,a]$ 上均匀分布随机变量的特征函数

$$\varphi(t)=\frac{1}{\mathrm{i}at}(\exp(\mathrm{i}at)-1),$$

所以 Y_n 的分布收敛于区间 $[0,a]$ 上的均匀分布.

第九届全国大学生数学竞赛决赛低年级组试题参考解答(数学专业类)

一、[参考解析]

(1) 10.

[方法一] H_n 是 $m=2^n$ 阶对称方阵, 存在正交方阵 P 使得 $P^{-1}H_nP=D$ 是对角方阵. 从而

$$H_{n+1}=\begin{pmatrix} P & O \\ O & P \end{pmatrix}\begin{pmatrix} D & I \\ I & D \end{pmatrix}\begin{pmatrix} P & O \\ O & P \end{pmatrix}^{-1}$$

与 $\begin{pmatrix} D & I \\ I & D \end{pmatrix}$ 相似. 设 H_n 的所有特征值是 $\lambda_1,\lambda_2,\cdots,\lambda_m$, 则 H_{n+1} 的所有特征值是

$$\lambda_1+1,\lambda_1-1,\lambda_2+1,\lambda_2-1,\cdots,\lambda_m+1,\lambda_m-1.$$

利用数学归纳法容易证明: H_n 的所有不同特征值为 $\{n-2k\mid k=0,1,\cdots,n\}$, 并且每个特征值 $n-2k$ 的代数重数为 $\mathrm{C}_n^k=\dfrac{n!}{k!(n-k)!}$. 因此, $\operatorname{rank}(H_4)=2^4-\mathrm{C}_4^2=10$.

[方法二] 用分块矩阵初等变换直接计算即得.

(2) $\dfrac{1}{2}$.

原式 $=\lim\limits_{x\to 0}\dfrac{\tan x-\sin x}{x^3}=\lim\limits_{x\to 0}\dfrac{1-\cos x}{x^2}=\dfrac{1}{2}$.

(3) -2.

曲线积分与途径无关. 可得原函数 $\mathrm{e}^{\sin x}\cos y+\sin z$. 所以原积分 $=\mathrm{e}^{\sin x}\cos y+\sin z\Big|_{(0,0,0)}^{(0,\pi,\pi)}=-2$.

(4) $((n-1)a+1)y_1^2-(a-1)y_2^2-\cdots-(a-1)y_n^2$.

只需要求出 A 的全部特征值即可. 显然 $(A+(a-1)I)$ 的秩 $\leqslant 1$, 所以 $A+(a-1)I$ 的零空间的维数为 $\geqslant n-1$, 从而可设 A 的 n 个特征值为 $\lambda_1=1-a,\lambda_2=1-a,\cdots,\lambda_{n-1}=1-a$, λ_n. 注意到 $\operatorname{tr}(A)=n$, 所以得 $\lambda_n=(n-1)a+1$. 进而 f 在正交变换下的标准形为

$$((n-1)a+1)y_1^2-(a-1)y_2^2-\cdots-(a-1)y_n^2.$$

二、[参考解析] [方法一] 因为 A 在 S 的外部, 故有

$$\frac{x_0^2}{a^2}+\frac{y_0^2}{b^2}+\frac{z_0^2}{c^2}-1>0, \tag{1}$$

对于任意的 $M(x,y,z)\in S\cap\Sigma$, 连接 A,M 的直线记为 l_M, 其参数方程可设为

$$\begin{cases}\tilde{x}=x+t\,(x-x_0)\,,\\ \tilde{y}=y+t\,(y-y_0)\,, \qquad (-\infty<t<+\infty),\\ \tilde{z}=z+t\,(z-z_0)\end{cases} \tag{2}$$

代入椭球面的方程得

$$\frac{(x+t\,(x-x_0))^2}{a^2}+\frac{(y+t\,(y-y_0))^2}{b^2}+\frac{(z+t\,(z-z_0))^2}{c^2}=1,$$

整理得

$$\frac{x^2}{a^2}+\frac{y^2}{b^2}+\frac{z^2}{c^2}+t^2\left(\frac{x^2}{a^2}+\frac{y^2}{b^2}+\frac{z^2}{c^2}+\frac{x_0^2}{a^2}+\frac{y_0^2}{b^2}+\frac{z_0^2}{c^2}-2\left(\frac{x_0}{a^2}x+\frac{y_0}{b^2}y+\frac{z_0}{c^2}z\right)\right)$$
$$+2t\left(\frac{x^2}{a^2}+\frac{y^2}{b^2}+\frac{z^2}{c^2}-\left(\frac{x_0}{a^2}x+\frac{y_0}{b^2}y+\frac{z_0}{c^2}z\right)\right)=1.$$

因点 M 在椭球面 S 上, $\frac{x^2}{a^2}+\frac{y^2}{b^2}+\frac{z^2}{c^2}=1$, 所以上式化为

$$t^2\left(1+\frac{x_0^2}{a^2}+\frac{y_0^2}{b^2}+\frac{z_0^2}{c^2}-2\left(\frac{x_0}{a^2}x+\frac{y_0}{b^2}y+\frac{z_0}{c^2}z\right)\right)$$
$$+2t\left(1-\left(\frac{x_0}{a^2}x+\frac{y_0}{b^2}y+\frac{z_0}{c^2}z\right)\right)=0. \tag{3}$$

由于 l_M 与 S 在 M 点相切, 方程 (3) 有一个二重根 $t=0$. 故有

$$\frac{x_0x}{a^2}+\frac{y_0y}{b^2}+\frac{z_0z}{c^2}-1=0. \tag{4}$$

此时由 (1) 知, 方程 (3) 的首项系数化为

$$\frac{x_0^2}{a^2}+\frac{y_0^2}{b^2}+\frac{z_0^2}{c^2}-1>0.$$

特别地, (4) 的系数均不为零, 因而是一个平面方程, 确定的平面记为 Π. 上述的推导证明了 $S\cap\Sigma\subset\Pi$. 从而证明了 $S\cap\Sigma\subset S\cap\Pi$.

反之, 对于截线 $S\cap\Pi$ 上的任一点 $M(x,y,z)$, 由 (3), (4) 两式即知, 由 A,M 两点确定的直线 l_M 一定在点 M 与 S 相切. 故由定义, l_M 在锥面 Σ 上. 特别地, $M\in\Sigma$, 由 M 的任意性, $S\cap\Pi\subset S\cap\Sigma$.

[方法二] 因为 A 在 S 的外部, 故有

$$\frac{x_0^2}{a^2}+\frac{y_0^2}{b^2}+\frac{z_0^2}{c^2}-1>0, \tag{5}$$

对于任意的 $M(x_1,y_1,z_1)\in S\cap\Sigma$, 椭球面 S 在 M 点的切平面方程可以写为

$$\frac{x_1x}{a^2}+\frac{y_1y}{b^2}+\frac{z_1z}{c^2}-1=0.$$

因为连接 M 和 A 两点的直线是 S 在点 M 的切线, 所以 A 点在上述切平面上. 故

$$\frac{x_1x_0}{a^2}+\frac{y_1y_0}{b^2}+\frac{z_1z_0}{c^2}-1=0. \tag{6}$$

于是, 点 $M(x_1,y_1,z_1)$ 在平面

$$\Pi:\frac{x_0}{a^2}x+\frac{y_0}{b^2}y+\frac{z_0}{c^2}z-1=0$$

上, 即 $M\in S\cap\Pi$. 反之, 对于任意的 $M(x_1,y_1,z_1)\in S\cap\Pi$, 有 $\frac{x_0}{a^2}x_1+\frac{y_0}{b^2}y_1+\frac{z_0}{c^2}z_1-1=0$, 则 S 在 M 点的切平面 $\frac{x_1}{a^2}x+\frac{y_1}{b^2}y+\frac{z_1}{c^2}z-1=0$ 通过点 $A(x_0,y_0,z_0)$, 因而 M,A 的连线在点 M 和椭球面 S 相切, 它在锥面 Σ 上. 故 $M\in S\cap\Sigma$. 结论得证.

三、[参考解析] (1) 设 C 的不同特征值为 $\lambda_1,\lambda_2,\cdots,\lambda_k$, 不妨设 C 具有 Jordan 标准形: $C=\mathrm{diag}(J_1,\cdots,J_k)$, 其中 J_i 为特征值 λ_i 对应的 Jordan 块 (J_i 为形如 $\mathrm{diag}(J(\lambda_i,n_1),J(\lambda_i,n_2),\cdots,J(\lambda_i,n_i))$ 的矩阵). 对矩阵 B 作与 C 相同的分块, $B=(B_{ij})_{k\times k}$, 由 $BC=CB$ 可得 $J_iB_{ij}=B_{ij}J_j$, $i,j=1,2,\cdots,k$. 这样对任意多项式 p 有 $p(J_i)B_{ij}=B_{ij}p(J_j)$. 取 p 为 J_i 的最小多项式, 则得 $B_{ij}p(J_j)=0$. 当 $i\neq j$ 时, $p(J_j)$ 可逆, 从而 $B_{ij}=0$. 因此, $B=\mathrm{diag}(B_{11},B_{22},\cdots,B_{kk})$. 同理, $A=\mathrm{diag}(A_{11},A_{22},\cdots,A_{kk})$, 由 $AB-BA=C$ 得 $A_{ii}B_{ii}-B_{ii}A_{ii}=J_i, i=1,2,\cdots,k$. 故 $\mathrm{tr}(J_i)=\mathrm{tr}(A_{ii}B_{ii}-B_{ii}A_{ii})=0, i=1,2,\cdots,k$. 从而 $\lambda_i=0$, 即 C 为幂零方阵.

(2) 令 $V_0=\{v\in\mathbb{C}^n\mid Cv=0\}$. 对任意 $v\in V_0$, 由于 $C(Av)=A(Cv)=0$, 因此 $AV_0\subseteq V_0$, 同理, $BV_0\subseteq V_0$. 于是存在 $0\neq v\in V_0$ 和 $\lambda\in\mathbb{C}$ 使得 $Av=\lambda v$. 记 $V_1=\{v\in V_0\mid Av=\lambda v\}\subseteq V_0$, 由 $AB-BA=C$ 知, 对任意 $u\in V_1$, $A(Bu)=B(Au)+Cu=\lambda Bu$. 故 $BV_1\subseteq V_1$. 从而存在 $0\neq v_1\in V_1$ 及 $\mu\in\mathbb{C}$ 使得 $Bv_1=\mu v_1$, 对此 V_1 还有 $Av_1=\lambda v_1, Cv_1=0$. 将 v_1 扩充为 $\mathbb{C}^n$ 的一组基 $\{v_1,v_2,\cdots,v_n\}$, 令 $P=(v_1,v_2,\cdots,v_n)$, 则

$$AP=P\begin{pmatrix}\lambda & x\\ 0 & A_1\end{pmatrix},\quad BP=P\begin{pmatrix}\mu & y\\ 0 & B_1\end{pmatrix},\quad CP=P\begin{pmatrix}0 & z\\ 0 & C_1\end{pmatrix},$$

并且 A_1,B_1,C_1 满足 $A_1B_1-B_1A_1=C_1, A_1C_1=C_1A_1, B_1C_1=C_1B_1$. 由数学归纳法即可得知, A,B,C 同时相似于上三角阵.

(3) 当 $n\geqslant 3$ 时, 取 $A=E_{12},B=E_{23},C=E_{13}$, 则 A,B,C 满足题意. 对 $n=2$, 不妨设 $C=\begin{pmatrix}0&1\\0&0\end{pmatrix}$, 则由 $AC=CA$, 得 $A=\begin{pmatrix}a_1&a_2\\0&a_1\end{pmatrix}$. 类似由 $BC=CB$ 得

$B=\begin{pmatrix} b_1 & b_2 \\ 0 & b_1 \end{pmatrix}$. 于是 $AB-BA=O$, 这与 $AB-BA=C$ 矛盾! 对 $n=1$, 显然找不到满足条件的 A,B,C. 故满足 $C\neq O$ 的 n 最小为 3.

四、[参考证明] 设 $M=\max\limits_{x\in[0,1]}|f'(x)|=|f'(x_1)|, m=\min\limits_{x\in[0,1]}|f'(x)|=|f'(x_0)|$, 则有

$$\int_0^1 |f''(x)|\ \mathrm{d}x \geqslant \left|\int_{x_0}^{x_1} f''(x)\ \mathrm{d}x\right| = |f'(x_1)-f'(x_0)| \geqslant M-m.$$

另一方面, 有 $\int_0^1 |f'(x)|\ \mathrm{d}x \leqslant M\int_0^1 \mathrm{d}x = M$. 故只需证明 $m\leqslant 2\int_0^1 |f(x)|\,\mathrm{d}x$. 若 $f'(x)$ 在 $[0,1]$ 中有零点, 则 $m=0$. 此时所需证不等式显然成立. 现在假设 $f'(x)$ 在 $[0,1]$ 上无零点, 不妨设 $f'(x)>0$, 因而 $f(x)$ 严格递增. 下面分两种情形讨论.

情形 1 $f(0)\geqslant 0$. 此时 $f(x)\geqslant 0(x\in[0,1])$. 由 $f'(x)=|f'(x)|\geqslant m$, 得

$$\begin{aligned}\int_0^1 |f(x)|\ \mathrm{d}x &= \int_0^1 f(x)\ \mathrm{d}x = \int_0^1 (f(x)-f(0))\ \mathrm{d}x + f(0)\\ &\geqslant \int_0^1 (f(x)-f(0))\ \mathrm{d}x = \int_0^1 f'(\xi)x\ \mathrm{d}x \geqslant \int_0^1 mx\ \mathrm{d}x = \frac{1}{2}m.\end{aligned}$$

故所需证不等式成立.

情形 2 $f(0)<0$. 此时有 $f(1)\leqslant 0$, 根据 f 的递增性, 有 $f(x)\leqslant 0(\forall x\in[0,1])$, 且

$$\begin{aligned}\int_0^1 |f(x)|\ \mathrm{d}x &= -\int_0^1 f(x)\ \mathrm{d}x = \int_0^1 (f(1)-f(x))\ \mathrm{d}x - f(1)\\ &\geqslant \int_0^1 |f(1)-f(x)|\ \mathrm{d}x = \int_0^1 |f'(\xi)|(1-x)\ \mathrm{d}x \geqslant \int_0^1 m(1-x)\ \mathrm{d}x = \frac{1}{2}m.\end{aligned}$$

此时, 所需证不等式也成立.

五、[参考证明] A 为幂零矩阵, 所以 $A^n=O$. 记 $f(x)=(1-x)^\alpha$, 且当 $j>k$ 时, 记 $\mathrm{C}_k^j=0$, 则

$$G(x)=\sum_{k=0}^{\infty} a_k(xI+A)^k = \sum_{j=0}^{n-1}\sum_{k=0}^{\infty} a_k \mathrm{C}_k^j x^{k-j}A^j = \sum_{j=0}^{n-1}\frac{f^{(j)}(x)}{j!}A^j, \quad x\in(-1,1).$$

若有 $2<m<n$ 使得 $A^m\neq O$, $A^{m+1}=O$, 则

$$\lim_{x\to 1^-}(1-x)^{m-\alpha}G(x)=\frac{\alpha(\alpha-1)\cdots(\alpha-m+1)}{m!}A^m.$$

若 $m\geqslant 3$, 则 $m-\alpha>1$, 此时 $\int_0^1 G(x)\ \mathrm{d}x$ 发散. 另一方面, 若 $m\leqslant 2$, 则 $m-\alpha<1$,

此时 $\int_0^1 G(x)\,\mathrm{d}x$ 收敛. 总之, 使得对于 $1 \leqslant i, j \leqslant n$, 积分 $\int_0^1 g_{ij}(x)\,\mathrm{d}x$ 均存在的充分必要条件是 $A^3 = O$.

六、**[参考证明]** **[思路一]** 令 $y = \dfrac{x'(t)}{x(t)}$, 则 y 定号. 不妨设 $y(t) \geqslant 0$ (否则考虑 $t \to -t$).

下证结论对于 $C_1 = 1, C_2 = \sqrt{3}$ 成立.

若存在 $t_0, y(t_0) > \sqrt{3}$, 则

$$y'(t) = \frac{x''(t)x(t) - x'(t)^2}{x^2(t)} = g(t) - y^2 < 2 - y^2 < -1, \quad t < t_0.$$

则 $y'(t)|_{t<t_0} < 0 \Rightarrow \dfrac{y'}{y^2-2} < -1, t < t_0 \Rightarrow \displaystyle\int_t^{t_0} \frac{y'\,\mathrm{d}s}{y^2-2} < t - t_0, t < t_0$, 即

$$t > t_0 + \frac{1}{2\sqrt{2}} \ln \frac{y(s)-2}{y(s)+2}\bigg|_t^{t_0} > -L > -\infty,$$

其中 $L > 0$ 为一个常数. 这与 $y(t)$ 在 $\mathbb{R}$ 上有定义矛盾.

若存在 $t_0, y(t_0) < 1$, 则

$$y' = g(t) - y^2 > \delta > 0, \quad t < t_0,$$

也就 $\exists t_1 < t_0, y(t_1) < 0$, 矛盾.

[思路二] 不妨设 $x(t)$ 递增 (否则考虑方程 $\ddot{x} = g(-t)x$). 注意到 $\ddot{x} = g(t)x > 0$, 易证 $x(-\infty) = \dot{x}(-\infty) = 0$. 于是由 $\dot{x}\ddot{x} = g(t)x\dot{x}$, 得

$$\begin{aligned}
&\frac{1}{2}\dot{x}(t)^2 = \int_{-\infty}^t \dot{x}\ddot{x}\,\mathrm{d}s = \int_{-\infty}^t g(s)x\dot{x}\,\mathrm{d}s \\
&\Rightarrow \int_{-\infty}^t x\dot{x}\,\mathrm{d}s < \frac{1}{2}\dot{x}(t)^2 < 2\int_{-\infty}^t x\dot{x}\,\mathrm{d}s \\
&\Rightarrow \frac{1}{2}x(t)^2 < \frac{1}{2}\dot{x}(t)^2 < x(t)^2 \Rightarrow x(t) < \dot{x}(t) < \sqrt{2}x(t).
\end{aligned}$$

第九届全国大学生数学竞赛决赛高年级组试题参考解答(数学专业类)

一、参见第九届全国大学生数学竞赛决赛低年级组试题参考解答 (数学专业类) 第一题.

二、参见第九届全国大学生数学竞赛决赛低年级组试题参考解答 (数学专业类) 第二题.

三、参见第九届全国大学生数学竞赛决赛低年级组试题参考解答 (数学专业类) 第三题.

四、参见第九届全国大学生数学竞赛决赛低年级组试题参考解答 (数学专业类) 第四题.

五、**[参考证明]** 先证 $x^2y=yx^2$. 事实上有 $x^2y=\left(\left(xy^{-1}\right)y\right)^2y=\left(y\left(xy^{-1}\right)\right)^2y=yxy^{-1}yxy^{-1}y=yx^2$.

再证 $x^{-1}y^{-1}x=xy^{-1}x^{-1}$. 这可由 $x^{-1}y^{-1}x=x\left(x^{-1}\right)^2y^{-1}x=xy^{-1}\left(x^{-1}\right)^2x=xy^{-1}x^{-1}$ 看出.

最后验证 $\left(xyx^{-1}y^{-1}\right)^2=e$. 这是因为

$$\begin{aligned}\left(xyx^{-1}y^{-1}\right)^2&=xy\left(x^{-1}y^{-1}x\right)yx^{-1}y^{-1}=xy\left(xy^{-1}x^{-1}\right)yx^{-1}y^{-1}\\&=(xyx)\left(y^{-1}x^{-1}y\right)x^{-1}y^{-1}=xyx\left(yx^{-1}y^{-1}\right)x^{-1}y^{-1}\\&=(xy)^2\left(x^{-1}y^{-1}\right)^2=(yx)^2(x^{-1}y^{-1})^{-2}=e.\end{aligned}$$

六、**[参考证明]** 先证任取可测集 $F\subset E$ 有

$$\lim_{k\to\infty}\int_F\left|f_k(t)\right|^2\,\mathrm{d}t=\int_F|f(t)|^2\,\mathrm{d}t. \tag{$*$}$$

由 Fatou 引理

$$\begin{aligned}\int_F|f(t)|^2\,\mathrm{d}t&=\int_F\varliminf_{k\to\infty}\left|f_k(t)\right|^2\,\mathrm{d}t\\&\leqslant\varliminf_{k\to\infty}\int_F\left|f_k(t)\right|^2\,\mathrm{d}t\leqslant\varlimsup_{k\to\infty}\int_F\left|f_k(t)\right|^2\,\mathrm{d}t\\&=\varlimsup_{k\to\infty}\left[\int_E\left|f_k(t)\right|^2\,\mathrm{d}t-\int_{E\setminus F}\left|f_k(t)\right|^2\,\mathrm{d}t\right]\\&\leqslant\varlimsup_{k\to\infty}\int_E\left|f_k(t)\right|^2\,\mathrm{d}t-\varliminf_{k\to\infty}\int_{E\setminus F}\left|f_k(t)\right|^2\,\mathrm{d}t\\&\leqslant\int_E|f(t)|^2\,\mathrm{d}t-\int_{E\setminus F}\varliminf_{k\to\infty}\left|f_k(t)\right|^2\,\mathrm{d}t\end{aligned}$$

$$= \int_E |f(t)|^2 \, \mathrm{d}t - \int_{E\setminus F} |f(t)|^2 \, \mathrm{d}t = \int_F |f(t)|^2 \, \mathrm{d}t.$$

因此 $(*)$ 成立.

由于 $|f|^2$ 可积, 任给 $\varepsilon > 0$, 存在 $\delta > 0$ 使得任取可测集 $F \subset E$ 满足当 $m(F) < \delta$ 时, 有

$$\int_F |f(t)|^2 \, \mathrm{d}t < \frac{\varepsilon}{12}. \tag{$**$}$$

由 Egorov 定理, 存在 $E_\delta \subset E$, 使得 $m(E\setminus E_\delta) < \delta$, 且在 E_δ 上 f_k 一致地收敛到 f. 因此存在 N_1, 任取 $k \geqslant N_1, t \in E_\delta$, 有

$$|f_k(t) - f(t)| \leqslant \left[\frac{\varepsilon}{3(1+m(E))}\right]^{1/2}.$$

由于 $m(E\setminus E_\delta) < \delta$, 利用 $(**)$ 我们有

$$\int_{E\setminus E_\delta} |f(t)|^2 \, \mathrm{d}t < \frac{\varepsilon}{12},$$

由 $(*)$ 我们有

$$\lim_{k\to\infty} \int_{E\setminus E_\delta} |f_k(t)|^2 \, \mathrm{d}t = \int_{E\setminus E_\delta} |f(t)|^2 \, \mathrm{d}t,$$

故存在 N_2, 使得任取 $k \geqslant N_2$ 有

$$\int_{E\setminus E_\delta} |f_k(t)|^2 \, \mathrm{d}t < \frac{\varepsilon}{12}.$$

令 $N = \max(N_1, N_2)$, 则当 $k \geqslant N$ 时, 有

$$\begin{aligned}
\int_E |f_k(t) - f(t)|^2 \, \mathrm{d}t &= \int_{E_\delta} |f_k(t) - f(t)|^2 \, \mathrm{d}t + \int_{E\setminus E_\delta} |f_k(t) - f(t)|^2 \, \mathrm{d}t \\
&\leqslant \frac{\varepsilon}{3(1+m(E))} m(E_\delta) + 4\int_{E\setminus E_\delta} |f_k(t)|^2 \, \mathrm{d}t + 4\int_{E\setminus E_\delta} |f(t)|^2 \, \mathrm{d}t \\
&< \frac{\varepsilon}{3} + \frac{\varepsilon}{3} + \frac{\varepsilon}{3} = \varepsilon.
\end{aligned}$$

七、[参考解析] (1) 求 S 上任意测地线的方程.

[思路一] $\vec{r}_u = (-a\sin u, b\cos u, 0)$, $\vec{r}_v = (0, 0, 1)$, 所以, S 的单位法向量为

$$\vec{n} = \frac{\vec{r}_u \times \vec{r}_v}{|\vec{r}_u \times \vec{r}_v|} = \left(a^2\sin^2 u + b^2\cos^2 u\right)^{-\frac{1}{2}} (b\cos u, a\sin u, 0). \tag{1}$$

设 γ 是 S 上的任意测地线, 其曲纹坐标参数方程暂设为

$$u=u(t),\quad v=v(t),\quad t\in\mathbb{R}.\tag{2}$$

首先, 由于任意曲面上的直线 (如果存在的话) 都是测地线, S 上的直母线 (即 $u=$ 常数) 均为测地线. 于是只需求满足条件 $u'(t)\neq 0$ 的测地线. 此时, 可作 γ 的参数变换使得它可以用显式函数 $v=f(u)$ $(u\in[-\pi,\pi])$ 来表示. 于是, γ 的向量式参数方程化为

$$r(u)=\{a\cos u,b\sin u,f(u)\},\quad u\in[-\pi,\pi],\tag{3}$$

关于参数 u 求导, 得

$$\begin{aligned}\vec{r'}(u)&=\left(-a\sin u,b\cos u,f'(u)\right),\\ \vec{r''}(u)&=\left(-a\cos u,-b\sin u,f''(u)\right),\end{aligned}\tag{4}$$

所以, γ 的单位切向量为

$$\begin{aligned}\vec{T}(u)&=\left|\vec{r'}(u)\right|^{-1}r'(u)\\ &=\left|\vec{r'}\right|^{-1}\left(-a\sin u,b\cos u,f'(u)\right).\end{aligned}\tag{5}$$

如果 s 是曲线 γ 的弧长, 则有 $\dfrac{\mathrm{d}s}{\mathrm{d}u}=\left|\vec{r'}(u)\right|$. 于是曲率向量为

$$\begin{aligned}\frac{\mathrm{d}T}{\mathrm{d}s}=\frac{\mathrm{d}T}{\mathrm{d}u}\cdot\frac{\mathrm{d}u}{\mathrm{d}s}&=\left(\vec{r''}\left|\vec{r'}(u)\right|^{-1}+\vec{r'}\frac{\mathrm{d}}{\mathrm{d}u}\left(\left|\vec{r'}\right|^{-1}\right)\right)\frac{\mathrm{d}u}{\mathrm{d}s}\\ &=\vec{r''}|\vec{r'}|^{-2}-\vec{r'}|\vec{r'}|^{-3}\cdot\left|\vec{r'}\right|'.\end{aligned}\tag{6}$$

因此, 曲线 γ 在曲面 S 上的测地曲率为

$$\kappa_g=\left(\frac{\mathrm{d}T}{\mathrm{d}s},\vec{n},\vec{T}\right)=|r'|^{-2}\left(r'',\vec{n},\vec{T}\right),$$

所以, γ 是测地线当且仅当 $(r'',\vec{n},T)\equiv 0$. 再由 (1), (4) 和 (5), 此式等价于

$$\begin{vmatrix}-a\cos u & -b\sin u & f''(u)\\ b\cos u & a\sin u & 0\\ -a\sin u & b\cos u & f'(u)\end{vmatrix}\equiv 0,$$

上式等价于

$$f''\left(a^2\sin^2 u+b^2\cos^2 u\right)=f'\left(a^2-b^2\right)\sin u\cos u.\tag{7}$$

(a) $f' \equiv 0$, 则 $v = f(u) \equiv c$ 是常数, 曲线 γ 是 S 上的正截线, 即椭圆

$$\frac{x^2}{a^2} + \frac{y^2}{b^2} = 1, \quad z = c.$$

(b) $f' \neq 0$, 则 (7) 等价于微分方程

$$(\log|f'|)' = \frac{f''}{f'} = \frac{(a^2-b^2)\sin u\cos u}{a^2\sin^2 u + b^2\cos^2 u} = \frac{1}{2}\cdot\frac{(a^2-b^2)\left(\sin^2 u\right)'}{(a^2-b^2)\sin^2 u + b^2}$$
$$= \left(\log\left(a^2\sin^2 u + b^2\cos^2 u\right)^{\frac{1}{2}}\right)',$$

两边关于 u 进行积分, 得

$$f' = c\left(a^2\sin^2 u + b^2\cos^2 u\right)^{\frac{1}{2}}, \quad 0 \neq c \in \mathbb{R},$$

再积分即得

$$f = c\int\left(a^2\sin^2 u + b^2\cos^2 u\right)^{\frac{1}{2}}\,\mathrm{d}u, \quad 0 \neq c \in \mathbb{R}. \tag{8}$$

所以, S 上的测地线为如下三类曲线:

(i) S 上的直母线 ($v =$ 常数);

(ii) S 上的横截椭圆 ($u =$ 常数);

(iii) 曲线 (3), 其中函数 f 由 (8) 确定.

[思路二] 把椭圆柱面沿一条直母线剪开展为平面上的一个带形区域:

$$s_1 < s < s_2, \quad -\infty < v < +\infty,$$

其中 $s = s(u)$ 是椭圆

$$r(u) = (a\cos u, b\sin u, 0), \quad -\pi \leqslant u \leqslant \pi$$

的弧长函数.

因为把柱面展开为平面对应的变换保持曲面上曲线的弧长不变, 而保长变换 (即等距) 把测地线变为测地线, 所以已知椭圆柱面上的测地线对应于上述带形区域中的测地线, 即直线.

根据平面上直线的方程, 带形区域中直线方程为

$$As + Bv + C = 0.$$

另一方面, 由弧长微分公式知

$$\mathrm{d}s = |r'(u)|\,\mathrm{d}u = \left(a^2\sin^2 u + b^2\cos^2 u\right)^{\frac{1}{2}}\,\mathrm{d}u,$$

故得

$$s=\int\left(a^2\sin^2 u+b^2\cos^2 u\right)^{\frac{1}{2}}\ \mathrm{d}u,$$

所以, 已知椭球面上所求的测地线方程为

$$A\int\left(a^2\sin^2 u+b^2\cos^2 u\right)^{\frac{1}{2}}\ \mathrm{d}u+Bv+C=0,$$

其中 A,B 不全为 0.

(i) 如果 $A=0$, 则有 $v=$ 常数, 对应椭圆柱面上的横截椭圆;

(ii) 如果 $B=0$, 则有 $\int\left(a^2\sin^2 u+b^2\cos^2 u\right)^{\frac{1}{2}}\ \mathrm{d}u=$ 常数;

(iii) 如果 $A\neq 0,B\neq 0$, 则有

$$v\equiv f(u)=c\int\left(a^2\sin^2 u+b^2\cos^2 u\right)^{\frac{1}{2}}\ \mathrm{d}u,\quad c\neq 0.$$

(2) 由于 $b=a$, 由 (8) 确定的测地线方程 (3) 简化为

$$r(u)=\left(a\cos u,a\sin u,c_1u+c_2\right),\quad c_1,c_2\in\mathbb{R},c_1\neq 0. \tag{9}$$

因此, 对于给定的点 $Q\left(a\cos u_0,a\sin u_0,v_0\right)$,

(i) 如果 $u_0=0$, 则所求的最短曲线为连接 P,Q 的直母线段: $0\leqslant v\leqslant v_0$.

(ii) 如果 $v_0=0$, 则所求的最短曲线为连接 P,Q 的正截圆的劣弧段: $u_0\leqslant u\leqslant 0$ (如果 $u_0<0$) 或 $0\leqslant u\leqslant u_0$ (如果 $u_0>0$).

(iii) 如果 $u_0\neq 0,v_0\neq 0$, 则当测地线通过点 P 时, 可设 $c_2=0$. 再令 $c_1u_0=v_0$ 得 $c_1=u_0^{-1}v_0$. 从而所求的最短曲线方程为 $r(u)=\left(a\cos u,a\sin u,\left(u_0^{-1}v_0\right)u\right)$, 其中当 $u_0<0$ 时, $u\in[u_0,0]$; 当 $u_0>0$ 时, $u\in[0,u_0]$.

八、**[参考解析]** 考虑 n 阶线性方程组 $Ax=b$, 这里 A 为 n 阶实对称正定方阵, b 为 n 维列向量. 求解该方程组等价于求二次函数 $f(x):=\dfrac{1}{2}x^{\mathrm{T}}Ax-b^{\mathrm{T}}x$ 的最小值. 迭代法求解该问题的一般格式为

$$x_{i+1}=x_i+\alpha_i d_i,\quad i=0,1,2,\cdots,$$

其中 x_0 为给定初值, x_i 是 x 的第 i 步迭代值, d_i 是第 i 步前进方向, α_i 为步长. 选取 α_i 使得 $f\left(x_i+\alpha_i d_i\right)$ 达到最小, 易得

$$\alpha_i=\frac{d_i^{\mathrm{T}}r_i}{d_i^{\mathrm{T}}Ad_i},$$

其中 $r_i = b - Ax_i$ 为残差. 显然残差满足递推关系

$$r_{i+1} = b - A(x_i + \alpha_i d_i) = r_i - \alpha_i A d_i.$$

在共轭梯度法中, 我们要求迭代方向彼此 A-正交, 即 $d_i^{\mathrm{T}} A d_j = 0, i \neq j$, 并且 r_i 与 $r_j (i \neq j)$ 彼此正交, 因此, 可以构造共轭方向 d_i 如下:

$$d_0 = r_0, \quad d_{i+1} = r_{i+1} + \beta_{i+1} d_i, \quad i = 0, 1, 2, \cdots.$$

由 d_i 与 d_{i+1} A-正交得

$$d_i^{\mathrm{T}} A d_{i+1} = d_i^{\mathrm{T}} A (r_{i+1} + \beta_{i+1} d_i) = 0, \quad i = 0, 1, 2, \cdots,$$

故 $\beta_{i+1} = -\dfrac{d_i^{\mathrm{T}} A r_{i+1}}{d_i^{\mathrm{T}} A d_i}$. 由于

$$d_i^{\mathrm{T}} A r_{i+1} = r_{i+1}^{\mathrm{T}} A d_i = \frac{1}{\alpha_i} r_{i+1}^{\mathrm{T}} (r_i - r_{i+1}) = -\frac{1}{\alpha_i} r_{i+1}^{\mathrm{T}} r_{i+1},$$

以及 $d_i^{\mathrm{T}} r_i = (r_i + \beta_i d_{i-1})^{\mathrm{T}} r_i = r_i^{\mathrm{T}} r_i$, 其中用到了 $d_{i-1}^{\mathrm{T}} r_i = 0$, 将以上两式代入 β_{i+1} 的表达式即可得

$$\beta_{i+1} = \frac{r_{i+1}^{\mathrm{T}} r_{i+1}}{r_i^{\mathrm{T}} r_i},$$

于是求解线性方程组 $Ax = b$ 的共轭梯度法如下:

$$d_0 = r_0 = b - Ax_0, \quad \alpha_i = \frac{r_i^{\mathrm{T}} r_i}{d_i^{\mathrm{T}} A d_i},$$

$$x_{i+1} = x_i + \alpha_i d_i, \quad r_{i+1} = r_i - \alpha_i A d_i,$$

$$\beta_{i+1} = \frac{r_{i+1}^{\mathrm{T}} r_{i+1}}{r_i^{\mathrm{T}} r_i}, \quad d_{i+1} = r_{i+1} + \beta_{i+1} d_i,$$

$i = 0, 1, 2, \cdots, n.$

下面证明, 共轭梯度法最多在 n 步得到解的精确值.

实际上, 由 $Ax_{i+1} = Ax_i + \alpha_i A d_i$, 有

$$Ax_n = Ax_0 + \alpha_1 A d_1 + \cdots + \alpha_{n-1} A d_{n-1},$$

这样

$$d_i^{\mathrm{T}} (Ax_n - b) = d_i^{\mathrm{T}} (Ax_0 - b) + \alpha_i d_i^{\mathrm{T}} A d_i, \quad i = 0, 1, \cdots, n-1.$$

下面我们说明上式右边为零. 实际上,

$$\alpha_i d_i^{\mathrm{T}} A d_i = d_i^{\mathrm{T}}\left(b - Ax^i\right) = d_i^{\mathrm{T}}\left(b - Ax_0\right) + \sum_{k=1}^{i} d_i^{\mathrm{T}}\left(Ax_{k-1} - Ax_k\right)$$

$$= d_i^{\mathrm{T}}\left(b - Ax_0\right) - \sum_{k=1}^{i} \alpha_{k-1} d_i^{\mathrm{T}} A d_{k-1} = d_i^{\mathrm{T}}\left(b - Ax_0\right),$$

也就是说, $Ax_n - b$ 与所有 d_i 正交, $i = 0, 1, \cdots, n-1$. 从而 $Ax_n = b$.

九、[参考证明] 因函数 $f(z)$ 在单位圆 $|z| < 1$ 内解析, 在 $|z| = 1$ 上连续且 $|f(z)| = 1$, 则 $f(z)$ 在单位圆 $|z| < 1$ 内的零点只有有限多个, 设为 $z_1, z_2, \cdots, z_n$ (k 重零点算 k 个单零点).

作变换 $f_k(z) = \mathrm{e}^{\mathrm{i}\alpha_k}\dfrac{z - z_k}{1 - \bar{z}_k z}(1 \leqslant k \leqslant n)$, 其中 α_k 为实数, 则 $f_k(z)$ 把 $|z| < 1$ 保形映射为 $|f_k(z)| < 1$, 且当 $|z| = 1$ 时, $|f_k(z)| = 1, f_k\left(z_k\right) = 0(1 \leqslant k \leqslant n)$. 作函数

$$F(z) = \prod_{k=1}^{n} f_k^{-1}(z) f(z) = f(z)\mathrm{e}^{-\mathrm{i}\alpha} \prod_{k=1}^{n} \frac{1 - \bar{z}_k z}{z - z_k},$$

其中 $\alpha = \sum\limits_{k=1}^{n} \alpha_k$. 则函数 $F(z)$ 在单位圆 $|z| < 1$ 内解析, 没有零点, 在 $|z| = 1$ 上 $|F(z)| = 1$, 由解析函数的最大最小模原理, 在 $|z| \leqslant 1$ 上 $F(z) = C$ (常数), 且 $|C| = 1$. 于是

$$f(z) = C\mathrm{e}^{i\alpha} \prod_{k=1}^{n} \frac{z - z_k}{1 - \bar{z}_k z} = C' \prod_{k=1}^{n} \frac{z - z_k}{1 - \bar{z}_k z}$$

为有理函数.

十、[参考解析] (1) 记 (X_{n1}, X_{nn}) 的联合分布函数为 $F_{X_{n1}X_{nn}}(x, y)$.

若 $x < y$, 则

$$\begin{aligned}
F_{X_{n1}X_{nn}}(x, y) &= P\left(X_{n1} \leqslant x, X_{nn} \leqslant y\right) \\
&= P\left(X_{nn} \leqslant y\right) - P\left(X_{n1} > x, X_{nn} \leqslant y\right) \\
&= P\left(X_1 \leqslant y, X_2 \leqslant y, \cdots, X_n \leqslant y\right) \\
&\quad - P\left(x < X_1 \leqslant y, x < X_2 \leqslant y, \cdots, x < X_n \leqslant y\right) \\
&= [F(y)]^n - [F(y) - F(x)]^n.
\end{aligned}$$

若 $x \geqslant y$, 则

$$F_{X_{n1}X_{nn}}(x, y) = P\left(X_{n1} \leqslant x, X_{nn} \leqslant y\right) = P\left(X_{nn} \leqslant y\right) = [F(y)]^n.$$

故 (X_{n1}, X_{nn}) 的联合密度函数为

$$f_{1n}(x,y)=\begin{cases} n(n-1)[F(y)-F(x)]^{n-2}f(x)f(y), & x<y, \\ 0, & \text{其他}. \end{cases}$$

(2) 由于 X_i 服从区间 $[0,1]$ 上的均匀分布, 所以

$$f(x)=\begin{cases} 1, & 0<x<1, \\ 0, & \text{其他}, \end{cases} \qquad F(x)=\begin{cases} 0, & x\leqslant 0, \\ x, & 0<x<1, \\ 1, & x\geqslant 1. \end{cases}$$

于是由 (1) 得联合密度函数为

$$f_{1n}(x,y)=\begin{cases} n(n-1)(y-x)^{n-2}, & 0<x<y<1, \\ 0, & \text{其他}. \end{cases}$$

[思路一] 记 $V=X_{nn}-X_{n1}$, 则

$$\begin{cases} u=x_{nn}+x_{n1}, \\ v=x_{nn}-x_{n1} \end{cases} \Leftrightarrow \begin{cases} x_{n1}=\dfrac{u-v}{2}, \\ x_{nn}=\dfrac{u+v}{2}. \end{cases}$$

该变换的 Jacobi 行列式 $J=\dfrac{\partial(x_{n1},x_{nn})}{\partial(u,v)}=\dfrac{1}{2}$, 则由 (X_{n1},X_{nn}) 的联合密度得 (U,V) 的联合密度为

$$\begin{aligned} f_{UV}(u,v) &= f_{1n}\left(\frac{u-v}{2},\frac{u+v}{2}\right)|J| \\ &= \begin{cases} \dfrac{n(n-1)}{2}v^{n-2}, & 0<v<1, 0<u-v<2, 0<u+v<2, \\ 0, & \text{其他}. \end{cases} \end{aligned}$$

则 $U=X_{nn}+X_{n1}$ 的密度函数

$$f_U(u)=\int_{-\infty}^{\infty} f_{UV}(u,v)\,\mathrm{d}v=\begin{cases} \dfrac{n(n-1)}{2}\displaystyle\int_0^u v^{n-2}\mathrm{d}v=\dfrac{n}{2}u^{n-1}, & 0<u<1, \\ \dfrac{n(n-1)}{2}\displaystyle\int_0^{2-u} v^{n-2}\mathrm{d}v=\dfrac{n}{2}(2-u)^{n-1}, & 1<u<2, \\ 0, & \text{其他}. \end{cases}$$

[思路二] 求 U 的分布函数 $F_U(u)$. 显然 U 的取值范围是 $[0,2]$. 所以,

当 $u \leqslant 0$ 时,

$$F_U(u) = P(U \leqslant u) = 0.$$

当 $u \geqslant 2$ 时,

$$F_U(u) = 1.$$

当 $0 < u < 1$ 时,

$$\begin{aligned}
F_U(u) = P(U \leqslant u) &= \iint\limits_{x+y\leqslant u} f_{1n}(x,y)\,\mathrm{d}x\mathrm{d}y \\
&= \int_0^{\frac{u}{2}} \mathrm{d}x \int_{\infty}^{u-x} n(n-1)(y-x)^{n-2}\,\mathrm{d}y = \frac{1}{2}u^n.
\end{aligned}$$

当 $1 \leqslant u < 2$ 时,

$$\begin{aligned}
F_U(u) = P(U \leqslant u) &= \iint\limits_{x+y\leqslant u} f_{1n}(x,y)\,\mathrm{d}x\mathrm{d}y \\
&= \int_0^{u-1} \mathrm{d}x \int_x^1 n(n-1)(y-x)^{n-2}\,\mathrm{d}y \\
&\quad + \int_{u-1}^{\frac{u}{2}} \mathrm{d}x \int_x^{u-x} n(n-1)(y-x)^{n-2}\,\mathrm{d}y \\
&= 1 - \frac{1}{2}(2-u)^n.
\end{aligned}$$

故 $U = X_{nn} + X_{n1}$ 的密度函数

$$f_U(u) = \begin{cases} \dfrac{nu^{n-1}}{2}, & 0 < u < 1, \\ \dfrac{n(2-u)^{n-1}}{2}, & 1 < u < 2, \\ 0, & \text{其他}. \end{cases}$$

第十届全国大学生数学竞赛决赛低年级组试题参考解答(数学专业类)

一、[参考解析]

(1) $\begin{pmatrix} 1 & 0 & 1 \\ 0 & -4 & 2 \\ 1 & 2 & 0 \end{pmatrix}$ 或 $\begin{pmatrix} 3/2 & 1 & 1 \\ 1 & 2 & 0 \\ 1 & 0 & 1 \end{pmatrix}$.

(2) $-\pi$.

(3) $\dfrac{\sqrt{\pi}}{8}$.

(4) 0.

二、[参考解析] (1)**[思路一]** 直线 l_1 的参数方程为 $x=0, y=0, z=s$; l_2 的参数方程为

$$x=-1+t, \quad y=t, \quad z=t,$$

设动直线 l 与 l_1, l_2 分别交于点 $(0,0,s)$ 与 $(-1+t,t,t)$, 则的 l 方向为 $(-1+t,t,t-s)$. 由于 l 与平面 $z=0$ 平行, 故 $t=s$, 从而动直线 l 的方程为

$$x=(t-1)u, \quad y=tu, \quad z=t,$$

消去 t,u 得动直线构成的曲面 S 的方程为 $xz-yz+y=0$.

[思路二] 过直线 l_1 的平面簇为 $\pi_1:(1-\lambda)x+\lambda y=0$, 这里 λ 为参数; 同理过直线 l_2 的平面簇为

$$\pi_2:(1-\mu)(x-y+1)+\mu(y-z)=0,$$

其中 μ 为参数. 动直线 l 是平面簇 π_1 与 π_2 的交线, 故直线 l 的方向为

$$\begin{aligned} \vec{n} &= (1-\lambda,\lambda,0)\times(1-\mu,2\mu-1,-\mu) \\ &= (-\lambda\mu,\mu(1-\lambda),-1+2\mu-\lambda\mu). \end{aligned}$$

由直线 l 与平面 $z=0$ 平行, 故 $-1+2\mu-\lambda\mu=0$. 由 π_1 与 π_2 的方程知

$$\lambda=\frac{x}{x-y}, \quad \mu=\frac{x-y+1}{x-2y+z+1},$$

将上式代入 $-1+2\mu-\lambda\mu=0$, 即得动直线 l 生成的曲面的方程为 $xz-yz+y=0$.

(2) 作可逆线性变换 $\begin{cases} x=x'-y'-z', \\ y=-z', \\ z=x'+y', \end{cases}$ 曲面 S 的原方程化为 $z'=x'^2-y'^2$. 因此, S 为马鞍面.

三、[参考证明] 先证明一个引理.

引理 设 A 是 n 阶实方阵且满足 $\mathrm{tr}(A)=0$, 则存在可逆实方阵 P, 使得 $P^{-1}AP$ 的对角元素都是 0.

引理的证明 对 n 进行归纳. 当 $n=1$ 时, $A=(0)$, 结论显然成立. 下设 $n\geqslant 2$, 考虑两种情形.

情形 1 $\mathbb{R}^n$ 中的所有非零向量都是 A 的特征向量. 由所有基本向量 $\vec{e}_i(i=1,2,\cdots,n)$ 都是特征向量可知, 存在特征值 λ_i $(i=1,2,\cdots,n)$ 使得 $A\vec{e}_i=\lambda_i\vec{e}_i(i=1,2,\cdots,n)$. 因此, $A=\mathrm{diag}\,(\lambda_1,\lambda_2,\cdots,\lambda_n)$. 再由所有 $\vec{e}_i+\vec{e}_j$ 都是特征向量又得: 存在 μ_{ij} 使得

$$A\left(\vec{e}_i+\vec{e}_j\right)=\lambda_i\vec{e}_i+\lambda_j\vec{e}_j=\mu_{ij}\left(\vec{e}_i+\vec{e}_j\right).$$

于是 $\mu_{ij}=\lambda_i=\lambda_j$, 因此 A 为纯量方阵. 由 $\mathrm{tr}(A)=0$ 知 $A=O$.

情形 2 存在 $\mathbb{R}^n$ 中的非零向量 $\vec{\alpha}$ 不是 A 的特征向量. 则 $\vec{\alpha}, A\vec{\alpha}$ 线性无关, 因而存在可逆实方阵 $Q=(\vec{\alpha},A\vec{\alpha},*,\cdots,*)$ 满足

$$AQ=Q\begin{pmatrix}0 & * \\ * & B\end{pmatrix},$$

或者等价地

$$Q^{-1}AQ=\begin{pmatrix}0 & * \\ * & B\end{pmatrix},$$

其中 B 为 $n-1$ 阶实方阵. 由 $\mathrm{tr}(A)=0$, 得 $\mathrm{tr}(B)-0$. 由归纳假设, 存在可逆实方阵 R, 使得 $R^{-1}BR$ 的对角元素都是 0. 令 $P=Q\cdot\mathrm{diag}(1,R)$, 则 $P^{-1}AP$ 的对角元素都是 0. 引理获证.

现在对于任意 n 阶实方阵 A, 令 $A_0=\dfrac{\mathrm{tr}(A)}{n}I$, 则 $\mathrm{tr}\,(A-A_0)=0$. 根据引理, 存在可逆实方阵 P, 使得 $B=P^{-1}\left(A-A_0\right)P$ 的对角元素都是 0. 设 $B=L+U, L, U$ 分别是严格下、上三角方阵, 则 L,U 都是幂零方阵. 于是 $A=A_0+PBP^{-1}=A_0+A_1+A_2$, 其中 A_0 是纯量方阵, $A_1=PLP^{-1}$ 和 $A_2=PUP^{-1}$ 都是幂零方阵. 证毕.

四、[参考解析] (1) 由 $f^{(n)}(0)=0\ (\forall n\geqslant 0)$ 以及 Taylor 展式可得, 对于任何固定的 k, 有 $f(x)=o\left(x^k\right), x\to 0^+$. 特别 $\lim\limits_{x\to 0^+}\dfrac{f(x)}{x^{2C}}=0$. 另一方面, 由假设可得 $\forall x\in(0,1]$,

$$\left(x^{-2C}f^2(x)\right)'=2x^{-2C-1}\left(xf(x)f'(x)-Cf^2(x)\right)\leqslant 0,$$

从而 $x^{-2C}f^2(x)$ 在 $(0,1]$ 上单调减少. 因此

$$x^{-2C}f^2(x)\leqslant\lim_{t\to 0^+}t^{-2C}f^2(t)=0,\quad \forall x\in(0,1].$$

因此, 在 $[0,1]$ 上成立 $f(x)\equiv 0$.

(2) 取 $f(x):=\begin{cases}\mathrm{e}^{-x^{1-\alpha}}, & x\in(0,1],\\ 0, & x=0,\end{cases}$ 则容易验证 $f(x)$ 满足假设条件, 但 $f(x)\not\equiv 0$.

五、[参考证明] 记 $f(x)=c\left(1-x^2\right)(x\in[0,1])$, 则 $f(x)\in[0,1]$. 所以在题设条件下 $\{x_n\}$ 有界. 另一方面, $f(x)=x$ 在 $[0,1]$ 内只有唯一解 $\bar{x}=\dfrac{-1+\sqrt{1+4c^2}}{2c}$.

进一步, 由于 $f(x)=x$ 在 $[0,1]$ 上严格单调递减, 因此 $f(x)=\bar{x}$ 在 $[0,1]$ 上只有唯一解 $\bar{x}$, 所以在题设条件下 $x_n\neq\bar{x}(n\geqslant 1)$.

[思路一] 设 $L=\varlimsup\limits_{n\to+\infty}x_n$, $\ell=\varliminf\limits_{n\to+\infty}x_n$, 则 $L=c\left(1-\ell^2\right)$, $\ell=c\left(1-L^2\right)$. 从而

$$L-\ell=c(L-\ell)(L+\ell).$$

当 $c\in\left(0,\dfrac{\sqrt{3}}{2}\right]$ 时, 若 $\{x_n\}$ 发散, 则 $L\neq\ell$, 则 $L+\ell=\dfrac{1}{c}$, 从而 $s=L,\ell$ 是满足方程 $cs^2-s+\dfrac{1}{c}-c=0$ 的两个不同的实根, 所以 $1-4c\left(\dfrac{1}{c}-c\right)>0$, 即 $4c^2>3$, 矛盾. 因此 $\{x_n\}$ 收敛. 当 $c\in\left(\dfrac{\sqrt{3}}{2},1\right)$ 时, 若 $\{x_n\}$ 收敛, 则必有 $\lim\limits_{n\to+\infty}x_n=\bar{x}$. 由于 $f'(\bar{x})=-2c\bar{x}=1-\sqrt{1+4c^2}<-1$, 因此存在 $\delta>0$ 使得当 $|x-\bar{x}|<\delta$ 时, 成立 $|f'(x)|>1$, 而对上述 $\delta>0$, 有 $N\geqslant 1$, 使得当 $n\geqslant N$ 时, $|x_n-\bar{x}|<\delta$. 于是由微分中值定理, 可得

$$|x_{n+1}-\bar{x}|=|f(x_n)-f(\bar{x})|\geqslant|x_n-\bar{x}|.$$

结合 $x_n\neq\bar{x}$ 知 $\{x_n\}$ 不可能收敛到 $\bar{x}$. 因此, $\{x_n\}$ 发散.

[思路二] 考虑 $g(x)=f(f(x))$, 有

$$g'(x)=f'(f(x))f'(x)=4c^3x\left(1-x^2\right).$$

当 $c\in\left(0,\dfrac{\sqrt{3}}{2}\right)$ 时, 若 $x\in[0,1]$, 则 $0\leqslant g'(x)\leqslant r_c\equiv\dfrac{8c^3\sqrt{3}}{9}<1$, 从而

$$|x_{n+2}-\bar{x}|=|g(x_n)-g(\bar{x})|\leqslant r\,|x_n-\bar{x}|.$$

由此立即得到 $\lim\limits_{n\to+\infty}x_n=\bar{x}$.

当 $c=\dfrac{\sqrt{3}}{2}$ 时, 若 $x\in[0,1]$, 且 $x\neq\bar{x}$, 则 $0\leqslant g'(x)<1$, 从而

$$|x_{n+2}-\bar{x}|=|g(x_n)-g(\bar{x})|<|x_n-\bar{x}|.$$

由此可得 $\{|x_{2n}-\bar{x}|\}$ 和 $\{|x_{2n+1}-\bar{x}|\}$ 收敛. 设极限为 d 和 t. 由致密性定理, 存在 $\{x_{2n}\}$ 的子列 $\{x_{2n_k}\}$ 收敛. 设极限为 ξ, 此时 $\{g(x_{2n_k})\}$ 收敛于 $g(\xi)$. 从而

$$|g(\xi)-\bar{x}|=\lim_{n\to+\infty}|x_{2n_k+2}-\bar{x}|=d=\lim_{n\to+\infty}|x_{2n_k}-\bar{x}|=|\xi-\bar{x}|,$$

因此 $\xi=\bar{x}$, 即 $d=0$. 同理, $t=0$. 因此 $\lim\limits_{n\to+\infty}x_n=\bar{x}$.

当 $c\in\left(\dfrac{\sqrt{3}}{2},1\right)$ 时, 若 $\{x_n\}$ 收敛, 则必有 $\lim\limits_{n\to+\infty}x_n=\bar{x}$. 由于

$$f'(\bar{x})=-2c\bar{x}=1-\sqrt{1+4c^2}<-1,$$

因此存在 $\delta>0$ 使得当 $|x-\bar{x}|<\delta$ 时, 成立 $|f'(x)|>1$, 而对上述 $\delta>0$, 有 $N\geqslant1$, 使得当 $n\geqslant N$ 时, $|x_n-\bar{x}|<\delta$. 于是由微分中值定理, 可得

$$|x_{n+1}-\bar{x}|=|f(x_n)-f(\bar{x})|\geqslant|x_n-\bar{x}|.$$

结合 $x_n\neq\bar{x}$ 知 $\{x_n\}$ 不可能收敛到 $\bar{x}$. 因此, $\{x_n\}$ 发散.

六、[参考解析] 至多两个 2π 周期解. 例如 $a(x)\equiv b(x)\equiv1, c(x)=0$, 方程只有两个 2π 周期解 $y_1\equiv0, y_2\equiv-1$.

现设 $y_1(x),y_2(x)$ 是两个 2π 周期解, 则由存在唯一性定理 $y_1(x)\neq y_2(x),\forall x\in\mathbb{R}$.

令 $y=(y_1(x)-y_2(x))z+y_2(x)$, 则 $\dfrac{\mathrm{d}z}{\mathrm{d}x}=a(x)(y_1(x)-y_2(x))z(z-1)$. 若方程除了两个 2π 周期解 $z\equiv0, z\equiv1$ 外还有一个 2π 周期解 $z=z_1(x)$, 则

$$\begin{aligned}F(x)&=\int_0^x a(x)(y_1(x)-y_2(x))x\\&=\int_0^x\frac{\mathrm{d}z_1(x)}{z_1(x)(z_1(x)-1)}=\ln\left|\frac{z_1(x)-1}{z_1(x)}\right|\Bigg|_0^z\end{aligned}$$

是 x 的 2π 周期函数. 由方程通解表达式得 $z(x)=\dfrac{1}{1-C\mathrm{e}^{F(x)}}$ 得到方程有无穷多个解是 2π 周期的, 矛盾.

第十届全国大学生数学竞赛决赛高年级组试题参考解答(数学专业类)

一、参见第十届全国大学生数学竞赛决赛低年级组试题参考解答 (数学专业类) 第一题.

二、参见第十届全国大学生数学竞赛决赛低年级组试题参考解答 (数学专业类) 第二题.

三、参见第十届全国大学生数学竞赛决赛低年级组试题参考解答 (数学专业类) 第三题.

四、参见第十届全国大学生数学竞赛决赛低年级组试题参考解答 (数学专业类) 第四题.

五、**[参考证明]** **[方法一]** 首先注意到

$$\begin{cases} x^2-(ax^2+x^2a)+ax^2a=1, \\ x+a-(ax+xa)+axa=1 \end{cases} \Leftrightarrow \begin{cases} (1-a)x^2(1-a)=1, \\ (1-a)x(1-a)=1-a. \end{cases}$$

结果有

$$\begin{aligned} (1-a)x &= (1-a)x\left\{(1-a)x^2(1-a)\right\} \\ &= (1-a)x(1-a)x^2(1-a) = (1-a)x^2(1-a) = 1, \\ x(1-a) &= (1-a)x^2(1-a)x(1-a) \\ &= (1-a)x^2\cdot(1-a)x(1-a) = (1-a)x^2(1-a) = 1. \end{aligned}$$

因此有 $1-a$ 可逆且 $(1-a)^{-1}=x$.

现在考虑 $(1-b)(1-a)$, 则有 $(1-b)(1-a)=1-a-b+ba=1$, 结合前面所证 $1-a$ 可逆, 因此得 $(1-a)^{-1}=1-b$. 进而有 $1=(1-a)(1-b)=1-a-b+ab=1-ba+ab$, 亦即 $ab=ba$.

[方法二] 由 $x^2-(ax^2+x^2a)+ax^2a=1$ 得 $(1-a)x^2(1-a)=1$, 故 $1-a$ 有右逆. 注意到 $(1-b)(1-a)=1$, 从而 $1-a$ 有左逆. 进而 $(1-a)^{-1}$ 存在, 且为 $1-b$. 立即由 $(1-a)(1-b)=1$ 得 $ab=ba$.

六、**[参考证明]** 固定 $k\geqslant 1$, 记 $A_k=[-k,k], G_k=\{(x,f(x));x\in A_k, f(x)\in A_k\}$. 令

$$E_{n,k,i}=\left\{x\in[-k,k];f(x)\in\left[\frac{i}{n},\frac{i+1}{n}\right]\right\}.$$

因为 f 可测, 所以 $E_{n,k,i}$ 可测, 且 $\sum\limits_{i=-nk}^{nk-1} m\left(E_{n,k,i}\right) \leqslant 2k$. 又

$$\{(x,f(x));x\in E_{n,k,i}\}\subset E_{n,k,i}\times\left[\frac{i}{n},\frac{i+1}{n}\right],$$

则 $m\{(x,f(x));x\in E_{n,k,i}\}\leqslant \dfrac{1}{n}mE_{n,k,i}$, 其中 m 为 Lebesgue 外测度. 由于

$$\bigcup_{i=-nk}^{nk-1}\{(x,f(x));x\in E_{n,k,i}\}=\{(x,f(x));x\in A_k,f(x)\in A_k\}=G_k,$$

有

$$mG_k\leqslant\sum_{i=-nk}^{nk-1}m\{(x,f(x));x\in E_{n,k,i}\}\leqslant\frac{1}{n}\sum_{i=-nk}^{nk-1}mE_{n,k,i}\leqslant\frac{2k}{n}.$$

令 $n\to\infty$, 得 $mG_k=0\,(\forall k\geqslant 1)$, 又 $G=\bigcup\limits_{k=-\infty}^{\infty}G_k$, 故 $mG=0$, 所以 G 可测, 且 $L_2(G)=0$.

七、[参考解析] $\vec{\gamma}_u=(1,0,2u),\vec{\gamma}_v=(0,1,v)$,

$$\vec{n}=\frac{\vec{\gamma}_u\times\vec{\gamma}_v}{|\vec{\gamma}_u\times\vec{\gamma}_v|}=\frac{1}{\sqrt{1+4u^2+v^2}}(-2u,-v,1),$$

$$\vec{\gamma}_{uu}=(0,0,2),\quad \vec{\gamma}_{uv}=0,\quad \vec{\gamma}_{vv}=(0,0,1).$$

于是曲面的第一基本型 $\mathrm{I}=E\,\mathrm{d}u^2+2F\,\mathrm{d}u\,\mathrm{d}v+G\,\mathrm{d}v^2$ 和第二基本型

$$\mathrm{II}=L\,\mathrm{d}u^2+2M\,\mathrm{d}u\,\mathrm{d}v+N\,\mathrm{d}v^2,$$

其中

$$E=1+4u^2,\quad F=2uv,\quad G=1+v^2,$$

$$L=\frac{2}{\sqrt{1+4u^2+v^2}},\quad M=0,\quad N=\frac{1}{\sqrt{1+4u^2+v^2}}.$$

曲面上点 $\gamma(u,v)$ 为脐点, 当且仅当存在 λ 使得 $\begin{pmatrix}L & M\\ M & N\end{pmatrix}=\lambda\begin{pmatrix}E & F\\ F & G\end{pmatrix}$. 因为 $\lambda\neq 0$, 得到 $F=0$, 即 $u=0$ 或 $v=0$. 再由

$$\frac{L}{E}=\frac{N}{G},\quad \frac{2}{1+4u^2}=\frac{1}{1+v^2},$$

得到 $u=\pm\frac{1}{2}$ 和 $v=0$. 求得曲面脐点为 $p_{\pm}=\left(\pm\frac{1}{2},0,\frac{1}{4}\right)$.

在脐点 $p_{+}\left(\frac{1}{2},0,\frac{1}{4}\right)$ 处, 切平面单位法向量 $\vec{n}=\frac{1}{\sqrt{2}}(-1,0,1)$, 则与脐点 p_{+} 处的切平面平行的平面 σ 的方程可设为 $-x+z=a$, 其中 a 为常数. 记 σ 与 S 的截曲线 C 的参数方程为

$$\gamma(t)=(x(t),y(t),z(t)),$$

则有 $z(t)=x(t)+a, z(t)=x(t)^2+\frac{1}{2}y(t)^2$.

令 $q=\left(\frac{1}{2},0,\frac{1}{2}+a\right)$ 为平面 σ 上一点, 则有

$$\begin{aligned}|\gamma(t)-q|^2&=\left(x(t)-\frac{1}{2}\right)^2+y(t)^2+\left(z(t)-\frac{1}{2}-a\right)^2\\&=2\left(x(t)-\frac{1}{2}\right)^2+y(t)^2=2x(t)^2+y(t)^2-2x(t)+\frac{1}{2}=2a+\frac{1}{2}.\end{aligned}$$

于是 $\gamma(t)=(x(t),y(t),z(t))$ 是一个平面 σ 上圆心在 q 点的圆周.

对脐点 $p_{-}\left(-\frac{1}{2},0,\frac{1}{4}\right)$ 可以同样证明.

八、[参考证明] (1) 记 $h_i=x_{i+1}-x_i, s_i(x)=s(x)|_{[x_i,x_{i+1}]}$, 则 $s_i(x)$ 是一个三次多项式, $i=0,1,\cdots,n-1$. 记

$$M_i=s''(x_i),\quad i=0,1,\cdots,n,$$

则 $s_i''(x)=\frac{x_{i+1}-x}{h_i}M_i+\frac{x-x_i}{h_i}M_{i+1}$, 于是

$$s_i(x)=\frac{(x_{i+1}-x)^3}{6h_i}M_{i+1}+\frac{(x-x_i)^3}{6h_i}M_i+A_i(x-x_i)+B_i,$$

其中 A_i,B_i 为常数. 由 $s_i(x_i)=f(x_i), s_i(x_{i+1})=f(x_{i+1})$ 可得 $A_i=f(x_i)-M_i\frac{h_i^2}{6}$,

$$B_i=\frac{f(x_{i+1})-f(x_i)}{h_i}-\frac{h_i}{6}(M_{i+1}-M_i).$$

再由 $s_{i-1}'(x_i)=s_i'(x_i)$ 可得

$$\begin{aligned}&\frac{h_{i-1}}{6}M_{i-1}+\frac{h_{i-1}}{3}M_i+\frac{f(x_i)-f(x_{i-1})}{h_{i-1}}\\&=-\frac{h_{i+1}}{3}M_i-\frac{h_{i+1}}{6}M_{i+1}+\frac{f(x_{i+1})^{-}f(x_i)}{h_i},\end{aligned}$$

化简得

$$\lambda_i M_{i-1}+2M_i+\mu_i M_{i+1}=d_i,\quad i=1,2,\cdots,n-1,$$

其中 $\lambda_i=h_{i-1}/\left(h_{i-1}+h_i\right),\mu_i=1-\lambda_i$,

$$d_i=\frac{6}{h_{i-1}+h_i}\left(\frac{f\left(x_{i+1}\right)-f\left(x_i\right)}{h_i}-\frac{f\left(x_i\right)-f\left(x_{i-1}\right)}{h_{i-1}}\right).$$

再由 $M_0=M_n=0$, 得到关于 M_i 的线性方程组

$$\begin{pmatrix}1&0&0&\cdots&0\\ \lambda_1&2&\mu_1&\cdots&0\\ \vdots&\ddots&\ddots&\ddots&\vdots\\ 0&\cdots&\lambda_{n-1}&2&\mu_{n-1}\\ 0&\cdots&0&0&1\end{pmatrix}\begin{pmatrix}M_0\\ M_1\\ \vdots\\ M_{n-1}\\ M_n\end{pmatrix}=\begin{pmatrix}d_0\\ d_1\\ \vdots\\ d_{n-1}\\ d_n\end{pmatrix}.$$

上述线性方程组的系数矩阵主对角占优, 因而可逆, 因此该线性方程组有唯一解, 即满足条件的 $s(x)$ 存在唯一.

说明 也可建立关于 $m_i=s'\left(x_i\right)$ 的线性方程组, 并证明解存在唯一.

(2) 令 $g(x)=f(x)-s(x)$, 则 $f(x)=g(x)+s(x)$, 且 $g\left(x_i\right)=0,\ i=0,1,\cdots,n$, 于是

$$\int_a^b f''(x)^2\,\mathrm{d}x=\int_a^b g''(x)^2\,\mathrm{d}x+2\int_a^b g''(x)s''(x)\,\mathrm{d}x+\int_a^b s''(x)^2\,\mathrm{d}x.$$

下证 $\displaystyle\int_a^b g''(x)s''(x)\,\mathrm{d}x=0$, 从而

$$\int_a^b f''(x)^2\,\mathrm{d}x\geqslant\int_a^b s''(x)^2\,\mathrm{d}x.$$

实际上,

$$\begin{aligned}\int_a^b g''(x)s''(x)\,\mathrm{d}x&=\sum_{i=0}^{n-1}\int_{x_i}^{x_{i+1}}s''(x)\,\mathrm{d}g'(x)\\&=\sum_{i=0}^{n-1}s''(x)g'(x)\Big|_{x_i}^{x_{i+1}}-\sum_{i=0}^{n-1}\int_{x_i}^{x_{i+1}}g'(x)s'''(x)\,\mathrm{d}x\\&=s''(x)g'(x)\Big|_a^b-\sum_{i=0}^{n-1}c_i\left(g\left(x_{i+1}\right)-g\left(x_i\right)\right)=0,\end{aligned}$$

其中 $c_i=s_i'''(x)$ 是一个常数. 由于 $s''(a)=s''(b)=0$, 上式最后一式中第一项为零; 由 $g(x_i)=0\ (i=0,1,\cdots,n)$, 上式最后一式第二项也为零.

进一步, 等号成立 $\Leftrightarrow g''(x)=0\Leftrightarrow g(x)=0\Leftrightarrow f(x)=s(x)$.

九、[参考证明] 由条件可设 $f(z)=\dfrac{\varphi(z)}{(z-z_0)^n}$, 其中 $\varphi(z)$ 在 z_0 的邻域内解析, 且 $\varphi(z_0)\neq 0$. 从而存在 $\rho>0,\varphi(z)$ 在 $|z-z_0|\leqslant\rho$ 内解析, 且 $\varphi(z_0)\neq 0$.

设 $R=\max\limits_{|z-z_0|=\rho}\left|\dfrac{\varphi(z)}{(z-z_0)^n}\right|$, 显然 $R>0$. 对任意 $w\in\{w\in\mathbb{C}:|w|>R\}$, 当 $|z-z_0|=\rho$ 时,

$$\left|\frac{\varphi(z)}{(z-z_0)^n}\right|\leqslant R<|w|,\quad 即|\varphi(z)|<|w(z-z_0)^n|.$$

由 Rouche 定理

$$n=N(w(z-z_0)^n)=N(\varphi(z)-w(z-z_0)^n),$$

所以 $F(z)=\varphi(z)-w(z-z_0)^n$ 在 $|z-z_0|<\rho$ 内有 n 个零点 $z_k(k=1,2,\cdots,n)$, 显然 $z_k\neq z_0$, 否则 $\varphi(z_0)=F(z_0)=0$, 矛盾. 从而 $F(z_k)=\varphi(z_k)-w(z_k-z_0)^n=0$, 所以

$$\frac{\varphi(z_k)}{(z_k-z_0)^n}-w=0.$$

即 $f(z)-w$ 在 $|z-z_0|<\rho$ 中必有 n 个零点 z_k.

十、[参考证明] 对于 $i\geqslant 1, EX_i=0, EX_i^2=i^{2\theta}$, 则

$$ES_n=0,\quad \operatorname{Var}(S_n)=\sum_{i=1}^n EX_i^2=\sum_{i=1}^n i^{2\theta}.$$

注意 $\displaystyle\int_0^n x^{2\theta}\,\mathrm{d}x=\sum_{i=0}^{n-1}\int_i^{i+1}x^{2\theta}\,\mathrm{d}x$ 以及

$$\sum_{i=1}^n i^{2\theta}-n^{2\theta}=\sum_{i=0}^{n-1}i^{2\theta}\leqslant\sum_{i=0}^{n-1}\int_i^{i+1}x^{2\theta}\,\mathrm{d}x\leqslant\sum_{i=0}^{n-1}(i+1)^{2\theta}=\sum_{i=1}^n i^{2\theta},$$

得到

$$\frac{1}{2\theta+1}n^{2\theta+1}\leqslant\operatorname{Var}(S_n)\leqslant\frac{1}{2\theta+1}n^{2\theta+1}+n^{2\theta}.$$

(1) 由于

$$P\left(\frac{|S_n|}{n}\geqslant\varepsilon\right)\leqslant\frac{ES_n^2}{n^2\varepsilon^2}\leqslant\frac{1}{\varepsilon^2}\left[\frac{1}{2\theta+1}n^{-(1-2\theta)}+n^{-2(1-\theta)}\right],$$

则当 $\theta<\dfrac{1}{2}$ 时, $\lim\limits_{n\to\infty}P\left(\dfrac{|S_n|}{n}\geqslant\varepsilon\right)=0$, 即得 $\dfrac{S_n}{n}$ 依概率收敛于 0.

(2) **[思路一]** 下面验证 Lindeberg 条件成立, 即对任意 $\tau > 0$, 当 $n \to \infty$ 时,

$$\frac{1}{\mathrm{Var}\,(S_n)} \sum_{i=1}^{n} EX_i^2 I\left(|X_i| \geqslant \tau\sqrt{\mathrm{Var}\,(S_n)}\right) \to 0.$$

事实上, 由假设知, 对于 $1 \leqslant i \leqslant n, |X_i| \leqslant n^\theta$, 并且 $\dfrac{n^\theta}{\sqrt{\mathrm{Var}\,(S_n)}} \leqslant \sqrt{\dfrac{2\theta+1}{n}}$, 则 $\lim\limits_{n\to\infty} \dfrac{n^\theta}{\sqrt{\mathrm{Var}\,(S_n)}} = 0$. 于是, 对较大的 n 以及 $1 \leqslant i \leqslant n$, $I\left(|X_i| \geqslant \tau\sqrt{\mathrm{Var}\,(S_n)}\right) = 0$, 故

$$\lim_{n\to\infty} \frac{1}{\mathrm{Var}\,(S_n)} \sum_{i=1}^{n} EX_i^2 I\left(|X_i| \geqslant \tau\sqrt{\mathrm{Var}\,(S_n)}\right) = 0,$$

所以 $\dfrac{S_n}{\sqrt{\mathrm{Var}\,(S_n)}} \xrightarrow{D} N(0,1)$.

[思路二] 首先验证 Lyapunov 条件成立, 即当 $n \to \infty$ 时,

$$\frac{1}{(\mathrm{Var}\,(S_n))^2} \sum_{i=1}^{n} EX_i^4 \to 0.$$

事实上,

$$\sum_{i=1}^{n} EX_i^4 = \sum_{i=1}^{n} i^{4\theta} = \sum_{i=0}^{n-1} i^{4\theta} + n^{4\theta} \leqslant \int_0^n x^{4\theta}\,\mathrm{d}x + n^{4\theta} = \frac{1}{4\theta+1} n^{4\theta+1} + n^{4\theta},$$

于是

$$\frac{1}{(\mathrm{Var}\,(S_n))^2} \sum_{i=1}^{n} EX_i^4 \leqslant (2\theta+1)^2 \left[\frac{1}{4\theta+1} n^{-1} + n^{-2}\right],$$

故 $\lim\limits_{n\to\infty} \dfrac{1}{(\mathrm{Var}\,(S_n))^2} \sum\limits_{i=1}^{n} EX_i^4 = 0$.

所以 $\dfrac{S_n}{\sqrt{\mathrm{Var}\,(S_n)}} \to N(0,1)$.

历届全国大学生数学竞赛决赛试题(非数学专业类)

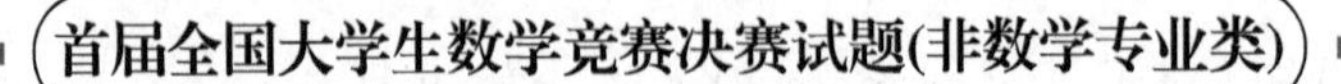

首届全国大学生数学竞赛决赛试题(非数学专业类)

一、计算题 (本题 20 分, 每小题 5 分, 共 4 小题)

(1) 求极限 $\lim\limits_{n\to\infty}\sum\limits_{k=1}^{n-1}\left(1+\dfrac{k}{n}\right)\sin\dfrac{k\pi}{n^2}$.

(2) 计算 $\iint\limits_{\Sigma}\dfrac{ax\mathrm{d}y\mathrm{d}z+(z+a)^2\mathrm{d}x\mathrm{d}y}{\sqrt{x^2+y^2+z^2}}$, 其中 Σ 为下半球面 $z=-\sqrt{a^2-x^2-y^2}$ 的上侧, a 为大于 0 的常数.

(3) 现要设计一个容积为 V 的圆柱体容器. 已知上下两底的材料费为单位面积 a 元, 而侧面的材料费为单位面积 b 元. 试给出最节省的设计方案, 即高和上下底面的直径之比为何值时所需费用最少?

(4) 已知 $f(x)$ 在区间 $\left(\dfrac{1}{4},\dfrac{1}{2}\right)$ 内满足 $f'(x)=\dfrac{1}{\sin^3x+\cos^3x}$, 求 $f(x)$.

二、求极限 (本题 10 分, 第 (1) 小题 4 分, 第 (2) 小题 6 分)

(1) $\lim\limits_{n\to\infty}n\left[\left(1+\dfrac{1}{n}\right)^n-\mathrm{e}\right]$.

(2) $\lim\limits_{n\to\infty}\left(\dfrac{a^{\frac{1}{n}}+b^{\frac{1}{n}}+c^{\frac{1}{n}}}{3}\right)^n$, 其中 $a>0,b>0,c>0$.

三、(本题 10 分) 设 $f(x)$ 在点 $x=1$ 的附近有定义, 且在点 $x=1$ 处可导, $f(1)=0,f'(1)=2$, 求极限 $\lim\limits_{x\to0}\dfrac{f(\sin^2x+\cos x)}{x^2+x\tan x}$.

四、(本题 10 分) 设函数 $f(x)$ 在 $[0,+\infty)$ 上连续, 反常积分 $\int_0^{+\infty}f(x)\mathrm{d}x$ 收敛, 求

$$\lim_{y\to+\infty}\frac{1}{y}\int_0^y xf(x)\mathrm{d}x.$$

五、(本题 12 分) 设函数 $f(x)$ 在 $[0,1]$ 上连续, 在 $(0,1)$ 内可微, 且 $f(0)=f(1)=0,f\left(\dfrac{1}{2}\right)=1$. 证明:

(1) 存在 $\xi\in\left(\dfrac{1}{2},1\right)$ 使得 $f(\xi)=\xi$.

(2) 存在 $\eta\in(0,\xi)$ 使得 $f'(\eta)=f(\eta)-\eta+1$.

六、**(本题 14 分)** 设 $n>1$ 为整数, $F(x)=\int_0^x \mathrm{e}^{-t}\left(1+\frac{t}{1!}+\frac{t^2}{2!}+\cdots+\frac{t^n}{n!}\right)\mathrm{d}t$. 证明: 方程 $F(x)=\frac{n}{2}$ 在区间 $\left(\frac{n}{2},n\right)$ 内至少有一个根.

七、**(本题 12 分)** 是否存在 $\mathbb{R}^1$ 上的可微函数 $f(x)$ 使得 $f(f(x))=1+x^2+x^4-x^3-x^5$? 若存在, 请给出一个例子; 若不存在, 请给出证明.

八、**(本题 12 分)** 设 $f(x)$ 在 $[0,+\infty)$ 上一致连续, 且对于固定的 $x\in[0,+\infty)$, 当自然数 $n\to\infty$ 时, $f(x+n)\to 0$. 证明: 函数序列 $\{f(x+n):n=1,2,\cdots\}$ 在 $[0,1]$ 上一致收敛于 0.

第二届全国大学生数学竞赛决赛试题(非数学专业类)

一、计算题 (本题 15 分, 每小题 5 分, 共 3 小题)

(1) $\lim\limits_{x\to 0}\left(\dfrac{\sin x}{x}\right)^{\frac{1}{1-\cos x}}$.

(2) $\lim\limits_{n\to\infty}\left(\dfrac{1}{n+1}+\dfrac{1}{n+2}+\cdots+\dfrac{1}{n+n}\right)$.

(3) 已知 $\begin{cases} x=\ln(1+\mathrm{e}^{2t}), \\ y=t-\arctan \mathrm{e}^t, \end{cases}$ 求 $\dfrac{\mathrm{d}^2y}{\mathrm{d}x^2}$.

二、(本题 10 分) 求微分方程 $(2x+y-4)\mathrm{d}x+(x+y-1)\mathrm{d}y=0$ 的通解.

三、(本题 15 分) 设函数 $f(x)$ 在点 $x=0$ 的某邻域内有二阶连续导数, 且 $f(0),f'(0),f''(0)$ 均不为零. 证明: 存在唯一一组实数 k_1,k_2,k_3, 使得

$$\lim_{h\to 0}\frac{k_1f(h)+k_2f(2h)+k_3f(3h)-f(0)}{h^2}=0.$$

四、(本题 17 分) 设 $\Sigma_1:\dfrac{x^2}{a^2}+\dfrac{y^2}{b^2}+\dfrac{z^2}{c^2}=1$, 其中 $a>b>c>0, \Sigma_2: z^2=x^2+y^2, \Gamma$ 为 Σ_1 和 Σ_2 的交线. 求椭球面 Σ_1 在 Γ 上各点的切平面到原点距离的最大值和最小值.

五、(本题 16 分) 已知 Σ 是空间曲线 $\begin{cases} x^2+3y^2=1, \\ z=0 \end{cases}$ 绕 y 轴旋转而成的椭球面, S 表示曲面 Σ 的上半部分 $(z\geqslant 0)$, Π 是椭球面 S 上点 $P(x,y,z)$ 处的切平面, $\rho(x,y,z)$ 是原点到切平面 Π 的距离, λ,μ,ν 表示 S 取上侧时点 P 处的外法线的方向余弦.

(1) 计算 $\displaystyle\iint\limits_S \frac{z}{\rho(x,y,z)}\mathrm{d}S$.

(2) 计算 $\displaystyle\iint\limits_S z(\lambda x+3\mu y+\nu z)\mathrm{d}S$, 其中 S 取上侧.

六、(本题 12 分) 设 $f(x)$ 是 $(-\infty,+\infty)$ 上可微的正值函数, 且满足 $|f'(x)|<mf(x)$, 其中 $0<m<1$. 任取实数 a_0, 定义 $a_n=\ln f(a_{n-1}), n=1,2,\cdots$. 证明: $\displaystyle\sum_{n=1}^{\infty}(a_n-a_{n-1})$ 绝对收敛.

七、(本题 15 分) 问: 在区间 $[0,2]$ 上是否存在连续可微的函数 $f(x)$, 满足 $f(0)=f(2)=1, |f'(x)|\leqslant 1, \left|\displaystyle\int_0^2 f(x)\mathrm{d}x\right|\leqslant 1$? 请说明理由.

第三届全国大学生数学竞赛决赛试题(非数学专业类)

一、计算题 (要求写出重要步骤)(本题 30 分, 每小题 6 分, 共 5 小题)

(1) $\lim\limits_{x\to 0}\dfrac{\sin^2 x-x^2\cos^2 x}{x^2\sin^2 x}$.

(2) $\lim\limits_{x\to+\infty}\left[\left(x^3+\dfrac{x}{2}-\tan\dfrac{1}{x}\right)\mathrm{e}^{\frac{1}{x}}-\sqrt{1+x^6}\right]$.

(3) 设函数 $f(x,y)$ 有二阶连续偏导数, 满足 $f_x^2 f_{yy}-2f_x f_y f_{xy}+f_y^2 f_{xx}=0$, 且 $f_y\neq 0$. 设 $y=y(x,z)$ 是由方程 $z=f(x,y)$ 所确定的函数, 求 $\dfrac{\partial^2 y}{\partial x^2}$.

(4) 求不定积分 $I=\displaystyle\int\left(1+x-\frac{1}{x}\right)\mathrm{e}^{x+\frac{1}{x}}\mathrm{d}x$.

(5) 求曲面 $x^2+y^2=az$ 和 $z=2a-\sqrt{x^2+y^2}(a>0)$ 所围立体的表面积.

二、(本题 13 分) 讨论 $\displaystyle\int_0^{+\infty}\frac{x}{\cos^2 x+x^\alpha\sin^2 x}\mathrm{d}x$ 的敛散性, 其中 α 是一个实常数.

三、(本题 13 分) 设 $f(x)$ 在 $(-\infty,+\infty)$ 上无穷次可微, 并且满足: 存在 $M>0$, 使得 $\left|f^{(k)}(x)\right|\leqslant M(-\infty<x<+\infty)$, $k=1,2,\cdots$, 且 $f\left(\dfrac{1}{2^n}\right)=0(n=1,2,\cdots)$. 求证: 在 $(-\infty,+\infty)$ 上 $f(x)\equiv 0$.

四、(本题 16 分, 第 (1) 小题 6 分, 第 (2) 小题 10 分) 设 D 为椭圆形 $\dfrac{x^2}{a^2}+\dfrac{y^2}{b^2}\leqslant 1\ (a>b>0)$ 且面密度为 ρ 的均质薄板, l 为通过椭圆焦点 $(-c,0)$ 且垂直于薄板的直线, 其中 $c=\sqrt{a^2-b^2}$.

(1) 求薄板 D 绕直线 l 旋转的转动惯量 J.

(2) 对于固定的转动惯量, 讨论椭圆形薄板的面积是否有最大值和最小值.

五、(本题 12 分) 设连续可微函数 $z=z(x,y)$ 由方程 $F(xz-y,x-yz)=0$ 唯一确定, 其中 $F(u,v)$ 具有连续的偏导数, 试求: $I=\displaystyle\oint_L(xz^2+2yz)\mathrm{d}y-(2xz+yz^2)\mathrm{d}x$, 其中 L 为正向单位圆周.

六、(本题 16 分, 第 (1) 小题 6 分, 第 (2) 小题 10 分)

(1) 求解微分方程 $\begin{cases}\dfrac{\mathrm{d}y}{\mathrm{d}x}-xy=x\mathrm{e}^{x^2},\\ y(0)=1.\end{cases}$

(2) 设 $y=f(x)$ 为上述方程的解, 证明: $\lim\limits_{n\to\infty}\displaystyle\int_0^1\frac{n}{n^2x^2+1}f(x)\mathrm{d}x=\frac{\pi}{2}$.

第四届全国大学生数学竞赛决赛试题(非数学专业类)

一、计算题 (本题 25 分, 每小题 5 分, 共 5 小题)

(1) $\lim\limits_{x\to 0^+}\left[\ln(x\ln a)\cdot\ln\left(\dfrac{\ln ax}{\ln\dfrac{x}{a}}\right)\right]\ (a>1)$.

(2) 设 $f(u,v)$ 具有连续偏导数, 且满足 $f_u(u,v)+f_v(u,v)=uv$, 求 $y(x)=\mathrm{e}^{-2x}f(x,x)$ 所满足的一阶微分方程, 并求其通解.

(3) 求在 $[0,+\infty)$ 上的可微函数 $f(x)$, 使得 $f(x)=\mathrm{e}^{-u(x)}$, 其中 $u(x)=\displaystyle\int_0^x f(t)\mathrm{d}t$.

(4) 计算不定积分 $\displaystyle\int x\arctan x\ln(1+x^2)\mathrm{d}x$.

(5) 过直线 $\begin{cases}10x+2y-2z=27,\\ x+y-z=0\end{cases}$ 作曲面 $3x^2+y^2-z^2=27$ 的切平面, 求此切平面的方程.

二、(本题 15 分) 设曲面 Σ 为

$$\Sigma: z^2=x^2+y^2,\ 1\leqslant z\leqslant 2,$$

其面密度为常数 ρ. 求在原点处的质量为 1 的质点和 Σ 之间的引力 (记引力常数为 G).

三、(本题 15 分) 设函数 $f(x)$ 在 $[1,+\infty)$ 上连续可导, 且

$$f'(x)=\frac{1}{1+f^2(x)}\left[\sqrt{\frac{1}{x}}-\sqrt{\ln\left(1+\frac{1}{x}\right)}\right],$$

证明: $\lim\limits_{x\to+\infty}f(x)$ 存在.

四、(本题 15 分) 设函数 $f(x)$ 在 $[-2,2]$ 上二阶可导, 且 $|f(x)|<1$, 又 $f^2(0)+[f'(0)]^2=4$. 试证: 在 $(-2,2)$ 内至少存在一点 ξ, 使得 $f(\xi)+f''(\xi)=0$.

五、(本题 15 分) 求二重积分 $\displaystyle\iint\limits_{x^2+y^2\leqslant 1}\left|x^2+y^2-x-y\right|\mathrm{d}x\mathrm{d}y$.

六、(本题 15 分) 设对于任何收敛于零的序列 $\{x_n\}$, 级数 $\displaystyle\sum_{n=1}^{\infty}a_nx_n$ 都是收敛的, 试证明级数 $\displaystyle\sum_{n=1}^{\infty}|a_n|$ 收敛.

第五届全国大学生数学竞赛决赛试题(非数学专业类)

一、解答题 (本题 28 分, 每小题 7 分, 共 4 小题)

(1) 计算积分 $\int_0^{2\pi} x \int_x^{2\pi} \frac{\sin^2 t}{t^2} \mathrm{d}t\mathrm{d}x$.

(2) 设 $f(x)$ 是 $[0,1]$ 上的连续函数, 且满足 $\int_0^1 f(x)\mathrm{d}x = 1$, 求一个这样的函数 $f(x)$ 使得积分 $I = \int_0^1 (1+x^2) f^2(x)\mathrm{d}x$ 取得最小值.

(3) 设 $F(x,y,z)$ 和 $G(x,y,z)$ 有连续偏导数, $\frac{\partial(F,G)}{\partial(x,z)} \neq 0$, 曲线 $\Gamma: \begin{cases} F(x,y,z)=0, \\ G(x,y,z)=0 \end{cases}$ 过点 $P_0(x_0,y_0,z_0)$. 记 Γ 在 xOy 平面上的投影曲线为 S, 求 S 上过点 (x_0,y_0) 的切线方程.

(4) 设矩阵 $A = \begin{pmatrix} 1 & 2 & 1 \\ 3 & 4 & a \\ 1 & 2 & 2 \end{pmatrix}$, 其中 a 为常数, 矩阵 B 满足关系式 $AB = A - B + E$, 其中 E 为单位矩阵且 $B \neq E$. 试求常数 a 的值.

二、(本题 12 分) 设 $f(x) \in C^4(-\infty,+\infty)$, 且 $f(x+h) = f(x) + f'(x)h + \frac{1}{2}f''(x+\theta h)h^2$, 其中 θ 是与 x,h 无关的常数, 证明 f 是不超过三次的多项式.

三、(本题 12 分) 设当 $x > -1$ 时, 可微函数 $f(x)$ 满足条件 $f'(x) + f(x) - \frac{1}{1+x}\int_0^x f(t)\mathrm{d}t = 0$, 且 $f(0) = 1$, 试证: 当 $x \geqslant 0$ 时, 有 $\mathrm{e}^{-x} \leqslant f(x) \leqslant 1$ 成立.

四、(本题 12 分) 设 $D = \{(x,y)\,|0 \leqslant x \leqslant 1, 0 \leqslant y \leqslant 1\}$, $I = \iint\limits_D f(x,y)\mathrm{d}x\mathrm{d}y$, 其中函数 $f(x,y)$ 在 D 上有连续二阶偏导数. 若对任何 x,y 有 $f(0,y) = f(x,0) = 0$, 且 $\frac{\partial^2 f}{\partial x \partial y} \leqslant A$, 证明 $I \leqslant \frac{A}{4}$.

五、(本题 12 分) 设函数 $f(x)$ 连续可导, $P = Q = R = f((x^2+y^2)z)$, 有向曲面

Σ_t 是圆柱体 $x^2+y^2\leqslant t^2(t>0)$, $0\leqslant z\leqslant 1$ 的表面, 方向朝外. 记第二型曲面积分

$$I_t=\iint\limits_{\Sigma_t} P\mathrm{d}y\mathrm{d}z+Q\mathrm{d}z\mathrm{d}x+R\mathrm{d}x\mathrm{d}y,$$

求极限 $\lim\limits_{t\to 0^+}\dfrac{I_t}{t^4}$.

六、(本题 12 分) 设 A,B 为 n 阶正定矩阵, 求证: AB 正定的充要条件是 $AB=BA$.

七、(本题 12 分) 设 $\sum\limits_{n=0}^{\infty}a_nx^n$ 的收敛半径为 1, $\lim\limits_{n\to\infty}na_n=0$, 且 $\lim\limits_{x\to 1^-}\sum\limits_{n=0}^{\infty}a_nx^n=A$.

证明: $\sum\limits_{n=0}^{\infty}a_n$ 收敛且 $\sum\limits_{n=0}^{\infty}a_n=A$.

第六届全国大学生数学竞赛决赛试题(非数学专业类)

一、填空题 (本题 30 分, 每小题 5 分, 共 6 小题)

(1) 极限 $\lim\limits_{x\to\infty}\dfrac{\left(\displaystyle\int_0^x \mathrm{e}^{u^2}\mathrm{d}u\right)^2}{\displaystyle\int_0^x \mathrm{e}^{2u^2}\mathrm{d}u}$ 的值是________.

(2) 设实数 $a\neq 0$, 微分方程 $\begin{cases} y''-ay'^2=0,\\ y(0)=0, y'(0)=-1\end{cases}$ 的解是________.

(3) 设 $A=\begin{pmatrix}\lambda & 0 & 0\\ 0 & \lambda & 0\\ -1 & 1 & \lambda\end{pmatrix}$, 则 $A^{50}=$________.

(4) 不定积分 $I=\displaystyle\int\frac{x^2+1}{x^4+1}\mathrm{d}x$ 等于________.

(5) 设曲线积分 $I=\displaystyle\oint_L\frac{x\mathrm{d}y-y\mathrm{d}x}{|x|+|y|}$, 其中 L 是以 $(1,0),(0,1),(-1,0),(0,-1)$ 为顶点的正方形的边界曲线, 方向为逆时针方向, 则 $I=$________.

(6) 设 D 是 xOy 平面上由光滑封闭曲线围成的有界闭区域, 其面积为 $A>0$, 函数 $f(x,y)$ 在该区域上连续且 $f(x,y)>0$. 记 $J_n=\left(\dfrac{1}{A}\displaystyle\iint_D f^{1/n}(x,y)\mathrm{d}\sigma\right)^n$, 则极限 $\lim\limits_{n\to\infty}J_n=$________.

二、(本题 12 分) 设 $\vec{l}_j, j=1,2,\cdots,n$ 是 xOy 平面上点 P_0 处的 $n\geqslant 2$ 个方向向量, 相邻两个向量之间的夹角为 $\dfrac{2\pi}{n}$. 又设函数 $f(x,y)$ 在点 P_0 处有连续偏导数, 证明: $\displaystyle\sum_{j=1}^n\frac{\partial f(P_0)}{\partial\vec{l}_j}=0$.

三、(本题 14 分) 设 A_1,A_2,B_1,B_2 均为 n 阶方阵, 其中 A_2,B_2 可逆. 证明: 存在可逆阵 P,Q 使得 $PA_iQ=B_i(i=1,2)$ 成立的充要条件是 $A_1A_2^{-1}$ 和 $B_1B_2^{-1}$ 相似.

四、(本题 14 分) 设 $p>0, x_1=\dfrac{1}{4}, x_{n+1}^p=x_n^p+x_n^{2p}(n=1,2,\cdots)$, 证明 $\displaystyle\sum_{n=1}^\infty\frac{1}{1+x_n^p}$ 收敛并求其和.

五、(本题 15 分) (1) 将 $[-\pi,\pi)$ 上的函数 $f(x)=|x|$ 展开成 Fourier 级数, 并证明 $\displaystyle\sum_{k=1}^\infty\frac{1}{k^2}=\frac{\pi^2}{6}$. (2) 求积分 $I=\displaystyle\int_0^{+\infty}\frac{u}{1+\mathrm{e}^u}\mathrm{d}u$.

六、(本题 15 分) 设 $f(x,y)$ 为 $\mathbb{R}^2$ 上的非负连续函数, 极限 $I=\lim\limits_{t\to+\infty}\iint\limits_{x^2+y^2\leqslant t^2} f(x,y)\mathrm{d}\sigma$ 存在且有限, 则称广义积分 $\iint\limits_{\mathbb{R}^2} f(x,y)\mathrm{d}\sigma$ 收敛于 I.

(1) 设 $\iint\limits_{\mathbb{R}^2} f(x,y)\mathrm{d}\sigma$ 收敛于 I, 证明: 极限 $\lim\limits_{t\to+\infty}\iint\limits_{-t\leqslant x,y\leqslant t} f(x,y)\mathrm{d}\sigma$ 存在且等于 I.

(2) 设 $\iint\limits_{\mathbb{R}^2} \mathrm{e}^{ax^2+2bxy+cy^2}\mathrm{d}\sigma$ 收敛于 I, 其中实二次型 $ax^2+2bxy+cy^2$ 在正交变换下的标准形为 $\lambda_1u^2+\lambda_2v^2$. 证明: λ_1 和 λ_2 都小于 0.

第七届全国大学生数学竞赛决赛试题(非数学专业类)

一、填空题 (本题 30 分, 每小题 6 分, 共 5 小题)

(1) 微分方程 $y''-(y')^3=0$ 的通解为 ________.

(2) 设 D: $1\leqslant x^2+y^2\leqslant 4$, 则积分 $I=\iint\limits_D (x+y^2)\mathrm{e}^{-(x^2+y^2-4)}\mathrm{d}x\mathrm{d}y$ 的值是 ________.

(3) 设 $f(t)$ 二阶连续可导, 且 $f(t)\neq 0$, 若 $\begin{cases} x=\int_0^t f(s)\mathrm{d}s, \\ y=f(t), \end{cases}$ 则 $\dfrac{\mathrm{d}^2y}{\mathrm{d}x^2}=$ ________.

(4) 设 $\lambda_1,\lambda_2,\cdots,\lambda_n$ 是 n 阶方阵 A 的特征值, $f(x)$ 是多项式, 则矩阵 $f(A)$ 的行列式的值为 ________.

(5) 极限 $\lim\limits_{n\to\infty}[n\sin(\pi n!\mathrm{e})]$ 的值是 ________.

二、(本题 14 分) 设函数 $f(u,v)$ 在全平面上有连续的偏导数, 曲面 S 由方程 $f\left(\dfrac{x-a}{z-c},\dfrac{y-b}{z-c}\right)=0$ 确定, 证明: 该曲面上的所有切平面都经过点 (a,b,c).

三、(本题 14 分) 设 $f(x)$ 在 $[a,b]$ 上连续, 证明: $2\int_a^b f(x)\left(\int_x^b f(t)\mathrm{d}t\right)\mathrm{d}x=\left(\int_a^b f(x)\mathrm{d}x\right)^2$.

四、(本题 14 分) 设 A 是 $m\times n$ 矩阵, B 是 $n\times p$ 矩阵, C 是 $p\times q$ 矩阵, 证明: $R(AB)+R(BC)-R(B)\leqslant R(ABC)$, 其中 $R(X)$ 表示矩阵 X 的秩.

五、(本题 14 分) 设 $I_n=\int_0^{\pi/4}\tan^n x\mathrm{d}x$, 其中 n 为正整数.

(1) 若 $n\geqslant 2$, 计算: I_n+I_{n-2}.

(2) 设 p 为实数, 讨论级数 $\sum\limits_{n=1}^{\infty}(-1)^n I_n^p$ 的绝对收敛性和条件收敛性.

六、(本题 14 分) 设 $P(x,y,z)$ 和 $R(x,y,z)$ 在空间上有连续偏导数, 记上半球面 $S: z=z_0+\sqrt{r^2-(x-x_0)^2-(y-y_0)^2}$, 且方向向上. 若对任何点 (x_0,y_0,z_0) 和 $r>0$, 第二型曲面积分 $\iint\limits_S P\mathrm{d}y\mathrm{d}z+R\mathrm{d}x\mathrm{d}y=0$, 证明: $\dfrac{\partial P}{\partial x}=0$.

第八届全国大学生数学竞赛决赛试题(非数学专业类)

一、填空题 (本题 30 分, 每小题 6 分, 共 5 小题)

(1) 过单叶双曲面 $\dfrac{x^2}{4}+\dfrac{y^2}{2}-2z^2=1$ 与球面 $x^2+y^2+z^2=4$ 的交线且与直线 $\begin{cases} x=0, \\ 3y+z=0 \end{cases}$ 垂直的平面方程为 ________.

(2) 设可微函数 $f(x,y)$ 满足 $\dfrac{\partial f}{\partial x}=-f(x,y)$, $f\left(0,\dfrac{\pi}{2}\right)=1$, 且

$$\lim_{n\to\infty}\left(\frac{f\left(0,y+\dfrac{1}{n}\right)}{f\left(0,y\right)}\right)^n=\mathrm{e}^{\cot y},$$

则 $f(x,y)=$ ________.

(3) 已知 A 为 n 阶可逆反对称矩阵, b 为 n 元列向量, 设 $B=\begin{pmatrix} A & b \\ b^{\mathrm{T}} & 0 \end{pmatrix}$, 则 $\operatorname{rank}(B)=$ ________.

(4) $\displaystyle\sum_{n=1}^{100} n^{-\frac{1}{2}}$ 的整数部分为 ________.

(5) 曲线 $L_1: y=\dfrac{1}{3}x^3+2x(0\leqslant x\leqslant 1)$ 绕直线 $L_2: y=\dfrac{4}{3}x$ 旋转所生成的旋转曲面的面积为 ________.

二、(本题 14 分) 设 $0<x<\dfrac{\pi}{2}$, 证明: $\dfrac{4}{\pi^2}<\dfrac{1}{x^2}-\dfrac{1}{\tan^2 x}<\dfrac{2}{3}$.

三、(本题 14 分) 设 $f(x)$ 为 $(-\infty,+\infty)$ 上连续的周期为 1 的周期函数, 且满足 $0\leqslant f(x)\leqslant 1$ 与 $\displaystyle\int_0^1 f(x)\mathrm{d}x=1$. 证明: 当 $0\leqslant x\leqslant 13$ 时, 有

$$\int_0^{\sqrt{x}} f(t)\mathrm{d}t+\int_0^{\sqrt{x+27}} f(t)\mathrm{d}t+\int_0^{\sqrt{13-x}} f(t)\mathrm{d}t\leqslant 11,$$

并给出取等号的条件.

四、(本题 14 分) 设函数 $f(x,y,z)$ 在区域 $\Omega=\{(x,y,z)|x^2+y^2+z^2\leqslant 1\}$ 上具有连续的二阶偏导数, 且满足 $\dfrac{\partial^2 f}{\partial x^2}+\dfrac{\partial^2 f}{\partial y^2}+\dfrac{\partial^2 f}{\partial z^2}=\sqrt{x^2+y^2+z^2}$. 计算 $I=\displaystyle\iiint_{\Omega}\left(x\frac{\partial f}{\partial x}+y\frac{\partial f}{\partial y}+z\frac{\partial f}{\partial z}\right)\mathrm{d}x\mathrm{d}y\mathrm{d}z$.

五、(本题 14 分) 设 n 阶方阵 A, B 满足 $AB = A + B$, 证明: 若存在正整数 k, 使 $A^k = O$ (O 为零矩阵), 则行列式 $|B + 2017A| = |B|$.

六、(本题 14 分) 设 $a_n = \sum\limits_{k=1}^{n} \frac{1}{k} - \ln n$.

(1) 证明: 极限 $\lim\limits_{n\to\infty} a_n$ 存在.

(2) 记 $\lim\limits_{n\to\infty} a_n = C$, 讨论级数 $\sum\limits_{n=1}^{\infty} (a_n - C)$ 的敛散性.

第九届全国大学生数学竞赛决赛试题(非数学专业类)

一、填空题 (本题 30 分, 每小题 6 分, 共 5 小题)

(1) 极限 $\lim\limits_{x\to 0}\dfrac{\tan x-\sin x}{x\ln(1+\sin^2 x)}=$ __________.

(2) 设一平面过原点和点 $(6,-3,2)$, 且与平面 $4x-y+2z=8$ 垂直, 则此平面方程为 __________.

(3) 设函数 $f(x,y)$ 具有一阶连续偏导数, 满足 $\mathrm{d}f(x,y)=y\mathrm{e}^y\mathrm{d}x+x(1+y)\mathrm{e}^y\mathrm{d}y$ 及 $f(0,0)=0$, 则 $f(x,y)=$ __________.

(4) 满足 $\dfrac{\mathrm{d}u(t)}{\mathrm{d}t}=u(t)+\displaystyle\int_0^1 u(t)\mathrm{d}t$ 及 $u(0)=1$ 的可微函数 $u(t)=$ __________.

(5) 设 a,b,c,d 是互不相同的正实数, x,y,z,w 是实数, 满足 $a^x=bcd$, $b^y=cda$, $c^z=dab$, $d^w=abc$, 则行列式 $\begin{vmatrix}-x&1&1&1\\1&-y&1&1\\1&1&-z&1\\1&1&1&-w\end{vmatrix}=$ __________.

二、(本题 11 分) 设函数 $f(x)$ 在区间 $(0,1)$ 内连续, 且存在两两互异的点 x_1,x_2,x_3, $x_4\in(0,1)$, 使得

$$\alpha=\frac{f(x_1)-f(x_2)}{x_1-x_2}<\frac{f(x_3)-f(x_4)}{x_3-x_4}=\beta.$$

证明: 对任意 $\lambda\in(\alpha,\beta)$, 存在互异的点 $x_5,x_6\in(0,1)$, 使得 $\lambda=\dfrac{f(x_5)-f(x_6)}{x_5-x_6}$.

三、(本题 11 分) 设函数 $f(x)$ 在区间 $[0,1]$ 上连续且 $\displaystyle\int_0^1 f(x)\mathrm{d}x\neq 0$, 证明: 在区间 $[0,1]$ 上存在三个不同的点 x_1,x_2,x_3, 使得

$$\begin{aligned}\frac{\pi}{8}\int_0^1 f(x)\mathrm{d}x&=\left[\frac{1}{1+x_1^2}\int_0^{x_1}f(t)\mathrm{d}t+f(x_1)\arctan x_1\right]x_3\\&=\left[\frac{1}{1+x_2^2}\int_0^{x_2}f(t)\mathrm{d}t+f(x_2)\arctan x_2\right](1-x_3).\end{aligned}$$

四、(本题 12 分) 求极限: $\lim\limits_{n\to\infty}\left[\sqrt[n+1]{(n+1)!}-\sqrt[n]{n!}\right]$.

五、(本题 12 分) 设 $x=(x_1,x_2,\cdots,x_n)^{\mathrm{T}}\in\mathbb{R}^n$, 定义 $H(x)=\sum\limits_{i=1}^{n}x_i^2-\sum\limits_{i=1}^{n-1}x_ix_{i+1}$, $n\geqslant 2$.

(1) 证明: 对任一非零 $x\in\mathbb{R}^n$, $H(x)>0$.

(2) 求 $H(x)$ 满足条件 $x_n=1$ 的最小值.

六、(本题 12 分) 设函数 $f(x,y)$ 在区域 $D=\left\{(x,y)\,\middle|\,x^2+y^2\leqslant a^2\right\}$ 上具有一阶连续偏导数, 且满足 $f(x,y)|_{x^2+y^2=a^2}=a^2$, 以及 $\max\limits_{(x,y)\in D}\left[\left(\dfrac{\partial f}{\partial x}\right)^2+\left(\dfrac{\partial f}{\partial y}\right)^2\right]=a^2$, 其中 $a>0$. 证明: $\left|\iint\limits_D f(x,y)\mathrm{d}x\mathrm{d}y\right|\leqslant\dfrac{4}{3}\pi a^4$.

七、(本题 12 分) 设 $0<a_n<1, n=1,2,\cdots$, 且 $\lim\limits_{n\to\infty}\dfrac{\ln\dfrac{1}{a_n}}{\ln n}=q$ (有限或 $+\infty$).

(1) 证明: 当 $q>1$ 时级数 $\sum\limits_{n=1}^{\infty}a_n$ 收敛, 当 $q<1$ 时级数 $\sum\limits_{n=1}^{\infty}a_n$ 发散.

(2) 讨论 $q=1$ 时级数 $\sum\limits_{n=1}^{\infty}a_n$ 的收敛性并阐述理由.

第十届全国大学生数学竞赛决赛试题(非数学专业类)

一、填空题 (本题 30 分, 每小题 6 分, 共 5 小题)

(1) 设函数 $y=\begin{cases}\dfrac{\sqrt{1-a\sin^2 x}-b}{x^2}, & x\neq 0,\\ 2, & x=0\end{cases}$ 在点 $x=0$ 处连续, 则 $a+b$ 的值为__________.

(2) 设 $a>0$, 则 $\displaystyle\int_0^{+\infty}\frac{\ln x}{x^2+a^2}\mathrm{d}x=$__________.

(3) 设曲线 L 是空间区域 $0\leqslant x\leqslant 1, 0\leqslant y\leqslant 1, 0\leqslant z\leqslant 1$ 的表面与平面 $x+y+z=\dfrac{3}{2}$ 的交线, 则 $\left|\displaystyle\oint_L(z^2-y^2)\mathrm{d}x+(x^2-z^2)\mathrm{d}y+(y^2-x^2)\mathrm{d}z\right|=$__________.

(4) 设函数 $z=z(x,y)$ 由方程 $F(x-y,z)=0$ 确定, 其中 $F(u,v)$ 具有连续二阶偏导数, 则 $\dfrac{\partial^2 z}{\partial x\partial y}=$__________.

(5) 已知二次型 $f(x_1,x_2,\cdots,x_n)=\displaystyle\sum_{i=1}^{n}\left(x_i-\frac{x_1+x_2+\cdots+x_n}{n}\right)^2$, 则 f 的规范形为__________.

二、(本题 12 分) 设 $f(x)$ 在区间 $(-1,1)$ 内三阶连续可导, 满足 $f(0)=0, f'(0)=1$, $f''(0)=0$, $f'''(0)=-1$. 又设数列 $\{a_n\}$ 满足 $a_1\in(0,1)$, $a_{n+1}=f(a_n)(n=1,2,3,\cdots)$, 严格单调减少且 $\lim\limits_{n\to\infty}a_n=0$. 计算 $\lim\limits_{n\to\infty}na_n^2$.

三、(本题 12 分) 设 $f(x)$ 在 $(-\infty,+\infty)$ 上具有连续导数, 且 $|f(x)|\leqslant 1$, $f'(x)>0$, $x\in(-\infty,+\infty)$. 证明: 对于 $0<\alpha<\beta$, 有 $\lim\limits_{n\to\infty}\displaystyle\int_\alpha^\beta f'\left(nx-\frac{1}{x}\right)\mathrm{d}x=0$.

四、(本题 12 分) 计算三重积分: $\displaystyle\iiint\limits_{\Omega}\frac{\mathrm{d}x\mathrm{d}y\mathrm{d}z}{(1+x^2+y^2+z^2)^2}$, 其中 $\Omega: 0\leqslant x\leqslant 1,\ 0\leqslant y\leqslant 1,\ 0\leqslant z\leqslant 1$.

五、(本题 12 分) 求级数 $\displaystyle\sum_{n=1}^{\infty}\frac{1}{3}\cdot\frac{2}{5}\cdot\frac{3}{7}\cdot\cdots\cdot\frac{n}{2n+1}\cdot\frac{1}{n+1}$ 的和.

六、(本题 11 分) 设 A 是 n 阶幂零矩阵, 即满足 $A^2=O$. 证明: 若 A 的秩为 r,

且 $1 \leqslant r < \dfrac{n}{2}$, 则存在 n 阶可逆矩阵 P, 使得 $P^{-1}AP = \begin{pmatrix} O & I_r & O \\ O & O & O \end{pmatrix}$, 其中 I_r 为 r 阶单位矩阵.

七、(本题 11 分) 设 $\{u_n\}_{n=1}^{\infty}$ 为单调递减的正实数列, $\lim\limits_{n\to\infty} u_n = 0$, $\{a_n\}_{n=1}^{\infty}$ 为一实数列, 级数 $\sum\limits_{n=1}^{\infty} a_n u_n$ 收敛, 证明: $\lim\limits_{n\to\infty}(a_1 + a_2 + \cdots + a_n)u_n = 0$.

历届全国大学生数学竞赛决赛试题参考解答(非数学专业类)

首届全国大学生数学竞赛决赛试题参考解答(非数学专业类)

一、[参考解析] (1) 利用不等式：$x-\dfrac{1}{6}x^3<\sin x<x\left(0<x<\dfrac{\pi}{2}\right)$, 得

$$\frac{k\pi}{n^2}-\frac{1}{6}\cdot\frac{\pi^3}{n^3}<\frac{k\pi}{n^2}-\frac{1}{6}\left(\frac{k\pi}{n^2}\right)^3<\sin\frac{k\pi}{n^2}<\frac{k\pi}{n^2},$$

$$\sum_{k=1}^{n-1}\left(1+\frac{k}{n}\right)\frac{k\pi}{n^2}-\frac{1}{3}\cdot\frac{\pi^3}{n^2}<\sum_{k=1}^{n-1}\left(1+\frac{k}{n}\right)\sin\frac{k\pi}{n^2}<\sum_{k=1}^{n-1}\left(1+\frac{k}{n}\right)\frac{k\pi}{n^2}.$$

令 $x_n=\displaystyle\sum_{k=1}^{n-1}\left(1+\frac{k}{n}\right)\sin\frac{k\pi}{n^2}$, $z_n=\displaystyle\sum_{k=1}^{n-1}\left(1+\frac{k}{n}\right)\frac{k\pi}{n^2}$, $y_n=z_n-\dfrac{1}{3}\cdot\dfrac{\pi^3}{n^2}$, 则 $y_n\leqslant x_n\leqslant z_n$.

易知

$$\lim_{n\to\infty}z_n=\lim_{n\to\infty}\sum_{k=1}^{n}\left(1+\frac{k}{n}\right)\frac{k\pi}{n^2}=\lim_{n\to\infty}\frac{\pi(5n^2+6n+1)}{6n^2}=\frac{5\pi}{6},$$

$$\lim_{n\to\infty}y_n=\lim_{n\to\infty}z_n=\frac{5\pi}{6},$$

根据夹逼准则, 所求极限为 $\displaystyle\lim_{n\to\infty}x_n=\frac{5\pi}{6}$.

(2) 将曲面 Σ 向 xOy 平面的投影记为 D_{xy}, 向 yz 平面的投影记为 D_{yz}, 原积分可化为如下二重积分：

$$I=-2\iint\limits_{D_{yz}}\sqrt{a^2-y^2-z^2}\mathrm{d}y\mathrm{d}z+\frac{1}{a}\iint\limits_{D_{xy}}\left(a-\sqrt{a^2-x^2-y^2}\right)^2\mathrm{d}x\mathrm{d}y.$$

利用极坐标计算, 得

$$\begin{aligned}I&=-2\int_{\pi}^{2\pi}\mathrm{d}\theta\int_0^a\sqrt{a^2-r^2}r\mathrm{d}r+\frac{1}{a}\int_0^{2\pi}\mathrm{d}\theta\int_0^a\left(a-\sqrt{a^2-r^2}\right)^2r\mathrm{d}r\\&=-\frac{2\pi a^3}{3}+\frac{\pi a^3}{6}=-\frac{\pi a^3}{2}.\end{aligned}$$

(3) 设圆柱体容器的高为 h, 上下底面的半径为 r, 则 $V=\pi r^2h$. 根据题意, 所需费用为

$$F(r)=2a\pi r^2+2b\pi rh=2a\pi r^2+\frac{2bV}{r},$$

则 $F'(r)=4a\pi r-\dfrac{2bV}{r^2}$. 由费用最少可知 $F'(r)=0$, 解得 $r^3=\dfrac{bV}{2a\pi}$, 此时 $\dfrac{h}{2r}=\dfrac{a}{b}$, 即容器的高与底面直径之比为 $\dfrac{a}{b}$ 时所需费用最少.

(4)

$$
\begin{aligned}
f(x)&=\int\frac{\mathrm{d}x}{\sin^3x+\cos^3x}=\int\frac{\mathrm{d}x}{(\sin x+\cos x)(1-\sin x\cos x)}\\
&=\int\frac{\mathrm{d}x}{\sqrt{2}\sin\left(x+\dfrac{\pi}{4}\right)\left(1-\dfrac{1}{2}\sin 2x\right)}.
\end{aligned}
$$

作变换 $t=x+\dfrac{\pi}{4}$, 则

$$
\begin{aligned}
f(x)&=\int\frac{\mathrm{d}t}{\sqrt{2}\sin t\left(1+\dfrac{1}{2}\cos 2t\right)}=\frac{1}{\sqrt{2}}\int\frac{\sin t\mathrm{d}t}{\sin^2t\left(\cos^2t+\dfrac{1}{2}\right)}\\
&=-\frac{\sqrt{2}}{3}\int\left(\frac{1}{1-\cos^2t}+\frac{2}{1+2\cos^2t}\right)\mathrm{d}\cos t\\
&=-\frac{\sqrt{2}}{6}\ln\frac{1+\cos t}{1-\cos t}-\frac{2}{3}\arctan(\sqrt{2}\cos t)+C\\
&=-\frac{\sqrt{2}}{6}\ln\frac{1+\cos\left(x+\dfrac{\pi}{4}\right)}{1-\cos\left(x+\dfrac{\pi}{4}\right)}-\frac{2}{3}\arctan\left(\sqrt{2}\cos\left(x+\frac{\pi}{4}\right)\right)+C.
\end{aligned}
$$

二、[参考解析] (1) 当 $n\to\infty$ 时, 有

$$
\left(1+\frac{1}{n}\right)^n-\mathrm{e}=\mathrm{e}^{n\ln\left(1+\frac{1}{n}\right)}-\mathrm{e}=\mathrm{e}\left(\mathrm{e}^{-\frac{1}{2n}+o\left(\frac{1}{n}\right)}-1\right)\sim\mathrm{e}\left[-\frac{1}{2n}+o\left(\frac{1}{n}\right)\right],
$$

因此 $\lim\limits_{n\to\infty}n\left[\left(1+\dfrac{1}{n}\right)^n-\mathrm{e}\right]=-\dfrac{\mathrm{e}}{2}$.

(2) **[方法一]** 当 $n\to\infty$ 时, 有 $a^{\frac{1}{n}}-1=\dfrac{\ln a}{n}+o\left(\dfrac{1}{n}\right)$. 于是

$$
\lim_{n\to\infty}\left(\frac{a^{\frac{1}{n}}+b^{\frac{1}{n}}+c^{\frac{1}{n}}}{3}\right)^n=\lim_{n\to\infty}\left(1+\frac{\ln abc}{3n}+o\left(\frac{1}{n}\right)\right)^n.
$$

记 $x_n=\dfrac{\ln(abc)}{3n}+o\left(\dfrac{1}{n}\right)$, 则 $\lim\limits_{n\to\infty}nx_n=\dfrac{\ln(abc)}{3}$, 所以

$$
\lim_{n\to\infty}\left(\frac{a^{\frac{1}{n}}+b^{\frac{1}{n}}+c^{\frac{1}{n}}}{3}\right)^n=\lim_{n\to\infty}\left[(1+x_n)^{\frac{1}{x_n}}\right]^{nx_n}=\mathrm{e}^{\ln\sqrt[3]{abc}}=\sqrt[3]{abc}.
$$

[方法二] 利用 L'Hospital 法则, 得

$$\lim_{x\to0^+}\left(\frac{a^x+b^x+c^x}{3}\right)^{\frac{1}{x}}=\mathrm{e}^{\lim\limits_{x\to0^+}\frac{1}{x}\ln\left(\frac{a^x+b^x+c^x}{3}\right)}=\mathrm{e}^{\lim\limits_{x\to0^+}\frac{a^x\ln a+b^x\ln b+c^x\ln c}{a^x+b^x+c^x}}$$

$$=\mathrm{e}^{\frac{1}{3}\ln(abc)}=\sqrt[3]{abc}.$$

所以 $\lim\limits_{n\to\infty}\left(\dfrac{a^{\frac{1}{n}}+b^{\frac{1}{n}}+c^{\frac{1}{n}}}{3}\right)^n=\sqrt[3]{abc}.$

三、**[参考解析]** 利用导数的定义. 记 $y=\sin^2x+\cos x$, 当 $x\to0$ 时, $y\to1$. 所以

$$\lim_{x\to0}\frac{f(\sin^2x+\cos x)}{x^2+x\tan x}=\lim_{y\to1}\frac{f(y)-f(1)}{y-1}\cdot\lim_{x\to0}\frac{\sin^2x+\cos x-1}{x^2+x\tan x}$$

$$=\lim_{y\to1}\frac{f(y)-f(1)}{y-1}\cdot\lim_{x\to0}\frac{\dfrac{\sin^2x}{x^2}-\dfrac{1-\cos x}{x^2}}{1+\dfrac{\tan x}{x}}=2\times\frac{1}{4}=\frac{1}{2}.$$

四、**[参考解析]** 记 $F(x)=\displaystyle\int_0^x f(t)\mathrm{d}t$, 由于 $f(x)$ 连续, 所以 $F'(x)=f(x)$. 根据题设条件, 积分 $\displaystyle\int_0^{+\infty}f(x)\mathrm{d}x$ 收敛, 即 $\lim\limits_{x\to+\infty}F(x)$ 存在且有限. 因此

$$\lim_{y\to+\infty}\frac{1}{y}\int_0^y xf(x)\mathrm{d}x=\lim_{y\to+\infty}\frac{1}{y}\int_0^y x\mathrm{d}F(x)=\lim_{y\to+\infty}\frac{yF(y)-\displaystyle\int_0^y F(x)\mathrm{d}x}{y}$$

$$=\lim_{y\to+\infty}F(y)-\lim_{y\to+\infty}\frac{\displaystyle\int_0^y F(x)\mathrm{d}x}{y}=0.$$

五、**[参考证明]** (1) 设 $F(x)=f(x)-x$, 则 $F(x)$ 在 $\left[\dfrac{1}{2},1\right]$ 上连续, 且 $F\left(\dfrac{1}{2}\right)=\dfrac{1}{2}$, $F(1)=-1$, 根据连续函数的介值定理, 存在 $\xi\in\left(\dfrac{1}{2},1\right)$, 使得 $F(\xi)=0$, 即 $f(\xi)=\xi$.

(2) 设 $G(x)=\mathrm{e}^{-x}(f(x)-x)$, 则 $G'(x)=\mathrm{e}^{-x}\left[f'(x)-1-f(x)+x\right]$. 对 $G(x)$ 在 $[0,\xi]$ 上利用 Rolle 定理, 存在 $\eta\in(0,\xi)$ 使得 $G'(\eta)=0$, 即 $f'(\eta)=f(\eta)-\eta+1$.

六、**[参考证明]** 当 $x>0$ 时, $\mathrm{e}^x=\displaystyle\sum_{n=0}^{\infty}\frac{x^n}{n!}>1+x+\cdots+\frac{x^n}{n!}$, 故 $\mathrm{e}^{-x}\left(1+\dfrac{x}{1!}+\dfrac{x^2}{2!}+\cdots+\dfrac{x^n}{n!}\right)<1$. 所以 $F\left(\dfrac{n}{2}\right)=\displaystyle\int_0^{\frac{n}{2}}\mathrm{e}^{-t}\left(1+t+\frac{t^2}{2!}+\cdots+\frac{t^n}{n!}\right)\mathrm{d}t<\frac{n}{2}$. 对于 $F(n)$, 反复利用分部积分, 得

$$F(n)=\sum_{k=0}^{n}\frac{1}{k!}\int_0^n\mathrm{e}^{-t}t^k\mathrm{d}t=1-\mathrm{e}^{-n}\sum_{k=0}^{n}\frac{n^k}{k!}+\sum_{k=0}^{n-1}\frac{1}{k!}\int_0^n\mathrm{e}^{-t}t^k\mathrm{d}t$$

$$
\begin{aligned}
&=1-\mathrm{e}^{-n}\sum_{k=0}^{n}\frac{n^k}{k!}+1-\mathrm{e}^{-n}\sum_{k=0}^{n-1}\frac{n^k}{k!}+\sum_{k=0}^{n-2}\frac{1}{k!}\int_0^n \mathrm{e}^{-t}t^k\mathrm{d}t=\cdots\\
&=1-\mathrm{e}^{-n}\sum_{k=0}^{n}\frac{n^k}{k!}+1-\mathrm{e}^{-n}\sum_{k=0}^{n-1}\frac{n^k}{k!}+1-\mathrm{e}^{-n}\sum_{k=0}^{n-2}\frac{n^k}{k!}+\cdots+1-\mathrm{e}^{-n}\\
&=n+1-\mathrm{e}^{-n}\left(\sum_{k=0}^{n}\frac{n^k}{k!}+\sum_{k=0}^{n-1}\frac{n^k}{k!}+\sum_{k=0}^{n-2}\frac{n^k}{k!}+\cdots+\left(1+\frac{n}{1!}\right)+1\right)\\
&>n+1-\mathrm{e}^{-n}\frac{n+2}{2}\sum_{k=0}^{n}\frac{n^k}{k!}>n+1-\frac{n+2}{2}=\frac{n}{2},
\end{aligned}
$$

所以 $F\left(\frac{n}{2}\right)<\frac{n}{2}<F(n)$. 根据连续函数的介值定理, 存在 $\xi\in\left(\frac{n}{2},n\right)$, 使得 $F(\xi)=\frac{n}{2}$.

注 对于不等式 $1+\left(1+\frac{n}{1!}\right)+\cdots+\sum_{k=0}^{n-2}\frac{n^k}{k!}+\sum_{k=0}^{n-1}\frac{n^k}{k!}+\sum_{k=0}^{n}\frac{n^k}{k!}<\frac{n+2}{2}\sum_{k=0}^{n}\frac{n^k}{k!}$, 这里给出一种简洁的证明方法: 令 $a_k=\frac{n^k}{k!}$, $k=0,1,\cdots,n$, 则 $a_0<a_1<\cdots<a_{n-1}=a_n$. 从而有

$$
a_0+(a_0+a_1)+\cdots+\sum_{k=0}^{n-1}a_k+\sum_{k=0}^{n}a_k<a_0+2a_1+3a_2+\cdots+na_{n-1}+(n+1)a_n.
$$

此不等式两边的各项分别按行和列排成 $n+1$ 阶下三角矩阵与上三角矩阵, 可得

$$
\begin{pmatrix}
a_0 & 0 & 0 & \cdots & 0\\
a_0 & a_1 & 0 & \cdots & 0\\
a_0 & a_1 & a_2 & \cdots & 0\\
\vdots & \vdots & \vdots & & \vdots\\
a_0 & a_1 & a_2 & \cdots & a_n
\end{pmatrix}
+
\begin{pmatrix}
a_0 & a_1 & a_2 & \cdots & a_n\\
0 & a_1 & a_2 & \cdots & a_n\\
0 & 0 & a_2 & \cdots & a_n\\
\vdots & \vdots & \vdots & & \vdots\\
0 & 0 & 0 & \cdots & a_n
\end{pmatrix}
=
\begin{pmatrix}
2a_0 & a_1 & a_2 & \cdots & a_n\\
a_0 & 2a_1 & a_2 & \cdots & a_n\\
a_0 & a_1 & 2a_2 & \cdots & a_n\\
\vdots & \vdots & \vdots & & \vdots\\
a_0 & a_1 & a_2 & \cdots & 2a_n
\end{pmatrix},
$$

分别观察等式两边矩阵的所有元素之和, 即得

$$
2\left(a_0+(a_0+a_1)+\cdots+\sum_{k=0}^{n-2}a_k+\sum_{k=0}^{n-1}a_k+\sum_{k=0}^{n}a_k\right)<(n+2)\sum_{k=0}^{n}a_k.
$$

七、[参考解析] 不存在这样的函数. 下面用反证法给予证明. 假设存在 $\mathbb{R}^1$ 上的可微函数 $f(x)$, 使得 $f(f(x))=1+x^2+x^4-x^3-x^5$, 考虑方程 $f(f(x))=x$, 即 $(x-1)(x^4+x^2+1)=0$, 所以 $x=1$ 是方程的唯一实根, 即 $f(f(1))=1$.

记 $a=f(1)$, 则 $f(a)=f(f(1))=1$, $f(f(a))=f(1)=a$, 所以 $a=1$. 又由于

$$
\left.\frac{\mathrm{d}}{\mathrm{d}x}f(f(x))\right|_{x=1}=f'(f(1))f'(1)=(f'(1))^2>0,
$$

而 $\frac{\mathrm{d}}{\mathrm{d}x}(1+x^2+x^4-x^3-x^5)\Big|_{x=1}=-2$, 矛盾. 因此, 满足 $f(f(x))=1+x^2+x^4-x^3-x^5$ 的在 $\mathbb{R}^1$ 上的可微函数 $f(x)$ 不存在.

八、[参考证明] 由于 $f(x)$ 在 $[0,+\infty)$ 上一致连续, 故对于任意给定的 $\varepsilon>0$, 存在 $\delta>0$, 使得对 $x',x''\in[0,+\infty)$, 当 $|x'-x''|<\delta$ 时, 有 $|f(x')-f(x'')|<\varepsilon$.

取一个充分大的正整数 m, 使得 $m>\frac{1}{\delta}$, 将区间 $[0,1]$ 等分成 m 个小区间, 记第 j 个等分点为 $x_j=\frac{j}{m}$, $j=1,2,\cdots,m$.

由于 $\lim\limits_{n\to\infty}f(x+n)=0$, 故对每个等分点 x_j 及上面给定的 $\varepsilon>0$, 存在正整数 $N_j>0$, 使得当 $n>N_j$ 时, $|f(x_j+n)|<\varepsilon$.

取 $N=\max\{N_1,N_2,\cdots,N_m\}$, 对任意 $x\in[0,1]$, 必存在某个等分点 $x_k\in[0,1]$, 使得 $|x-x_k|<\frac{1}{m}=\delta$. 当 $n>N$ 时, 因为 $|(x+n)-(x_k+n)|=|x-x_k|<\delta$, 所以

$$|f(x+n)-f(x_k+n)|<\varepsilon,$$

故 $|f(x+n)|<|f(x+n)-f(x_k+n)|+|f(x_k+n)|<2\varepsilon$. 注意到这里 N 的选取与点 x 无关, 这就证明了函数序列 $\{f(x+n):n=1,2,\cdots\}$ 在 $[0,1]$ 上一致收敛于 0.

第二届全国大学生数学竞赛决赛试题参考解答(非数学专业类)

一、[参考解析]

(1) $\lim\limits_{x\to 0}\left(\dfrac{\sin x}{x}\right)^{\frac{1}{1-\cos x}}=\lim\limits_{x\to 0}\left(\left(1+\dfrac{\sin x-x}{x}\right)^{\frac{x}{\sin x-x}}\right)^{\frac{\sin x-x}{x^3}\cdot\frac{x^2}{1-\cos x}}=\mathrm{e}^{-\frac{1}{3}}.$

(2) 利用定积分的定义.

$$原式=\lim_{n\to\infty}\sum_{k=1}^{n}\frac{1}{1+\dfrac{k}{n}}\cdot\frac{1}{n}=\int_0^1\frac{1}{1+x}\mathrm{d}x=\ln 2.$$

(3) 利用参数方程求导法则. 因为

$$\frac{\mathrm{d}x}{\mathrm{d}t}=\frac{2\mathrm{e}^{2t}}{1+\mathrm{e}^{2t}},\quad \frac{\mathrm{d}y}{\mathrm{d}t}=1-\frac{\mathrm{e}^{t}}{1+\mathrm{e}^{2t}}=\frac{\mathrm{e}^{2t}-\mathrm{e}^{t}+1}{1+\mathrm{e}^{2t}},$$

所以 $\dfrac{\mathrm{d}y}{\mathrm{d}x}=\dfrac{\frac{\mathrm{d}y}{\mathrm{d}t}}{\frac{\mathrm{d}x}{\mathrm{d}t}}=\dfrac{\mathrm{e}^{2t}-\mathrm{e}^{t}+1}{2\mathrm{e}^{2t}}$, $\dfrac{\mathrm{d}}{\mathrm{d}t}\left(\dfrac{\mathrm{d}y}{\mathrm{d}x}\right)=\dfrac{\mathrm{d}}{\mathrm{d}t}\left(\dfrac{1}{2}-\dfrac{\mathrm{e}^{-t}}{2}+\dfrac{\mathrm{e}^{-2t}}{2}\right)=\dfrac{\mathrm{e}^{t}-2}{2\mathrm{e}^{2t}}$. 因此

$$\frac{\mathrm{d}^2y}{\mathrm{d}x^2}=\frac{\mathrm{d}}{\mathrm{d}x}\left(\frac{\mathrm{d}y}{\mathrm{d}x}\right)=\frac{\mathrm{d}}{\mathrm{d}t}\left(\frac{\mathrm{d}y}{\mathrm{d}x}\right)\cdot\frac{\mathrm{d}t}{\mathrm{d}x}=\frac{\dfrac{\mathrm{e}^{t}-2}{2\mathrm{e}^{2t}}}{\dfrac{2\mathrm{e}^{2t}}{1+\mathrm{e}^{2t}}}=\frac{(\mathrm{e}^{t}-2)(\mathrm{e}^{2t}+1)}{4\mathrm{e}^{4t}}.$$

二、[参考解析] 利用凑全微分法. 因为 $(2x-4)\mathrm{d}x+(y\mathrm{d}x+x\mathrm{d}y)+(y-1)\mathrm{d}y=0$, 即

$$\mathrm{d}(x^2-4x)+\mathrm{d}(xy)+\mathrm{d}\left(\frac{y^2}{2}-y\right)=0,\quad \mathrm{d}\left(x^2+xy+\frac{y^2}{2}-4x-y\right)=0,$$

所以原方程的通解为 $x^2+xy+\dfrac{1}{2}y^2-4x-y=C$, 其中 C 为任意常数.

三、[参考证明] 为方便起见, 记 $F(h)=k_1f(h)+k_2f(2h)+k_3f(3h)-f(0)$, 即证: 存在唯一一组实数 k_1,k_2,k_3, 使得 $\lim\limits_{h\to 0}\dfrac{F(h)}{h^2}=0$.

利用带 Peano 型余项的 Taylor 公式: $f(x)=f(0)+f'(0)x+\dfrac{1}{2}f''(0)x^2+o(x^2)$, 其中 $o(x^2)$ 是当 $x\to 0$ 时 x^2 的高阶无穷小, 取 $x=h,2h,3h$, 代入上式, 得

$$F(h)=(k_1+k_2+k_3)f(0)+(k_1+2k_2+3k_3)f'(0)h+\frac{1}{2}(k_1+4k_2+9k_3)f''(0)h^2+o(h^2).$$

欲使 $\lim_{h\to 0}\frac{F(h)}{h^2}=0$, 只需 k_1,k_2,k_3 满足线性方程组 $\begin{cases}k_1+k_2+k_3=1,\\ k_1+2k_2+3k_3=0,\\ k_1+4k_2+9k_3=0.\end{cases}$ 因为方程组的系数行列式 $\begin{vmatrix}1&1&1\\1&2&3\\1&4&9\end{vmatrix}=2\neq 0$, 利用 Cramer 法则, 解得唯一实数解 $k_1=3,k_2=-3,k_3=1$. 故存在唯一一组实数 k_1,k_2,k_3, 使得 $\lim_{h\to 0}\frac{F(h)}{h^2}=0$.

四、[参考解析] [方法一] 根据对称性, 只需考虑交线 Γ 的第一卦限部分即可, 此时显然有 $z\neq 0$.

设切点坐标为 (x,y,z), 则切平面方程为 $\frac{x}{a^2}X+\frac{y}{b^2}Y+\frac{z}{c^2}Z=1$, 经计算可知原点到切平面的距离 $d=\left(\frac{x^2}{a^4}+\frac{y^2}{b^4}+\frac{z^2}{c^4}\right)^{-\frac{1}{2}}$. 记 $\rho=\frac{1}{d^2}=\frac{x^2}{a^4}+\frac{y^2}{b^4}+\frac{z^2}{c^4}$, 因为切点在 Γ 上, 所以问题转化为求 ρ 满足 $z^2=x^2+y^2$ 与 $\frac{x^2}{a^2}+\frac{y^2}{b^2}+\frac{z^2}{c^2}=1$ 的条件极值. 利用 Lagrange 乘数法. 设

$$F(x,y,z)=\frac{x^2}{a^4}+\frac{y^2}{b^4}+\frac{z^2}{c^4}-\lambda(x^2+y^2-z^2)-\mu\left(\frac{x^2}{a^2}+\frac{y^2}{b^2}+\frac{z^2}{c^2}-1\right),$$

则驻点坐标 (x,y,z) 满足以下方程组

$$\begin{cases}F_x=2x\left(\frac{1}{a^4}-\lambda-\mu\frac{1}{a^2}\right)=0,\\ F_y=2y\left(\frac{1}{b^4}-\lambda-\mu\frac{1}{b^2}\right)=0,\\ F_z=2z\left(\frac{1}{c^4}+\lambda-\mu\frac{1}{c^2}\right)=0\end{cases}\quad 与\quad \begin{cases}F_\lambda=-(x^2+y^2-z^2)=0,\\ F_\mu=-\left(\frac{x^2}{a^2}+\frac{y^2}{b^2}+\frac{z^2}{c^2}-1\right)=0.\end{cases}$$

若 x,y,z 都不为零, 则 $\lambda=-\frac{1}{a^2b^2},\mu=\frac{a^2+b^2}{a^2b^2}$. 此时 $\rho=\frac{a^2+b^2}{a^2b^2}$, 所以原点到所有切平面的距离为常值 $d=\frac{ab}{\sqrt{a^2+b^2}}$.

若 $x=0,y=z\neq 0$, 则 $y=z=\frac{bc}{\sqrt{b^2+c^2}}$, 所以 $\rho_1=\frac{y^2}{b^4}+\frac{z^2}{c^4}=\frac{b^4+c^4}{b^2c^2(b^2+c^2)}$.

若 $y=0,x=z\neq 0$, 则 $x=z=\frac{ac}{\sqrt{a^2+c^2}}$, 所以 $\rho_2=\frac{x^2}{a^4}+\frac{z^2}{c^4}=\frac{a^4+c^4}{a^2c^2(a^2+c^2)}$.

因为

$$\rho_2-\rho_1=\frac{a^4+c^4}{a^2c^2(a^2+c^2)}-\frac{b^4+c^4}{b^2c^2(b^2+c^2)}=\frac{(a^2-b^2)(a^2b^2-(a^2+b^2+c^2)c^2)}{a^2b^2(a^2+c^2)(b^2+c^2)},$$

所以关于最大距离 $d_{\max}$ 与最小距离 $d_{\min}$ 有如下结论:

当 $a^2b^2=(a^2+b^2+c^2)c^2$ 时, $\rho_2=\rho_1$, $d\equiv\dfrac{ab}{\sqrt{a^2+b^2}}$ 为常数;

当 $a^2b^2>(a^2+b^2+c^2)c^2$ 时, $\rho_2>\rho_1$, $d_{\max}=bc\sqrt{\dfrac{b^2+c^2}{b^4+c^4}}$, $d_{\min}=ac\sqrt{\dfrac{a^2+c^2}{a^4+c^4}}$;

当 $a^2b^2<(a^2+b^2+c^2)c^2$ 时, $\rho_2<\rho_1$, $d_{\max}=ac\sqrt{\dfrac{a^2+c^2}{a^4+c^4}}$, $d_{\min}=bc\sqrt{\dfrac{b^2+c^2}{b^4+c^4}}$.

[方法二] 根据对称性, 只需考虑交线 Γ 的第一卦限部分即可, 此时显然有 $z>0$.

设切点坐标为 (x,y,z), 则切平面方程为 $\dfrac{x}{a^2}X+\dfrac{y}{b^2}Y+\dfrac{z}{c^2}Z=1$, 经计算可知原点到切平面的距离 $d=\left(\dfrac{x^2}{a^4}+\dfrac{y^2}{b^4}+\dfrac{z^2}{c^4}\right)^{-\frac{1}{2}}$. 因此问题可转化为求函数 $\dfrac{1}{d^2}=\dfrac{x^2}{a^4}+\dfrac{y^2}{b^4}+\dfrac{z^2}{c^4}$ 满足条件 $z^2=x^2+y^2$ 与 $\dfrac{x^2}{a^2}+\dfrac{y^2}{b^2}+\dfrac{z^2}{c^2}=1$ 的最小值和最大值.

利用 Γ 的方程解出 x^2,y^2(均表示为 z^2 的函数) 再代入 $\dfrac{1}{d^2}$ 的表示式并整理, 得

$$\frac{1}{d^2}=\frac{1}{c^2}\left(\frac{1}{c^2}-\frac{a^2+b^2+c^2}{a^2b^2}\right)z^2+\frac{1}{a^2}+\frac{1}{b^2}. \tag{$*$}$$

仍由 Γ 的方程, 令 $\begin{cases}x=z\cos\theta,\\ y=z\sin\theta,\end{cases}$ 代入 Γ 的第二个方程, 得 $z^2=\left(\dfrac{\cos^2\theta}{a^2}+\dfrac{\sin^2\theta}{b^2}+\dfrac{1}{c^2}\right)^{-1}$. 因为当 $0<\theta<\dfrac{\pi}{2}$ 时, $\dfrac{\mathrm{d}(z^2)}{\mathrm{d}\theta}=\left(\dfrac{\cos^2\theta}{a^2}+\dfrac{\sin^2\theta}{b^2}+\dfrac{1}{c^2}\right)^{-2}\left(\dfrac{1}{a^2}-\dfrac{1}{b^2}\right)\sin2\theta<0$, 所以 z^2 在区间 $\left[0,\dfrac{\pi}{2}\right]$ 上是严格单减函数, 故 $z^2\left(\dfrac{\pi}{2}\right)\leqslant z^2\leqslant z^2(0)$, 即 $\dfrac{b^2c^2}{b^2+c^2}\leqslant z^2\leqslant\dfrac{a^2c^2}{a^2+c^2}$. 由此并结合 $(*)$ 式可知, 函数 d 的最大值与最小值如下:

(1) 若 $\dfrac{1}{c^2}=\dfrac{a^2+b^2+c^2}{a^2b^2}$, 则 $\dfrac{1}{d^2}=\dfrac{1}{a^2}+\dfrac{1}{b^2}$, 所以 $d\equiv\dfrac{ab}{\sqrt{a^2+b^2}}$ 为常数;

(2) 若 $\dfrac{1}{c^2}>\dfrac{a^2+b^2+c^2}{a^2b^2}$, 则 $\dfrac{b^4+c^4}{b^2c^2(b^2+c^2)}\leqslant\dfrac{1}{d^2}\leqslant\dfrac{a^4+c^4}{a^2c^2(a^2+c^2)}$, 相应的最大值和最小值分别为 $d_{\max}=bc\sqrt{\dfrac{b^2+c^2}{b^4+c^4}}$ 和 $d_{\min}=ac\sqrt{\dfrac{a^2+c^2}{a^4+c^4}}$;

(3) 若 $\dfrac{1}{c^2}<\dfrac{a^2+b^2+c^2}{a^2b^2}$, 则 $\dfrac{a^4+c^4}{a^2c^2(a^2+c^2)}\leqslant\dfrac{1}{d^2}\leqslant\dfrac{b^4+c^4}{b^2c^2(b^2+c^2)}$, 相应的最大值和最小值分别为 $d_{\max}=ac\sqrt{\dfrac{a^2+c^2}{a^4+c^4}}$ 和 $d_{\min}=bc\sqrt{\dfrac{b^2+c^2}{b^4+c^4}}$.

五、[参考解析] (1) 椭球面 Σ 的方程为 $x^2+3y^2+z^2=1$. 记 $F(x,y,z)=x^2+3y^2+z^2-1$, 则曲面 Σ 在点 $P(x,y,z)$ 处的法向量为 $\{x,3y,z\}$, 切平面 Π 的方程为 $xX+3yY+zZ=1$. 因此 $\rho(x,y,z)=\dfrac{1}{\sqrt{x^2+9y^2+z^2}}$.

在曲面 S 上, $\rho(x,y,z)=\dfrac{1}{\sqrt{1+6y^2}}$, $\mathrm{d}S=\sqrt{1+z_x^2+z_y^2}\mathrm{d}x\mathrm{d}y=\dfrac{\sqrt{1+6y^2}}{z}\mathrm{d}x\mathrm{d}y$, 所以

$$I_1=\iint\limits_{S}\frac{z}{\rho(x,y,z)}\mathrm{d}S=\iint\limits_{x^2+3y^2\leqslant 1}(1+6y^2)\mathrm{d}x\mathrm{d}y=\frac{\sqrt{3}\pi}{3}+\iint\limits_{x^2+3y^2\leqslant 1}6y^2\mathrm{d}x\mathrm{d}y.$$

利用广义极坐标 $x=r\cos\theta, y=\dfrac{1}{\sqrt{3}}r\sin\theta$, 椭圆 $x^2+3y^2=1$ 的方程为 $r=1$, 所以

$$\iint\limits_{x^2+3y^2\leqslant 1}6y^2\mathrm{d}x\mathrm{d}y=6\int_0^{2\pi}\mathrm{d}\theta\int_0^1\left(\frac{1}{\sqrt{3}}r\sin\theta\right)^2\frac{1}{\sqrt{3}}r\mathrm{d}r=\frac{\sqrt{3}}{6}\int_0^{2\pi}\sin^2\theta\mathrm{d}\theta=\frac{\sqrt{3}\pi}{6},$$

因此 $I_1=\dfrac{\sqrt{3}\pi}{3}+\dfrac{\sqrt{3}\pi}{6}=\dfrac{\sqrt{3}\pi}{2}$.

(2) **[方法一]** 将 S 补上 xOy 平面上的区域 $S_1: x^2+3y^2\leqslant 1$(取下侧) 构成一封闭曲面的外侧, 记所围成的区域为 $\Omega: x^2+3y^2+z^2\leqslant 1$. 利用 Gauss 公式, 得

$$\begin{aligned}I_2&=\oiint\limits_{S+S_1}(\lambda xz+3\mu yz+\nu z^2)\mathrm{d}S-\iint\limits_{S_1}z(\lambda x+3\mu y+\nu z)\mathrm{d}S\\&=\oiint\limits_{S+S_1}(\lambda xz+3\mu yz+\nu z^2)\mathrm{d}S=\iiint\limits_{\Omega}6z\mathrm{d}x\mathrm{d}y\mathrm{d}z.\end{aligned}$$

再利用"先二后一"法, 得

$$I_2=6\iiint\limits_{\Omega}z\mathrm{d}x\mathrm{d}y\mathrm{d}z=6\int_0^1\frac{\sqrt{3}\pi}{3}z(1-z^2)\mathrm{d}z=2\sqrt{3}\pi\int_0^1(z-z^3)\mathrm{d}z=\frac{\sqrt{3}\pi}{2}.$$

[方法二] 直接利用 (1) 的结果. 在 S 上任意点 (x,y,z) 处的法向量为 $\{x,3y,z\}$, 则

$$\lambda=\frac{x}{\sqrt{x^2+9y^2+z^2}},\quad \mu=\frac{3y}{\sqrt{x^2+9y^2+z^2}},\quad \nu=\frac{z}{\sqrt{x^2+9y^2+z^2}},$$

从而有 $\lambda x+3\mu y+\nu z=\sqrt{x^2+9y^2+z^2}$, 因此

$$I_2=\iint\limits_{S}z\sqrt{x^2+9y^2+z^2}\mathrm{d}S=\iint\limits_{S}\frac{z}{\rho(x,y,z)}\mathrm{d}S=I_1=\frac{\sqrt{3}\pi}{2}.$$

六、[参考证明] 注意到, $\dfrac{\mathrm{d}}{\mathrm{d}x}[\ln f(x)]=\dfrac{f'(x)}{f(x)}$, 利用 Lagrange 中值定理, 得

$$|a_n-a_{n-1}|=|\ln f(a_{n-1})-\ln f(a_{n-2})|=\left|\frac{f'(\xi)}{f(\xi)}\right|\cdot|a_{n-1}-a_{n-2}|\leqslant m\,|a_{n-1}-a_{n-2}|,$$

这里 ξ 介于 a_{n-1} 与 a_{n-2} 之间. 根据归纳可知

$$|a_n-a_{n-1}|\leqslant m\,|a_{n-1}-a_{n-2}|\leqslant m^2\,|a_{n-2}-a_{n-3}|\leqslant\cdots\leqslant m^{n-1}\,|a_1-a_0|.$$

因为 $\sum\limits_{n=1}^{+\infty}m^{n-1}$ 收敛, 由比较判别法知 $\sum\limits_{n=1}^{+\infty}|a_n-a_{n-1}|$ 收敛, 所以级数 $\sum\limits_{n=1}^{\infty}(a_n-a_{n-1})$ 绝对收敛.

七、[参考解析] 不存在这样的函数. 假设存在这样的函数 $f(x)$, 则 $-1\leqslant f'(x)\leqslant 1$.

在区间 $[0,1]$ 和 $[1,2]$ 上分别利用 Lagrange 中值定理, 则存在 $\xi\in(0,1)$, $\eta\in(1,2)$, 使得

$$f(x)=f(0)+f'(\xi)(x-0)\geqslant 1-x,\quad x\in[0,1];$$

$$f(x)=f(2)+f'(\eta)(x-2)\geqslant x-1,\quad x\in[1,2].$$

记 $g(x)=\begin{cases}1-x, & 0\leqslant x\leqslant 1,\\ x-1, & 1<x\leqslant 2,\end{cases}$ 则 $g(x)$ 在 $[0,2]$ 上连续, 且满足 $f(x)\geqslant g(x)\geqslant 0$. 注意到

$$\int_0^2 g(x)\mathrm{d}x=\int_0^1 g(x)\mathrm{d}x+\int_1^2 g(x)\mathrm{d}x=\int_0^1(1-x)\mathrm{d}x+\int_1^2(x-1)\mathrm{d}x=1,$$

所以 $1\geqslant\int_0^2 f(x)\mathrm{d}x\geqslant\int_0^2 g(x)\mathrm{d}x=1$, 因而 $\int_0^2 f(x)\mathrm{d}x=1$, 于是 $\int_0^2[f(x)-g(x)]\,\mathrm{d}x=0$. 由此可知 $f(x)\equiv g(x)$, $x\in[0,2]$. 但 $g(x)$ 在 $x=1$ 处不可导, 与 $f(x)$ 的可微性矛盾. 所以不存在满足题设条件的函数.

第三届全国大学生数学竞赛决赛试题参考解答(非数学专业类)

一、[参考解析] (1) [方法一] 先对分母利用无穷小替换：$\sin x \sim x(x \to 0)$, 再利用 L'Hospital 法则.

$$\begin{aligned}原式 &= \lim_{x\to 0}\frac{\sin^2 x - x^2\cos^2 x}{x^4} = \lim_{x\to 0}\frac{\sin x + x\cos x}{x}\lim_{x\to 0}\frac{\sin x - x\cos x}{x^3}\\ &= \lim_{x\to 0}\left(\cos x + \frac{\sin x}{x}\right)\lim_{x\to 0}\frac{\cos x + x\sin x - \cos x}{3x^2} = \frac{2}{3}\lim_{x\to 0}\frac{\sin x}{x} = \frac{2}{3}.\end{aligned}$$

[方法二] 对分母利用无穷小替换：$\tan x \sim x(x \to 0)$, 再利用 L'Hospital 法则.

$$\begin{aligned}原式 &= \lim_{x\to 0}\frac{\tan^2 x - x^2}{x^2\tan^2 x} = \lim_{x\to 0}\frac{\tan^2 x - x^2}{x^4} = \lim_{x\to 0}\left(1 + \frac{\tan x}{x}\right)\frac{\tan x - x}{x^3}\\ &= \frac{2}{3}\lim_{x\to 0}\frac{\sec^2 x - 1}{x^2} = \frac{2}{3}\lim_{x\to 0}\left(\frac{\tan x}{x}\right)^2 = \frac{2}{3}.\end{aligned}$$

(2) 作变换 $x = \dfrac{1}{t}$, 再拆分成三项, 并对第一项利用 L'Hospital 法则, 对第三项利用无穷小替换：$\sqrt{1+t^6} - 1 \sim \dfrac{t^6}{2}\ (t \to 0^+)$.

$$\begin{aligned}原式 &= \lim_{t\to 0^+}\frac{\left(1 + \dfrac{t^2}{2} - t^3\tan t\right)\mathrm{e}^t - \sqrt{1+t^6}}{t^3}\\ &= \lim_{t\to 0^+}\frac{\left(1 + \dfrac{t^2}{2}\right)\mathrm{e}^t - 1}{t^3} - \lim_{t\to 0^+}\mathrm{e}^t\tan t - \lim_{t\to 0^+}\frac{\sqrt{1+t^6} - 1}{t^3}\\ &= \lim_{t\to 0^+}\frac{\left(1 + \dfrac{t^2}{2} + t\right)\mathrm{e}^t}{3t^2} - 0 = \lim_{t\to 0^+}\frac{2 + 2t + t^2}{6t^2}\mathrm{e}^t = +\infty.\end{aligned}$$

(3) 对方程 $z = f(x, y)$ 的两端关于 x 求偏导, 得

$$f_x(x,y) + f_y(x,y)\frac{\partial y}{\partial x} = 0,$$

所以 $\dfrac{\partial y}{\partial x} = -\dfrac{f_x}{f_y}$. 再对上式两端关于 x 求偏导, 得

$$f_{xx} + 2f_{xy}\frac{\partial y}{\partial x} + f_{yy}\left(\frac{\partial y}{\partial x}\right)^2 + f_y\frac{\partial^2 y}{\partial x^2} = 0.$$

将 $\dfrac{\partial y}{\partial x}=-\dfrac{f_x}{f_y}$ 代入上式并整理, 得

$$\frac{1}{f_y^2}\left(f_y^2 f_{xx}-2f_x f_y f_{xy}+f_x^2 f_{yy}\right)+f_y\frac{\partial^2 y}{\partial x^2}=0.$$

因为 $f_x^2 f_{yy}-2f_x f_y f_{xy}+f_y^2 f_{xx}=0$, 所以 $\dfrac{\partial^2 y}{\partial x^2}=0$.

(4) **[方法一]** 注意到 $\dfrac{\mathrm{d}}{\mathrm{d}x}\left(x\mathrm{e}^{x+\frac{1}{x}}\right)=\left(1+x-\dfrac{1}{x}\right)\mathrm{e}^{x+\frac{1}{x}}$, 所以 $I=x\mathrm{e}^{x+\frac{1}{x}}+C$.

[方法二] 先拆项, 再对第二项作分部积分, 得

$$\begin{aligned}I&=\int \mathrm{e}^{x+\frac{1}{x}}\mathrm{d}x+\int x\left(1-\frac{1}{x^2}\right)\mathrm{e}^{x+\frac{1}{x}}\mathrm{d}x=\int \mathrm{e}^{x+\frac{1}{x}}\mathrm{d}x+\int x\mathrm{d}(\mathrm{e}^{x+\frac{1}{x}})\\&=\int \mathrm{e}^{x+\frac{1}{x}}\mathrm{d}x+x\mathrm{e}^{x+\frac{1}{x}}-\int \mathrm{e}^{x+\frac{1}{x}}\mathrm{d}x=x\mathrm{e}^{x+\frac{1}{x}}+C.\end{aligned}$$

(5) 联立 $x^2+y^2=az$ 与 $z=2a-\sqrt{x^2+y^2}$, 解得 $z=a$(舍去 $z=4a$), 曲面在 xOy 平面上的投影区域为 $D:x^2+y^2\leqslant a^2$. 曲面被平面 $z=a$ 分成下、上两部分, 对它们分别利用曲面面积公式 $\iint\limits_D\sqrt{1+(z_x)^2+(z_y)^2}\mathrm{d}\sigma$. 因此所求表面积为

$$\begin{aligned}S&=\iint\limits_D\left(\sqrt{2}+\sqrt{1+\frac{4x^2}{a^2}+\frac{4y^2}{a^2}}\right)\mathrm{d}\sigma=\sqrt{2}\pi a^2+\frac{1}{a}\int_0^{2\pi}\mathrm{d}\theta\int_0^a\sqrt{a^2+4r^2}r\mathrm{d}r\\&=\sqrt{2}\pi a^2+\frac{\pi}{6a}(a^2+4r^2)^{\frac{3}{2}}\Big|_0^a=\sqrt{2}\pi a^2+\frac{5\sqrt{5}-1}{6}\pi a^2=\left(\sqrt{2}+\frac{5\sqrt{5}-1}{6}\right)\pi a^2.\end{aligned}$$

二、**[参考解析]** 记 $f(x)=\dfrac{x}{\cos^2 x+x^\alpha\sin^2 x}$, 因为 $f(x)$ 是 $[0,+\infty)$ 上的连续函数, 所以只需讨论 $\displaystyle\int_1^{+\infty}f(x)\mathrm{d}x$ 的敛散性.

(1) 若 $\alpha\leqslant 0$, 则 $f(x)\geqslant\dfrac{x}{2}\geqslant\dfrac{1}{2}$. 根据比较判别法可知, 积分 $\displaystyle\int_1^{+\infty}f(x)\mathrm{d}x$ 发散.

(2) 若 $\alpha>0$, 记 $a_n=\displaystyle\int_{n\pi}^{(n+1)\pi}f(x)\mathrm{d}x$, 注意到 $f(x)>0$, 则 $\displaystyle\int_1^{+\infty}f(x)\mathrm{d}x$ 与级数 $\displaystyle\sum_{n=1}^{\infty}a_n$ 的收敛性相同. 对于 a_n, 因为 $n\pi\leqslant x\leqslant(n+1)\pi$, 所以

$$\frac{n\pi}{\cos^2 x+((n+1)\pi)^\alpha\sin^2 x}\leqslant f(x)\leqslant\frac{(n+1)\pi}{\cos^2 x+(n\pi)^\alpha\sin^2 x},$$

$$\int_{n\pi}^{(n+1)\pi}\frac{n\pi}{\cos^2x+((n+1)\pi)^\alpha\sin^2x}\mathrm{d}x\leqslant a_n\leqslant\int_{n\pi}^{(n+1)\pi}\frac{(n+1)\pi}{\cos^2x+(n\pi)^\alpha\sin^2x}\mathrm{d}x.$$

为计算上述定积分, 任取 $b>0$, 由于 $\dfrac{1}{\cos^2x+b\sin^2x}$ 是以 π 为周期的偶函数, 所以

$$\int_{n\pi}^{(n+1)\pi}\frac{\mathrm{d}x}{\cos^2x+b\sin^2x}=\int_{-\frac{\pi}{2}}^{\frac{\pi}{2}}\frac{\mathrm{d}x}{\cos^2x+b\sin^2x}=2\int_0^{\frac{\pi}{2}}\frac{\mathrm{d}x}{\cos^2x+b\sin^2x}$$
$$=2\int_0^{\frac{\pi}{2}}\frac{\mathrm{d}(\tan x)}{1+(\sqrt{b}\tan x)^2}=\frac{2}{\sqrt{b}}\arctan(\sqrt{b}\tan x)\Big|_0^{\frac{\pi}{2}}=\frac{\pi}{\sqrt{b}}.$$

令 $b=((n+1)\pi)^\alpha$ 和 $(n\pi)^\alpha$, 得 $\dfrac{n\pi^2}{\sqrt{((n+1)\pi)^\alpha}}\leqslant a_n\leqslant\dfrac{(n+1)\pi^2}{\sqrt{(n\pi)^\alpha}}$. 所以 $\lim\limits_{n\to\infty}\dfrac{a_n}{n^{1-\frac{\alpha}{2}}}=\pi^{2-\frac{\alpha}{2}}$. 根据级数 $\sum\limits_{n=1}^{\infty}\dfrac{1}{n^{\frac{\alpha}{2}-1}}$ 的收敛性及比较判别法可知, 当 $\alpha>4$ 时 $\sum\limits_{n=1}^{\infty}a_n$ 收敛, $0<\alpha\leqslant4$ 时 $\sum\limits_{n=1}^{\infty}a_n$ 发散.

综上可知, 当 $\alpha>4$ 时 $\int_0^{+\infty}f(x)\mathrm{d}x$ 收敛, 当 $\alpha\leqslant4$ 时 $\int_0^{+\infty}f(x)\mathrm{d}x$ 发散.

三、[参考证明] 根据题设条件, $f(x)$ 在 $(-\infty,+\infty)$ 上无穷次可微, 且存在 $M>0$, 使得 $\left|f^{(k)}(x)\right|\leqslant M(k=1,2,\cdots)$, 所以 $f(x)$ 在 $(-\infty,+\infty)$ 上可展开成 Maclaurin 级数

$$f(x)=f(0)+f'(0)x+\frac{f''(0)}{2!}x^2+\cdots+\frac{f^{(k)}(0)}{k!}x^k+\cdots.$$

下面证明 $f^{(k)}(0)=0(k=0,1,2,\cdots)$.

为此我们先证明: 对任意正整数 k, 存在严格单调递减数列 $\{\xi_n^{(k)}\}$, 使得 $\lim\limits_{n\to\infty}\xi_n^{(k)}=0$, 且 $f^{(k)}(\xi_n^{(k)})=0(n=1,2,\cdots)$. 对 k 利用数学归纳法.

当 $k=1$ 时, 对 $f(x)$ 在区间 $\left[\dfrac{1}{2^{n+1}},\dfrac{1}{2^n}\right]$ 上利用 Rolle 定理, 存在 $\xi_n^{(1)}\in\left(\dfrac{1}{2^{n+1}},\dfrac{1}{2^n}\right)$, 使得 $f'(\xi_n^{(1)})=0(n=1,2,\cdots)$. 显然 $\{\xi_n^{(1)}\}$ 严格单调递减且 $\lim\limits_{n\to\infty}\xi_n^{(1)}=0$.

假设当 $k=p$ 时结论成立, 即存在严格单调递减数列 $\{\xi_n^{(p)}\}$, 使得 $\lim\limits_{n\to\infty}\xi_n^{(p)}=0$ 且 $f^{(p)}(\xi_n^{(p)})=0(n=1,2,\cdots)$. 对 $f^{(p)}(x)$ 在区间 $\left[\xi_{n+1}^{(p)},\ \xi_n^{(p)}\right]$ 上利用 Rolle 定理, 存在 $\xi_n^{(p+1)}\in\left(\xi_{n+1}^{(p)},\ \xi_n^{(p)}\right)$, 使得 $f^{(p+1)}(\xi_n^{(p+1)})=0$. 显然 $\{\xi_n^{(p+1)}\}$ 严格单调递减且 $\lim\limits_{n\to\infty}\xi_n^{(p+1)}=0$. 故当 $k=p+1$ 时结论成立. 根据归纳法原理, 所证结论对任意正整数 k 均成立.

最后, 根据 $f(x)$ 及任意 k 阶导数 $f^{(k)}(x)$ 的连续性, 可得

$$f(0)=\lim_{n\to\infty}f\left(\frac{1}{2^n}\right)=0,\quad f^{(k)}(0)=\lim_{n\to\infty}f^{(k)}(\xi_n^{(k)})=0\quad (k=1,2,\cdots).$$

因此在 $(-\infty,+\infty)$ 上 $f(x)=\sum\limits_{k=0}^{\infty}\dfrac{f^{(k)}(0)}{k!}x^k=0.$

四、[参考解析] (1) 根据转动惯量的公式, 得 $J=\iint\limits_D \rho((x+c)^2+y^2)\mathrm{d}x\mathrm{d}y.$

利用二重积分的对称性及广义极坐标 $\begin{cases}x=ar\cos\theta,\\ y=br\sin\theta,\end{cases}$ $\mathrm{d}x\mathrm{d}y=abr\mathrm{d}r\mathrm{d}\theta$, 得

$$J=\rho\iint\limits_D(c^2+x^2+y^2)\mathrm{d}x\mathrm{d}y=4\rho\int_0^{\frac{\pi}{2}}\mathrm{d}\theta\int_0^1(c^2+(a^2\cos^2\theta+b^2\sin^2\theta)r^2)abr\mathrm{d}r$$

$$=abc^2\rho\pi+4ab\rho\int_0^{\frac{\pi}{2}}\mathrm{d}\theta\int_0^1(a^2\cos^2\theta+b^2\sin^2\theta)r^3\mathrm{d}r$$

$$=abc^2\rho\pi+a^3b\rho\int_0^{\frac{\pi}{2}}\cos^2\theta\mathrm{d}\theta+ab^3\rho\int_0^{\frac{\pi}{2}}\sin^2\theta\mathrm{d}\theta$$

$$=abc^2\rho\pi+\frac{a^3b\rho\pi}{4}+\frac{ab^3\rho\pi}{4}=\frac{ab\rho\pi}{4}(5a^2-3b^2).$$

(2) 椭圆面积为 πab. 若转动惯量 J 固定, 则可设 $ab(5a^2-3b^2)=k$(k 是常数), 因此问题要求讨论函数 πab 或 ab 在约束条件 $ab(5a^2-3b^2)=k$ 下是否存在最大值与最小值. 这是条件极值问题, 构造 Lagrange 函数

$$L(a,b)=ab-\lambda(ab(5a^2-3b^2)-k),$$

令 $\dfrac{\partial L}{\partial a}=b-\lambda(15a^2b-3b^3)=0$, $\dfrac{\partial L}{\partial b}=a-\lambda(5a^3-9ab^2)=0$, 可得 $5a^2+3b^2=0$, 此与 $a>b>0$ 矛盾. 因此该条件极值问题无解, 即在转动惯量固定时, 椭圆形薄板的面积不存在最大值和最小值.

五、[参考解析] 对方程 $F(xz-y,x-yz)=0$ 的两端求微分, 得

$$F_u(z\mathrm{d}x+x\mathrm{d}z-\mathrm{d}y)+F_v(\mathrm{d}x-z\mathrm{d}y-y\mathrm{d}z)=0,$$

$$(zF_u+F_v)\mathrm{d}x-(F_u+zF_v)\mathrm{d}y+(xF_u-yF_v)\mathrm{d}z=0,$$

所以 $\mathrm{d}z=-\dfrac{zF_u+F_v}{xF_u-yF_v}\mathrm{d}x+\dfrac{F_u+zF_v}{xF_u-yF_v}\mathrm{d}y$, 从而有 $\dfrac{\partial z}{\partial x}=-\dfrac{zF_u+F_v}{xF_u-yF_v}$, $\dfrac{\partial z}{\partial y}=\dfrac{F_u+zF_v}{xF_u-yF_v}$.

记 $P=-(2xz+yz^2)$, $Q=(xz^2+2yz)$, D 是 L 围成的区域, 根据 Green 公式得

$$I=\iint\limits_D\left(\frac{\partial Q}{\partial x}-\frac{\partial P}{\partial y}\right)\mathrm{d}\sigma=2\iint\limits_D\left(z^2+(xz+y)\frac{\partial z}{\partial x}+(x+yz)\frac{\partial z}{\partial y}\right)\mathrm{d}\sigma.$$

将 $\dfrac{\partial z}{\partial x}$, $\dfrac{\partial z}{\partial y}$ 代入被积函数得 $z^2+(xz+y)\dfrac{\partial z}{\partial x}+(x+yz)\dfrac{\partial z}{\partial y}=1$, 所以 $I=2\iint\limits_D \mathrm{d}\sigma=2\pi$.

六、**[参考解析]** (1) 这是一阶线性微分方程, 利用求解公式可得方程的通解为

$$
\begin{aligned}
y &= \mathrm{e}^{\int x\mathrm{d}x}\left(\int x\mathrm{e}^{x^2}\mathrm{e}^{-\int x\mathrm{d}x}\mathrm{d}x+C\right)=\mathrm{e}^{\frac{x^2}{2}}\left(\int x\mathrm{e}^{x^2}\mathrm{e}^{-\frac{x^2}{2}}\mathrm{d}x+C\right)\\
&=\mathrm{e}^{\frac{x^2}{2}}\left(\int x\mathrm{e}^{\frac{x^2}{2}}\mathrm{d}x+C\right)=\mathrm{e}^{\frac{x^2}{2}}\left(\mathrm{e}^{\frac{x^2}{2}}+C\right)=\mathrm{e}^{x^2}+C\mathrm{e}^{\frac{x^2}{2}}.
\end{aligned}
$$

由 $y(0)=1$ 解得 $C=0$, 所以 $y=\mathrm{e}^{x^2}$.

(2) 注意到 $\lim\limits_{n\to\infty}\displaystyle\int_0^1\frac{n}{(nx)^2+1}\mathrm{d}x=\lim\limits_{n\to\infty}\arctan n=\frac{\pi}{2}$, 而 $f(x)=\mathrm{e}^{x^2}$, 考虑

$$
\int_0^1\frac{n}{(nx)^2+1}f(x)\mathrm{d}x=\int_0^1\frac{n}{(nx)^2+1}\mathrm{d}x+\int_0^1\frac{n(\mathrm{e}^{x^2}-1)}{(nx)^2+1}\mathrm{d}x. \tag{$*$}
$$

当 $0<x\leqslant 1$ 时, 对 $f(x)=\mathrm{e}^{x^2}$ 在区间 $[0,x]$ 上利用 Lagrange 中值定理, 存在 $\xi\in(0,x)$, 使得

$$
\mathrm{e}^{x^2}-1=f(x)-f(0)=f'(\xi)(x-0)=2\xi\mathrm{e}^{\xi^2}x\leqslant 2\mathrm{e}x,
$$

当 $x=0$ 时上式也成立. 因此, 得

$$
\left|\int_0^1\frac{n(\mathrm{e}^{x^2}-1)}{(nx)^2+1}\mathrm{d}x\right|\leqslant 2\mathrm{e}\int_0^1\frac{nx}{1+(nx)^2}\mathrm{d}x=\mathrm{e}\frac{\ln(1+n^2)}{n}\to 0\quad(n\to\infty).
$$

令 $n\to\infty$, 对 $(*)$ 式两边取极限, 得 $\lim\limits_{n\to\infty}\displaystyle\int_0^1\frac{n}{n^2x^2+1}f(x)\mathrm{d}x=\frac{\pi}{2}$.

第四届全国大学生数学竞赛决赛试题参考解答(非数学专业类)

一、[参考解析]

(1) **[方法一]** 设 $\dfrac{\ln x+\ln a}{\ln x-\ln a}=t$, 则 $\ln x=\dfrac{t+1}{t-1}\ln a$, 当 $x\to 0^+$ 时, $t\to 1^-$, 因此

$$
\begin{aligned}
原式&=\lim_{x\to 0^+}(\ln x+\ln\ln a)\ln\frac{\ln x+\ln a}{\ln x-\ln a}=\lim_{t\to 1^-}\left(\frac{t+1}{t-1}\ln a+\ln\ln a\right)\ln t\\
&=\ln a\lim_{t\to 1^-}(t+1)\frac{\ln t}{t-1}+\ln\ln a\lim_{t\to 1^-}\ln t=2\ln a\lim_{t\to 1^-}\frac{\ln t}{t-1}+0=2\ln a.
\end{aligned}
$$

[方法二] 原式 $=\displaystyle\lim_{x\to 0^+}\ln\left[\left(1+\frac{2\ln a}{\ln x-\ln a}\right)^{\frac{\ln x-\ln a}{2\ln a}}\right]^{\frac{\ln x+\ln\ln a}{\ln x-\ln a}2\ln a}=\ln e^{2\ln a}=2\ln a.$

(2) 因为 $y'=-2e^{-2x}f(x,x)+e^{-2x}(f_u(x,x)+f_v(x,x))=-2y+x^2e^{-2x}$, 所以 $y(x)$ 所满足的一阶微分方程为 $y'+2y=x^2e^{-2x}$. 利用通解公式得

$$
y=e^{-2\int dx}\left(\int x^2e^{-2x}e^{2\int dx}dx+C\right)=e^{-2x}\left(\int x^2dx+C\right)=e^{-2x}\left(\frac{1}{3}x^3+C\right),
$$

其中 C 为任意常数.

(3) 易知 $f(0)=1$. 利用复合函数求导法则, 得

$$
f'(x)=-u'(x)e^{-u(x)}=-f^2(x).
$$

求解一阶微分方程 $-\displaystyle\int\frac{d(f(x))}{f^2(x)}=\int dx\Rightarrow\frac{1}{f(x)}=x+C\Rightarrow f(x)=\frac{1}{x+C}$. 由 $f(0)=1$ 解得 $C=1$, 所以 $f(x)=\dfrac{1}{x+1}$.

(4) 因为

$$
\int x\ln(1+x^2)dx=\frac{1}{2}\int\ln(1+x^2)d(1+x^2)=\frac{1}{2}(1+x^2)\ln(1+x^2)-\frac{x^2}{2}+C,
$$

所以

$$
\begin{aligned}
原式&=\frac{1}{2}\int\arctan x\ d\left((1+x^2)\ln(1+x^2)-x^2\right)\\
&=\frac{1}{2}\left((1+x^2)\ln(1+x^2)-x^2\right)\arctan x-\frac{1}{2}\int\left[\ln(1+x^2)-\frac{x^2}{1+x^2}\right]dx\\
&=\frac{1}{2}\left[(1+x^2)\ln(1+x^2)-x^2-3\right]\arctan x-\frac{x}{2}\ln(1+x^2)+\frac{3x}{2}+C.
\end{aligned}
$$

(5) 设 $F(x,y,z)=3x^2+y^2-z^2-27$, 则曲面在切点 $P(x_0,y_0,z_0)$ 处的法向量为

$$\vec{n}_1=(F_x,F_y,F_z)|_P=2(3x_0,y_0,-z_0).$$

过直线的平面束方程为 $10x+2y-2z-27+\lambda(x+y-z)=0$, 即

$$(10+\lambda)x+(2+\lambda)y+(-2-\lambda)z-27=0,$$

其法向量为 $\vec{n}_2=(10+\lambda,2+\lambda,-2-\lambda)$. 因为 $\vec{n}_1/\!/\vec{n}_2$, 所以 $\dfrac{10+\lambda}{3x_0}=\dfrac{2+\lambda}{y_0}=\dfrac{-2-\lambda}{-z_0}$, 与 $3x_0^2+y_0^2-z_0^2=27$ 联立解得 $x_0=\pm3$, $y_0=z_0$. 进一步, 在直线上取点 $Q\left(\dfrac{27}{8},0,\dfrac{27}{8}\right)$, 由 $\vec{n}_1\perp\overrightarrow{PQ}$ 可得 $z_0=3x_0-8$. 因此切点坐标为 $(3,1,1)$ 或 $(-3,-17,-17)$, 相应的 $\lambda=-1$ 或 -19, 所求切平面方程为 $9x+y-z-27=0$ 或 $9x+17y-17z+27=0$.

二、**[参考解析]** 根据对称性, 可设引力 $F=(0,0,F_z)$, 我们采用微元法计算引力分量 F_z. 设质点与曲面上任意点 $P(x,y,z)$ 处的曲面微元之间的引力大小为 $\mathrm{d}F$, 微元面积为 $\mathrm{d}S$, 根据万有引力定律知, $\mathrm{d}F=G\dfrac{\rho\mathrm{d}S}{d^2}$, 其中 $d=|OP|$ 为质点与 P 的距离. 又设 OP 与 z 轴正向的夹角为 φ, 则 $\mathrm{d}F_z=\cos\varphi\mathrm{d}F=\dfrac{z}{d}\mathrm{d}F=G\rho\dfrac{z\mathrm{d}S}{d^3}$, 于是

$$F_z=G\rho\iint_{\Sigma}\frac{z\mathrm{d}S}{d^3}=G\rho\iint_{\Sigma}\frac{z\mathrm{d}S}{(x^2+y^2+z^2)^{3/2}}.$$

注意到 Σ 在 xOy 面上的投影 $D:1\leqslant r\leqslant 2,\ 0\leqslant\theta\leqslant 2\pi$, $\mathrm{d}S=\sqrt{1+z_x^2+z_y^2}\mathrm{d}x\mathrm{d}y=\dfrac{d}{z}\mathrm{d}x\mathrm{d}y$, 所以

$$F_z=G\rho\iint_D\frac{\mathrm{d}x\mathrm{d}y}{2(x^2+y^2)}=G\rho\int_0^{2\pi}d\theta\int_1^2\frac{r\mathrm{d}r}{2r^2}=G\rho\pi\ln 2.$$

因此, 质点和 Σ 之间的引力为 $F=(0,0,G\rho\pi\ln 2)$.

三、**[参考证明]** 利用不等式：当 $t>0$ 时, $\dfrac{t}{1+t}<\ln(1+t)<t$.

当 $x>1$ 时, 令 $t=\dfrac{1}{x}$, 得 $\dfrac{1}{1+x}<\ln\left(1+\dfrac{1}{x}\right)<\dfrac{1}{x}$. 因此由题设可知 $f'(x)>0$, 即 $f(x)$ 在 $[1,+\infty)$ 上严格单调增加.

又当 $x>1$ 时, $f'(x)<\sqrt{\dfrac{1}{x}}-\sqrt{\dfrac{1}{1+x}}=\dfrac{1}{\sqrt{x(1+x)}(\sqrt{x}+\sqrt{1+x})}\leqslant\dfrac{1}{2\sqrt{x^3}}$, 所以

$$f(x)-f(1)=\int_1^x f'(t)\mathrm{d}t\leqslant\int_1^x\frac{1}{2\sqrt{t^3}}\mathrm{d}t=1-\frac{1}{\sqrt{x}}<1,$$

即 $f(x) < 1 + f(1)$, 所以 $f(x)$ 在 $[1, +\infty)$ 上有上界. 故由单调有界原理知 $\lim\limits_{x\to+\infty} f(x)$ 存在.

四、[参考证明] 对 $f(x)$ 分别在 $[-2, 0]$ 和 $[0, 2]$ 上利用 Lagrange 中值定理, 存在 $\eta_1 \in (-2, 0)$, $\eta_2 \in (0, 2)$, 使得 $f(-2) - f(0) = f'(\eta_1)(-2 - 0)$ 及 $f(2) - f(0) = f'(\eta_1)(2 - 0)$.

由于 $|f(x)| < 1$, 所以 $|f'(\eta_1)| = \dfrac{1}{2}|f(-2) - f(0)| < 1$. 同理, 有 $|f'(\eta_2)| < 1$.

令 $F(x) = f^2(x) + [f'(x)]^2$, 则 $F(x)$ 在 $[-2, 2]$ 上可导, 且 $F(0) = 4$, $F(\eta_1) < 2$ 及 $F(\eta_2) < 2$. 因此 $F(x)$ 在 $[\eta_1, \eta_2]$ 上的最大值必在其内部某点 ξ 处取得, 即 $F(\xi)$ 为 $F(x)$ 的极大值. 由函数取极值的必要条件知, $F'(\xi) = 0$, 即 $F'(\xi) = 2f'(\xi)(f(\xi) + f''(\xi)) = 0$.

注意到 $F(\xi) = f^2(\xi) + [f'(\xi)]^2 \geqslant 4$, 并由题设知 $|f(\xi)| < 1$, 因此 $f'(\xi) \neq 0$. 故由上式即得 $f(\xi) + f''(\xi) = 0$.

五、[参考解析] 利用极坐标计算. 用圆 $x^2+y^2-x-y=0$ 把积分区域 $D: x^2+y^2 \leqslant 1$ 分割成 D_1 与 D_2 两部分, 其中

$$D_1 = \{x^2 + y^2 \leqslant 1\} \cap \{x^2 + y^2 \leqslant x + y\}, \quad D_2 = \{x^2 + y^2 \leqslant 1\} \cap \{x^2 + y^2 \geqslant x + y\}.$$

根据重积分对积分区域的可加性, 得

$$\begin{aligned} I &= -\iint\limits_{D_1} (x^2 + y^2 - x - y)\mathrm{d}\sigma + \iint\limits_{D_2} (x^2 + y^2 - x - y)\mathrm{d}\sigma \\ &= -2\iint\limits_{D_1} (x^2 + y^2 - x - y)\mathrm{d}\sigma + \iint\limits_{D} (x^2 + y^2 - x - y)\mathrm{d}\sigma. \end{aligned}$$

利用重积分的对称性, 得

$$I_0 = \iint\limits_{D} (x^2 + y^2 - x - y)\mathrm{d}\sigma = \iint\limits_{D} (x^2 + y^2)\mathrm{d}\sigma = \int_0^{2\pi} \mathrm{d}\theta \int_0^1 r^3 \mathrm{d}r = \frac{\pi}{2}.$$

在极坐标系下, 圆 $x^2+y^2-x-y=0$ 的方程为 $r=\cos\theta + \sin\theta = \sqrt{2}\sin\left(\theta+\dfrac{\pi}{4}\right)$, 所以

$$\begin{aligned} I_1 = \iint\limits_{D_1} (x^2 + y^2 - x - y)\mathrm{d}\sigma &= \int_{-\frac{\pi}{4}}^{0} \mathrm{d}\theta \int_0^{\sqrt{2}\sin\left(\theta+\frac{\pi}{4}\right)} (r - \sin\theta - \cos\theta)r^2 \mathrm{d}r \\ &+ \int_0^{\frac{\pi}{2}} \mathrm{d}\theta \int_0^1 (r - \sin\theta - \cos\theta)\, r^2 \mathrm{d}r + \int_{\frac{\pi}{2}}^{\frac{3\pi}{4}} \mathrm{d}\theta \int_0^{\sqrt{2}\sin\left(\theta+\frac{\pi}{4}\right)} (r - \sin\theta - \cos\theta)r^2 \mathrm{d}r \\ &= -\frac{1}{3}\int_{-\frac{\pi}{4}}^{0} \sin^4\left(\theta + \frac{\pi}{4}\right) \mathrm{d}\theta + \frac{\pi}{8} - \frac{2}{3} - \frac{1}{3}\int_{\frac{\pi}{2}}^{\frac{3\pi}{4}} \sin^4\left(\theta + \frac{\pi}{4}\right) \mathrm{d}\theta \\ &= \frac{\pi}{8} - \frac{2}{3} - \frac{2}{3}\int_0^{\frac{\pi}{4}} \sin^4 t \mathrm{d}t = \frac{\pi}{8} - \frac{2}{3} - \frac{2}{3}\left(\frac{3\pi}{32} - \frac{1}{4}\right) = \frac{\pi}{16} - \frac{1}{2}. \end{aligned}$$

因此, 最后可得 $I=-2I_1+I_0=-2\left(\dfrac{\pi}{16}-\dfrac{1}{2}\right)+\dfrac{\pi}{2}=1+\dfrac{3\pi}{8}$.

六、**[参考证明]** 用反证法. 假设 $\sum\limits_{n=1}^{\infty}|a_n|$ 发散, 则 $\sum\limits_{n=1}^{\infty}|a_n|=+\infty$, 于是存在正整数数列 $\{m_k\}$, 满足 $1<m_1<m_2<\cdots<m_k<\cdots$, 使得

$$\sum_{i=1}^{m_2}|a_i|\geqslant 1,\ \sum_{i=m_1+1}^{m_2}|a_i|\geqslant 2,\cdots,\ \sum_{i=m_{k-1}+1}^{m_k}|a_i|\geqslant k\quad (k=2,3,\cdots).$$

令 $m_0=0$ 并取 $x_i=\dfrac{1}{k}\operatorname{sgn} a_i(m_{k-1}+1\leqslant i\leqslant m_k)$, 则 $\lim\limits_{n\to\infty}x_n=0$, 且 $\sum\limits_{i=m_{k-1}+1}^{m_k}a_ix_i=\dfrac{1}{k}\sum\limits_{i=m_{k-1}+1}^{m_k}|a_i|\geqslant 1$.

记 $S_n=\sum\limits_{i=1}^{n}a_ix_i$, 则无论正整数 N 多么大, 总存在 $m_k>k>N$, 这时有

$$S_{m_k}=\sum_{i=1}^{m_k}a_ix_i=\sum_{i=1}^{m_1}a_ix_i+\sum_{i=m_1+1}^{m_2}a_ix_i+\cdots+\sum_{i=m_{k-1}+1}^{m_k}a_ix_i\geqslant k>N.$$

所以 $\lim\limits_{n\to\infty}S_n=+\infty$, 级数 $\sum\limits_{n=1}^{\infty}a_nx_n$ 发散. 这与题设条件矛盾. 因此 $\sum\limits_{n=1}^{\infty}|a_n|$ 收敛.

第五届全国大学生数学竞赛决赛试题参考解答(非数学专业类)

一、[**参考解析**] (1) [**方法一**] 交换积分次序, 得

$$原式 = \int_0^{2\pi} \frac{\sin^2 t}{t^2} \mathrm{d}t \int_0^t x \mathrm{d}x = \frac{1}{2} \int_0^{2\pi} \sin^2 t \mathrm{d}t = 2 \int_0^{\frac{\pi}{2}} \sin^2 t \mathrm{d}t = \frac{\pi}{2}.$$

[**方法二**] 设内层积分为 $f(x) = \int_x^{2\pi} \frac{\sin^2 t}{t^2} \mathrm{d}t$, 利用分部积分, 得

$$原式 = \int_0^{2\pi} x f(x) \mathrm{d}x = \frac{x^2}{2} f(x) \bigg|_0^{2\pi} - \frac{1}{2} \int_0^{2\pi} x^2 f'(x) \mathrm{d}x = \frac{1}{2} \int_0^{2\pi} \sin^2 x \mathrm{d}x = \frac{\pi}{2}.$$

(2) 根据 Cauchy 不等式, 得

$$\int_0^1 f(x) \mathrm{d}x = \int_0^1 f(x) \sqrt{1+x^2} \cdot \frac{1}{\sqrt{1+x^2}} \mathrm{d}x \leqslant \sqrt{\int_0^1 f^2(x)(1+x^2) \mathrm{d}x} \cdot \sqrt{\int_0^1 \frac{1}{1+x^2} \mathrm{d}x}.$$

所以 $I = \int_0^1 f^2(x)(1+x^2) \mathrm{d}x \geqslant \left(\int_0^1 \frac{1}{1+x^2} \mathrm{d}x \right)^{-1} = \frac{4}{\pi}$. 显然, 当 $f(x) = \frac{4}{\pi(1+x^2)}$ 时等号成立.

(3) 两曲面在 P_0 处的切平面的交线即为 Γ 在点 P_0 处的切线

$$\begin{cases} (x-x_0)F_x(P_0) + (y-y_0)F_y(P_0) + (z-z_0)F_z(P_0) = 0, \\ (x-x_0)G_x(P_0) + (y-y_0)G_y(P_0) + (z-z_0)G_z(P_0) = 0, \end{cases}$$

消去 $z - z_0$, 即得该切线在 xOy 平面上的投影为

$$(F_x G_z - F_z G_x)_{P_0}(x - x_0) + (F_y G_z - F_z G_y)_{P_0}(y - y_0) = 0.$$

这里 $x - x_0$ 的系数 $(F_x G_z - F_z G_x)_{P_0} \neq 0$, 因此上式表示一直线, 即为所求切线方程.

(4) 由题设关系式 $AB = A - B + E$, 得 $(A+E)(B-E) = O$. 若 $A+E$ 可逆, 则有 $B - E = O$, 与题设矛盾, 因此 $A+E$ 不可逆, 这等价于 $|A+E| = 0$. 易知

$$|A+E| = \begin{vmatrix} 2 & 2 & 1 \\ 3 & 5 & a \\ 1 & 2 & 3 \end{vmatrix} = 13 - 2a,$$

解得 $a = \frac{13}{2}$.

二、[参考证明] 只需证明 $f^{(4)}(x)=0$ 即可. 根据 Taylor 公式

$$f(x+h)=f(x)+f'(x)h+\frac{1}{2}f''(x)h^2+\frac{1}{6}f'''(x)h^3+\frac{1}{24}f^{(4)}(\xi)h^4,$$

$$f''(x+\theta h)=f''(x)+f'''(x)\theta h+\frac{1}{2}f^{(4)}(\eta)(\theta h)^2,$$

其中 ξ 介于 x 与 $x+h$ 之间, η 介于 x 与 $x+\theta h$ 之间, 将上述第二个式子代入已知等式并与第一个式子比较, 得

$$4(1-3\theta)f'''(x)=[6\theta^2 f^{(4)}(\eta)-f^{(4)}(\xi)]h.$$

对上式取极限, 令 $h\to 0$, 则 $\xi\to x$, $\eta\to x$. 若 $\theta\neq\frac{1}{3}$, 则 $f'''(x)=0$, 因此 $f(x)$ 为二次多项式. 若 $\theta=\frac{1}{3}$, 则 $\frac{2}{3}f^{(4)}(\eta)=f^{(4)}(\xi)$, 故 $f^{(4)}(x)=0$. 因此 $f(x)$ 为至多三次多项式.

三、[参考证明] 由所给方程得 $f'(0)=-f(0)=-1$, 且 $(1+x)f'(x)+(1+x)f(x)-\int_0^x f(t)\mathrm{d}t=0$. 两边关于 x 求导并整理, 得

$$(1+x)f''(x)+(2+x)f'(x)=0.$$

这是关于 $f'(x)$ 的一阶微分方程, 可用分离变量法解得 $f'(x)=\frac{C\mathrm{e}^{-x}}{1+x}$. 由 $f'(0)=-1$ 得 $C=-1$, 所以 $f'(x)=-\frac{\mathrm{e}^{-x}}{1+x}$.

当 $x>-1$ 时, $f'(x)<0$, 所以 $f(x)$ 在区间 $(-1,+\infty)$ 上严格单调递减, 故当 $x>0$ 时, $f(x)<f(0)=1$.

另外, 当 $x>0$ 时, 有 $f(x)-f(0)=\int_0^x f'(x)\mathrm{d}t=-\int_0^x\frac{\mathrm{e}^{-t}}{1+t}\mathrm{d}t>-\int_0^x \mathrm{e}^{-t}\mathrm{d}t=\mathrm{e}^{-x}-1$, 所以 $f(x)>\mathrm{e}^{-x}$. 综合起来有：当 $x\geqslant 0$ 时, $\mathrm{e}^{-x}\leqslant f(x)\leqslant 1$.

四、[参考证明] 利用分部积分及交换积分顺序, 得

$$\begin{aligned}I&=\int_0^1\mathrm{d}y\int_0^1 f(x,y)\mathrm{d}x=-\int_0^1\mathrm{d}y\int_0^1 f(x,y)\mathrm{d}(1-x)=\int_0^1\mathrm{d}y\int_0^1(1-x)f_x(x,y)\mathrm{d}x\\&=-\int_0^1(1-x)\mathrm{d}x\int_0^1 f_x(x,y)\mathrm{d}(1-y)=\int_0^1(1-x)\mathrm{d}x\int_0^1(1-y)f_{xy}(x,y)\mathrm{d}y.\\&=\iint_D(1-x)(1-y)f_{xy}(x,y)\mathrm{d}x\mathrm{d}y\leqslant A\int_0^1(1-x)\mathrm{d}x\int_0^1(1-y)\mathrm{d}y=\frac{A}{4}.\end{aligned}$$

五、[参考解析] 利用 Gauss 公式, 再利用柱面坐标计算. 记 $\Omega: x^2+y^2\leqslant t^2, 0\leqslant z\leqslant 1$, 则

$$\begin{aligned}I_t&=\iiint\limits_{\Omega}(2xz+2yz+x^2+y^2)f'((x^2+y^2)z)\mathrm{d}V\\&=\iiint\limits_{\Omega}(x^2+y^2)f'((x^2+y^2)z)\mathrm{d}V=\int_0^{2\pi}\mathrm{d}\theta\int_0^t r\mathrm{d}r\int_0^1 r^2f'(r^2z)\mathrm{d}z\\&=2\pi\int_0^t\left[f(r^2)-f(0)\right]r\mathrm{d}r.\end{aligned}$$

由 L'Hospital 法则得

$$\lim_{t\to0^+}\frac{I_t}{t^4}=\lim_{t\to0^+}\frac{2\pi\displaystyle\int_0^t\left[f(r^2)-f(0)\right]r\mathrm{d}r}{t^4}=\frac{\pi}{2}\lim_{t\to0^+}\frac{f(t^2)-f(0)}{t^2}=\frac{\pi}{2}f'(0).$$

六、[参考证明] 必要性. 因为 AB 正定, 所以 AB 必为对称矩阵, 从而有

$$AB=(AB)^{\mathrm{T}}=B^{\mathrm{T}}A^{\mathrm{T}}=BA.$$

充分性. 设 $AB=BA$, 则 $(AB)^{\mathrm{T}}=B^{\mathrm{T}}A^{\mathrm{T}}=BA=AB$, 所以 AB 是实对称矩阵. 由 A,B 正定可知, 存在可逆实矩阵 P,Q, 使得 $A=PP^{\mathrm{T}},B=QQ^{\mathrm{T}}$, 所以 $AB=PP^{\mathrm{T}}QQ^{\mathrm{T}}$, 因此

$$P^{-1}(AB)P=P^{\mathrm{T}}QQ^{\mathrm{T}}P=(P^{\mathrm{T}}Q)(P^{\mathrm{T}}Q)^{\mathrm{T}},$$

即 AB 与一正定矩阵相似, 可知 AB 的特征值都为正实数, 因此 AB 为正定矩阵.

七、[参考证明] 记 $\sum\limits_{n=0}^{\infty}a_nx^n=S(x)$, $-1<x<1$, 则 $\lim\limits_{x\to1^-}S(x)=A$, 所以 $\lim\limits_{n\to\infty}S\left(1-\dfrac{1}{n}\right)=A$.

由 $\lim\limits_{n\to\infty}na_n=0$ 及 Cauchy 命题, 得 $\lim\limits_{n\to\infty}\dfrac{|a_1|+2|a_2|+\cdots+n|a_n|}{n}=0$. 故对任意 $\varepsilon>0$, 必存在正整数 N, 当 $n>N$ 时, 有

$$\left|S\left(1-\frac{1}{n}\right)-A\right|<\frac{\varepsilon}{3},\quad n|a_n|<\frac{\varepsilon}{3},\quad \frac{|a_1|+2|a_2|+\cdots+n|a_n|}{n}<\frac{\varepsilon}{3}.$$

考虑如下不等式:

$$\left|\sum_{k=0}^{n}a_k-A\right|\leqslant\left|\sum_{k=0}^{n}a_k(1-x^k)\right|+\left|\sum_{k=n+1}^{\infty}a_kx^k\right|+\left|\sum_{k=0}^{\infty}a_kx^k-A\right|.\qquad(*)$$

取 $x=1-\dfrac{1}{n}$, 对上式右端三项分别作如下估计. 首先对 (*) 式第一项, 有

$$\left|\sum_{k=0}^{n} a_k(1-x^k)\right| = \left|\sum_{k=0}^{n} a_k(1-x)(1+x+\cdots+x^{k-1})\right| \leqslant \frac{1}{n}\sum_{k=0}^{n} k|a_k| < \frac{\varepsilon}{3};$$

对于 (*) 式第二项, 有

$$\left|\sum_{k=n+1}^{\infty} a_k x^k\right| \leqslant \frac{1}{n}\sum_{k=n+1}^{\infty} k|a_k|x^k \leqslant \frac{\varepsilon}{3n}\sum_{k=n+1}^{\infty} x^k \leqslant \frac{\varepsilon}{3n}\cdot\frac{1}{1-x} = \frac{\varepsilon}{3};$$

对于 (*) 式第三项, 有

$$\left|\sum_{k=0}^{\infty} a_k x^k - A\right| = \left|S\left(1-\frac{1}{n}\right) - A\right| < \frac{\varepsilon}{3}.$$

故当 $n>N$ 时有 $\left|\displaystyle\sum_{k=0}^{n} a_k - A\right| < \dfrac{\varepsilon}{3}+\dfrac{\varepsilon}{3}+\dfrac{\varepsilon}{3}=\varepsilon$, 因此级数 $\displaystyle\sum_{n=0}^{\infty} a_n$ 收敛且 $\displaystyle\sum_{n=0}^{\infty} a_n = A$.

第六届全国大学生数学竞赛决赛试题参考解答(非数学专业类)

一、[参考解析] (1) 利用 L'Hospital 法则, 得

$$原式=\lim_{x\to\infty}\frac{2e^{x^2}\int_0^x e^{u^2}du}{e^{2x^2}}=\lim_{x\to\infty}\frac{2\int_0^x e^{u^2}du}{e^{x^2}}=\lim_{x\to\infty}\frac{2e^{x^2}}{2xe^{x^2}}=0.$$

(2) 这是二阶可降阶微分方程. 令 $p=y'$, 则 $p'-ap^2=0$, 分离变量再积分, 得

$$\int\frac{dp}{p^2}=a\int dx,\quad -\frac{1}{p}=ax+C_1.$$

由 $p(0)=-1$ 得 $C_1=1$, 所以 $-\frac{1}{p}=ax+1$, 即 $\frac{dy}{dx}=-\frac{1}{ax+1}$. 所以 $y=-\frac{1}{a}\ln(ax+1)+C_2$. 再由 $y(0)=0$ 得 $C_2=0$, 因此 $y=-\frac{\ln(ax+1)}{a}$.

(3) 记 $B=\begin{pmatrix}0&0&0\\0&0&0\\-1&1&0\end{pmatrix}$, 则 $A=\lambda E+B$, $B^2=O$, 所以

$$A^{50}=(\lambda E+B)^{50}=\lambda^{50}E+50\lambda^{49}B=\begin{pmatrix}\lambda^{50}&0&0\\0&\lambda^{50}&0\\-50\lambda^{49}&50\lambda^{49}&\lambda^{50}\end{pmatrix}.$$

(4) 凑微分. $I=\int\frac{1+\frac{1}{x^2}}{x^2+\frac{1}{x^2}}dx=\int\frac{d\left(x-\frac{1}{x}\right)}{\left(x-\frac{1}{x}\right)^2+2}=\frac{1}{\sqrt{2}}\arctan\frac{1}{\sqrt{2}}\left(x-\frac{1}{x}\right)+C.$

(5) 曲线 L 的方程为 $|x|+|y|=1$, 记 L 所围的区域为 D. 利用 Green 公式, 得

$$I=\oint_L xdy-ydx=\iint_D(1+1)dxdy=4.$$

(6) 记 $F(t)=\frac{1}{A}\iint_D f^t(x,y)d\sigma$, 则 $F(0)=1$, 且

$$F'(t)=\frac{1}{A}\iint_D f^t(x,y)\ln f(x,y)d\sigma.$$

根据归结原理得 $\lim\limits_{n\to\infty} J_n = \lim\limits_{t\to 0^+}[F(t)]^{1/t} = \mathrm{e}^{\lim\limits_{t\to 0^+}\frac{\ln F(t)}{t}}$. 利用 L'Hospital 法则, 得

$$\lim_{t\to 0^+}\frac{\ln F(t)}{t} = \lim_{t\to 0^+}\frac{F'(t)}{F(t)} = F'(0) = \frac{1}{A}\iint\limits_D \ln f(x,y)\mathrm{d}\sigma,$$

所以 $\lim\limits_{n\to\infty} J_n = \mathrm{e}^{\frac{1}{A}\iint\limits_D \ln f(x,y)\mathrm{d}\sigma}$.

二、[参考证明] 不妨设 $\overrightarrow{l_j} = \left(\cos\left(\dfrac{2\pi j}{n}+\theta\right), \sin\left(\dfrac{2\pi j}{n}+\theta\right)\right)$, 函数 $f(x,y)$ 在点 P_0 处的梯度记为 $\nabla f(P_0) = (f_x(P_0), f_y(P_0))$. 则方向导数 $\dfrac{\partial f(P_0)}{\partial \overrightarrow{l_j}} = \nabla f(P_0)\cdot\overrightarrow{l_j}$, $j=1,2,\cdots,n$, 因此

$$\sum_{j=1}^n \frac{\partial f(P_0)}{\partial \overrightarrow{l_j}} = \nabla f(P_0)\cdot\sum_{j=1}^n \overrightarrow{l_j} = \nabla f(P_0)\cdot\left(\sum_{j=1}^n \cos\left(\frac{2\pi j}{n}+\theta\right), \sum_{j=1}^n \sin\left(\frac{2\pi j}{n}+\theta\right)\right) = 0.$$

三、[参考证明] 必要性. 若 $PA_iQ=B_i$, 则由可逆条件得 $Q^{-1}A_2^{-1}P^{-1}=B_2^{-1}$. 于是

$$PA_1QQ^{-1}A_2^{-1}P^{-1} = B_1B_2^{-1}, \quad 即 \quad PA_1A_2^{-1}P^{-1} = B_1B_2^{-1}.$$

故 $A_1A_2^{-1}$ 与 $B_1B_2^{-1}$ 相似.

充分性. 设 $A_1A_2^{-1}$ 和 $B_1B_2^{-1}$ 相似, 即存在可逆矩阵 P, 使得 $PA_1A_2^{-1}P^{-1} = B_1B_2^{-1}$, 则

$$PA_1(A_2^{-1}P^{-1}B_2) = B_1, \quad PA_2(A_2^{-1}P^{-1}B_2) = B_2.$$

记 $Q = A_2^{-1}P^{-1}B_2$, 则 Q 是可逆矩阵, 且 $PA_1Q = B_1$, $PA_2Q = B_2$.

四、[参考解析] 记 $y_n = x_n^p$, 则由题设可知 $y_n > 0$, 且 $y_{n+1} = y_n + y_n^2 = y_n(1+y_n) > y_n$, 所以 $\{y_n\}$ 为严格单调增加的正数列, 且 $\lim\limits_{n\to\infty} y_n = +\infty$.

设级数 $\sum\limits_{n=1}^\infty \dfrac{1}{1+x_n^p}$ 的部分和为 S_n, 则

$$S_n = \sum_{k=1}^n \frac{1}{1+y_k} = \sum_{k=1}^n \frac{y_k}{y_{k+1}} = \sum_{k=1}^n \frac{y_{k+1}-y_k}{y_ky_{k+1}} = \sum_{k=1}^n \left(\frac{1}{y_k} - \frac{1}{y_{k+1}}\right) = \frac{1}{y_1} - \frac{1}{y_{n+1}},$$

因此 $\lim\limits_{n\to\infty} S_n = \dfrac{1}{y_1} = 4^p$, 这表明级数 $\sum\limits_{n=1}^\infty \dfrac{1}{1+x_n^p}$ 收敛, 且其和等于 4^p.

五、[参考解析] (1) 由于 $f(x) = |x|$ 在区间 $[-\pi,\pi)$ 上为偶函数且连续, 所以 $f(x)$ 的 Fourier 级数为余弦级数 $f(x) = \dfrac{a_0}{2} + \sum\limits_{n=1}^\infty a_n\cos nx, x\in[-\pi,\pi)$. 经计算, 得 $a_0 =$

$\dfrac{2}{\pi}\displaystyle\int_0^{\pi} x\mathrm{d}x=\pi$, 且

$$a_n=\frac{2}{\pi}\int_0^{\pi}x\cos nx\mathrm{d}x=\frac{2}{\pi n^2}(\cos n\pi-1)=\begin{cases}-\dfrac{4}{\pi n^2}, & n=1,3,\cdots,\\ 0, & n=2,4,\cdots,\end{cases}$$

所以当 $x\in[-\pi,\pi)$ 时, $|x|=\dfrac{\pi}{2}-\dfrac{4}{\pi}\displaystyle\sum_{k=1}^{\infty}\frac{1}{(2k-1)^2}\cos(2k-1)x$.

令 $S=\displaystyle\sum_{k=1}^{\infty}\frac{1}{k^2}$, $S_1=\displaystyle\sum_{k=1}^{\infty}\frac{1}{(2k-1)^2}$, 在上式取 $x=0$, 得 $S_1=\displaystyle\sum_{k=1}^{\infty}\frac{1}{(2k-1)^2}=\frac{\pi^2}{8}$. 因为

$$\sum_{k=1}^{\infty}\frac{1}{k^2}=\sum_{k=1}^{\infty}\frac{1}{(2k-1)^2}+\sum_{k=1}^{\infty}\frac{1}{(2k)^2}=S_1+\frac{1}{4}S,$$

即 $S=S_1+\dfrac{1}{4}S$, 由此解得 $S=\displaystyle\sum_{k=1}^{\infty}\frac{1}{k^2}=\frac{\pi^2}{6}$.

(2) 令 $g(u)=\dfrac{u}{1+\mathrm{e}^u}$, 则 $g(u)=\dfrac{u\mathrm{e}^{-u}}{1+\mathrm{e}^{-u}}$ 在 $[0,+\infty)$ 上可展开成级数:

$$g(u)=u\mathrm{e}^{-u}\sum_{k=0}^{\infty}(-\mathrm{e}^{-u})^k=\sum_{k=0}^{\infty}(-1)^k u\mathrm{e}^{-(k+1)u}.$$

记 $S_n(u)=\displaystyle\sum_{k=0}^{n}(-1)^k u\mathrm{e}^{-(k+1)u}$, $R_n(u)=\displaystyle\sum_{k=n+1}^{\infty}(-1)^k u\mathrm{e}^{-(k+1)u}$, 则 $g(u)=S_n(u)+R_n(u)$, 故

$$I=\int_0^{+\infty}g(u)\mathrm{d}u=\int_0^{+\infty}S_n(u)\mathrm{d}u+\int_0^{+\infty}R_n(u)\mathrm{d}u.$$

根据交错级数的性质, $|R_n(u)|\leqslant u\mathrm{e}^{-(k+1)u}$, 则有 $\displaystyle\int_0^{+\infty}|R_n(u)|\,\mathrm{d}u\leqslant\int_0^{+\infty}u\mathrm{e}^{-(n+1)u}\mathrm{d}u=\frac{1}{(n+1)^2}$, 由此可知 $\displaystyle\lim_{n\to\infty}\int_0^{+\infty}R_n(u)\mathrm{d}u=0$. 而

$$\int_0^{+\infty}S_n(u)\mathrm{d}u=\sum_{k=0}^{n}(-1)^k\int_0^{+\infty}u\mathrm{e}^{-(k+1)u}\mathrm{d}u=\sum_{k=1}^{n}\frac{(-1)^{k-1}}{k^2},$$

所以 $I=\displaystyle\sum_{k=1}^{\infty}\frac{(-1)^{k-1}}{k^2}$. 利用 (1) 的计算结果, 得

$$I=\sum_{k=1}^{\infty}\frac{1}{(2k-1)^2}-\frac{1}{4}\sum_{k=1}^{\infty}\frac{1}{k^2}=\frac{\pi^2}{8}-\frac{1}{4}\cdot\frac{\pi^2}{6}=\frac{\pi^2}{12}.$$

六、**[参考证明]** (1) 当 $t>0$ 时, $-t\leqslant x,y\leqslant t$ 表示 xOy 平面上边长为 $2t$ 的正方形区域, 其内切圆与外接圆围成的区域分别为 $x^2+y^2\leqslant t^2$ 与 $x^2+y^2\leqslant 2t^2$. 由于 $f(x,y)\geqslant 0$, 所以

$$\iint\limits_{x^2+y^2\leqslant t^2} f(x,y)\mathrm{d}\sigma\leqslant\iint\limits_{-t\leqslant x,y\leqslant t} f(x,y)\mathrm{d}\sigma\leqslant\iint\limits_{x^2+y^2\leqslant 2t^2} f(x,y)\mathrm{d}\sigma.$$

根据题设条件, $\lim\limits_{t\to+\infty}\iint\limits_{x^2+y^2\leqslant t^2} f(x,y)\mathrm{d}\sigma=I$, 且 $\lim\limits_{t\to+\infty}\iint\limits_{x^2+y^2\leqslant 2t^2} f(x,y)\mathrm{d}\sigma=I$, 故由夹逼准则, 得 $\lim\limits_{t\to+\infty}\iint\limits_{-t<x,y<t} f(x,y)\mathrm{d}\sigma=I$.

(2) 令 $I(t)=\iint\limits_{x^2+y^2\leqslant t^2}\mathrm{e}^{ax^2+2bxy+cy^2}\mathrm{d}\sigma$, 则 $\lim\limits_{t\to+\infty}I(t)=I$.

设在正交变换 $\begin{pmatrix}x\\y\end{pmatrix}=P\begin{pmatrix}u\\v\end{pmatrix}$ 下, $ax^2+2bxy+cy^2=\lambda_1u^2+\lambda_2v^2$, 其中 P 为正交矩阵, 因而 $\det P=\pm1$. 易知 $x^2+y^2=u^2+v^2$, 且 Jacobi 行列式 $\dfrac{\partial(x,y)}{\partial(u,v)}=\det P$. 利用二重积分的变量代换公式: $\mathrm{d}\sigma=\left|\dfrac{\partial(x,y)}{\partial(u,v)}\right|\mathrm{d}u\mathrm{d}v=|\det P|\,\mathrm{d}u\mathrm{d}v=\mathrm{d}u\mathrm{d}v$, 有

$$I(t)=\iint\limits_{x^2+y^2\leqslant t^2}\mathrm{e}^{ax^2+2bxy+cy^2}\mathrm{d}\sigma=\iint\limits_{u^2+v^2\leqslant t^2}\mathrm{e}^{\lambda_1u^2+\lambda_2v^2}\mathrm{d}u\mathrm{d}v.$$

因此, $\lim\limits_{t\to+\infty}\iint\limits_{u^2+v^2\leqslant t^2}\mathrm{e}^{\lambda_1u^2+\lambda_2v^2}\mathrm{d}u\mathrm{d}v=\lim\limits_{t\to+\infty}I(t)=I$. 根据 (1) 的结论,

$$\lim_{t\to+\infty}\iint\limits_{-t\leqslant u,v\leqslant t}\mathrm{e}^{\lambda_1u^2+\lambda_2v^2}\mathrm{d}u\mathrm{d}v=I.$$

注意到 $\iint\limits_{-t\leqslant u,v\leqslant t}\mathrm{e}^{\lambda_1u^2+\lambda_2v^2}\mathrm{d}u\mathrm{d}v=\int_{-t}^{t}\mathrm{e}^{\lambda_1u^2}\mathrm{d}u\int_{-t}^{t}\mathrm{e}^{\lambda_1v^2}\mathrm{d}v$, 所以 $\int_{-\infty}^{+\infty}\mathrm{e}^{\lambda_1u^2}\mathrm{d}u$ 与 $\int_{-\infty}^{+\infty}\mathrm{e}^{\lambda_2v^2}\mathrm{d}v$ 都收敛, 这又等价于 $\lambda_1<0$, 且 $\lambda_2<0$.

第七届全国大学生数学竞赛决赛试题参考解答(非数学专业类)

一、[参考解析] (1) 显然 $y=C$(常数) 是方程的解. 一般地, 令 $y'=p$, 则原方程可化为 $p'-p^3=0$. 分离变量并积分, 得 $\displaystyle\int\frac{\mathrm{d}p}{p^3}=\int\mathrm{d}x$, $-\dfrac{1}{2p^2}=x-\dfrac{C_1}{2}$, 即 $y'=\pm\dfrac{1}{\sqrt{C_1-2x}}$, 因此, 方程的通解为 $y=-\sqrt{C_1-2x}+C_2$ 或 $y=\sqrt{C_1-2x}+C_2$, 其中 C_1,C_2 为任意常数.

(2) 利用极坐标计算并结合对称性, 得

$$I=\frac{1}{2}\iint\limits_D(x^2+y^2)\mathrm{e}^{-(x^2+y^2-4)}\mathrm{d}x\mathrm{d}y=\frac{\mathrm{e}^4}{2}\int_0^{2\pi}\mathrm{d}\theta\int_1^2 r^2\mathrm{e}^{-r^2}r\mathrm{d}r.$$

作变量代换：$t=r^2$, 则

$$I=\frac{\pi\mathrm{e}^4}{2}\int_1^4 t\mathrm{e}^{-t}\mathrm{d}t=\frac{\pi\mathrm{e}^4}{2}\left(\left(-t\mathrm{e}^{-t}\right)\Big|_1^4+\int_1^4\mathrm{e}^{-t}\mathrm{d}t\right)=\frac{\pi}{2}(2\mathrm{e}^3-5).$$

(3) 因为 $\dfrac{\mathrm{d}x}{\mathrm{d}t}=f(t)$, $\dfrac{\mathrm{d}y}{\mathrm{d}t}=f'(t)$, 所以 $\dfrac{\mathrm{d}y}{\mathrm{d}x}=\dfrac{f'(t)}{f(t)}$, 于是

$$\frac{\mathrm{d}^2y}{\mathrm{d}x^2}=\frac{\mathrm{d}}{\mathrm{d}x}\left(\frac{\mathrm{d}y}{\mathrm{d}x}\right)=\frac{\mathrm{d}}{\mathrm{d}t}\left(\frac{\mathrm{d}y}{\mathrm{d}x}\right)\frac{\mathrm{d}t}{\mathrm{d}x}=\frac{f''(t)f(t)-[f'(t)]^2}{f^3(t)}.$$

(4) 因为 λ_i 是 A 的特征值, 所以 $f(\lambda_i)$ 是 $f(A)$ 的特征值, $i=1,2,\cdots,n$. 因此

$$|A|=f(\lambda_1)f(\lambda_2)\cdots f(\lambda_n).$$

(5) 利用指数函数 e^x 的 Taylor 公式, 得

$$\mathrm{e}=1+1+\frac{1}{2!}+\cdots+\frac{1}{n!}+\frac{1}{(n+1)!}+\frac{\mathrm{e}^{\theta_n}}{(n+2)!},\quad 0<\theta_n<1.$$

记 $a_n=n\sin(\pi n!\mathrm{e})$, $k_n=n!\left(2+\dfrac{1}{2!}+\cdots+\dfrac{1}{n!}\right)$, 则

$$\begin{aligned}a_n&=n\sin\left[\pi n!\left(2+\frac{1}{2!}+\cdots+\frac{1}{n!}+\frac{1}{(n+1)!}+\frac{\mathrm{e}^{\theta_n}}{(n+2)!}\right)\right]\\&=n\sin\left(k_n\pi+\frac{\pi}{n+1}+\frac{\pi\mathrm{e}^{\theta_n}}{(n+1)(n+2)}\right)\\&=(-1)^{k_n}n\sin\left(\frac{\pi}{n+1}+\frac{\pi\mathrm{e}^{\theta_n}}{(n+1)(n+2)}\right).\end{aligned}$$

注意到 $k_n = n!\left(2+\dfrac{1}{2!}+\cdots+\dfrac{1}{(n-2)!}\right)+n+1$, 其奇偶性与 n 相反, 又当 $n\to\infty$ 时, 无穷小 $\sin\left(\dfrac{\pi}{n+1}+\dfrac{\pi e^{\theta_n}}{(n+1)(n+2)}\right)\sim\dfrac{\pi}{n+1}$, 所以

$$\lim_{n\to\infty} a_{2n} = -\lim_{n\to\infty} 2n\sin\left(\frac{\pi}{2n+1}+\frac{\pi e^{\theta_n}}{(2n+1)(2n+2)}\right) = -\lim_{n\to\infty}\frac{2n\pi}{2n+1} = -\pi,$$

$$\lim_{n\to\infty} a_{2n+1} = \lim_{n\to\infty}(2n+1)\sin\left(\frac{\pi}{2n+1}+\frac{\pi e^{\theta_n}}{(2n+2)(2n+3)}\right) = \lim_{n\to\infty}\frac{(2n+1)\pi}{2n+1} = \pi,$$

因此, 极限 $\lim\limits_{n\to\infty} a_n$ 不存在.

二、[参考证明] 记 $F(x,y,z)=f\left(\dfrac{x-a}{z-c},\dfrac{y-b}{z-c}\right)$, 则 S 在其上任意点 $P(x,y,z)$ 处的法向量为

$$(F_x,F_y,F_z)=\left(\frac{f_1}{z-c},\ \frac{f_2}{z-c},\ \frac{-(x-a)f_1-(y-b)f_2}{(z-c)^2}\right).$$

若用 (X,Y,Z) 表示切平面上的动点, 则 S 在点 $P(x,y,z)$ 处的切平面方程为

$$\frac{f_1}{z-c}(X-x)+\frac{f_2}{z-c}(Y-y)-\frac{(x-a)f_1+(y-b)f_2}{(z-c)^2}(Z-z)=0.$$

容易验证, 当 $(X,Y,Z)=(a,b,c)$ 时, 上式恒成立, 因此 S 上的所有切平面都经过点 (a,b,c).

三、[参考证明] 令 $F(x)=\displaystyle\int_x^b f(t)\mathrm{d}t$, 则 $F(b)=0$. 因为 $f(x)$ 在 $[a,b]$ 上连续, 所以 $F(x)$ 在 $[a,b]$ 上可导, 且 $F'(x)=-f(x)$. 因此

$$\begin{aligned}2\int_a^b f(x)\left(\int_x^b f(t)\mathrm{d}t\right)\mathrm{d}x &= -2\int_a^b F(x)F'(x)\mathrm{d}x = -F^2(x)\Big|_a^b\\ &= F^2(a)=\left(\int_a^b f(x)\mathrm{d}x\right)^2.\end{aligned}$$

四、[参考证明] 欲证之不等式即

$$R(AB)+R(BC)\leqslant R(ABC)+R(B)=R\begin{pmatrix}ABC & O\\ O & B\end{pmatrix}.$$

因为

$$\begin{pmatrix}E_m & A\\ O & E_n\end{pmatrix}\begin{pmatrix}ABC & O\\ O & B\end{pmatrix}\begin{pmatrix}E_q & O\\ -C & E_p\end{pmatrix}=\begin{pmatrix}O & AB\\ -BC & B\end{pmatrix},$$

$$\begin{pmatrix} O & AB \\ -BC & B \end{pmatrix}\begin{pmatrix} O & -E_q \\ E_p & O \end{pmatrix}=\begin{pmatrix} AB & O \\ B & BC \end{pmatrix},$$

且 $\begin{pmatrix} E_m & A \\ O & E_n \end{pmatrix},\begin{pmatrix} E_q & O \\ -C & E_p \end{pmatrix},\begin{pmatrix} O & -E_q \\ E_p & O \end{pmatrix}$ 都是可逆矩阵, 所以

$$R\begin{pmatrix} ABC & O \\ O & B \end{pmatrix}=R\begin{pmatrix} AB & O \\ B & BC \end{pmatrix}\geqslant R(AB)+R(AC).$$

五、[参考解析] (1) $I_n+I_{n-2}=\int_0^{\frac{\pi}{4}}\tan^{n-2}x(1+\tan^2 x)\mathrm{d}x=\int_0^{\frac{\pi}{4}}\tan^{n-2}x\mathrm{d}(\tan x)=\left.\dfrac{\tan^{n-1}x}{n-1}\right|_0^{\frac{\pi}{4}}=\dfrac{1}{n-1}$.

(2) 当 $0\leqslant x\leqslant\dfrac{\pi}{4}$ 时, $0\leqslant\tan x\leqslant 1$, 所以 $I_{n+2}\leqslant I_n\leqslant I_{n-2}$, 从而有

$$I_{n+2}+I_n\leqslant 2I_n\leqslant I_n+I_{n-2},\quad 即\quad \frac{1}{2(n+1)}\leqslant I_n\leqslant\frac{1}{2(n-1)}.$$

当 $p>1$ 时, $0<I_n^p\leqslant\dfrac{1}{2^p(n-1)^p}$, 且 $\sum\limits_{n=2}^{\infty}\dfrac{1}{(n-1)^p}$ 收敛, 根据比较判别法知 $\sum\limits_{n=1}^{\infty}I_n^p$ 收敛, 所以 $\sum\limits_{n=1}^{\infty}(-1)^n I_n^p$ 绝对收敛;

当 $0<p\leqslant 1$ 时, $\dfrac{1}{2^p(n+1)^p}\leqslant I_n^p$, 而 $\sum\limits_{n=1}^{\infty}\dfrac{1}{(n+1)^p}$ 发散, 根据比较判别法知 $\sum\limits_{n=1}^{\infty}I_n^p$ 发散; 另一方面, 根据夹逼准则, $\lim\limits_{n\to\infty}I_n^p=0$. 又 $I_n>I_{n+1}>0$, 故由 Leibniz 判别法知 $\sum\limits_{n=1}^{\infty}(-1)^n I_n^p$ 收敛, 所以 $\sum\limits_{n=1}^{\infty}(-1)^n I_n^p$ 条件收敛.

当 $p\leqslant 0$ 时, 由于 $I_n^p\geqslant 2^{-p}(n-1)^{-p}\geqslant 1$, 所以 $\lim\limits_{n\to\infty}I_n^p\neq 0$, 故由级数收敛的必要条件可知, $\sum\limits_{n=1}^{\infty}(-1)^n I_n^p$ 发散.

六、[参考证明] 记 $S_1=\{(x,y,z_0)|(x-x_0)^2+(y-y_0)^2\leqslant r^2\}$, 取下侧, 则 $S+S_1$ 构成一封闭曲面的外侧. 由题设条件 $\iint\limits_S P\mathrm{d}y\mathrm{d}z+R\mathrm{d}x\mathrm{d}y=0$, 有

$$\oiint\limits_{S+S_1}P\mathrm{d}y\mathrm{d}z+R\mathrm{d}x\mathrm{d}y=\iint\limits_{S_1}P\mathrm{d}y\mathrm{d}z+R\mathrm{d}x\mathrm{d}y.$$

又记 $S+S_1$ 所包围的空间区域为 Ω, 利用 Gauss 公式得

$$\oiint\limits_{S+S_1} P\mathrm{d}y\mathrm{d}z+R\mathrm{d}x\mathrm{d}y=\iiint\limits_{\Omega}\left(\frac{\partial P}{\partial x}+\frac{\partial R}{\partial z}\right)\mathrm{d}x\mathrm{d}y\mathrm{d}z.$$

而 $\iint\limits_{S_1} P\mathrm{d}y\mathrm{d}z+R\mathrm{d}x\mathrm{d}y=-\iint\limits_{D} R(x,y,z_0)\mathrm{d}x\mathrm{d}y$, 其中 $D=\{(x,y)|(x-x_0)^2+(y-y_0)^2\leqslant r^2\}$ 是 S_1 在 xOy 平面上的投影, 所以

$$\iiint\limits_{\Omega}\left(\frac{\partial P}{\partial x}+\frac{\partial R}{\partial z}\right)\mathrm{d}x\mathrm{d}y\mathrm{d}z=-\iint\limits_{D} R(x,y,z_0)\mathrm{d}x\mathrm{d}y,$$

对上式两边分别利用三重积分与二重积分的中值定理, 存在点 $(\xi,\eta,\zeta)\in\Omega$ 及 $(x',y')\in D$, 使得 $\frac{2\pi r^3}{3}\left(\frac{\partial P}{\partial x}+\frac{\partial R}{\partial z}\right)\Big|_{(\xi,\eta,\zeta)}=-\pi r^2 R(x',y',z_0)$, 即

$$\frac{2r}{3}\left(\frac{\partial P}{\partial x}+\frac{\partial R}{\partial z}\right)\Big|_{(\xi,\eta,\zeta)}=-R(x',y',z_0). \tag{$*$}$$

令 $r\to 0^+$, 则 $(\xi,\eta,\zeta)\to(x_0,y_0,z_0),(x',y')\to(x_0,y_0)$, 故由上式可得 $R(x_0,y_0,z_0)=0$. 由于点 (x_0,y_0,z_0) 的任意性, 所以 $R(x,y,z)\equiv 0$, 从而有 $\frac{\partial R}{\partial z}\equiv 0$. 代入 $(*)$ 式, 得

$$\frac{\partial P}{\partial x}\Big|_{(\xi,\eta,\zeta)}=0.$$

令 $(\xi,\eta,\zeta)\to(x_0,y_0,z_0)$, 得 $\frac{\partial P}{\partial x}\Big|_{(x_0,y_0,z_0)}=0$. 由于点 (x_0,y_0,z_0) 的任意性, 因此

$$\frac{\partial P}{\partial x}\equiv 0.$$

第八届全国大学生数学竞赛决赛试题参考解答(非数学专业类)

一、[参考解析] (1) 直线 $\begin{cases} x=0, \\ 3y+z=0 \end{cases}$ 的方向向量为 $(1,0,0)\times(0,3,1)=(0,-1,3)$, 即所求平面的法向量. 另一方面, 由 $\dfrac{x^2}{4}+\dfrac{y^2}{2}-2z^2=1$ 与 $x^2+y^2+z^2=4$ 消去变量 z, 得 $9x^2+10y^2=36$, 可知交线过点 $(2,0,0)$, 也即所求平面上的一点, 因此平面方程为

$$0\times(x-2)-(y-0)+3(z-0)=0, \quad 即 \quad y-3z=0.$$

(2) 由偏导数定义, 易知 $\lim\limits_{n\to\infty}\left(\dfrac{f\left(0,\ y+\dfrac{1}{n}\right)}{f(0,y)}\right)^n=\mathrm{e}^{\frac{f_y(0,y)}{f(0,y)}}$, 所以 $\dfrac{f_y(0,y)}{f(0,y)}=\cot y$. 两边对变量 y 积分, 得 $\ln f(0,y)=\ln\sin y+\ln C$, 即 $f(0,y)=C\sin y$. 由 $f\left(0,\dfrac{\pi}{2}\right)=1$ 得 $C=1$. 所以 $f(0,y)=\sin y$.

又对 $\dfrac{\partial f}{\partial x}=-f(x,y)$ 作偏积分, 得 $\displaystyle\int\frac{\mathrm{d}f(x,y)}{f(x,y)}=-\int\mathrm{d}x\Rightarrow\ln f(x,y)=-x+\ln\varphi(y)$, 即 $f(x,y)=\varphi(y)\mathrm{e}^{-x}$. 因为 $f(0,y)=\varphi(y)$, 所以 $\varphi(y)=\sin y$, $f(x,y)=\mathrm{e}^{-x}\sin y$.

(3) 因为 $A^{\mathrm{T}}=-A$, 所以 $(A^{-1})^{\mathrm{T}}=(A^{\mathrm{T}})^{-1}=(-A)^{-1}=-A^{-1}$, 即 A^{-1} 也是反对称矩阵, 故对任意 n 维列向量 b, 都有 $b^{\mathrm{T}}A^{-1}b=0$. 对矩阵 B 施行分块初等变换, 得

$$B=\begin{pmatrix} A & b \\ b^{\mathrm{T}} & 0 \end{pmatrix}\to\begin{pmatrix} A & 0 \\ 0 & -b^{\mathrm{T}}A^{-1}b \end{pmatrix}=\begin{pmatrix} A & 0 \\ 0 & 0 \end{pmatrix},$$

因此, $\mathrm{rank}(B)=\mathrm{rank}(A)=n$.

(4) 记 $S=\sum\limits_{n=1}^{100}n^{-\frac{1}{2}}$, 问题即求不超过 S 的最大整数 $[S]$. 因为

$$S=1+\sum_{n=2}^{100}\int_{n-1}^{n}n^{-\frac{1}{2}}\mathrm{d}x<1+\sum_{n=2}^{100}\int_{n-1}^{n}x^{-\frac{1}{2}}\mathrm{d}x=1+\int_{1}^{100}x^{-\frac{1}{2}}\mathrm{d}x=19,$$

$$S=\sum_{n=1}^{100}\int_{n}^{n+1}n^{-\frac{1}{2}}\mathrm{d}x>\sum_{n=1}^{100}\int_{n}^{n+1}x^{-\frac{1}{2}}\mathrm{d}x=\int_{1}^{101}x^{-\frac{1}{2}}\mathrm{d}x=2(\sqrt{101}-1)>18,$$

所以 $[S]=18$.

(5) 利用微元法. 曲线 L_1 上任意点 (x,y) 到直线 L_2 的距离为

$$d(x)=\frac{|3y-4x|}{\sqrt{3^2+(-4)^2}}=\frac{1}{5}x(2+x^2),$$

弧长微元 $\mathrm{d}s=\sqrt{1+(y')^2}\mathrm{d}x=\sqrt{1+(x^2+2)^2}\mathrm{d}x$, 因此, 旋转曲面的面积为

$$A=2\pi\int_0^1 d(x)\sqrt{1+(y')^2}\mathrm{d}x=\frac{2\pi}{5}\int_0^1 x(2+x^2)\sqrt{1+(x^2+2)^2}\mathrm{d}x.$$

令 $t=2+x^2$, 则

$$A=\frac{\pi}{5}\int_2^3 t\sqrt{1+t^2}\mathrm{d}t=\frac{\pi}{15}\left(1+t^2\right)^{\frac{3}{2}}\Big|_2^3=\frac{\sqrt{5}(2\sqrt{2}-1)}{3}\pi.$$

二、**[参考证明]** 设 $f(x)=\dfrac{1}{x^2}-\dfrac{1}{\tan^2 x}\ \left(0<x<\dfrac{\pi}{2}\right)$, 则

$$f'(x)=-\frac{2}{x^3}+\frac{2\cos x}{\sin^3 x}=\frac{2(x^3\cos x-\sin^3 x)}{x^3\sin^3 x}, \tag{$*$}$$

令 $\varphi(x)=\dfrac{\sin x}{\sqrt[3]{\cos x}}-x\left(0<x<\dfrac{\pi}{2}\right)$, 则

$$\varphi'(x)=\frac{\cos^{4/3}x+\dfrac{1}{3}\cos^{-2/3}x\sin^2 x}{\cos^{2/3}x}-1=\frac{2}{3}\cos^{2/3}x+\frac{1}{3}\cos^{-4/3}x-1.$$

由均值不等式, 得

$$\begin{aligned}\frac{2}{3}\cos^{2/3}x+\frac{1}{3}\cos^{-4/3}x&=\frac{1}{3}(\cos^{2/3}x+\cos^{2/3}x+\cos^{-4/3}x)\\&>\sqrt[3]{\cos^{2/3}x\cdot\cos^{2/3}x\cdot\cos^{-4/3}x}=1,\end{aligned}$$

所以当 $0<x<\dfrac{\pi}{2}$ 时, $\varphi'(x)>0$, 从而 $\varphi(x)$ 单调递增, 又 $\varphi(0)=0$, 因此 $\varphi(x)>0$, 即

$$x^3\cos x-\sin^3 x<0.$$

由 $(*)$ 式得 $f'(x)<0$, 从而 $f(x)$ 在区间 $\left(0,\dfrac{\pi}{2}\right)$ 单调递减. 由于

$$\lim_{x\to\frac{\pi}{2}^-}f(x)=\lim_{x\to\frac{\pi}{2}^-}\left(\frac{1}{x^2}-\frac{1}{\tan^2 x}\right)=\frac{4}{\pi^2},$$

$$\begin{aligned}\lim_{x\to 0^+}f(x)&=\lim_{x\to 0^+}\left(\frac{1}{x^2}-\frac{1}{\tan^2 x}\right)=\lim_{x\to 0^+}\left(\frac{\tan x+x}{x}\cdot\frac{\tan x-x}{x\tan^2 x}\right)\\&=2\lim_{x\to 0^+}\frac{\tan x-x}{x^3}=\frac{2}{3},\end{aligned}$$

所以 $0<x<\dfrac{\pi}{2}$ 时, 有 $\dfrac{4}{\pi^2}<\dfrac{1}{x^2}-\dfrac{1}{\tan^2 x}<\dfrac{2}{3}$.

三、[参考解析] 由条件 $0 \leqslant f(x) \leqslant 1$, 有

$$\int_0^{\sqrt{x}} f(t)\mathrm{d}t + \int_0^{\sqrt{x+27}} f(t)\mathrm{d}t + \int_0^{\sqrt{13-x}} f(t)\mathrm{d}t \leqslant \sqrt{x} + \sqrt{x+27} + \sqrt{13-x}.$$

利用 Cauchy 不等式, 即 $\left(\sum\limits_{i=1}^{n} a_i b_i\right)^2 \leqslant \sum\limits_{i=1}^{n} a_i^2 \cdot \sum\limits_{i=1}^{n} b_i^2$, 等号当 a_i 与 b_i 对应成比例时成立, 有

$$\begin{aligned}\sqrt{x} + \sqrt{x+27} + \sqrt{13-x} &= 1 \cdot \sqrt{x} + \sqrt{2} \cdot \sqrt{\frac{1}{2}(x+27)} + \sqrt{\frac{2}{3}} \cdot \sqrt{\frac{3}{2}(13-x)} \\ &\leqslant \sqrt{1+2+\frac{2}{3}} \cdot \sqrt{x + \frac{1}{2}(x+27) + \frac{3}{2}(13-x)} = 11,\end{aligned}$$

且等号成立的充分必要条件是

$$\sqrt{x} = \frac{3}{2}\sqrt{13-x} = \frac{1}{2}\sqrt{x+27}, \quad \text{即} \quad x = 9.$$

所以

$$\int_0^{\sqrt{x}} f(t)\mathrm{d}t + \int_0^{\sqrt{x+27}} f(t)\mathrm{d}t + \int_0^{\sqrt{13-x}} f(t)\mathrm{d}t \leqslant 11.$$

特别当 $x = 9$ 时, 有

$$\int_0^{\sqrt{x}} f(t)\mathrm{d}t + \int_0^{\sqrt{x+27}} f(t)\mathrm{d}t + \int_0^{\sqrt{13-x}} f(t)\mathrm{d}t = \int_0^{3} f(t)\mathrm{d}t + \int_0^{6} f(t)\mathrm{d}t + \int_0^{2} f(t)\mathrm{d}t,$$

根据周期性, 以及 $\int_0^1 f(x)\mathrm{d}x = 1$, 有

$$\int_0^{3} f(t)\mathrm{d}t + \int_0^{6} f(t)\mathrm{d}t + \int_0^{2} f(t)\mathrm{d}t = 11\int_0^{1} f(t)\mathrm{d}t = 11,$$

所以取等号的充分必要条件是 $x = 9$.

四、[参考解析] 记球面 $\Sigma: x^2 + y^2 + z^2 = 1$ 外侧的单位法向量为

$$\vec{n} = (\cos\alpha, \cos\beta, \cos\gamma),$$

则

$$\frac{\partial f}{\partial n} = \frac{\partial f}{\partial x}\cos\alpha + \frac{\partial f}{\partial y}\cos\beta + \frac{\partial f}{\partial z}\cos\gamma.$$

考虑曲面积分等式

$$\oiint\limits_{\Sigma} \frac{\partial f}{\partial n}\mathrm{d}S = \iint\limits_{\Sigma} (x^2 + y^2 + z^2)\frac{\partial f}{\partial n}\mathrm{d}S. \tag{1}$$

对两边都利用 Gauss 公式, 得

$$\oiint_{\Sigma}\frac{\partial f}{\partial n}\mathrm{d}S=\iint_{\Sigma}\left(\frac{\partial f}{\partial x}\cos\alpha+\frac{\partial f}{\partial y}\cos\beta+\frac{\partial f}{\partial z}\cos\gamma\right)\mathrm{d}S=\iiint_{\Omega}\left(\frac{\partial^2 f}{\partial x^2}+\frac{\partial^2 f}{\partial y^2}+\frac{\partial^2 f}{\partial z^2}\right)\mathrm{d}v, \tag{2}$$

$$\oiint_{\Sigma}(x^2+y^2+z^2)\frac{\partial f}{\partial n}\mathrm{d}S=\iint_{\Sigma}(x^2+y^2+z^2)\left(\frac{\partial f}{\partial x}\cos\alpha+\frac{\partial f}{\partial y}\cos\beta+\frac{\partial f}{\partial z}\cos\gamma\right)\mathrm{d}S$$

$$=2\iiint_{\Omega}\left(x\frac{\partial f}{\partial x}+y\frac{\partial f}{\partial y}+z\frac{\partial f}{\partial z}\right)\mathrm{d}v+\iiint_{\Omega}(x^2+y^2+z^2)\left(\frac{\partial^2 f}{\partial x^2}+\frac{\partial^2 f}{\partial y^2}+\frac{\partial^2 f}{\partial z^2}\right)\mathrm{d}v. \tag{3}$$

将 (2), (3) 代入 (1) 并整理得

$$I=\frac{1}{2}\iiint_{\Omega}\left(1-(x^2+y^2+z^2)\right)\sqrt{x^2+y^2+z^2}\mathrm{d}v$$

$$=\frac{1}{2}\int_0^{2\pi}\mathrm{d}\theta\int_0^{\pi}\sin\varphi\int_0^1(1-\rho^2)\rho^3\mathrm{d}\rho=\frac{\pi}{6}.$$

五、[参考证明] 由条件 $A^k=O$ 可得 $|A|=0$. 因为 $AB=A+B$, 所以

$$|B+2017A|=|AB+2016A|=|A||B+2016E|=0.$$

又由 $B=A(B-E)$, 得 $|B|=0$, 因此 $|B+2017A|=|B|$.

六、(1)[参考证明] 利用不等式：当 $x>0$ 时, $\dfrac{x}{1+x}<\ln(1+x)<x$, 有

$$a_n-a_{n-1}=\frac{1}{n}-\ln\frac{n}{n-1}=\frac{1}{n}-\ln\left(1+\frac{1}{n-1}\right)\leqslant\frac{1}{n}-\frac{\dfrac{1}{n-1}}{1+\dfrac{1}{n-1}}=0,$$

$$a_n=\sum_{k=1}^{n}\frac{1}{k}-\sum_{k=2}^{n}\ln\frac{k}{k-1}=1+\sum_{k=2}^{n}\left(\frac{1}{k}-\ln\frac{k}{k-1}\right)$$

$$=1+\sum_{k=2}^{n}\left[\frac{1}{k}-\ln\left(1+\frac{1}{k-1}\right)\right]\geqslant1+\sum_{k=2}^{n}\left[\frac{1}{k}-\frac{1}{k-1}\right]=\frac{1}{n}>0,$$

所以 $\{a_n\}$ 单调减少有下界, 故 $\lim\limits_{n\to\infty}a_n$ 存在.

(2)**[参考解析]** 显然, 以 a_n 为部分和的级数为 $1+\sum\limits_{n=2}^{\infty}\left(\dfrac{1}{n}-\ln n+\ln(n-1)\right)$, 则该级数收敛于 C, 且 $a_n-C>0$. 用 r_n 记该级数的余项, 则

$$a_n-C=-r_n=-\sum_{k=n+1}^{\infty}\left(\frac{1}{k}-\ln k+\ln(k-1)\right)=\sum_{k=n+1}^{\infty}\left(\ln\left(1+\frac{1}{k-1}\right)-\frac{1}{k}\right).$$

根据 Taylor 公式, 当 $x>0$ 时, $\ln(1+x)>x-\frac{x^2}{2}$, 所以

$$a_n-C>\sum_{k=n+1}^{\infty}\left(\frac{1}{k-1}-\frac{1}{2(k-1)^2}-\frac{1}{k}\right).$$

记 $b_n=\sum\limits_{k=n+1}^{\infty}\left(\frac{1}{k-1}-\frac{1}{2(k-1)^2}-\frac{1}{k}\right)$, 下面证明正项级数 $\sum\limits_{n=1}^{\infty}b_n$ 发散. 因为

$$\begin{aligned}c_n&\triangleq n\sum_{k=n+1}^{\infty}\left(\frac{1}{k-1}-\frac{1}{k}-\frac{1}{2(k-1)(k-2)}\right)<nb_n\\&<n\sum_{k=n+1}^{\infty}\left(\frac{1}{k-1}-\frac{1}{k}-\frac{1}{2k(k-1)}\right)=\frac{1}{2},\end{aligned}$$

而当 $n\to\infty$ 时, $c_n=\frac{n-2}{2(n-1)}\to\frac{1}{2}$, 所以 $\lim\limits_{n\to\infty}nb_n=\frac{1}{2}$. 根据比较判别法可知, 级数 $\sum\limits_{n=1}^{\infty}b_n$ 发散.

因此, 级数 $\sum\limits_{n=1}^{\infty}(a_n-C)$ 发散.

第九届全国大学生数学竞赛决赛试题参考解答(非数学专业类)

一、[参考解析] (1) 当 $x \to 0$ 时, $\ln(1+\sin^2 x) \sim \sin^2 x \sim x^2$, 所以

$$\lim_{x\to 0}\frac{\tan x-\sin x}{x\ln(1+\sin^2 x)}=\lim_{x\to 0}\frac{\tan x-\sin x}{x^3}=\lim_{x\to 0}\frac{\tan x}{x}\cdot\frac{1-\cos x}{x^2}=\frac{1}{2}.$$

(2) 根据题设条件, 所求平面可设为 $Ax+By+Cz=0$, 且 $6A-3B+2C=0$. 因为两平面垂直, 相应的法向量 (A,B,C) 与 $(4,-1,2)$ 垂直, 所以 $4A-B+2C=0$, 从而有 $(A,B,C)=C\left(-\frac{2}{3},-\frac{2}{3},1\right)$. 因此, 所求平面为 $2x+2y-3z=0$.

(3) 利用 $\mathrm{d}f(x,y)=y\mathrm{e}^y\mathrm{d}x+x(1+y)\mathrm{e}^y\mathrm{d}y$ 凑微分, 可知 $f(x,y)=xy\mathrm{e}^y+C$. 又由 $f(0,0)=0$ 解得 $C=0$, 所以 $f(x,y)=xy\mathrm{e}^y$.

(4) 记 $k=\int_0^1 u(t)\mathrm{d}t$, 则原方程为 $\frac{\mathrm{d}u(t)}{\mathrm{d}t}-u(t)=k$. 这是一阶线性微分方程, 利用求解公式得

$$u(t)=\mathrm{e}^{\int\mathrm{d}t}\left(\int k\mathrm{e}^{\int(-1)\mathrm{d}t}\mathrm{d}t+C\right)=-k+C\mathrm{e}^t.$$

由 $u(0)=1$ 解得 $C=1+k$, 故 $u(t)=-k+(1+k)\mathrm{e}^t$. 等式两边同时在 $[0,1]$ 上积分, 可得 $k=-k+(1+k)(\mathrm{e}-1)$, 故 $k=\frac{\mathrm{e}-1}{3-\mathrm{e}}$, 所以 $u(t)=\frac{2\mathrm{e}^t-\mathrm{e}+1}{3-\mathrm{e}}$.

(5) 将所给 4 个等式取对数, 得到以 $\ln a$, $\ln b$, $\ln c$, $\ln d$ 为解的线性方程组

$$\begin{cases}-x\ln a+\ln b+\ln c+\ln d=0,\\ \ln a-y\ln b+\ln c+\ln d=0,\\ \ln a+\ln b-z\ln c+\ln d=0,\\ \ln a+\ln b+\ln c-w\ln d=0.\end{cases}$$

因为 $\ln a$, $\ln b$, $\ln c$, $\ln d$ 至多一个为 0, 所以齐次方程组有非零解, 其系数行列式

$$\begin{vmatrix}-x & 1 & 1 & 1\\ 1 & -y & 1 & 1\\ 1 & 1 & -z & 1\\ 1 & 1 & 1 & -w\end{vmatrix}=0.$$

二、[参考证明] 不妨设 $x_1<x_2$, $x_3<x_4$, 考虑辅助函数

$$F(t)=\frac{f((1-t)x_2+tx_4)-f((1-t)x_1+tx_3)}{(1-t)(x_2-x_1)+t(x_4-x_3)},$$

则 $F(t)$ 在闭区间 $[0,\ 1]$ 上连续, 且 $F(0)=\alpha<\lambda<\beta=F(1)$. 根据连续函数介值定理, 存在 $t_0\in(0,1)$, 使得 $F(t_0)=\lambda$.

令 $x_5=(1-t_0)x_1+t_0x_3$, $x_6=(1-t_0)x_2+t_0x_4$, 则 $x_5,x_6\in(0,1)$, $x_5<x_6$, 且

$$\lambda=F(t_0)=\frac{f(x_5)-f(x_6)}{x_5-x_6}.$$

三、[参考解析] 令 $F(x)=\dfrac{4}{\pi}\dfrac{\arctan x\displaystyle\int_0^x f(t)\mathrm{d}t}{\displaystyle\int_0^1 f(t)\mathrm{d}t}$, 则 $F(0)=0,F(1)=1$ 且函数 $F(x)$ 在闭区间 $[0,1]$ 上可导. 根据介值定理, 存在点 $x_3\in(0,1)$, 使 $F(x_3)=\dfrac{1}{2}$.

再分别在区间 $[0,x_3]$ 与 $[x_3,1]$ 上利用 Lagrange 中值定理, 存在 $x_1\in(0,x_3)$, 使得 $F(x_3)-F(0)=F'(x_1)(x_3-0)$, 即

$$\frac{\pi}{8}\int_0^1 f(x)\mathrm{d}x=\left[\frac{1}{1+x_1^2}\int_0^{x_1}f(x)\mathrm{d}x+f(x_1)\arctan x_1\right]x_3;$$

且存在 $x_2\in(x_3,1)$, 使 $F(1)-F(x_3)=F'(x_2)(1-x_3)$, 即

$$\frac{\pi}{8}\int_0^1 f(x)\mathrm{d}x=\left[\frac{1}{1+x_2^2}\int_0^{x_2}f(x)\mathrm{d}x+f(x_2)\arctan x_2\right](1-x_3).$$

四、[参考解析] 注意到 $\sqrt[n+1]{(n+1)!}-\sqrt[n]{n!}=n\left[\dfrac{\sqrt[n+1]{(n+1)!}}{\sqrt[n]{n!}}-1\right]\cdot\dfrac{\sqrt[n]{n!}}{n}$, 而

$$\lim_{n\to\infty}\frac{\sqrt[n]{n!}}{n}=\mathrm{e}^{\lim\limits_{n\to\infty}\frac{1}{n}\sum\limits_{k=1}^{n}\ln\frac{k}{n}}=\mathrm{e}^{\int_0^1\ln x\mathrm{d}x}=\frac{1}{\mathrm{e}},$$

$$\frac{\sqrt[n+1]{(n+1)!}}{\sqrt[n]{n!}}=\sqrt[(n+1)n]{\frac{[(n+1)!]^n}{(n!)^{n+1}}}=\sqrt[(n+1)n]{\frac{(n+1)^{n+1}}{(n+1)!}}=\mathrm{e}^{-\frac{1}{n}\cdot\frac{1}{n+1}\sum\limits_{k=1}^{n+1}\ln\frac{k}{n+1}},$$

利用等价无穷小替换 $\mathrm{e}^x-1\sim x(x\to0)$, 得

$$\lim_{n\to\infty}n\left[\frac{\sqrt[n+1]{(n+1)!}}{\sqrt[n]{n!}}-1\right]=-\lim_{n\to\infty}\frac{1}{n+1}\sum_{k=1}^{n+1}\ln\frac{k}{n+1}=-\int_0^1\ln x\mathrm{d}x=1,$$

因此, 所求极限为

$$\lim_{n\to\infty}\left[\sqrt[n+1]{(n+1)!}-\sqrt[n]{n!}\right]=\lim_{n\to\infty}\frac{\sqrt[n]{n!}}{n}\cdot\lim_{n\to\infty}n\left[\frac{\sqrt[n+1]{(n+1)!}}{\sqrt[n]{n!}}-1\right]=\frac{1}{\mathrm{e}}.$$

五、[参考证明] (1) 二次型 $H(x)=\sum_{i=1}^{n}x_i^2-\sum_{i=1}^{n-1}x_ix_{i+1}$ 的矩阵为

$$A=\begin{pmatrix}1 & -\frac{1}{2} & & & \\ -\frac{1}{2} & 1 & -\frac{1}{2} & & \\ & -\frac{1}{2} & \ddots & \ddots & \\ & & \ddots & 1 & -\frac{1}{2} \\ & & & -\frac{1}{2} & 1\end{pmatrix},$$

因为 A 实对称, 其任意 k 阶顺序主子式 $\Delta_k=\dfrac{k+1}{2^k}>0$, 所以 A 正定, 故结论成立.

(2) 对 A 作分块如下 $A=\begin{pmatrix}A_{n-1} & \alpha \\ \alpha^{\mathrm{T}} & 1\end{pmatrix}$, 其中 $\alpha=\left(0,\cdots,0,-\dfrac{1}{2}\right)^{\mathrm{T}}\in\mathbb{R}^{n-1}$, 取可逆矩阵 $P=\begin{pmatrix}I_{n-1} & -A_{n-1}^{-1}\alpha \\ 0 & 1\end{pmatrix}$, 则 $P^{\mathrm{T}}AP=\begin{pmatrix}A_{n-1} & 0 \\ 0 & 1-\alpha^{\mathrm{T}}A_{n-1}^{-1}\alpha\end{pmatrix}=\begin{pmatrix}A_{n-1} & 0 \\ 0 & a\end{pmatrix}$, 其中 $a=1-\alpha^{\mathrm{T}}A_{n-1}^{-1}\alpha$. 经计算得, $a=\dfrac{n+1}{2n}$.

记 $x=P(x_0,1)^{\mathrm{T}}$, 其中 $x_0=(x_1,x_2,\cdots,x_{n-1})^{\mathrm{T}}\in\mathbb{R}^{n-1}$, 因为

$$H(x)=x^{\mathrm{T}}Ax=(x_0^{\mathrm{T}},1)P^{\mathrm{T}}(P^{\mathrm{T}})^{-1}\begin{pmatrix}A_{n-1} & 0 \\ 0 & a\end{pmatrix}P^{-1}P\begin{pmatrix}x_0 \\ 1\end{pmatrix}=x_0^{\mathrm{T}}A_{n-1}x_0+a,$$

且 A_{n-1} 正定, 所以 $H(x)=x_0^{\mathrm{T}}A_{n-1}x_0+a\geqslant a$, 当 $x=P(x_0,1)^{\mathrm{T}}=P(0,1)^{\mathrm{T}}$ 时, $H(x)=a$.

因此, $H(x)$ 满足条件 $x_n=1$ 的最小值为 $a=\dfrac{n+1}{2n}$.

六、[参考证明] 在 Green 公式

$$\oint_C P(x,y)\mathrm{d}x+Q(x,y)\mathrm{d}y=\iint_D\left(\frac{\partial Q}{\partial x}-\frac{\partial P}{\partial y}\right)\mathrm{d}x\mathrm{d}y$$

中, 依次取 $P=yf(x,y)$, $Q=0$ 和取 $P=0$, $Q=xf(x,y)$, 分别可得

$$\iint_D f(x,y)\mathrm{d}x\mathrm{d}y=-\oint_C yf(x,y)\mathrm{d}x-\iint_D y\frac{\partial f}{\partial y}\mathrm{d}x\mathrm{d}y,$$

$$\iint_D f(x,y)\mathrm{d}x\mathrm{d}y=\oint_C xf(x,y)\mathrm{d}y-\iint_D x\frac{\partial f}{\partial x}\mathrm{d}x\mathrm{d}y.$$

两式相加, 得

$$\iint\limits_D f(x,y)\mathrm{d}x\mathrm{d}y = \frac{a^2}{2}\oint\limits_C -y\mathrm{d}x + x\mathrm{d}y - \frac{1}{2}\iint\limits_D \left(x\frac{\partial f}{\partial x} + y\frac{\partial f}{\partial y}\right)\mathrm{d}x\mathrm{d}y = I_1 + I_2.$$

对 I_1 再次利用 Green 公式, 得 $I_1 = \dfrac{a^2}{2}\oint\limits_C -y\mathrm{d}x + x\mathrm{d}y = a^2\iint\limits_D \mathrm{d}x\mathrm{d}y = \pi a^4$. 对 I_2 的被积函数利用 Cauchy 不等式, 得

$$\begin{aligned}|I_2| &\leqslant \frac{1}{2}\iint\limits_D \left|x\frac{\partial f}{\partial x} + y\frac{\partial f}{\partial y}\right|\mathrm{d}x\mathrm{d}y \leqslant \frac{1}{2}\iint\limits_D \sqrt{x^2+y^2}\sqrt{\left(\frac{\partial f}{\partial x}\right)^2 + \left(\frac{\partial f}{\partial y}\right)^2}\mathrm{d}x\mathrm{d}y \\ &\leqslant \frac{a}{2}\iint\limits_D \sqrt{x^2+y^2}\mathrm{d}x\mathrm{d}y = \frac{1}{3}\pi a^4,\end{aligned}$$

因此, 有

$$\left|\iint\limits_D f(x,y)\mathrm{d}x\mathrm{d}y\right| \leqslant \pi a^4 + \frac{1}{3}\pi a^4 = \frac{4}{3}\pi a^4.$$

七、[参考解析] (1) 若 $q>1$, 则 $\exists\, p\in\mathbb{R}$, 使得 $q>p>1$. 根据极限性质, $\exists N\in\mathbb{Z}^+$, 使得 $\forall n>N$, 有 $\dfrac{\ln\frac{1}{a_n}}{\ln n}>p$, 即 $a_n<\dfrac{1}{n^p}$, 而 $p>1$ 时 $\sum\limits_{n=1}^{\infty}\dfrac{1}{n^p}$ 收敛, 所以 $\sum\limits_{n=1}^{\infty}a_n$ 收敛.

若 $q<1$, 则 $\exists\, p\in\mathbb{R}$, 使得 $q<p<1$. 根据极限性质, $\exists N\in\mathbb{Z}^+$, 使得 $\forall n>N$, 有 $\dfrac{\ln\frac{1}{a_n}}{\ln n}<p$, 即 $a_n>\dfrac{1}{n^p}$, 而 $p<1$ 时 $\sum\limits_{n=1}^{\infty}\dfrac{1}{n^p}$ 发散, 所以 $\sum\limits_{n=1}^{\infty}a_n$ 发散.

(2) 当 $q=1$ 时, 级数 $\sum\limits_{n=1}^{\infty}a_n$ 可能收敛, 也可能发散.

例如 $a_n=\dfrac{1}{n}$ 满足条件, 但级数 $\sum\limits_{n=1}^{\infty}a_n$ 发散;

又如 $a_n=\dfrac{1}{n\ln^2 n}$ 满足条件, 但级数 $\sum\limits_{n=1}^{\infty}a_n$ 收敛.

第十届全国大学生数学竞赛决赛试题参考解答(非数学专业类)

一、[参考解析] (1) 因为函数 $y=y(x)$ 在点 $x=0$ 处连续, 所以 $\lim\limits_{x\to 0} y(x)=y(0)=2$. 显然, 欲使极限 $\lim\limits_{x\to 0} y(x)$ 存在, 必有 $b=1$. 再利用等价无穷小替换, 得

$$\lim_{x\to 0} y(x)=\lim_{x\to 0}\frac{\sqrt{1-a\sin^2 x}-1}{x^2}=\lim_{x\to 0}\frac{\frac{1}{2}(-a\sin^2 x)}{x^2}=-\frac{a}{2}\lim_{x\to 0}\left(\frac{\sin x}{x}\right)^2=-\frac{a}{2},$$

所以 $-\frac{a}{2}=2$, 得 $a=-4$. 因此 $a+b=-3$.

(2) 令 $x=at$, 则

$$\begin{aligned}I&=\frac{1}{a}\int_0^{+\infty}\frac{\ln a+\ln t}{1+t^2}\,\mathrm{d}t=\frac{\ln a}{a}\int_0^{+\infty}\frac{\mathrm{d}t}{1+t^2}+\frac{1}{a}\int_0^{+\infty}\frac{\ln t}{1+t^2}\,\mathrm{d}t\\&=\frac{\ln a}{a}\arctan t\Big|_0^{+\infty}+\frac{1}{a}\int_0^{+\infty}\frac{\ln t}{1+t^2}\,\mathrm{d}t=\frac{\pi\ln a}{2a}+\frac{1}{a}I_1,\end{aligned}$$

其中 $\left(\text{作代换：}t=\frac{1}{u}\right)$

$$I_1=\int_0^{+\infty}\frac{\ln t}{1+t^2}\,\mathrm{d}t=-\int_0^{+\infty}\frac{\ln u}{1+u^2}\,\mathrm{d}u=-I_1,$$

得 $I_1=0$. 因此, 得 $I=\frac{\pi\ln a}{2a}$.

(3) 利用 Stokes 公式. 选取平面 $x+y+z=\frac{3}{2}$ 上被折线 L 所包围的部分 Σ 的上侧, 法向量为 $\vec{n}=\{1,1,1\}$, 方向余弦为 $\cos\alpha=\frac{1}{\sqrt{3}},\cos\beta=\frac{1}{\sqrt{3}},\cos\gamma=\frac{1}{\sqrt{3}}$, 所以

$$\begin{aligned}&\oint_L\left(z^2-y^2\right)\mathrm{d}x+\left(x^2-z^2\right)\mathrm{d}y+\left(y^2-x^2\right)\mathrm{d}z\\&=\iint_\Sigma\begin{vmatrix}\cos\alpha&\cos\beta&\cos\gamma\\\frac{\partial}{\partial x}&\frac{\partial}{\partial y}&\frac{\partial}{\partial z}\\P&Q&R\end{vmatrix}\mathrm{d}S\\&=\frac{4}{\sqrt{3}}\iint_\Sigma(x+y+z)\mathrm{d}S\\&=\frac{4}{\sqrt{3}}\iint_\Sigma\frac{3}{2}\,\mathrm{d}S=2\sqrt{3}\iint_{D_{xy}}\sqrt{3}\,\mathrm{d}x\,\mathrm{d}y=6\iint_{D_{xy}}\mathrm{d}x\,\mathrm{d}y=\frac{9}{2}.\end{aligned}$$

(4) 对方程 $F(x-y,z)=0$ 两边求偏导数, 得

$$F_1+F_2\frac{\partial z}{\partial x}=0,\quad -F_1+F_2\frac{\partial z}{\partial y}=0,$$

解得 $\dfrac{\partial z}{\partial x}=-\dfrac{F_1}{F_2}$, $\dfrac{\partial z}{\partial y}=\dfrac{F_1}{F_2}$, 因此

$$\frac{\partial^2 z}{\partial x\partial y}=-\frac{-F_2F_{11}+F_2\dfrac{\partial z}{\partial y}F_{12}+F_1F_{12}-F_1\dfrac{\partial z}{\partial y}F_{22}}{F_2^2}=\frac{F_2^2F_{11}-2F_1F_2F_{12}+F_1^2F_{22}}{F_2^3}.$$

(5) 二次型的矩阵为

$$A=\begin{pmatrix} 1-\dfrac{1}{n} & -\dfrac{1}{n} & \cdots & -\dfrac{1}{n}\\ -\dfrac{1}{n} & \ddots & \ddots & \vdots\\ \vdots & \ddots & \ddots & -\dfrac{1}{n}\\ -\dfrac{1}{n} & \cdots & -\dfrac{1}{n} & 1-\dfrac{1}{n}\end{pmatrix}$$

易知, A 的特征多项式为 $|\lambda I-A|=\left|(\lambda-1)I+\dfrac{1}{n}\begin{pmatrix}1\\ \vdots\\ 1\end{pmatrix}(1,\cdots,1)\right|=\lambda(\lambda-1)^{n-1}$, 所以 A 的特征值为 $\lambda=1(n-1$ 重$)$, $\lambda=0$. 因此, 二次型的规范形为 $y_1^2+y_2^2+\cdots+y_{n-1}^2$.

二、[参考解析] 由于 $f(x)$ 在区间 $(-1,1)$ 内三阶可导, $f(x)$ 在 $x=0$ 处有 Taylor 公式

$$f(x)=f(0)+f'(0)x+\frac{f''(0)}{2!}x^2+\frac{f'''(0)}{3!}x^3+o(x^3),$$

又 $f(0)=0, f'(0)=1, f''(0)=0, f'''(0)=-1$, 所以

$$f(x)=x-\frac{1}{6}x^3+o(x^3). \tag{$*$}$$

由于 $a_1\in(0,1)$, 数列 $\{a_n\}$ 严格单调且 $\lim\limits_{n\to\infty}a_n=0$, 则 $a_n>0$, 且 $\left\{\dfrac{1}{a_n^2}\right\}$ 为严格单调增加趋于正无穷的数列. 注意到 $a_{n+1}=f(a_n)$, 故由 Stolz 定理及 $(*)$ 式, 有

$$\begin{aligned}\lim_{n\to\infty}na_n^2&=\lim_{n\to\infty}\frac{n}{\dfrac{1}{a_n^2}}=\lim_{n\to\infty}\frac{1}{\dfrac{1}{a_{n+1}^2}-\dfrac{1}{a_n^2}}\\ &=\lim_{n\to\infty}\frac{a_n^2a_{n+1}^2}{a_n^2-a_{n+1}^2}=\lim_{n\to\infty}\frac{a_n^2f^2(a_n)}{a_n^2-f^2(a_n)}\\ &=\lim_{n\to\infty}\frac{a_n^2\left(a_n-\dfrac{1}{6}a_n^3+o(a_n^3)\right)^2}{a_n^2-\left(a_n-\dfrac{1}{6}a_n^3+o(a_n^3)\right)^2}=\lim_{n\to\infty}\frac{a_n^4-\dfrac{1}{3}a_n^6+\dfrac{1}{36}a_n^8+o(a_n^4)}{\dfrac{1}{3}a_n^4-\dfrac{1}{36}a_n^6+o(a_n^4)}=3.\end{aligned}$$

三、[参考证明] 令 $y=x-\frac{1}{nx}$, 则 $y'=1+\frac{1}{nx^2}>0$. 故函数 $y(x)$ 在 $[\alpha,\beta]$ 上严格单调增加. 记 $y(x)$ 的反函数为 $x(y)$, 则 $x(y)$ 定义在 $\left[\alpha-\frac{1}{n\alpha},\beta-\frac{1}{n\beta}\right]$ 上, 且

$$x'(y)=\frac{1}{y'(x)}=\frac{1}{1+\frac{1}{nx^2}}>0.$$

于是

$$\int_\alpha^\beta f'\left(nx-\frac{1}{x}\right)\mathrm{d}x=\int_{\alpha-\frac{1}{n\alpha}}^{\beta-\frac{1}{n\beta}} f'(ny)x'(y)\,\mathrm{d}y.$$

根据积分中值定理, 存在 $\xi_n\in\left[\alpha-\frac{1}{n\alpha},\beta-\frac{1}{n\beta}\right]$, 使得

$$\begin{aligned}\int_{\alpha-\frac{1}{n\alpha}}^{\beta-\frac{1}{n\beta}} f'(ny)x'(y)\,\mathrm{d}y&=x'(\xi_n)\int_{\alpha-\frac{1}{n\alpha}}^{\beta-\frac{1}{n\beta}} f'(ny)\mathrm{d}y\\&=\frac{x'(\xi_n)}{n}\left[f\left(n\beta-\frac{1}{\beta}\right)-f\left(n\alpha-\frac{1}{\alpha}\right)\right].\end{aligned}$$

因此

$$\left|\int_\alpha^\beta f'\left(nx-\frac{1}{x}\right)\mathrm{d}x\right|\leqslant\frac{|x'(\xi_n)|}{n}\left[\left|f\left(n\beta-\frac{1}{\beta}\right)\right|+\left|f\left(n\alpha-\frac{1}{\alpha}\right)\right|\right]\leqslant\frac{2|x'(\xi_n)|}{n}.$$

注意到

$$0<x'(\xi_n)=\frac{1}{1+\frac{1}{n\xi_n^2}}<1,$$

则

$$\left|\int_\alpha^\beta f'\left(nx-\frac{1}{x}\right)\mathrm{d}x\right|\leqslant\frac{2}{n},$$

即

$$\lim_{n\to\infty}\int_\alpha^\beta f'\left(nx-\frac{1}{x}\right)\mathrm{d}x=0.$$

四、[参考解析] 采用 "先二后一" 法, 并利用对称性, 得

$$I=2\int_0^1\mathrm{d}z\iint\limits_D\frac{\mathrm{d}x\mathrm{d}y}{(1+x^2+y^2+z^2)^2},\quad 其中\quad D:0\leqslant x\leqslant 1,\ 0\leqslant y\leqslant x.$$

用极坐标计算二重积分, 得

$$I=2\int_0^1\mathrm{d}z\int_0^{\frac{\pi}{4}}\mathrm{d}\theta\int_0^{\sec\theta}\frac{r\mathrm{d}r}{(1+r^2+z^2)^2}=\int_0^1\mathrm{d}z\int_0^{\frac{\pi}{4}}\left(\frac{1}{1+z^2}-\frac{1}{1+\sec^2\theta+z^2}\right)\mathrm{d}\theta,$$

交换积分次序, 得

$$I=\int_0^{\frac{\pi}{4}}\mathrm{d}\theta\int_0^1\left(\frac{1}{1+z^2}-\frac{1}{1+\sec^2\theta+z^2}\right)\mathrm{d}z=\frac{\pi^2}{16}-\int_0^{\frac{\pi}{4}}\mathrm{d}\theta\int_0^1\frac{1}{1+\sec^2\theta+z^2}\mathrm{d}z.$$

作变量代换：$z=\tan t$, 并利用对称性, 得

$$\begin{aligned}\int_0^{\frac{\pi}{4}}\mathrm{d}\theta\int_0^1\frac{1}{1+\sec^2\theta+z^2}\mathrm{d}z&=\int_0^{\frac{\pi}{4}}\mathrm{d}\theta\int_0^{\frac{\pi}{4}}\frac{\sec^2 t}{\sec^2\theta+\sec^2 t}\mathrm{d}t\\&=\int_0^{\frac{\pi}{4}}\mathrm{d}\theta\int_0^{\frac{\pi}{4}}\frac{\sec^2\theta}{\sec^2\theta+\sec^2 t}\mathrm{d}t\\&=\frac{1}{2}\int_0^{\frac{\pi}{4}}\mathrm{d}\theta\int_0^{\frac{\pi}{4}}\frac{\sec^2\theta+\sec^2 t}{\sec^2\theta+\sec^2 t}\mathrm{d}t=\frac{1}{2}\times\frac{\pi^2}{16}=\frac{\pi^2}{32},\end{aligned}$$

所以 $I=\dfrac{\pi^2}{16}-\dfrac{1}{2}\dfrac{\pi^2}{16}=\dfrac{\pi^2}{32}$.

五、[参考解析] 级数通项

$$a_n=\frac{1}{3}\cdot\frac{2}{5}\cdot\frac{3}{7}\cdot\cdots\cdot\frac{n}{2n+1}\cdot\frac{1}{n+1}=\frac{2(2n)!!}{(2n+1)!!(n+1)}\left(\frac{1}{\sqrt{2}}\right)^{2n+2}.$$

令

$$f(x)=\sum_{n=0}^{\infty}\frac{(2n)!!}{(2n+1)!!(n+1)}x^{2n+2},$$

则收敛区间为 $(-1,\ 1)$, $\sum\limits_{n=1}^{\infty}a_n=2\left[f\left(\dfrac{1}{\sqrt{2}}\right)-\dfrac{1}{2}\right]$, $f'(x)=2\sum\limits_{n=0}^{\infty}\dfrac{(2n)!!}{(2n+1)!!}x^{2n+1}=2g(x)$, 其中 $g(x)=\sum\limits_{n=0}^{\infty}\dfrac{(2n)!!}{(2n+1)!!}x^{2n+1}$. 因为

$$\begin{aligned}g'(x)&=1+\sum_{n=1}^{\infty}\frac{(2n)!!}{(2n-1)!!}x^{2n}=1+x\sum_{n=1}^{\infty}\frac{(2n-2)!!}{(2n-1)!!}2nx^{2n-1}\\&=1+x\frac{\mathrm{d}}{\mathrm{d}x}\left(\sum_{n=1}^{\infty}\frac{(2n-2)!!}{(2n-1)!!}x^{2n}\right)=1+x\frac{\mathrm{d}}{\mathrm{d}x}\left[xg(x)\right],\end{aligned}$$

所以 $g(x)$ 满足 $g(0)=0$, $g'(x)-\dfrac{x}{1-x^2}g(x)=\dfrac{1}{1-x^2}$.

解这个一阶线性方程, 得

$$g(x)=\mathrm{e}^{\int\frac{x}{1-x^2}\mathrm{d}x}\left(\int\frac{1}{1-x^2}\mathrm{e}^{-\int\frac{x}{1-x^2}\mathrm{d}x}\mathrm{d}x+C\right)=\frac{\arcsin x}{\sqrt{1-x^2}}+\frac{C}{\sqrt{1-x^2}},$$

由 $g(0)=0$ 得 $C=0$, 故 $g(x)=\dfrac{\arcsin x}{\sqrt{1-x^2}}$, 所以 $f(x)=(\arcsin x)^2$, $f\left(\dfrac{1}{\sqrt{2}}\right)=\dfrac{\pi^2}{16}$, 且

$$\sum_{n=1}^{\infty}a_n=2\left(\frac{\pi^2}{16}-\frac{1}{2}\right)=\frac{\pi^2-8}{8}.$$

六、[参考证明] 依题意存在 n 阶可逆矩阵 H,Q, 使得 $A=H\begin{pmatrix}I_r & O\\ O & O\end{pmatrix}Q$. 因为 $A^2=O$, 所以有

$$A^2=H\begin{pmatrix}I_r & O\\ O & O\end{pmatrix}QH\begin{pmatrix}I_r & O\\ O & O\end{pmatrix}Q=O,$$

对 QH 作相应分块为 $QH=\begin{pmatrix}R_{11} & R_{12}\\ R_{21} & R_{22}\end{pmatrix}$, 则有

$$\begin{aligned}\begin{pmatrix}I_r & O\\ O & O\end{pmatrix}QH\begin{pmatrix}I_r & O\\ O & O\end{pmatrix}&=\begin{pmatrix}I_r & O\\ O & O\end{pmatrix}\begin{pmatrix}R_{11} & R_{12}\\ R_{21} & R_{22}\end{pmatrix}\begin{pmatrix}I_r & O\\ O & O\end{pmatrix}\\&=\begin{pmatrix}R_{11} & O\\ O & O\end{pmatrix}=O.\end{aligned}$$

因此 $R_{11}=O$.

而 $Q=\begin{pmatrix}O & R_{12}\\ R_{21} & R_{22}\end{pmatrix}H^{-1}$, 所以

$$A=H\begin{pmatrix}I_r & O\\ O & O\end{pmatrix}Q=H\begin{pmatrix}I_r & O\\ O & O\end{pmatrix}\begin{pmatrix}O & R_{12}\\ R_{21} & R_{22}\end{pmatrix}H^{-1}=H\begin{pmatrix}O & R_{12}\\ O & O\end{pmatrix}H^{-1},$$

显然, $r(A)=r(R_{12})=r$, 所以 R_{12} 为行满秩矩阵.

因为 $r<\dfrac{n}{2}$, 所以存在可逆矩阵 S_1,S_2, 使得 $S_1R_{12}S_2=(I_r,\ O)$, 令 $P=H\begin{pmatrix}S_1^{-1} & O\\ O & S_2\end{pmatrix}$, 则有

$$P^{-1}AP=\begin{pmatrix}S_1 & O\\ O & S_2^{-1}\end{pmatrix}H^{-1}AH\begin{pmatrix}S_1^{-1} & O\\ O & S_2\end{pmatrix}=\begin{pmatrix}O & I_r & O\\ O & O & O\end{pmatrix}.$$

七、[参考证明] 由于 $\sum\limits_{n=1}^{\infty}a_nu_n$ 收敛, 所以对任意给定 $\varepsilon>0$, 存在自然数 N_1, 使得当 $n>N_1$ 时, 有

$$-\frac{\varepsilon}{2}<\sum_{k=N_1}^{n}a_ku_k<\frac{\varepsilon}{2},\tag{1}$$

因为 $\{u_n\}_{n=1}^{\infty}$ 是单调递减的正数列, 所以

$$0<\frac{1}{u_{N_1}}\leqslant\frac{1}{u_{N_1+1}}\leqslant\cdots\leqslant\frac{1}{u_n}. \tag{2}$$

注意到当 $m<n$ 时, 有

$$\sum_{k=m}^{n}(A_k-A_{k-1})b_k=A_nb_n-A_{m-1}b_m+\sum_{k=m}^{n-1}(b_k-b_{k+1})A_k,$$

令 $A_0=0,\ A_k=\sum_{i=1}^{k}a_i(k=1,2,\cdots,n)$, 得到

$$\sum_{k=1}^{n}a_kb_k=A_nb_n+\sum_{k=1}^{n-1}(b_k-b_{k+1})A_k.$$

下面证明：对于任意自然数 n, 如果 $\{a_n\},\{b_n\}$ 满足

$$b_1\geqslant b_2\geqslant\cdots\geqslant b_n\geqslant 0,\quad m\leqslant a_1+a_2+\cdots+a_n\leqslant M,$$

则有

$$b_1m\leqslant\sum_{k=1}^{n}a_kb_k=b_1M.$$

事实上, $m\leqslant A_k\leqslant M,\ b_k-b_{k+1}\geqslant 0$, 即得到

$$mb_1=mb_n+\sum_{k=1}^{n-1}(b_k-b_{k+1})m\leqslant\sum_{k=1}^{n}a_kb_k\leqslant Mb_n+\sum_{k=1}^{n-1}(b_k-b_{k+1})M=Mb_1.$$

利用 (2), 令 $b_1=\dfrac{1}{u_n},b_2=\dfrac{1}{u_{n-1}},\cdots$, 可以得到 $-\dfrac{\varepsilon}{2}u_n^{-1}<\sum\limits_{k=N_1}^{n}a_k<\dfrac{\varepsilon}{2}u_n^{-1}$, 即

$$\left|\sum_{k=N_1}^{n}a_ku_n\right|<\frac{\varepsilon}{2},$$

又由 $\lim\limits_{n\to\infty}u_n=0$ 知, 存在自然数 N_2, 使得 $n>N_2$ 时, 有

$$|(a_1+a_2+\cdots+a_{N_1-1})u_n|<\frac{\varepsilon}{2}.$$

取 $N=\max\{N_1,\ N_2\}$, 则当 $n>N$ 时, 有

$$|(a_1+a_2+\cdots+a_n)u_n|<\frac{\varepsilon}{2}+\frac{\varepsilon}{2}=\varepsilon,$$

因此 $\lim\limits_{n\to\infty}(a_1+a_2+\cdots+a_n)u_n=0$.

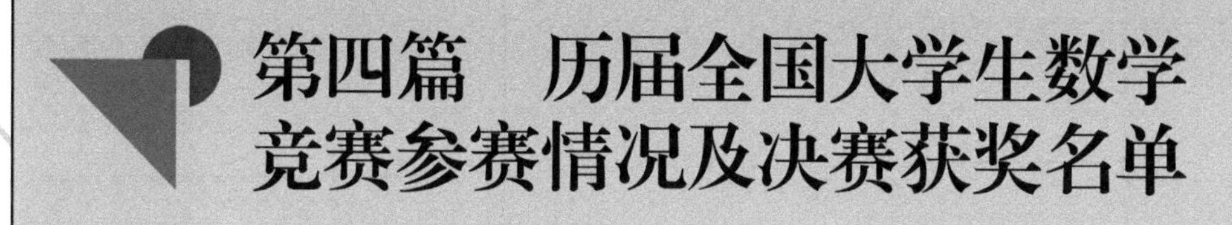

第四篇　历届全国大学生数学竞赛参赛情况及决赛获奖名单

首届全国大学生数学竞赛参赛情况及决赛获奖名单

首届全国大学生数学竞赛决赛于 2010 年 5 月 15 日在国防科学技术大学[①]举行. 此次竞赛共有来自全国 22 个赛区的 25675 人报名参加初赛, 最终来自北京大学、清华大学、浙江大学、复旦大学、中国科学技术大学等 110 余所高校的 252 名学生参加决赛, 其中数学专业类 93 名, 非数学专业类 159 名. 经全国大学生数学竞赛工作组研究决定, 共评出数学专业类一等奖 18 名、二等奖 29 名、三等奖 46 名; 非数学专业类一等奖 31 名、二等奖 52 名、三等奖 76 名.

具体决赛获奖名单如下:

(因原始排名数据丢失, 本届获奖名单按姓名拼音排序.)

数学专业类

一等奖

1	高力	武汉大学	10	吴姝倩	湖南师范大学
2	郝培德	曲阜师范大学	11	徐晓濛	河南大学
3	江辰	复旦大学	12	叶楠	东北林业大学
4	刘博睿	中国科学技术大学	13	曾宏波	中国科学技术大学
5	沈伟明	东华大学	14	张安如	北京大学
6	王文龙	南开大学	15	张光剑	四川大学
7	王新	曲阜师范大学	16	张翼	武汉大学
8	王银坤	国防科学技术大学	17	钟一民	中国科学技术大学
9	魏文哲	北京大学	18	宗润扑	中国科学技术大学

二等奖

1	丁伟杰	吉林大学	11	马卫军	四川大学
2	杜忠辉	西南大学	12	欧利	河北师范大学
3	房雅倩	北京林业大学	13	潘琼琼	温州大学
4	龚文敏	湖北大学	14	彭程	河北师范大学
5	郭利明	洛阳师范学院	15	田晓颖	复旦大学
6	黄森洋	北京化工大学	16	王宝	苏州大学
7	贾斌平	浙江师范大学	17	王晨	兰州大学
8	蒋报捷	江西师范大学	18	王守强	湖南大学
9	李益永	河北理工大学	19	王晓东	武汉大学
10	刘仁章	中国人民大学	20	吴瑞军	浙江大学

① 本篇中学校名称均采用颁奖时学校所使用的名称.

21	吴新星	电子科技大学	26	叶专	南昌大学
22	谢辉	南京师范大学	27	余新飞	东北师范大学
23	徐企	复旦大学	28	郑娜	中国农业大学
24	杨飞	浙江大学	29	周佳程	苏州大学
25	杨文	武汉大学			

三等奖

1	安中山	复旦大学	24	石鹏	咸阳师范学院
2	陈海仙	山西师范大学	25	宋肖珺	天津大学
3	陈明娟	天津大学	26	唐与聪	天津大学
4	代小丹	北方民族大学	27	王超	重庆三峡学院
5	戴杰	复旦大学	28	王传宝	北京师范大学
6	杜永光	商洛学院	29	王俊	湖州师范学院
7	高斌斌	天水师范学院	30	王瑞	山东师范大学
8	龚跃政	南京师范大学	31	王宇喆	浙江大学
9	郭全通	北京航空航天大学	32	王兆龙	复旦大学
10	蒋硕	西北大学	33	魏明权	山西大学
11	蒋伟	电子科技大学	34	魏贞	泰山学院
12	金希深	山东大学	35	谢春杰	西北师范大学
13	郎红蕾	吉林大学	36	徐彬彬	国防科学技术大学
14	李善兵	泰山学院	37	许靖哲	四川大学
15	李秀菊	太原理工大学	38	尹燕青	哈尔滨工业大学 (威海)
16	李秀文	广西民族大学	39	应智霞	西南大学
17	利进健	西南大学	40	臧鑫	北京交通大学
18	刘文辉	江西师范大学	41	张宝禄	广西大学
19	刘昱成	浙江大学	42	张军强	重庆师范大学
20	秦晨	重庆大学	43	张刘成	周口师范学院
21	覃燕秋	广西师范大学	44	张晓辉	西北大学
22	仇建新	宁夏大学	45	赵丽	丽水学院
23	桑广	聊城大学	46	钟建国	东北师范大学

非数学专业类

一等奖

1	陈德	浙江大学	3	杜梦杰	华东理工大学
2	程亮	华中科技大学	4	范海燕	国防科学技术大学

5	范云涛	北京邮电大学	19	吕铖杰	浙江工业大学
6	郭乾东	武汉大学	20	戚浩天	天津医科大学
7	郭宇	浙江大学	21	涂晓波	国防科学技术大学
8	何茂慧	河海大学	22	王刚	合肥工业大学
9	侯剑塑	天津大学	23	王业	浙江大学
10	侯杰	中国石油大学 (华东)	24	吴晨	电子科技大学
11	李峰	山东理工大学	25	吴涛桃	南京理工大学
12	李红波	宁夏大学	26	喻斌雄	国防科学技术大学
13	李丽娟	哈尔滨工程大学	27	曾智	解放军理工大学
14	凌梦	合肥工业大学	28	张华磊	空军工程大学
15	刘尧	电子科技大学	29	张龙杰	上海理工大学
16	卢臣智	北京科技大学	30	张旭	北京邮电大学
17	鹿哈男	北京航空航天大学	31	朱江	哈尔滨工程大学
18	吕海斌	国防科学技术大学			

二等奖

1	曹梦霏	中国科学技术大学	19	李飞	哈尔滨工业大学
2	陈亮	山东大学	20	李倩	山东大学
3	陈旭浪	南昌工程学院	21	林胤嘉	同济大学
4	陈阳康	中国石油大学 (北京)	22	刘波	兰州交通大学
5	程普	广西大学	23	刘建辉	天津工业大学
6	丁颖	西南大学	24	刘元铭	河北理工大学
7	冯慧	浙江大学	25	吕伟	电子科技大学
8	冯振华	华中科技大学	26	吕阳	河北工业大学
9	贵瑞晓	河北理工大学	27	罗红涛	太原理工大学
10	贺强	江西理工大学	28	任辉龙	重庆大学
11	侯思远	中国农业大学	29	时朝阳	武汉大学
12	胡明柱	华中科技大学	30	孙雷	海军航空工程学院
13	胡蕴洁	浙江工业大学	31	吴健华	长春大学
14	江卓	北京邮电大学	32	吴涛	武汉大学
15	姜凯	河海大学	33	谢峰	北京交通大学
16	姜志威	中南大学	34	熊鑫	电子科技大学
17	蒋杭进	哈尔滨理工大学	35	徐广德	天津科技大学
18	蒋子彦	北京航空航天大学	36	徐恒	海军工程大学

37	徐琨琪	中南大学	45	张涛	中国科学技术大学
38	徐蓉蓉	广西大学	46	张潇	北京化工大学
39	徐阳	哈尔滨工业大学	47	张燮	重庆大学
40	薛超	中国矿业大学 (北京)	48	张鑫鑫	清华大学
41	杨泽南	北京科技大学	49	赵鹏伟	天津工业大学
42	张海灯	空军工程大学	50	赵峙尧	北京工商大学
43	张钧博	榆林学院	51	周扬	中国农业大学
44	张烙兵	国防科学技术大学	52	朱跃光	河海大学

三等奖

1	边晋强	太原理工大学	25	姜星宇	浙江工商大学
2	曹新运	安徽理工大学	26	李彬	长春大学
3	陈继尧	兰州大学	27	李海	太原科技大学
4	陈稳	重庆理工大学	28	李明烁	哈尔滨工业大学
5	邓礼英	江西师范大学	29	刘波	东北农业大学
6	丁畅	广西大学	30	刘军	咸阳师范学院
7	冯鹤	山东大学	31	刘笑显	同济大学
8	冯剑	合肥工业大学	32	刘园春	江西理工大学
9	冯森林	黄淮学院	33	路炀	浙江大学
10	冯旭	浙江大学	34	吕佳	南京理工大学
11	冯宇	河北工业大学	35	罗伟	成都理工大学
12	高彬	天津大学	36	马宇飞	同济大学
13	葛天培	北京航空航天大学	37	皮特	浙江大学
14	关晓龙	咸阳师范学院	38	戚祯祥	山东大学
15	韩副军	国防科学技术大学	39	仇浩文	华中科技大学
16	郝玲秀	山西大学工程学院	40	屈小伟	中南大学
17	何康	宁波大学	41	沈卫平	浙江科技学院
18	贺盈波	西北大学	42	石茂银	同济大学
19	胡雷雷	宝鸡文理学院	43	宋成业	洛阳理工学院
20	胡青海	太原理工大学	44	宋东升	北京科技大学
21	黄海燕	解放军理工大学	45	汤莹莹	兰州理工大学
22	黄涛	兰州交通大学	46	王双	广西大学
23	季洋江	重庆工商大学	47	王文丽	宁夏大学
24	江恒	中国海洋大学	48	王永胜	山西农业大学

49	吴聃	华中科技大学	63	张东昌	同济大学
50	吴慧琴	浙江海洋学院	64	张继栋	国防科学技术大学
51	邢佩毅	安阳工学院	65	张敏	宁夏大学
52	熊东亮	浙江大学	66	张佩佩	长春工业大学
53	熊有志	河南大学	67	张少龙	咸阳师范学院
54	许元涛	长春工业大学	68	张顺香	上海理工大学
55	严思伟	海军航空工程学院	69	张旭	东北大学秦皇岛分校
56	杨纪荣	东华理工大学	70	张旭飞	广西工学院
57	于飞	合肥工业大学	71	张亚庆	南开大学
58	于鑫春	哈尔滨工业大学	72	章洁	重庆理工大学
59	余弦	广西大学	73	赵兴运	空军工程大学
60	袁玲玲	南阳理工学院	74	赵振涛	洛阳师范学院
61	曾绍阳	南昌大学	75	郑鸿雁	电子科技大学
62	张朝雷	河北理工大学	76	周敏	北方民族大学

第二届全国大学生数学竞赛参赛情况及决赛获奖名单

第二届全国大学生数学竞赛决赛于 2011 年 3 月 19 日在北京航空航天大学举行. 此次竞赛共有来自全国 26 个赛区的 33681 人报名参加初赛, 最终来自北京大学、清华大学、浙江大学、复旦大学、中国科学技术大学等 130 余所高校的 264 名 (原定参赛人数 274 名, 缺考 10 名) 学生参加决赛, 其中数学专业类 92 名, 非数学专业类 182 名. 经全国大学生数学竞赛工作组研究决定, 共评出数学专业类一等奖 15 名、二等奖 31 名、三等奖 44 名; 非数学专业类一等奖 29 名、二等奖 66 名、三等奖 79 名.

具体决赛获奖名单如下 (按成绩排名排序):

数学专业类

一等奖

1	张翼	北京航空航天大学	9	沈忱	厦门大学
2	徐清	复旦大学	10	霍冠英	北京航空航天大学
3	陈昊	北京大学	11	韩邦先	中国科学技术大学
4	苏炜杰	北京大学	12	杜润东	中国科学技术大学
5	李黎	北京大学	13	张德凯	曲阜师范大学
6	苏长剑	中国科学技术大学	14	王志超	南开大学
7	李斌儒	复旦大学	15	张华丽	东北大学秦皇岛分校
8	赵广文	哈尔滨师范大学			

二等奖

1	方延博	复旦大学	14	熊怀东	北京航空航天大学
2	王储	北京大学	15	赵梦	河北师范大学
3	黄敏	湖北大学	16	李益永	河北联合大学
4	吴开亮	华中科技大学	17	郭宝奎	山东农业大学
5	黄福龙	福建师范大学	18	范洋宇	四川大学
6	章宏睿	宁波大学	19	陈晓蕾	辽宁师范大学
7	陈攀	电子科技大学	20	龚任飞	北京大学
8	吴晨越	复旦大学	21	陆直	北京大学
9	杨晶	复旦大学	22	王宝	苏州大学
10	江丽琴	江西理工大学	23	闫秀娟	河南师范大学
11	张天柱	东北师范大学	24	丁曙光	中南大学
12	景依	东北林业大学	25	张艺赢	兰州大学
13	张文哲	武汉大学	26	王传宝	北京师范大学

27	李金禄	赣南师范学院	30	明翠玲	贵州大学
28	田斌	浙江大学	31	郭龙飞	海南大学
29	黄山林	华中科技大学			

三等奖

1	缪晓慧	东北师范大学	23	杨辉	兰州大学
2	吴海玲	苏州大学	24	吴金云	国防科学技术大学
3	张慧慧	洛阳师范学院	25	李丹	北华大学
4	张永强	河南大学	26	王亚兰	徐州师范大学
5	王伟杰	西北大学	27	李晓婷	玉林师范学院
6	姚博	国防科学技术大学	28	王明苑	浙江大学
7	石彩霞	运城学院	29	王政	贵州民族学院
8	白永斌	山西大同大学	30	井冈山	宁夏大学
9	孙非凡	湘潭大学	31	张白云	南京师范大学
10	付林林	广西大学	32	麦心蓉	重庆交通大学
11	文永恒	山东师范大学	33	贾宗霖	四川大学
12	殷云剑	北京师范大学	34	成建军	运城学院
13	郝燕龙	南开大学	35	梁星亮	浙江工商大学
14	张辰	东北大学	36	尹晓婉	海南师范大学
15	刘思序	大连理工大学	37	肖启星	西南大学
16	包经俊	宁波大学	38	勾文兴	贵州师范大学
17	钟斌	长沙理工大学	39	刘丹	西安工程大学
18	雷春雨	贵州民族学院	40	王倩雯	厦门大学
19	乔珂欣	山东大学	41	黄叮薇	西南大学
20	黄荣锋	贵州大学	42	史晓春	四川大学
21	王磊磊	榆林学院	43	苏文静	宝鸡文理学院
22	张肖	沈阳航空航天大学	44	代小丹	北方民族大学

非数学专业类

一等奖

1	马非	河北师范大学	6	刘丛志	西南交通大学
2	章世骏	大连交通大学	7	江汇	河海大学
3	马宇飞	同济大学	8	李卫华	北京航空航天大学
4	何金强	上海大学	9	黄舟	北京航空航天大学
5	薛思润	浙江工业大学	10	许彬慈	天津大学

11	郭腾虎	哈尔滨工业大学	21	唐明智	北京航空航天大学
12	罗川	南京工业大学	22	孙磊	北京航空航天大学
13	高龙飞	同济大学	23	吴雨杭	天津大学
14	周龙飞	北京理工大学	24	康恒一	浙江大学
15	邵华	大连理工大学	25	韦绘兵	华中科技大学
16	庞博清	武汉大学	26	刘芳	华中科技大学
17	程正谦	北京大学	27	王利	华中科技大学
18	滕锡超	北京航空航天大学	28	肖俊超	四川大学
19	侯建	哈尔滨工业大学	29	刘俊	海军航空工程学院
20	林胤嘉	同济大学			
		二等奖			
1	曲振	北京交通大学	23	刘华江	南京理工大学
2	孟凡超	天津大学	24	李文青	南京工业大学
3	汪洋	华东理工大学	25	毛人杰	太原理工大学
4	李本哲	武汉大学	26	郑杰	东北林业大学
5	郑无索	空军工程大学	27	易江	同济大学
6	郭宇	浙江大学	28	赵鹏伟	天津工业大学
7	吕武略	浙江大学	29	曹丁红	合肥工业大学
8	吉立勇	湖南科技大学	30	吴秀	广西大学
9	贺凯	天津大学	31	王悠	北京科技大学
10	张鸿翔	天津大学	32	郜煜	华东理工大学
11	杨飞	华中科技大学	33	罗斌	河海大学
12	陈一帆	国防科学技术大学	34	杨威	河海大学
13	吴岳	北京邮电大学	35	吴晓风	中南大学
14	吴育家	华中科技大学	36	涂新	电子科技大学
15	刘伟伟	西北大学	37	续立志	湖南工业大学
16	孟兴	解放军理工大学	38	吴在强	河海大学
17	刘伟	国防科学技术大学	39	张凯	北京航空航天大学
18	侯剑堃	天津大学	40	张涛	东北大学秦皇岛分校
19	赵天楷	华中科技大学	41	丁有爽	哈尔滨工业大学
20	俞鹏先	东北大学秦皇岛分校	42	王荣	广西民族大学
21	杨帆	大连理工大学城市学院	43	丁畅	广西大学
22	王鹏飞	哈尔滨理工大学	44	邱于保	西安邮电学院

45	黄厚军	北方工业大学	56	段化杰	解放军理工大学
46	刘自强	北京邮电大学	57	王武翟	中国科学技术大学
47	吴楠	浙江大学	58	潘照第	中国科学技术大学
48	赖廷煜	广西师范大学	59	孙臻	中国石油大学 (华东)
49	杨泽南	北京科技大学	60	祝钰枢	河南大学
50	黄安东	南京理工大学	61	郭乾东	武汉大学
51	熊高鹏	江西理工大学	62	张帅	第二炮兵工程学院
52	付建龙	北京大学	63	孙宝全	海军工程大学
53	应佳男	浙江大学	64	熊浩	北京科技大学
54	杨羽昊	山东大学	65	王旦	大连理工大学
55	刘帅	兰州大学	66	徐图	重庆邮电大学

三等奖

1	褚世敢	北京大学	22	乔佳楠	中原工学院
2	林忠劲	长春理工大学	23	姜昆	重庆大学
3	朱小东	电子科技大学	24	吴晨	电子科技大学
4	陈国锋	福州大学	25	赵文闻	陇东学院
5	陈旭浪	南昌工程学院	26	吴泰霖	北京大学
6	杨鹏	中南大学	27	王楠	大连海洋大学
7	包思遥	浙江大学	28	邹建林	重庆理工大学
8	朱多宾	安徽工业大学	29	寇智慧	福州大学
9	林志杰	厦门理工学院	30	向新朋	国防科学技术大学
10	李俊洁	陕西科技大学	31	许金鑫	哈尔滨工业大学
11	赵琴	兰州大学	32	钟建文	哈尔滨工业大学
12	李旸	同济大学	33	方赞	江西理工大学
13	朱长皓	安徽工业大学	34	魏松柏	湖南师范大学
14	曹安州	中国海洋大学	35	成茂	华东理工大学
15	余肇飞	重庆大学	36	倪彬鑫	浙江工业大学
16	刘尧	电子科技大学	37	严成	合肥工业大学
17	张来园	河北工业大学	38	李兵	山东理工大学
18	王坤发	福州大学	39	洪蒂	滨州学院
19	韩颖薇	河南科技大学	40	白瑾珺	哈尔滨工业大学
20	张宝骥	长春理工大学	41	李国樑	江西科技师范学院
21	宗杰	山东大学	42	夏孝军	广西大学

43	张洪伦	西安邮电学院	62	谭湘林	东北大学秦皇岛分校
44	徐冬	北京航空航天大学	63	陈祥芹	山东理工大学
45	陈亮	山东大学	64	刘伟	太原科技大学
46	王亚伟	重庆大学	65	张波	辽宁工业大学
47	于杰	第二炮兵工程学院	66	胡国栋	长春工业大学
48	章良微	宁夏大学	67	王圣英	山东大学
49	夏青	中国矿业大学 (北京)	68	张文凯	琼州学院
50	李欣欣	河南大学	69	姜泽浩	重庆理工大学
51	孟志高	重庆大学	70	文渊	北方民族大学
52	顾尚廉	兰州交通大学	71	霍猛	海南大学三亚学院
53	李瑞	中北大学	72	陈慧	北方民族大学
54	赵江龙	吉林建筑工程学院	73	林磊	兰州理工大学
55	张聪聪	黄淮学院	74	吴健华	长春大学
56	刘星星	大连海洋大学	75	陈军	西北大学
57	陈亚	南京理工大学	76	李嘉	北方民族大学
58	陆黄超	西安建筑科技大学	77	赵磊	太原理工大学
59	毛雅俊	山西师范大学	78	李枚芳	海南大学
60	吴帮雄	辽宁工程技术大学	79	杨建涛	海南师范大学
61	方伟	琼州学院			

第三届全国大学生数学竞赛参赛情况及决赛获奖名单

第三届全国大学生数学竞赛决赛于 2012 年 3 月 17 日在同济大学举行. 此次竞赛共有来自全国 28 个赛区的 43648 人报名参加初赛, 最终来自北京大学、清华大学、浙江大学、复旦大学、中国科学技术大学等 120 余所高校的 280 名学生参加决赛, 其中数学专业类 92 名, 非数学专业类 188 名. 经全国大学生数学竞赛工作组研究决定, 共评出数学专业类一等奖 18 名、二等奖 27 名、三等奖 42 名; 非数学专业类一等奖 38 名、二等奖 54 名、三等奖 85 名.

具体决赛获奖名单如下 (按成绩排名排序):

数学专业类					
一等奖					
1	张瑞祥	北京大学	10	黄向屹	北京大学
2	韦东奕	北京大学	11	赵牧	北京大学
3	章宏睿	宁波大学	12	林博	北京大学
4	田晓颖	复旦大学	13	秦晨翔	同济大学
5	苏钧	北京大学	14	刘璐曦	哈尔滨工业大学
6	张易	同济大学	15	李江涛	湖北大学
7	庄梓铨	北京大学	16	李宗元	复旦大学
8	李茂生	华南理工大学	17	杨辉	兰州大学
9	刘勍	南开大学	18	王运朝	曲阜师范大学
二等奖					
1	杨江帅	河南大学	13	陈将浩	湖北大学
2	王宝	苏州大学	14	史汝西	复旦大学
3	王六权	浙江大学	15	朱裔	苏州大学
4	雷理骅	北京大学	16	周彭威	四川大学
5	申达志	河北师范大学	17	刘彦麟	中国科学技术大学
6	周超	四川大学	18	陈汉	厦门大学
7	李昴	中国科学技术大学	19	王斌	东北师范大学
8	荆瑞娟	河南大学	20	孟凡钦	山东科技大学
9	段文哲	中国科学技术大学	21	宋海娟	重庆师范大学
10	梁鹏	贵州大学	22	刘思序	大连理工大学
11	魏伊舒	复旦大学	23	王志超	南开大学
12	赵泽华	南开大学	24	黄荣锋	贵州大学

25	余红杰	武汉大学	27	周远	浙江理工大学
26	张颖	浙江大学			

三等奖

1	梅河	中山大学	22	陈庚生	西南大学
2	朱伟鹏	中山大学	23	廖丽丹	河西学院
3	王丽娜	哈尔滨师范大学	24	王健	海南大学
4	杨苗	长沙学院	25	郭艳艳	太原理工大学
5	傅费思	四川大学	26	陈阳	陕西师范大学
6	蒋瑶	大连理工大学	27	许晓川	海军工程大学
7	张纯	西安交通大学	28	杨会波	商丘师范学院
8	陈玺	国防科学技术大学	29	李桂林	淮阴师范学院
9	周颖颖	赣南师范学院	30	田丽茹	北方民族大学
10	屈宝友	山东大学	31	徐赛国	厦门大学
11	倪晨頔	复旦大学	32	乔春雨	海南大学
12	王利军	江西理工大学	33	杨康	内蒙古大学
13	张军强	重庆师范大学	34	岳振芳	宁夏大学
14	钱欣洁	江苏师范大学	35	翟汉征	山东大学
15	徐立平	解放军信息工程大学	36	曹新宇	山西大同大学
16	李泊宁	河北师范大学	37	张阳	沈阳航空航天大学
17	曾桢	武汉大学	38	周辰红	沈阳师范大学
18	肖惠	湖南师范大学	39	张兴宽	曲阜师范大学
19	庄晓	湘潭大学	40	王姝宇	哈尔滨工业大学
20	薛向宏	西安理工大学	41	杨天山	广西师范学院
21	赵亮	浙江工商大学	42	李徘菱	广西师范学院

非数学专业类

一等奖

1	祝卫亮	同济大学	8	张广伟	上海大学
2	赖廷煜	广西师范大学	9	高源	北京航空航天大学
3	龚旭	同济大学	10	张也平	电子科技大学
4	阳雪峰	华中科技大学	11	袁慧宏	北京科技大学
5	刘东	河北师范大学	12	李正威	湖南师范大学
6	李一鸣	华中科技大学	13	王一红	南京工业大学
7	殷振平	武汉大学	14	孙圣哲	山东大学

15	李健	第二炮兵工程大学	27	汝续襲	南开大学
16	赵吉波	天津大学	28	杨诚	同济大学
17	陈拓	哈尔滨工业大学 (威海)	29	万思杰	北京航空航天大学
18	朱发勇	广西大学	30	徐昭	华中科技大学
19	陈杰	湖南农业大学东方科技学院	31	姜山	重庆大学
20	郜煜	华东理工大学	32	张元	同济大学
21	陆飞	河北科技大学	33	李飞	合肥工业大学
22	戴波	河海大学	34	熊浩	北京科技大学
23	沈国锋	山东农业大学	35	葛健	中国科学技术大学
24	苏培峰	第二炮兵工程大学	36	黄子洋	华南理工大学
25	徐雄	天津工业大学	37	韩纪龙	河北大学
26	聂溥	南京工业大学	38	黎志强	湖北工业大学
二等奖					
1	周荣宗	福州大学	21	童童	浙江大学
2	张睿峰	军事经济学院	22	徐理想	中国科学技术大学
3	汪飞	复旦大学	23	施志俊	南京理工大学
4	丁宇剑	南京理工大学	24	戴松沅	南开大学
5	王啸宇	安徽农业大学	25	付熙玮	华北电力大学
6	练友兴	广西大学	26	何栓	河北工业大学
7	熊丁晖	河海大学	27	廖惠琴	哈尔滨理工大学
8	汤雪萍	南京理工大学	28	王兵	中北大学
9	苏腾云	浙江海洋学院	29	李彦	上海财经大学
10	陈敏	太原理工大学	30	耿晓宇	华侨大学
11	杨泽南	北京科技大学	31	陈刚	海军工程大学
12	刘自强	北京邮电大学	32	张强	解放军理工大学
13	张郧诚	空军工程大学	33	刘俊	河海大学
14	冯继雄	浙江大学	34	李亮	内蒙古工业大学
15	刘越	中国科学技术大学	35	白瑾珺	哈尔滨工业大学
16	吴俊锋	福州大学	36	谢兰博	湖南大学
17	王泽军	华南理工大学	37	余肇飞	重庆大学
18	孙宝全	海军工程大学	38	王艳宁	华北电力大学
19	罗传宝	东北大学	39	邵卫东	西安交通大学
20	李辉	电子科技大学	40	谭沛岩	电子科技大学

41	许闯	天津职业技术师范大学	48	李来利	中国计量学院
42	倪彬鑫	浙江工业大学	49	韩强	中国科学技术大学
43	黄海龙	北京大学	50	王月	北京交通大学
44	仇文妍	对外经济贸易大学	51	洪胜	福州大学
45	曹闯	华北电力大学	52	付小涛	赣南师范学院
46	秦国权	河南理工大学	53	韩小岗	大连理工大学
47	张璇琛	华中科技大学	54	周勤	重庆大学

三等奖

1	花奎	北京邮电大学	26	何文斌	中国石油大学 (华东)
2	张威威	武汉大学	27	黄祖明	华南理工大学
3	詹民伟	太原理工大学	28	饶邦国	井冈山大学
4	周瑜	上海交通大学	29	理明明	辽宁工程技术大学葫芦岛校区
5	杲申申	清华大学	30	成垦	海南大学三亚学院
6	张翊	华南理工大学	31	刘亮	湘潭大学
7	莫宏愿	桂林理工大学	32	卢亚军	北方民族大学
8	谭诗利	空军工程大学	33	章良微	宁夏大学
9	郁茹剑	上海理工大学	34	刘森	兰州理工大学
10	肖电坤	西南交通大学	35	丁智华	长春理工大学
11	田兴邦	广西大学	36	陈杰	南京工业大学
12	孙海根	商丘师范学院	37	李天	同济大学
13	王磊	哈尔滨工业大学	38	何国权	浙江理工大学
14	徐文胜	山东大学	39	李冬冬	辽宁工程技术大学葫芦岛校区
15	冯在梅	西安科技大学	40	董响红	山西农业大学
16	罗小简	北京航空航天大学	41	杨晓畅	太原科技大学
17	胡坤	华南理工大学	42	付雪冬	电子科技大学
18	步繁	哈尔滨工业大学	43	胡秦月	延边大学
19	袁军	江西理工大学	44	周沂	南开大学
20	黄科科	东北大学	45	葛帅	浙江大学
21	陈中师	浙江科技学院	46	徐远锋	重庆大学
22	张鹏飞	国防科学技术大学	47	杨晓红	兰州理工大学
23	邓凤祥	湖南科技学院	48	许腾	山东师范大学
24	万良	华东交通大学	49	李天泊	中国石油大学 (华东)
25	王朝静	大连海事大学	50	刘洋	重庆交通大学

51	刘逸博	北京航空航天大学	69	汪云龙	海南大学
52	刘晓璐	海南师范大学	70	谢超	哈尔滨工业大学
53	刘建刚	河北工业大学	71	陈飞	北京科技大学
54	于名印	内江师范学院	72	文渊	北方民族大学
55	文绪亮	浙江理工大学	73	刘畅	西安交通大学
56	谢凯明	海南大学	74	黄俊	兰州理工大学
57	刁慧贤	郑州大学	75	马冬冬	西安理工大学
58	熊高鹏	江西理工大学	76	黄潭	长安大学
59	杨俊	大连海事大学	77	屈正阳	南开大学
60	李维	内蒙古财经大学	78	王江峰	浙江工商大学
61	翟昆	长安大学	79	胡亚	呼伦贝尔学院
62	徐成	重庆大学	80	马帅	兰州理工大学
63	彭汉	哈尔滨工业大学	81	姚晓东	华南师范大学
64	李辰	大连海事大学	82	吴必阳	贵州大学
65	乐利吉	华东理工大学	83	刘佩佩	吉林建筑工程学院
66	张龙	兰州交通大学	84	高东	内蒙古大学
67	张绍龙	黄淮学院	85	申岩	北方民族大学
68	吕志荣	内蒙古民族大学			

第四届全国大学生数学竞赛参赛情况及决赛获奖名单

第四届全国大学生数学竞赛决赛于 2013 年 3 月 16 日在电子科技大学举行. 此次竞赛共有来自全国 28 个赛区的 46708 人报名参加初赛, 最终来自北京大学、清华大学、浙江大学、复旦大学、中国科学技术大学等 130 余所高校的 283 名学生参加决赛, 其中数学专业类 94 名, 非数学专业类 189 名. 经全国大学生数学竞赛工作组研究, 共评出数学专业类一等奖 19 名、二等奖 28 名、三等奖 44 名; 非数学专业类一等奖 35 名、二等奖 53 名、三等奖 90 名.

具体决赛获奖名单如下 (按成绩排名排序):

数学专业类

一等奖

1	苏钧	北京大学	11	钟齐先	厦门大学
2	韦东奕	北京大学	12	吴璇	厦门大学
3	肖经纬	北京大学	13	李金禄	赣南师范学院
4	张文钟	北京大学	14	潘剑阳	复旦大学
5	项首先	济南大学	15	陈玺	国防科学技术大学
6	陈攀	电子科技大学	16	邱敦	浙江大学
7	陈阳洋	苏州大学	17	张辉	曲阜师范大学
8	王瑞鑫	河南师范大学	18	钱华杰	复旦大学
9	杨成果	南开大学	19	钱欣洁	江苏师范大学
10	孙宗汉	清华大学			

二等奖

1	王国栋	兰州大学	12	万捷	中国科学技术大学
2	张兴松	东北林业大学	13	李秀梅	江西师范大学
3	袁名波	湖南工业大学	14	尹豪	复旦大学
4	王宇	四川大学	15	刘春凯	南开大学
5	李特	浙江师范大学	16	李婷	宁波大学
6	李江涛	湖北大学	17	刘慧康	中国科学技术大学
7	周壮	河北师范大学	18	许文昌	北京大学
8	程建峰	河南大学	19	陈炼	保定学院
9	倪嘉琪	东北师范大学	20	钱鸿	苏州大学
10	段文哲	中国科学技术大学	21	王观发	中山大学
11	孔祥飞	电子科技大学	22	赵恢平	华中师范大学

23	李桂林	淮阴师范学院	26	陈洪葛	广州大学
24	杨波	辽宁大学	27	刘瑞珊	东北林业大学
25	崔亚飞	浙江大学	28	李力	山东大学

三等奖

1	黄威威	华南理工大学	23	彭伟	复旦大学
2	徐敬可	山东农业大学	24	周波	重庆大学
3	王选	山西大同大学	25	周超	四川大学
4	王健	华中师范大学	26	龚瑁	武汉大学
5	刘永杰	西安交通大学	27	王瑛	湖南师范大学
6	周世奇	电子科技大学	28	徐俊芃	中国计量学院
7	高嘉联	广西大学	29	高宸	兰州大学
8	肖惠	湖南师范大学	30	王洲	哈尔滨工业大学
9	李正	辽宁大学	31	程立双	北方民族大学
10	王江洲	东北大学	32	张敏	内蒙古大学
11	陈刚强	东北林业大学	33	罗凌峰	华南理工大学
12	张王宇	南京师范大学	34	张仁崇	凯里学院
13	贾建芳	山西师范大学	35	尤松	黄淮学院
14	薛方晖	复旦大学	36	孙鹤	吉林师范大学
15	张况	天津大学	37	夏阳坤	海南大学
16	赵汝菊	广西师范学院	38	田晓晓	海南师范大学
17	向圣权	北京大学	39	陈红蕊	西北大学
18	孙伟	重庆师范大学	40	杨森	宁夏大学
19	姚博文	北京大学	41	马帅	西安财经学院
20	吴利	贵州大学	42	刘树华	长江师范学院
21	张欢欢	西北大学	43	仙冰冰	沈阳航空航天大学
22	李威	西北工业大学	44	范朝霞	铜仁学院

非数学专业类

一等奖

1	韩衍隽	清华大学	6	吴琰	同济大学
2	付小涛	赣南师范学院	7	陆颖潮	中国科学技术大学
3	康雨毫	复旦大学	8	王欣	北京航空航天大学
4	邹继	中国科学技术大学	9	王伟光	大连交通大学
5	向凯	哈尔滨工业大学	10	彭志兴	上海理工大学

11	韩哲	解放军理工大学	24	熊丁晖	河海大学
12	曹宸	河海大学	25	郭明江	中北大学
13	张贵亮	中国科学技术大学	26	金恒达	上海财经大学
14	王雪峰	山东大学	27	管从森	山东大学
15	张珊	上海财经大学	28	刘俊	海军航空学院
16	马骥	电子科技大学	29	李俊昆	上海电力学院
17	高日强	中南大学	30	邵思豪	北京航空航天大学
18	张明昊	大连理工大学	31	李智	北京大学
19	熊吕露	华中科技大学	32	万尚辉	中南大学
20	李文青	南京工业大学	33	董响红	山西农业大学
21	刘阳	北京航空航天大学	34	王樯	哈尔滨工业大学
22	肖月鑫	军事经济学院	35	谢兰博	湖南大学
23	刘怀宇	南京工业大学			

二等奖

1	张秩博	北京邮电大学	20	常威	东北大学
2	曹亨	厦门大学	21	申艺杰	华南理工大学
3	黄志挺	福州大学	22	杨云涛	河海大学
4	郭亚楠	哈尔滨工业大学	23	余翔	南京航空航天大学
5	黄鑫	江西理工大学	24	杨化冰	山东大学
6	王俊豪	上海电力学院	25	鲁齐正秋	同济大学
7	姚青松	西南交通大学	26	胡欢	电子科技大学
8	张也平	电子科技大学	27	陶俊	黑龙江科技学院
9	张江彬	国防科学技术大学	28	文俊	华中科技大学
10	刘添豪	哈尔滨工业大学	29	郑伟男	南京理工大学
11	刘源斌	哈尔滨工业大学	30	徐文洋	北京交通大学
12	付鼎	华中科技大学	31	周荣宗	福州大学
13	杨帆	南开大学	32	廖惠琴	哈尔滨理工大学
14	胡长勇	浙江大学	33	段培虎	华中科技大学
15	邹江	北京科技大学	34	冯帆	海军航空学院
16	陈光	清华大学	35	尹仲昊	天津大学
17	吴帆	北京邮电大学	36	阮善明	兰州大学
18	杨缘	哈尔滨工业大学	37	李宏亮	天津大学
19	孙楠博	华中科技大学	38	熊伟	武汉理工大学

39	孙国亮	中北大学	47	刘同科	电子科技大学
40	朱玉杰	第二炮兵工程大学	48	胡圣浩	湖北工业大学
41	叶佳威	中国科学技术大学	49	杨国宁	辽宁工程技术大学
42	苏宇	合肥工业大学	50	玄朋辉	内蒙古民族大学
43	王超	第二炮兵工程大学	51	杨宇	天津大学
44	库涛	空军工程大学	52	朱发勇	广西大学
45	陶灵江	浙江海洋学院	53	郑飞洋	电子科技大学
46	董鹏飞	西安交通大学			

三等奖

1	刘森	兰州理工大学	25	李新明	大连理工大学
2	李漫洁	华南理工大学	26	孙圣哲	山东大学
3	吴洪强	解放军理工大学	27	冯天明	南开大学
4	周瑞	空军工程大学	28	郑彬彬	华南理工大学
5	王展	重庆大学	29	贾旺旺	河北大学
6	曾洋	重庆大学	30	吴幻	解放军信息工程大学
7	李娇	电子科技大学	31	张頔	大连理工大学
8	张涵	中山大学	32	汪威	电子科技大学
9	施志俊	南京理工大学	33	刘贺宇	龙岩学院
10	丁寿康	山东农业大学	34	葛浩楠	广西大学
11	易懋鼎	第二炮兵工程大学	35	侯赞	河北工业大学
12	王霄斌	武警工程大学	36	吴晨豪	东北大学秦皇岛分校
13	赵晓晨	西北大学	37	涂智华	南京理工大学
14	周科科	南开大学	38	郑勤飞	江西理工大学
15	曹佳诚	长春理工大学	39	邹姚辉	南昌航空大学
16	李朝阳	空军工程大学	40	解培涛	山东大学
17	李辉	电子科技大学	41	龚旭	同济大学
18	夏志恒	中国科学技术大学	42	徐辉	北京航空航天大学
19	王愿	北京科技大学	43	陈飞	北京科技大学
20	李号	华中科技大学	44	刘瑞雪	北京理工大学
21	王坤	湖南师范大学	45	王茂坤	贵州大学
22	朱军楠	中南大学	46	吴艳	安阳师范学院
23	徐辰	中国人民大学	47	汪子新	吉林建筑工程学院
24	吴林峰	兰州理工大学	48	黄明	空军工程大学

49	胡鼎	重庆大学	70	谷天宝	西安理工大学
50	王宏亮	河北联合大学	71	孙丽平	兰州理工大学
51	孙健	电子科技大学	72	潘园园	广西大学
52	盛骏源	重庆大学	73	李吉虎	贵州师范大学
53	许广灿	太原科技大学	74	张丹丹	内蒙古大学鄂尔多斯学院
54	张柠溪	宁波大学	75	张可君	太原理工大学
55	邵阳	重庆邮电大学	76	陈善军	北京科技大学
56	黄康康	江西师范大学	77	范俊杰	三亚学院
57	陈双双	大连理工大学	78	李盼	宁夏大学
58	马龙	贵州民族大学	79	曾铭	重庆大学
59	段鹏程	洛阳理工学院	80	丰翔	海南大学
60	史彧铭	武汉大学	81	赵荥	郑州大学
61	赵嘉飞	南开大学	82	马艳芳	宁夏大学
62	陈柯锦	大连理工大学	83	邹萍	北方民族大学
63	苏国鹏	华南理工大学	84	刘亮亮	浙江农林大学
64	赵松银	解放军信息工程大学	85	谭刚	海南师范大学
65	刘畅	浙江传媒学院	86	姚大军	重庆交通大学
66	张雄锋	华南理工大学	87	李鹏	延边大学
67	胡晓辉	西安理工大学	88	薛俊霞	内蒙古大学鄂尔多斯学院
68	李杰	浙江理工大学	89	肖铃	琼州学院
69	周小雄	甘肃农业大学	90	曾蓉	贵州财经大学

第五届全国大学生数学竞赛参赛情况及决赛获奖名单

第五届全国大学生数学竞赛决赛于 2014 年 3 月 15 日在中国科学技术大学举行. 此次竞赛共有来自全国 28 个赛区的 52102 人报名参加初赛, 最终来自北京大学、清华大学、复旦大学、中国科学技术大学等 150 余所高校的 278 名学生参加决赛, 其中数学专业类 98 名, 非数学专业类 180 名. 经全国大学生数学竞赛工作组研究, 共评出数学专业类一等奖 22 名 (高年级组 16 名、低年级组 6 名) 、二等奖 29 名 (高年级组 20 名、低年级组 9 名) 、三等奖 37 名 (高年级组 28 名、低年级组 9 名) 、鼓励奖 10 名 (高年级组 7 名、低年级组 3 名) ; 非数学专业类一等奖 47 名、二等奖 61 名、三等奖 67 名、鼓励奖 5 名.

具体决赛获奖名单如下 (按成绩排名排序):

数学专业类 (高年级组)

一等奖

1	王青璨	北京大学	9	李立颖	北京大学
2	陈绿洲	复旦大学	10	黄章开	浙江师范大学
3	林伟南	北京大学	11	钟齐先	厦门大学
4	周士杰	复旦大学	12	许灵达	厦门大学
5	王维佳	山东大学	13	张燕斌	山东大学
6	陈诚	武汉大学	14	张秉宇	湖南大学
7	刘永杰	西安交通大学	15	禹宸	兰州大学
8	周圆	中国科学技术大学	16	黄林哲	中南大学

二等奖

1	司飞	重庆大学	11	姜行洲	哈尔滨工业大学
2	谢林桑	华南理工大学	12	王亚辉	郑州师范学院
3	王珺	江西师范大学	13	赵剑锋	西北工业大学
4	李正	辽宁大学	14	史绍文	四川大学
5	高辛格	苏州大学	15	许跃	西安电子科技大学
6	张权	苏州大学	16	马晓	曲阜师范大学
7	陈焕井	海南大学	17	张明明	南京师范大学
8	高峰	湖北工程学院	18	郭锦豪	华南理工大学
9	周世奇	电子科技大学	19	董丽华	江西师范大学
10	刘颖智	桂林电子科技大学	20	刘一凡	兰州大学

三等奖

1	林书亮	国防科学技术大学	15	薛博文	山西农业大学
2	倪嘉琪	东北师范大学	16	孙健	内蒙古民族大学
3	旷雄	湘潭大学	17	董世杰	中国海洋大学
4	刘可	四川大学	18	李翔	国防科学技术大学
5	蔡吟	温州大学	19	李翠	商丘师范学院
6	王敏	淮阴师范学院	20	罗山	西南大学
7	乔铃珊	山东师范大学	21	王华	黔南民族师范学院
8	谢玥	南京师范大学	22	刘岩	信阳师范学院
9	王杨杰	广西大学	23	肖启宇	哈尔滨工业大学
10	袁洪炜	中山大学	24	明杨	西北大学
11	王丽华	石家庄学院	25	黄雅楠	宁夏大学
12	谭双权	重庆师范大学涉外商贸学院	26	韩慕华	海南师范大学
13	赵媛	宁夏大学	27	张静霞	邯郸学院
14	冯锦	内蒙古工业大学	28	李雪	哈尔滨师范大学

鼓励奖

1	冯俊杰	遵义师范学院	5	朱雪梅	重庆师范大学
2	张晓菲	西北大学	6	张千	河北师范大学
3	冯静静	咸阳师范学院	7	刘江华	安康学院
4	陈飞	山西大同大学			

数学专业类 (低年级组)

一等奖

1	高安凝哲	清华大学	4	王东皞	北京大学
2	袁航	武汉大学	5	肖博	中国科学技术大学
3	尤之一	北京大学	6	付伟博	中国科学技术大学

二等奖

1	王文槊	中国科学技术大学	6	孟成	清华大学
2	毛周行	复旦大学	7	陈恩献	浙江大学
3	周洋	中国科学技术大学	8	马斌	复旦大学
4	沈大卫	中国科学技术大学	9	陈颖祥	天津大学
5	邹建迪	复旦大学			

三等奖

1	马晨阳	大连理工大学	2	武承达	武汉大学

3	王允磊	哈尔滨工业大学	7	蒋禹聪	南开大学
4	詹伟城	福州大学	8	王建华	大连理工大学
5	聂家熹	南开大学	9	林中一攀	浙江大学
6	付姚姚	大连理工大学			
鼓励奖					
1	潘斌强	广西大学	3	姜南	吉林师范大学
2	余乾海	贵州大学			
非数学专业类					
一等奖					
1	王祥宇	天津大学	25	郑小荣	湖南大学
2	赖维柯	海军航空工程学院	26	庄子龙	北京航空航天大学
3	李程	北京大学	27	颜廷满	北京航空航天大学
4	胡威	清华大学	28	艾杨	厦门大学
5	应罂中	浙江大学	29	康天山	南京理工大学
6	陈东政	北京大学	30	颜错	清华大学
7	包垚垚	华东理工大学	31	程童凯	华南理工大学
8	唐瀚霖	中国科学技术大学	32	刘谦益	北京大学
9	曾龚尧	中国科学技术大学	33	郑传懋	中国科学技术大学
10	周业浩	中国科学技术大学	34	唐云浩	复旦大学
11	马博文	中国科学技术大学	35	程鹏	华东理工大学
12	彭涛	北京航空航天大学	36	张儒轩	南京航空航天大学
13	刘闯	华中科技大学	37	崔元军	南京工业大学
14	魏润宇	北京工业大学	38	张琦	同济大学
15	陈哲	华中科技大学	39	刘艳飞	河南理工大学
16	姚青松	西南交通大学	40	刘洋	重庆交通大学
17	岳子涵	华中科技大学	41	张国强	曲阜师范大学
18	刘海桥	海军航空工程学院	42	姜孟杉	电子科技大学
19	吴世全	浙江农林大学	43	汤奇	河南大学
20	刘振有	天津工业大学	44	李志强	国防科学技术大学
21	付裕深	西安电子科技大学	45	崔泽宇	华北电力大学
22	张国勇	电子科技大学	46	高铭	同济大学
23	邓鹤龄	武汉大学	47	孙振兴	大连理工大学
24	吴智昌	北京航空航天大学			

二等奖					
1	渠立松	华北电力大学	32	肖旭斌	南华大学
2	徐佳伟	长沙理工大学	33	苏祖弘	上海财经大学
3	吴昊	西南交通大学	34	徐方	安徽工业大学
4	解为良	西南交通大学	35	闫冰程	太原理工大学
5	任千尧	哈尔滨工业大学	36	王菲菲	郑州大学
6	冯明	长春理工大学	37	张逸天	南京理工大学
7	倪挺	杭州师范大学	38	朱明毅	中国科学技术大学
8	谭铭	空军工程大学	39	李智贤	国防科学技术大学
9	艾志国	桂林电子科技大学	40	张明昊	大连理工大学
10	孙伟召	华中科技大学	41	钟大鹏	广西大学
11	熊昆	华中科技大学	42	于洋	中国科学技术大学
12	张俊阳	五邑大学	43	徐顺	南京航空航天大学
13	雷国茂	重庆理工大学	44	刘礼军	中国石油大学 (华东)
14	李贺	河南理工大学	45	罗传宝	东北大学
15	罗国全	哈尔滨工业大学	46	丘伟楠	清华大学
16	张振兴	空军工程大学	47	陈静	丽水学院
17	刘震	同济大学	48	周平	太原理工大学
18	徐舟	宁波大学	49	刘杰英	南开大学
19	温帅召	河北工业大学	50	熊志远	北京邮电大学
20	龚永全	华中科技大学	51	马小斐	重庆交通大学
21	周毅	哈尔滨工业大学	52	董安澜	厦门大学
22	曹亨	厦门大学	53	肖建刚	同济大学
23	杜胜望	江西理工大学	54	赵娟	北方民族大学
24	李鼎权	南开大学	55	刘意	山东建筑大学
25	梅建军	海南大学	56	梁威	空军工程大学
26	陈奇	哈尔滨工业大学	57	张磊	北京大学
27	崔凯	山东科技大学	58	王兴荣	福建工程学院
28	孙毅	浙江大学	59	刘茜	北京航空航天大学
29	李文	哈尔滨工业大学	60	陈程鹏	华南理工大学
30	丁超	空军工程大学	61	李亚洲	沈阳工程学院
31	白梦瑶	河北科技大学			

三等奖					
1	朱玉杰	第二炮兵工程大学	35	殷鑫鑫	南京工业大学
2	俞哲飞	兰州大学	36	马龙	贵州民族大学
3	曹孙林	大连理工大学	37	曾庆怡	内蒙古农业大学
4	沈亚雄	河海大学	38	唐世琛	南开大学
5	汪子新	吉林建筑大学	39	郑克明	西安科技大学
6	汤世昌	华南理工大学	40	贾志强	内蒙古民族大学
7	曾彦	贵州大学	41	刘学文	湖南科技大学
8	江兵兵	重庆邮电大学	42	聂勇敢	中原工学院
9	周武	河海大学	43	康文策	南京工业大学
10	胡杰	太原科技大学	44	王卓磊	海南大学
11	王一飞	华北电力大学	45	步飞	山东农业大学
12	王华文	南昌工程学院	46	沈航	同济大学浙江学院
13	郭燕龙	江西科技师范大学	47	喻华	重庆大学
14	张怀宇	暨南大学	48	罗章	黑龙江大学
15	杨杰	第二炮兵工程大学	49	谭志雄	海口经济学院
16	李辉	长安大学	50	曾亚兰	长春工业大学
17	赵靖	解放军理工大学	51	袁杰	湖南工业大学
18	李传召	山东大学	52	董响红	山西农业大学
19	陈刚	河海大学	53	胡伟	铜仁学院
20	宁素瑜	宁夏大学	54	陈柯有	兰州大学
21	左冲	太原理工大学	55	张洪川	延边大学
22	盛鼎	武警工程大学	56	陈晓丽	甘肃农业大学
23	刘森	兰州理工大学	57	胡国平	宁夏大学
24	舒林	东北大学	58	李晓燕	江西师范大学
25	王哲辉	厦门大学	59	李盼	宁夏大学
26	陈泽亮	解放军信息工程大学	60	赵玉帅	天津工业大学
27	王杰	上海交通大学	61	赵朗	西安理工大学
28	刘建刚	河北工业大学	62	周浩	哈尔滨理工大学
29	孟陈	北京邮电大学	63	刘亚瑞	内蒙古农业大学
30	杨俊	大连海事大学	64	胡俊	电子科技大学
31	钱忠义	陕西师范大学	65	颜乐姿	贵州财经大学
32	管从森	山东大学	66	魏鹏	海口经济学院
33	吴定雄	重庆文理学院	67	郑志博	内蒙古大学鄂尔多斯学院
34	吴洪强	解放军理工大学			

鼓励奖					
1	潘凌霄	长春大学	4	郭文龙	空军工程大学
2	陈伟	贵州大学	5	魏文芳	西北大学
3	钟磊	兰州理工大学			

第六届全国大学生数学竞赛参赛情况及决赛获奖名单

第六届全国大学生数学竞赛决赛于 2015 年 3 月 21 日在华中科技大学举行. 此次竞赛共有来自全国 28 个赛区的 63520 人报名参加初赛, 最终来自清华大学、北京大学、复旦大学、中国科学技术大学等 140 余所高校的 286 名学生参加决赛, 其中数学专业类 95 名, 非数学专业类 191 名. 经全国大学生数学竞赛工作组研究, 共评出数学专业类一等奖 19 名 (高年级组 12 名、低年级组 7 名) 、二等奖 29 名 (高年级组 19 名、低年级组 10 名) 、三等奖 41 名 (高年级组 27 名、低年级组 14 名) ; 非数学专业类一等奖 38 名、二等奖 58 名、三等奖 83 名.

具体决赛获奖名单如下 (按成绩排名排序):

数学专业类 (高年级组)					
一等奖					
1	廖家江	复旦大学	7	张鸿锋	汕头大学
2	褚丁楠	复旦大学	8	陈斌	长沙理工大学
3	许跃	西安电子科技大学	9	张晗	河北工业大学
4	冀诸超	武汉大学	10	庞硕	北京大学
5	袁航	武汉大学	11	李睿霖	复旦大学
6	何顺	中山大学	12	刘琉	浙江大学
二等奖					
1	张逸天	南京理工大学	11	陈欢欢	黑龙江大学
2	吴君	浙江大学	12	刘佳杰	国防科学技术大学
3	余志拯	闽南师范大学	13	刘新钰	大连理工大学
4	李翔	国防科学技术大学	14	潘旭	山西大学
5	刘克刚	山东大学	15	宋锴	河南大学
6	张祖仪	扬州大学	16	虞维科	浙江师范大学
7	文学清	四川大学	17	肖传福	武夷学院
8	邵锋	兰州大学	18	石佳	复旦大学
9	金典聪	华中科技大学	19	陈颖祥	天津大学
10	张世垚	山东大学			
三等奖					
1	陈亮	南京师范大学	5	张乔	海南师范大学
2	徐识	宁波大学	6	李静	曲阜师范大学
3	洪阳	重庆大学	7	蔡大勇	西南大学
4	杜宏伟	中国地质大学 (武汉)	8	李伊朵	郑州师范学院

9	张华磊	山东农业大学	19	肖方慧	湖南师范大学
10	张海珍	商丘师范学院	20	凌敏	内蒙古大学
11	谷瑞雪	山东科技大学	21	胥晓雷	陕西师范大学
12	颜丹键	华南理工大学	22	占蔚	江西理工大学
13	李秀芹	赣南师范学院	23	佘乾海	贵州大学
14	周朝慧	广西大学	24	高莉丽	西北大学
15	王秀苓	河北师范大学	25	宿鸿	西安电子科技大学
16	张晓琢	东北师范大学	26	刘泊怿	西北大学
17	谢明明	黔南民族师范学院	27	王修修	贵州大学
18	孙浩久	山西大同大学			

数学专业类 (低年级组)

一等奖

1	宋杰傲	清华大学	5	杨辉	南开大学
2	黄旷	武汉大学	6	韩松奇	北京大学
3	李艺轩	北京大学	7	钱舰	中国科学技术大学
4	陶文启	大连理工大学			

二等奖

1	顾超	北京大学	6	徐亚东	南京大学
2	陈凯文	北京大学	7	毛鉴	哈尔滨工业大学
3	计宇亮	中国科学技术大学	8	颜俊榕	南开大学
4	顾潇屹	北京大学	9	郭子可	兰州大学
5	裴扬	大连理工大学	10	郭淑媛	华东师范大学

三等奖

1	刘昱	哈尔滨工业大学	8	胡其伟	华中科技大学
2	狄晶晶	西南大学	9	刘多	东北大学
3	蒋勇	四川大学	10	姚琪	四川大学
4	王刚	哈尔滨工业大学 (威海)	11	金子捷	西安交通大学
5	张梦祺	西北工业大学	12	王新悦	东北师范大学
6	陈皓	中国科学技术大学	13	陈健军	广西师范学院
7	王珺明	中南大学	14	邢雨蒙	桂林电子科技大学

非数学专业类

一等奖

1	刘畅	清华大学	3	邓鹤龄	武汉大学
2	罗国全	哈尔滨工业大学	4	石泽鹏	南开大学

5	孙志鹏	武汉大学	22	柯沛	浙江大学
6	蒋志猛	哈尔滨工业大学	23	莫伟斌	南开大学
7	王明冬	南开大学	24	邹林君	四川大学
8	段轩萌	同济大学	25	金旭东	哈尔滨工业大学
9	辜弘炀	第二炮兵工程大学	26	刘海桥	海军航空工程学院
10	李牧水	湖南大学	27	夏夷平	南京航空航天大学
11	游田	天津大学	28	张书生	重庆邮电大学
12	孔阳	电子科技大学	29	丁超	空军工程大学
13	齐天钰	北京航空航天大学	30	姜孟杉	电子科技大学
14	王应谦	山东大学	31	沈默涵	中国科学技术大学
15	翟曦雨	中国科学技术大学	32	王进	长江大学
16	白韦华	解放军理工大学	33	叶金阳	华中科技大学
17	李豪杰	海军工程大学	34	尹亚琛	天津大学
18	蔺安邦	北京航空航天大学	35	周杰	南京理工大学
19	刘保证	北京航空航天大学	36	雷蜜	中国科学技术大学
20	王晓	北京科技大学	37	雷心怡	华中科技大学
21	余阳阳	中国科学技术大学	38	黄子楚	西安交通大学

二等奖

1	胡旭彬	中国矿业大学 (北京)	17	蒋磊	大连理工大学
2	邓超云	武汉大学	18	李佳成	电子科技大学
3	孙涛	哈尔滨工业大学	19	刘为为	厦门大学
4	王苹宇	北京邮电大学	20	刘鑫旺	哈尔滨工程大学
5	肖牧邦	上海交通大学	21	杨凯	兰州大学
6	黄政	西安建筑科技大学	22	刘洋	华北电力大学
7	程童凯	华南理工大学	23	盛鼎	武警工程大学
8	刘治成	盐城工学院	24	季灵晶	复旦大学
9	朱长春	山东大学	25	陆辉	华东理工大学
10	何方	北京大学	26	陈如翰	解放军信息工程大学
11	李金泽	四川大学	27	傅忠旺	华东理工大学
12	张坡	国防科学技术大学	28	胡国雄	华北电力大学
13	吴桐	湖南大学	29	黄建涛	南京理工大学
14	李昌达	华南理工大学	30	赖盛强	兰州大学
15	吕帅	四川大学	31	施敏吉	兰州大学
16	陈立浩	同济大学	32	殷明超	华中科技大学

33	郑明月	辽宁工程技术大学	46	曾科南	武汉工程大学
34	朱一鸣	合肥工业大学	47	陈跃波	福建工程学院
35	蒋正锴	东北大学	48	黄阳	中国科学技术大学
36	孙振兴	大连理工大学	49	朱震宇	厦门大学
37	黄帅	第二炮兵工程大学	50	李文明	河南理工大学
38	李志强	国防科学技术大学	51	贾宏颖	天津大学
39	汪瑜懿	华东理工大学	52	平浩冬	北京科技大学
40	徐元	河海大学	53	舒林	东北大学
41	张镜忠	华南理工大学	54	谭伟伟	中国地质大学 (武汉)
42	陈焯	长春理工大学	55	李奕颖	华北电力大学
43	梅建军	海南大学	56	艾杨	厦门大学
44	余晋	华中科技大学	57	杜胜望	江西理工大学
45	赵阳	哈尔滨理工大学	58	夏润川	重庆交通大学
		三等奖			
1	陈劼	华南理工大学	21	季婉晴	石家庄铁道大学
2	李传召	山东大学	22	李照誉	空军工程大学
3	李海筝	北京理工大学	23	马海川	西安电子科技大学
4	刘成方	河南大学	24	王超	郑州大学
5	孙明	南京信息工程大学	25	左新钢	合肥工业大学
6	王达峰	南京工业大学	26	陈鹏展	四川大学
7	杨伟民	华东交通大学	27	宁素瑜	宁夏大学
8	李博涵	浙江大学	28	钱忠义	陕西师范大学
9	王琦	大连理工大学	29	饶德备	华中科技大学
10	赵小龙	海南大学	30	王斐斐	海军航空工程学院
11	杨星辉	桂林电子科技大学	31	张杰	西安理工大学
12	张攀	太原理工大学	32	王超	大连理工大学
13	郑聪	北京邮电大学	33	王承祥	南华大学
14	胡中正	武汉科技大学	34	孙铭健	贵州师范大学
15	张一鸣	华北电力大学	35	王峰	青岛科技大学
16	华陈强	杭州师范大学	36	何湖广	解放军理工大学
17	徐缙	黑龙江大学	37	李果林	南京工业大学
18	俞哲飞	兰州大学	38	高杨	解放军外国语学院
19	周平	太原理工大学	39	李盼	宁夏大学
20	何琦敏	江西理工大学	40	郑梓豪	重庆大学

41	李朗朗	湖南农业大学	63	杨春梅	重庆大学
42	付嘉懿	北京航空航天大学	64	赖宇	江西理工大学
43	徐炜	中国海洋大学	65	李文博	华南理工大学
44	祝梓钧	重庆大学	66	何旭鹏	长安大学
45	蔡畅	桂林电子科技大学	67	李恒禹	长春工业大学
46	陈航迪	福州大学	68	陈鸽	太原理工大学
47	刘小虎	贵州师范大学	69	刘露露	贵州大学
48	徐威	华东理工大学	70	别凡	广西大学
49	杨庆	内蒙古民族大学	71	苏捷	上海理工大学
50	常珂	青岛科技大学	72	郑志博	内蒙古大学鄂尔多斯学院
51	李辉	长安大学	73	方渊锦	中国矿业大学 (北京)
52	张森梅	海南师范大学	74	刘忠林	贵州理工学院
53	张炎炎	延边大学	75	李俊杰	大连海事大学
54	祝广健	宁夏大学	76	李双村	桂林理工大学
55	董喻家华	空军航空大学	77	赵伟东	山西大同大学
56	涂印	内蒙古农业大学	78	罗红旗	贵州大学
57	周艳宗	河北科技大学	79	曹玉涛	曲阜师范大学
58	贾欣欣	空军工程大学	80	程丁继	长春大学
59	申代友	重庆大学	81	程高峰	兰州交通大学
60	张云达	沈阳航空航天大学	82	魏鹏	海口经济学院
61	李天宇	重庆科技学院	83	孙嘉瑾	宁夏大学
62	王鹏飞	青岛理工大学			

第七届全国大学生数学竞赛参赛情况及决赛获奖名单

第七届全国大学生数学竞赛决赛于 2016 年 3 月 26 日在福建师范大学举行. 此次竞赛共有来自全国 28 个赛区的 69787 人报名参加初赛, 最终来自清华大学、北京大学、复旦大学、中国科学技术大学等 140 余所高校的 284 名学生参加决赛, 其中数学专业类 94 名, 非数学专业类 190 名. 经全国大学生数学竞赛工作组研究, 共评出数学专业类一等奖 19 名 (高年级组 10 名、低年级组 9 名) 、二等奖 29 名 (高年级组 18 名、低年级组 11 名) 、三等奖 36 名 (高年级组 21 名、低年级组 15 名) ; 非数学专业类一等奖 36 名、二等奖 55 名、三等奖 85 名.

具体决赛获奖名单如下 (按成绩排名排序):

数学专业类 (高年级组)

一等奖

1	邱家豪	苏州大学	6	郭子可	兰州大学
2	黄旷	武汉大学	7	李越	北京大学
3	黄元开	哈尔滨工业大学 (威海)	8	杨琪	山东大学
4	杨兵	华中科技大学	9	杨宇轩	山东大学
5	寿鸣阳	浙江工业大学	10	陶辛林	南开大学

二等奖

1	邓治	广州大学	10	刘浩	南方科技大学
2	顾云帆	哈尔滨工业大学	11	李轩	南昌大学
3	陈文轩	南昌大学	12	佘乾海	贵州大学
4	陈文集	浙江师范大学	13	刘恩豪	河北师范大学
5	陈彦泽	四川大学	14	李厚旺	哈尔滨工业大学
6	周贤琛	国防科学技术大学	15	戴函	扬州大学
7	裴扬	大连理工大学	16	戴伯屹	西北师范大学
8	沈铎	复旦大学	17	侯云飞	曲阜师范大学
9	石泽鹏	南开大学	18	张吉祥	福建师范大学

三等奖

1	谭琳琳	西北大学	6	李铁正	鞍山师范学院
2	高丰	重庆邮电大学	7	尹向前	内蒙古财经大学
3	周浩	陕西师范大学	8	李臻昊	重庆大学
4	周刚龙	商丘师范学院	9	李梦楠	郑州航空工业管理学院
5	陈银	南京师范大学	10	刘家熙	兰州大学

11	孟繁飞	郑州大学	17	陈百凤	黑龙江大学
12	刘灏	内蒙古大学	18	郑旖旎	西北大学
13	王启慧	北华大学	19	杨晓媛	山西大同大学
14	黄昕	重庆大学	20	王苗苗	河北科技大学
15	韦菁	梧州学院	21	黄龙	海南师范大学
16	施洪	桂林电子科技大学			

数学专业类 (低年级组)

一等奖

1	陈成	北京大学	6	董子超	北京大学
2	薛威	四川大学	7	熊渊朴	复旦大学
3	赵梓文	北京大学	8	马骁	中国科学技术大学
4	钱列	复旦大学	9	刘浩然	北京大学
5	祁季桐	复旦大学			

二等奖

1	姜文瀚	四川大学	7	阮雨琪	武汉大学
2	朱晗晔	南京大学	8	何益钦	湘潭大学
3	程元博	中国科学技术大学	9	马佳强	西安电子科技大学
4	蔡宇超	厦门大学	10	刘鹏	厦门大学
5	邵凌轩	清华大学	11	曹华斌	湘潭大学
6	李京谕	大连理工大学			

三等奖

1	陈喆	北京大学	9	林赵锋	福建师范大学
2	毛天乐	中国科学技术大学	10	刘怡轩	东北师范大学
3	陈长杰	南京大学	11	刘静颐	国防科学技术大学
4	戴宗昱	南开大学	12	朱宗祥	重庆邮电大学
5	张良肇	厦门大学	13	郝子墨	武汉大学
6	曹鹏翥	浙江大学	14	沈一岚	海南大学
7	余志颖	武汉大学	15	姚宇晨	浙江大学
8	涂道渔	大连理工大学			

非数学专业类

一等奖

1	郝育昆	清华大学	3	姚睿	中国科学技术大学
2	李元杰	武汉大学	4	张圳畅	华南理工大学

5	李豪杰	海军工程大学	21	庄梓煜	华南理工大学
6	宋俊霖	哈尔滨工业大学	22	张亚伦	海军工程大学
7	石粒力	天津大学	23	王亚星	广西大学
8	张梓峤	四川大学	24	徐余辉	解放军理工大学
9	王斐斐	海军航空工程学院	25	刘鑫旺	哈尔滨工程大学
10	吴旭	军事经济学院	26	郭政亚	大连理工大学
11	汤皓	西南交通大学	27	秦继鹏	长安大学
12	陈大鹏	解放军理工大学	28	黄德键	同济大学
13	杨昊霖	清华大学	29	王永杰	天津大学
14	陈义坤	复旦大学	30	郑文卿	北京邮电大学
15	吴晨岩	中国科学技术大学	31	徐韬锐	集美大学
16	谢子豪	华中科技大学	32	江海	南昌大学
17	齐宁	天津大学	33	劳天鹏	同济大学
18	汤学璁	北京航空航天大学	34	张欢	西北工业大学
19	陈浩	重庆大学	35	王侨	成都理工大学
20	戴伟民	湖南大学	36	陈相禹	同济大学
二等奖					
1	吴彬	安徽财经大学	17	李明康	哈尔滨工程大学
2	刘小虎	贵州师范大学	18	施俊杰	南京航空航天大学
3	罗骏遥	湖南大学	19	杨琳	华东理工大学
4	龚正	河海大学	20	郑晗	合肥工业大学
5	温旭东	南开大学	21	庄楠	北京邮电大学
6	张廷连	北京航空航天大学	22	赵小龙	海南大学
7	宫明	中国海洋大学	23	彭家鑫	安阳师范学院
8	郭梦苍	重庆大学	24	刘常	华中科技大学
9	朱聪	中南大学	25	付宸锐	南昌航空大学
10	李元军	华南理工大学	26	周平	太原理工大学
11	李思儒	山东大学	27	周康康	北京科技大学
12	周凯	中国科学技术大学	28	刘为为	厦门大学
13	冯海锋	厦门大学	29	张顺	武汉大学
14	汪剑云	哈尔滨工业大学	30	孙书逸	大连理工大学
15	李光耀	武汉大学	31	祝磊	大连理工大学
16	徐瑞昆	中国农业大学	32	谭英华	武汉大学

33	张勇超	武汉大学	45	姚强	哈尔滨工业大学
34	王子豪	湖南大学	46	王正瑜	华中科技大学
35	吕俊杰	东华理工大学	47	吴钰繁	湖南大学
36	余俊廷	大连理工大学	48	郭思博	长春理工大学
37	史腾飞	山东大学	49	郑祥	江西理工大学
38	张成潇	重庆交通大学	50	余侠琛	大连东软信息学院
39	张凯宇	北京航空航天大学	51	张珂瑜	西南科技大学
40	伍子剑	华南理工大学	52	张益川	南开大学
41	孙泗泉	福建师范大学	53	余正东	河海大学
42	王成	同济大学	54	李志凯	滨州学院
43	宋新宇	广西大学	55	马忠	空军工程大学
44	吴体昊	南京工业大学			

三等奖

1	邓伟坚	中山大学	21	杨钤	华北电力大学 (保定)
2	来文昌	国防科学技术大学	22	褚慧敏	中国石油大学 (华东)
3	曲彤洲	解放军信息工程大学	23	任文博	北京化工大学
4	王少波	空军工程大学	24	左凰	黑龙江大学
5	邱洪彬	火箭军工程大学	25	孔令通	华东师范大学
6	陆伟伟	上海财经大学	26	翟凤阁	辽宁科技大学
7	黄自豪	浙江大学	27	徐进	北京邮电大学
8	杨欢	浙江大学	28	陈艳良	河南大学
9	蔡一鸣	华南理工大学	29	樊德庆	辽宁工程技术大学
10	冯义星	东北大学秦皇岛分校	30	刘平羽	西安电子科技大学
11	王超	郑州大学	31	闫子浩	北京航空航天大学
12	秦雪箭	哈尔滨工业大学	32	夏梅涵	厦门大学
13	黄金主	空军航空大学	33	孙振宇	兰州大学
14	盛佳伟	江西师范大学	34	王文龙	广西大学
15	黄帅	火箭军工程大学	35	李志远	河南理工大学
16	柳腾达	天津大学	36	陈鹏飞	山东建筑大学
17	夏一鸣	中国科学技术大学	37	杨舒然	太原科技大学
18	石岩松	北京航空航天大学	38	王乐	中北大学
19	胡淳珂	华北电力大学 (保定)	39	倪晓文	西安建筑科技大学
20	张康	四川大学	40	张金龙	浙江师范大学

41	刘晟	广西大学	64	陈唯	重庆邮电大学
42	费蓉	南京信息工程大学	65	林新宇	福建师范大学
43	王文真	南京工业大学	66	王衍伟	贵州理工学院
44	王宇	南京理工大学	67	王涵	首都经济贸易大学
45	熊超	湖北工业大学	68	徐志豪	宁夏大学
46	肖乾德	电子科技大学	69	杨丹可	兰州大学
47	郑亦宁	电子科技大学	70	王子豪	贵州大学
48	蔡玉节	山东理工大学	71	储凯闻	东北大学
49	徐少刚	浙江海洋学院	72	夏帅帅	内蒙古农业大学
50	陈旭峰	兰州理工大学	73	丁均梁	空军工程大学
51	张坚	兰州城市学院	74	丁鹏	延边大学
52	王顺福	海南大学	75	郝晨良	太原理工大学
53	刘立德	吉林建筑大学	76	陈鸽	太原理工大学
54	蒋陆行	西安交通大学	77	张旭坤	南开大学
55	曾彦	贵州大学	78	姜海华	中国矿业大学银川学院
56	蒋正锴	东北大学	79	宸泽江	武警工程大学
57	张旗	内蒙古农业大学	80	韩璐	内蒙古大学鄂尔多斯学院
58	刘德培	集美大学	81	苏永	长春大学
59	何宇喆	哈尔滨工业大学	82	晋银保	中国矿业大学银川学院
60	谢缙	重庆大学	83	万罗强	海口经济学院
61	孔德政	河北工业大学	84	伊鹏飞	空军工程大学
62	曹瑞峰	盐城师范学院	85	肖蓓	福建师范大学
63	周凯	宁波大学			

第八届全国大学生数学竞赛参赛情况及决赛获奖名单

第八届全国大学生数学竞赛决赛于 2017 年 3 月 18 日在北京科技大学举行. 此次竞赛共有来自全国 28 个赛区的 86946 人报名参加初赛, 最终来自北京大学、清华大学、复旦大学、中国科学技术大学等 130 余所高校的 284 名学生参加决赛, 其中数学专业类 95 名, 非数学专业类 198 名. 经全国大学生数学竞赛工作组研究, 共评出数学专业类一等奖 24 名 (高年级组 15 名、低年级组 9 名) 、二等奖 33 名 (高年级 20 名、低年级 13 名) 、三等奖 29 名 (高年级组 18 名、低年级组 11 名) 、鼓励奖 8 名 (高年级组 5 名、低年级组 3 名) ; 非数学专业类一等奖 47 名、二等奖 66 名、三等奖 64 名、鼓励奖 3 名.

具体决赛获奖名单如下 (按成绩排名排序):

数学专业类 (高年级组)

一等奖

1	张钺	北京大学	9	饶一鹏	郑州大学
2	郑亦如	北京大学	10	何东辰	复旦大学
3	杨成浪	北京理工大学	11	李祥飞	苏州大学
4	牛泽昊	北京大学	12	倪大地	河南大学
5	许云中	哈尔滨理工大学	13	陈锋杰	中山大学
6	朱晗晔	南京大学	14	赵子路	山东大学
7	阮宇平	南京大学	15	张君钊	南开大学
8	乔文潇	河北师范大学			

二等奖

1	刘亚茹	河南师范大学	11	许锐航	西安电子科技大学
2	吴华伟	华中科技大学	12	胡广	湖南大学
3	宋逸伦	厦门大学	13	罗阳	中国计量大学
4	潘逸骋	浙江大学	14	周贤琛	国防科学技术大学
5	唐瑜韬	中山大学	15	吕汝源	盐城师范学院
6	田鑫源	北京科技大学	16	蒋理	大连理工大学
7	刘俊良	中国科学技术大学	17	万子文	南昌大学
8	金逸	哈尔滨工业大学 (威海)	18	臧晓平	山东师范大学
9	张睿航	西北工业大学	19	刘波	桂林电子科技大学
10	易琦	中国科学技术大学	20	鲍丽颖	曲阜师范大学

三等奖

1	郑文涛	江西师范大学	10	李亚男	江苏大学
2	蒋璐	西南大学	11	陈海潇	广西师范学院
3	陈鹏	贵州师范大学	12	王君	遵义师范学院
4	章炳伟	兰州大学	13	付倩	河北师范大学
5	徐晨钊	大连海事大学	14	黄幼苏	长沙理工大学
6	周礼全	重庆邮电大学	15	田雨	吕梁学院
7	陈一源	重庆交通大学	16	崔皓昂	邯郸学院
8	田甜	西北大学	17	吕洁	兰州财经大学
9	白宇浩	哈尔滨工业大学 (威海)	18	解文明	贵州大学

鼓励奖

1	刘勃	北华大学	4	薛语佳	东北大学
2	王英英	山西师范大学	5	张丽人	吉林师范大学
3	田小娟	宁夏大学			

数学专业类 (低年级组)

一等奖

1	余佳弘	北京大学	6	何方涛	武汉大学
2	黄樊	武汉大学	7	张亦煌	山东大学
3	周胜铉	兰州大学	8	宋寅翀	西安交通大学
4	许星宇	清华大学	9	吴天	中国科学技术大学
5	谢灵尧	复旦大学			

二等奖

1	宁盛臻	复旦大学	8	李哲民	国防科学技术大学
2	赵越	上海交通大学	9	慕苗苗	西北大学
3	周子涵	四川大学	10	谢泽华	哈尔滨工业大学
4	汪小俞	海南大学	11	张万华	四川大学
5	魏居辉	国防科学技术大学	12	曹刚	宁夏大学
6	唐天昊	华中科技大学	13	赵航	四川大学
7	陶炳学	北京大学			

三等奖

1	杨方白	辽宁师范大学	3	王志	海南师范大学
2	谭洪泽	南方科技大学	4	张月异	东北师范大学

5	亓培凯	南开大学	9	吴量	厦门大学
6	张世萌	浙江大学	10	李泽塬	内蒙古大学
7	唐伦潇	四川大学	11	万晓萌	西安交通大学
8	牛钧葆	南开大学			

鼓励奖

1	李芳	陕西师范大学	3	包玮维	内蒙古大学
2	彭昱	重庆大学			

非数学专业类

一等奖

1	何翎申	电子科技大学	25	代华强	合肥工业大学
2	王鑫	天津大学	26	余俊廷	大连理工大学
3	林正阳	厦门大学	27	崔凯华	天津大学
4	李豪杰	海军工程大学	28	贯瑞杰	北京工业大学
5	程欢	华中科技大学	29	巴光明	北京科技大学
6	胡斌	华中科技大学	30	袁康	山西财经大学
7	邹君逸	华东理工大学	31	高维清	武汉大学
8	李子豪	电子科技大学	32	汪桥	湖南大学
9	冯天琦	电子科技大学	33	王耀光	哈尔滨工业大学
10	陈宇菲	武汉大学	34	张圳畅	华南理工大学
11	唐无忌	合肥工业大学	35	段一豪	湘潭大学
12	任文博	北京化工大学	36	程浩	北京航空航天大学
13	曹彦卿	上海财经大学	37	袁木	武汉理工大学
14	赵允超	厦门大学	38	阳港	四川大学
15	李光耀	武汉大学	39	郑琪	浙江大学
16	廖雪文	军事经济学院	40	史立地	河海大学
17	闫震	天津大学	41	张程	西安电子科技大学
18	吕俊杰	东华理工大学	42	陈贤聪	空军工程大学
19	包丞瑞	海军航空工程学院	43	李嘉伦	哈尔滨工业大学
20	鲁智德	北京科技大学	44	杨田洁	华中科技大学
21	刘发强	西安电子科技大学	45	张广续	湖南大学
22	何可	上海交通大学	46	陈宇轩	电子科技大学
23	龚正	河海大学	47	华聪	浙江师范大学
24	张宸赫	浙江大学			

二等奖					
1	缪成宗	哈尔滨工业大学	34	丁寿康	山东农业大学
2	何均懿	对外经济贸易大学	35	朱勇铮	四川大学
3	徐韬锐	集美大学	36	余升	国防科学技术大学
4	周灵杰	华北电力大学	37	麻哲瑞	中国计量大学
5	姚辉程	辽宁大学	38	杨善明	北京邮电大学
6	秦继鹏	长安大学	39	倪刚	北京航空航天大学
7	韦龙伟	合肥工业大学	40	李明康	哈尔滨工程大学
8	许蔚	河南工业大学	41	邱洪彬	火箭军工程大学
9	姜健	江西理工大学	42	李明杰	空军工程大学
10	蒋仁子	山东建筑大学	43	王欣翰	华南理工大学
11	郭林	同济大学	44	郑午	广西大学
12	张韩飞	唐山学院	45	张金	徐州工程学院
13	王龙	三峡大学	46	王文真	南京工业大学
14	钟亚衡	华南理工大学	47	廖国波	重庆大学
15	巫宇锋	重庆大学	48	许竣飞	郑州大学
16	胡云雷	东华理工大学	49	刘蒙蒙	青岛理工大学
17	曹勐	东北大学	50	刘旭	海军航空工程学院
18	郝宇诗	四川大学	51	张百威	太原科技大学
19	张梦圆	北京邮电大学	52	姜延鑫	大连理工大学盘锦校区
20	杨勇	北京邮电大学	53	孙全震	河南理工大学
21	何斌	北京工业大学	54	孔岩松	长春理工大学
22	魏志强	济南大学	55	夏帅帅	内蒙古农业大学
23	江强	三峡大学	56	韩华	东北大学秦皇岛分校
24	李思儒	山东大学	57	王成承	中国矿业大学
25	郭伟生	合肥工业大学	58	陈吉通	西安建筑科技大学
26	郭侯佐	华南理工大学	59	吴元凯	武警工程大学
27	姜沁源	华东理工大学	60	杨耀斌	同济大学
28	王文龙	广西大学	61	王亚星	广西大学
29	王义凯	华北电力大学	62	尹航	哈尔滨工业大学
30	黄杰涛	延边大学	63	胡特	同济大学
31	王忠阳	东华理工大学	64	颜鸿溢	浙江师范大学
32	陈蔚然	山东大学	65	王耀麟	河南大学民生学院
33	王仕捷	厦门大学	66	涂世成	西北工业大学

三等奖					
1	臧敦局	兰州大学	33	罗迷	贵州大学
2	孙振宇	兰州大学	34	石鹏	贵州理工学院
3	彭云枫	湖南大学	35	李坤	解放军理工大学
4	余登科	山东大学	36	司政	沈阳化工大学
5	韩丰远	北京邮电大学	37	张晨宇	兰州交通大学
6	杨智勇	空军航空大学	38	陈新奇	佳木斯大学
7	曹越	北京理工大学	39	黄娟娟	大连理工大学
8	程东鹏	华南理工大学	40	贾家科	中国矿业大学银川学院
9	欧远辉	长春工业大学	41	周剑平	空军工程大学
10	杨显轲	南京信息工程大学	42	杨文武	重庆交通大学
11	侯思钦	西安理工大学	43	唐艳萍	湖南大学
12	许鹏选	同济大学	44	崔梦诗	南京信息工程大学
13	许航	天津大学	45	王心怡	天津大学
14	张杰	南京理工大学	46	杜盼盼	兰州财经大学
15	胡东愿	空军工程大学	47	徐博	东北林业大学
16	洪德祥	合肥工业大学	48	朱启航	浙江科技学院
17	吴超	中国矿业大学 (北京)	49	张晋杰	太原理工大学
18	郝晨良	太原理工大学	50	周海南	宁波大学
19	凌力	西安交通大学	51	张睿	重庆大学
20	王子恒	同济大学	52	朱荣培	北京科技大学
21	冯涛	天津大学	53	王礼伟	北京科技大学
22	卢俊	桂林电子科技大学	54	夏燃	海南大学
23	李秋怡	贵州财经大学	55	林智超	哈尔滨理工大学
24	谢和辉	海南大学	56	郑宇	重庆大学
25	王鑫	解放军信息工程大学	57	冯传文	贵州大学
26	龚红卫	解放军理工大学	58	刘新陆	军械工程学院
27	艾青旺	解放军理工大学	59	詹芳媛	北京科技大学
28	张雪	内蒙古财经大学	60	王新	海南大学
29	张德鑫	北京科技大学	61	于志力	内蒙古大学
30	沈小雨	南昌航空大学	62	卞大抗	内蒙古财经大学
31	李佳文	宁夏大学	63	明杰	中北大学
32	李强	武警工程大学			

鼓励奖					
1	尹俭芳	宁夏大学	3	李春	西安科技大学
2	葛庆红	甘肃农业大学			

第九届全国大学生数学竞赛参赛情况及决赛获奖名单

第九届全国大学生数学竞赛决赛于 2018 年 3 月 24 日在西安交通大学举行. 此次竞赛共有来自全国 29 个赛区的 110944 人报名参加初赛, 最终来自清华大学、北京大学、复旦大学、中国科学技术大学等 160 余所高校的 414 名学生参加决赛, 其中数学专业类 189 名, 非数学专业类 225 名. 经全国大学生数学竞赛工作组研究, 共评出数学专业类一等奖 36 名 (高年级组 24 名、低年级组 12 名) 、二等奖 59 名 (高年级组 35 名、低年级组 24 名) 、三等奖 74 名 (高年级组 50 名、低年级组 24 名) ; 非数学专业类一等奖 55 名、二等奖 67 名、三等奖 92 名.

具体决赛获奖名单如下 (按成绩排名排序):

数学专业类 (高年级组)

一等奖

1	刘浩浩	中国科学技术大学	13	陈子昂	北京大学
2	余璞	北京大学	14	茆凯	山东大学
3	张昊	武汉大学	15	杨光	复旦大学
4	周康杰	北京大学	16	唐天昊	华中科技大学
5	谢灵尧	复旦大学	17	徐政	湖南科技大学
6	周胜铉	兰州大学	18	王长虎	东北师范大学
7	夏铭涛	北京大学	19	李彤彤	浙江大学
8	窦泽皓	北京大学	20	黄伟智	清华大学
9	黄樊	武汉大学	21	吴泳晟	兰州大学
10	帅毓博	武汉大学	22	张亦煌	山东大学
11	曹阳	北京大学	23	林赵锋	福建师范大学
12	何益钦	湘潭大学	24	李佳	四川大学

二等奖

1	叶天昊	南开大学	9	熊照	中南大学
2	刘裕德	同济大学	10	王淋生	苏州大学
3	覃相森	浙江大学	11	高杨	淮阴师范学院
4	郭政	华南理工大学	12	蔡佳宜	广州大学
5	张珈铭	天津大学	13	杜斌	大连理工大学
6	李子戌	扬州大学	14	左丰恺	天津大学
7	徐瑾涛	兰州大学	15	王一可	福州大学
8	王子豪	北京师范大学	16	杨柳	河北师范大学

17	初保志	厦门大学	27	王淼源	湖北工程学院
18	李昱言	武汉大学	28	潘吉星	大连理工大学
19	王景胜	曲阜师范大学	29	慕苗苗	西北大学
20	陶宸	西安交通大学	30	桂弢	四川大学
21	刘海波	兰州大学	31	余鑫	福州大学
22	黄成超	河南大学	32	魏振国	哈尔滨工业大学
23	吴承原	南京师范大学	33	张旭峰	内蒙古大学
24	冷宁益	国防科技大学	34	杨昕雅	陕西师范大学
25	尚宝龙	四川大学	35	张瑞	华东师范大学
26	王泽彬	战略支援部队信息工程大学			

三等奖

1	范伯全	广州大学	26	项泽	曲阜师范大学
2	周括	中南大学	27	方芳	乐山师范学院
3	曹杰	吉林大学	28	史俊杰	安阳工学院
4	隋胜玉	石河子大学	29	魏宇杰	哈尔滨工业大学
5	应勇军	浙江科技学院	30	林书凝	浙江工业大学
6	赵文喆	西安交通大学	31	薛娇	贵州财经大学
7	凌云	海南师范大学	32	张英杰	凯里学院
8	张正奇	哈尔滨理工大学	33	张驰	沈阳师范大学
9	吴狄	南京晓庄学院	34	陈芮	内蒙古大学
10	汤宁丽	咸阳师范学院	35	王舵	山东大学
11	汪小俞	海南大学	36	谭龙泽	贵州师范学院
12	宋彦涛	哈尔滨师范大学	37	赵学妮	内蒙古大学
13	李硕	江苏师范大学	38	李贞辰	西安电子科技大学
14	杨富元	贵州大学	39	胡瑞琪	四川大学
15	王悦丽	江西师范大学	40	冯晨露	北华大学
16	李鑫	国防科技大学	41	刘维婵	西安电子科技大学
17	严庆丰	大连理工大学	42	周立凯	宁夏大学
18	王娜	大连理工大学	43	王明龙	聊城大学
19	黄柯熹	浙江大学	44	俎成霞	中国海洋大学
20	黄文俊	广西大学	45	王伟	山西大学
21	陈意	河南工业大学	46	丁兆宸	四川大学
22	赵宇航	南京理工大学紫金学院	47	曹永申	黄淮学院
23	罗里博	西华师范大学	48	何启斌	西北大学
24	巩飞羽	西南大学	49	李佳辉	南开大学
25	钟凌锋	重庆文理学院	50	邵正梅	重庆文理学院

数学专业类 (低年级组)					
一等奖					
1	朱民哲	复旦大学	7	黄凯旋	北京大学
2	齐思广	中国科学技术大学	8	卢维潇	北京大学
3	黄峄凡	北京大学	9	杨雪琴	华中科技大学
4	陶中恺	西安交通大学	10	孙逊	山东大学
5	刘奔	山东大学	11	陈弈霖	武汉大学
6	杨锦文	复旦大学	12	徐钰伦	复旦大学
二等奖					
1	王翌宇	中国科学技术大学	13	但镇武	华中科技大学
2	邓钧元	武汉大学	14	李通宇	北京大学
3	徐天航	厦门大学	15	王双	西北工业大学
4	郭宇城	复旦大学	16	郑元问	山东师范大学
5	张昕渊	南京大学	17	严嘉伟	上海交通大学
6	杨钊杰	复旦大学	18	顾浩楠	广西大学
7	席国栋	北京大学	19	梁宴硕	南京大学
8	顾德禹	南京大学	20	林不渝	中国科学技术大学
9	李卓远	四川大学	21	刘美奇	西安交通大学
10	王新煜	北京航空航天大学	22	杨思奇	吉林大学
11	李德维	大连理工大学	23	肖光强	大连理工大学
12	曹鸿艺	中国科学技术大学	24	陈书凝	电子科技大学
三等奖					
1	余旭呈	台州学院	13	杜文帅	河南科技大学
2	杨耀松	重庆师范大学	14	姚炳君	北华大学
3	姚键	中山大学	15	马畅	西北工业大学
4	于恒旭	兰州大学	16	申友球	广西大学
5	许圣琴	哈尔滨工业大学 (威海)	17	俞骆遥	郑州大学
6	何雨格	大连理工大学	18	黄兆彬	浙江工业大学
7	刘苏豫	西北工业大学	19	胡颀轩	清华大学
8	苏星亮	重庆大学	20	林诗韵	中山大学
9	谢炯铎	南开大学	21	李锐	湖南师范大学
10	余玉童	哈尔滨工业大学	22	李娜	宁夏大学
11	宋家宇	重庆大学	23	刘文婷	宁夏大学
12	张亦	中山大学	24	郭芳君	西南大学

非数学专业类					
一等奖					
1	郭靖	同济大学	29	许竣飞	郑州大学
2	杜昕泽	中国科学技术大学	30	孙郭鹏	扬州大学广陵学院
3	王韵哲	复旦大学	31	徐浩	上海交通大学
4	孙欢	合肥工业大学	32	王永杰	天津大学
5	刘陈波	北京科技大学	33	徐扬哲	重庆大学
6	宁嘉	华中科技大学	34	王梓俨	清华大学
7	周新宇	武汉大学	35	姜乔文	海军航空大学
8	余升	国防科技大学	36	王耀国	北京航空航天大学
9	王周哲	西南石油大学	37	刘力帆	哈尔滨工业大学
10	冯鹏蒴	郑州大学	38	马晨	哈尔滨工业大学
11	彭梓洋	华中科技大学	39	成家林	华中科技大学
12	张智恒	北京邮电大学	40	林昱隆	太原科技大学
13	黎冰凌	华中科技大学	41	黄天旭	华侨大学
14	党浩东	西北工业大学	42	史立地	河海大学
15	凌弘毅	北京大学	43	冯润发	山东大学
16	曹金政	战略支援部队信息工程大学	44	潘建辉	华南理工大学
17	杨万旺	中国科学技术大学	45	汤晓虎	南京航空航天大学
18	刘昊继关	江西理工大学	46	苏宇鹏	大连理工大学盘锦校区
19	徐硕勋	山东大学	47	汪文琪	信息工程大学
20	李聪	南开大学	48	杨文建	湖南大学
21	赵彤阳	北京大学	49	邱亮亮	盐城工学院
22	余方涛	北京航空航天大学	50	宋炎泽	山东师范大学
23	张琨	陆军工程大学	51	苏英泽	北京大学
24	刘意	电子科技大学	52	张京辉	清华大学
25	罗天创	北京大学	53	李峻洋	国防科技大学
26	霍凯达	中国石油大学 (北京)	54	曹玉磊	西安交通大学
27	陈谱陆	华侨大学	55	詹天予	重庆大学
28	刘子正	天津大学			

二等奖					
1	张仲毅	安徽大学	35	胡雨薇	中南财经政法大学
2	张劲逸	华中科技大学	36	张金	徐州工程学院
3	甄中函	大连理工大学	37	邵鹏程	海军工程大学
4	邹易	太原理工大学	38	贺华瑞	西安电子科技大学
5	温玉聪	西安交通大学	39	尹承志	火箭军工程大学
6	王瑞	陆军工程大学	40	黄增勇	福州大学至诚学院
7	郭俊	华中科技大学	41	陈振宇	大连理工大学
8	钟定洪	西安建筑科技大学	42	张浩磊	华东理工大学
9	刘宇扬	上海财经大学	43	庞淇	浙江大学
10	石岗	西南交通大学	44	谌绍泉	华南理工大学
11	孟昭远	中国科学技术大学	45	李才涛	广西大学
12	王凡	福州大学	46	刘琛	哈尔滨工程大学
13	马雨欣	河北工业大学	47	强意扬	浙江工业大学
14	李立业	电子科技大学	48	宋志豪	浙江大学
15	翟津黎	北京邮电大学	49	黄梓宸	厦门大学
16	章泰锟	哈尔滨工业大学	50	陈警伟	兰州大学
17	饶斌裕	国防科技大学	51	叶锡娟	华中科技大学
18	陈贤聪	空军工程大学	52	徐仲行	南华大学
19	吕玲玲	天津大学	53	蒋承	西安电子科技大学
20	贺杭鑫	天津大学	54	缪君杰	四川大学
21	侯德尚	重庆大学	55	王康生	天津大学
22	程言行	兰州交通大学	56	林坤海	北京航空航天大学
23	赵天昊	哈尔滨工业大学 (威海)	57	胡寅秋	哈尔滨工业大学
24	汪亮	南京理工大学	58	黄俊杰	长春理工大学
25	张钰峰	西安交通大学	59	李源	西北大学
26	张潇文	华中科技大学	60	邹秋博	天津大学
27	胡云雷	东华理工大学	61	刘书恒	重庆大学
28	曾梓涵	海军工程大学	62	饶永朝	贵州大学
29	刘旭	海军航空大学	63	冀介文	华北电力大学
30	张智扬	同济大学	64	苏行松	河南工业大学
31	谢之源	华东政法大学	65	张媛媛	曲阜师范大学
32	董泓成	重庆大学	66	袁翊竑	长安大学
33	叶中杰	安徽大学	67	李明	石河子大学
34	吴泽恩	华南理工大学			

三等奖

1	陈果	江苏第二师范学院	33	谢和辉	海南大学
2	李良兵	兰州财经大学	34	董朔	吉林大学
3	胡启春	空军工程大学	35	王宇强	吉林大学
4	郭涛	中国石油大学 (北京) 克拉玛依校区	36	陈泽洲	江苏大学
5	葛良	江西财经大学	37	俞宏泽	南昌航空大学
6	陈宣全	四川大学	38	张超宇	太原理工大学
7	王娇	石河子大学	39	田江源	空军工程大学
8	徐晨锋	杭州电子科技大学	40	孙全震	河南理工大学
9	郭俊锋	华南理工大学	41	刘宇	黑龙江大学
10	杨建国	广西大学	42	黄元熙	重庆邮电大学
11	滕汉超	河北工业大学	43	李乔依	北京航空航天大学
12	武迪	湖南师范大学	44	刘业鑫	湖南科技大学
13	王成承	中国矿业大学	45	田静	山西财经大学
14	蔡澄奕	大连海事大学	46	江俊贤	广西大学
15	傅帆	内蒙古工业大学	47	邹锦林	广西大学
16	韩镕泽	内蒙古财经大学	48	曲雪莲	中国石油大学 (华东)
17	郝赫	北京科技大学	49	张冬瑶	西安交通大学
18	谷国栋	武警工程大学	50	杨家伟	西安交通大学
19	张欣	电子科技大学	51	龚祝萍	复旦大学
20	熊帮伦	重庆大学	52	胡润泽	华东理工大学
21	张帅洋	陆军工程大学石家庄校区	53	马柔柔	兰州大学
22	张鹏远	大连理工大学	54	何沛丰	佛山科学技术学院
23	李猛	西安交通大学	55	胡秉蔚	宁夏大学
24	顾家辉	重庆大学	56	胡广富	济南大学
25	王树太	河南理工大学	57	刘伟	中北大学
26	严定帮	长沙理工大学	58	黄振强	西安工程大学
27	许琴	大连理工大学	59	唐嘉翔	电子科技大学
28	王洁	中国民用航空飞行学院	60	吴武威	华南理工大学
29	王苏云	石河子大学	61	王二鹏	广西大学
30	许峥	浙江工业大学	62	吴再驰	华北电力大学
31	张钿	浙江理工大学	63	刘立武	广西大学
32	沈奕成	宁波大学	64	刘希晨	南京信息工程大学

65	王进	宁夏大学	79	姚贤坦	赣南师范大学
66	柏苏桐	海南大学	80	傅衡成	郑州轻工业大学
67	李全铮	沈阳航空航天大学	81	张耀斌	北京邮电大学
68	郑明明	宁夏大学	82	申康	海南师范大学
69	王宁	西安理工大学	83	刘胜	海南大学
70	马超雄	甘肃政法学院	84	马帅	盐城师范学院
71	杨潍泽	贵州大学	85	侯润	内蒙古财经大学
72	李佳文	宁夏大学	86	周昌昊	空军航空大学
73	刘永雄	长安大学	87	秦德状	延边大学
74	邵宪枫	西北农林科技大学	88	李勇	贵州财经大学
75	何妮	贵州大学	89	刘金磊	青岛科技大学
76	李春	西安科技大学	90	于胜男	齐齐哈尔大学
77	王倩雯	西安邮电大学	91	胡可昊	兰州交通大学
78	薛琪山	中国石油大学 (北京) 克拉玛依校区	92	晏琦	海南热带海洋学院

第十届全国大学生数学竞赛参赛情况及决赛获奖名单

第十届全国大学生数学竞赛决赛于 2019 年 3 月 30 日在哈尔滨工业大学举行. 此次竞赛共有来自全国 31 个赛区的 138832 人报名参加初赛, 最终来自清华大学、北京大学、复旦大学、中国科学技术大学等 190 余所高校的 539 名学生参加决赛, 其中数学专业类 220 名, 非数学类 319 名. 经全国大学生数学竞赛工作组研究, 共评出数学专业类一等奖 46 名 (高年级组 26 名、低年级组 20 名) 、二等奖 63 名 (高年级组 35 名、低年级组 28 名) 、三等奖 82 名 (高年级组 41 名、低年级组 41 名) ; 非数学专业类一等奖 63 名、二等奖 99 名、三等奖 137 名.

具体决赛获奖名单如下 (按成绩排名排序):

数学专业类 (高年级组)

一等奖

1	卢维潇	北京大学	14	徐天航	厦门大学
2	刘奔	山东大学	15	朱柏青	复旦大学
3	曹鸿艺	中国科学技术大学	16	蒋易悰	北京大学
4	杨光	复旦大学	17	肖盛鹏	陕西师范大学
5	刘颖坚	大连理工大学	18	张新竹	南京航空航天大学
6	杨阳	湖南师范大学	19	陈阳	北京航空航天大学
7	古浩田	北京大学	20	丁李桑	浙江大学
8	李卓远	四川大学	21	张子涵	复旦大学
9	朱民哲	复旦大学	22	胡梦薇	四川大学
10	陈龑	武汉大学	23	张敬贤	河南大学
11	华文茂	哈尔滨工业大学	24	陈皓	山西大学
12	曹子健	东北大学	25	邵钰萰	华中科技大学
13	王至宏	广州大学	26	王新煜	北京航空航天大学

二等奖

1	陈艳旗	同济大学	8	郑礼鑫	北京大学
2	陈烨嘉	上海交通大学	9	高艺漫	湖南科技大学
3	张琮	南开大学	10	朱屹恒	云南大学
4	卓志坚	厦门大学	11	李德维	大连理工大学
5	邓士诚	嘉应学院	12	张可忻	河南大学
6	姚立鹏	华南理工大学	13	胡天智	武汉大学
7	徐顺	合肥工业大学	14	黄峄凡	北京大学

15	李泽坤	郑州师范学院	26	林吉祥	山东大学
16	顾子康	西北工业大学	27	蔡智伟	浙江师范大学
17	周睿涵	曲阜师范大学	28	龙汉清	湘潭大学
18	陶飏天择	四川大学	29	乐博	西安交通大学
19	薛志龙	长安大学	30	周伟杰	江苏师范大学
20	刘春麟	曲阜师范大学	31	康旭东	黑龙江大学
21	许圣琴	哈尔滨工业大学 (威海)	32	陆建兵	中国计量大学
22	魏瑜铭	重庆大学	33	张宽	河北工业大学
23	陈意	河南工业大学	34	李哲民	国防科技大学
24	郑博晨	北京理工大学	35	沈伟皓	东南大学
25	李家齐	贵州大学			

三等奖

1	顾浩楠	广西大学	22	潘婕妤	哈尔滨工程大学
2	周宇博	西安交通大学	23	谈小莲	西南大学
3	王和明	江西师范大学	24	贾国静	河北师范大学
4	林磊	温州大学	25	范圣岗	广西师范大学
5	陈越	天津大学	26	徐凯滢	汕头大学
6	韦春燕	新疆大学	27	冯丽红	东北大学
7	王远成	哈尔滨工业大学 (威海)	28	王梦炜	新疆大学
8	李子戌	扬州大学	29	王天航	长春师范大学
9	周硕	郑州大学	30	陈明	东北师范大学
10	姚鸿彬	石河子大学	31	丁明霞	大连理工大学
11	李冉	重庆交通大学	32	徐磊	陕西科技大学
12	吴东篇	西北大学	33	王贝妮	山西师范大学
13	温叶培	河南师范大学	34	马苏慧	宁夏大学
14	杨雪琴	华中科技大学	35	陈颖洁	吕梁学院
15	温素贞	赣南师范大学	36	罗玉成	广西民族师范学院
16	刘上琳	西安交通大学	37	周丹青	重庆大学
17	张会会	江苏大学	38	李敏	海南大学
18	王枭	哈尔滨工业大学 (威海)	39	李鑫	黔南民族师范学院
19	肖子珺	电子科技大学	40	黄娇	内蒙古大学
20	包军元	天水师范学院	41	刘丽蒙	西藏大学
21	蒋超	湖南理工学院			

数学专业类 (低年级组)					
一等奖					
1	白杨	武汉大学	11	申武杰	北京大学
2	邱添	北京大学	12	何家亮	南开大学
3	何志强	中国科学技术大学	13	刘念	四川大学
4	庄子杰	北京大学	14	鲁一道	北京大学
5	李博文	山东大学	15	付佳奇	武汉大学
6	刘梓辰	复旦大学	16	郑书恒	清华大学
7	尚镇冰	武汉大学	17	戴炜拓	浙江大学
8	林徐扬	浙江大学	18	陈龙腾	浙江大学
9	肖子达	中国科学技术大学	19	李家雨	浙江大学
10	闫顺兴	中国科学技术大学	20	黄畅	清华大学
二等奖					
1	冯健	武汉大学	15	仇天宇	华东师范大学
2	张霖秋	四川大学	16	王子箫	吉林大学
3	史书珣	复旦大学	17	唐康	西南大学
4	顾王韫	东南大学	18	姜峥艺	大连理工大学
5	刘浩	山东大学	19	漆宇豪	电子科技大学
6	戎明远	中国科学技术大学	20	龙飞宇	福州大学
7	龙辰纲	北京师范大学	21	张耕瑞	南京大学
8	潘岩	河南科技学院	22	谷桄辉	南方科技大学
9	李迪龙	西安交通大学	23	舒洋	华中科技大学
10	张颢瑀	四川大学	24	贺宇昕	清华大学
11	焦子昂	武汉大学	25	周啸	苏州大学
12	彭严	中山大学	26	王语姗	复旦大学
13	谢思哲	北京理工大学	27	赵花丽	吉林大学
14	刘竣文	南开大学	28	林浩然	浙江大学
三等奖					
1	罗涛	厦门大学	6	王禹	海南师范大学
2	商来	上海交通大学	7	胡济桐	重庆邮电大学
3	昌文涛	南开大学	8	袁冰	南昌大学
4	谢仕怀	暨南大学	9	张肖纬	南京航空航天大学
5	陈东恒	中山大学	10	王智洋	南京师范大学

11	吕博	中南大学	27	刘云鹏	兰州大学
12	仝方舟	北京大学	28	李中一	哈尔滨工业大学
13	岳敬超	北京师范大学	29	吴禹诗	赣南师范大学
14	王元昊	南京大学	30	张文亚	西安电子科技大学
15	杨江山	兰州大学	31	王轲	天津大学
16	刘睿涵	山东大学	32	刘峥荣	广西大学
17	王成铖	云南大学	33	杨小利	重庆大学
18	林伟晨	华中科技大学	34	于淼	辽宁师范大学
19	朱文臣	南开大学	35	吴玥瑶	西安交通大学
20	储鎏辉	西北大学	36	罗芳源	兰州大学
21	李睿	哈尔滨工业大学	37	王旻琦	重庆大学
22	孙璋	哈尔滨师范大学	38	方子旋	哈尔滨工业大学
23	卓沛生	四川大学	39	周俊合	云南大学
24	赵维可	东北大学秦皇岛分校	40	李韦	西藏大学
25	邓一鸣	大连理工大学	41	贺之龙	新疆大学
26	王晓帆	西北农林科技大学			

非数学专业类

一等奖

1	罗健洲	武汉大学	16	方海锜	四川大学
2	毕正奇	华中科技大学	17	江弘毅	北京大学
3	周钰	武汉纺织大学	18	滕佳烨	上海财经大学
4	曾泓泰	西安交通大学	19	任一鑫	中国科学技术大学
5	饶贤昊	中国科学技术大学	20	方徽	兰州大学
6	张灿睿	清华大学	21	陈孝虎	湖南大学
7	黄天旭	华侨大学	22	黄欣奕	南京工业大学
8	刘咏志	华中科技大学	23	王仕捷	厦门大学
9	李立业	电子科技大学	24	邱屹林	上海理工大学
10	周斯萤	上海财经大学	25	金宇豪	同济大学
11	冯昱	西安电子科技大学	26	曾梓涵	海军工程大学
12	康强	天津理工大学	27	王湛岩	国防科技大学
13	江锴杰	山东大学	28	张一鸣	天津大学
14	王杨	东北石油大学	29	邱亮亮	盐城工学院
15	张明	北京科技大学	30	孙郭鹏	扬州大学

31	马杰	合肥工业大学	48	张家璇	湖南师范大学
32	徐林	东北财经大学	49	魏保昊	厦门大学
33	刘攀	西安交通大学	50	宣文杰	武汉大学
34	马镜弢	陆军工程大学	51	谢文杰	武汉大学
35	郭梁	重庆大学	52	潘高峰	浙江大学
36	王文轩	华东交通大学理工学院	53	高子文	河南大学
37	杜伟杰	南开大学	54	袁飞	南昌工程学院
38	昝睿	四川大学	55	荣鹤晴	桂林电子科技大学
39	郭智杰	中南大学	56	吴元熙	河海大学
40	祝仁杰	河海大学	57	孙建峰	长安大学
41	张金	徐州工程学院	58	刘威	辽宁大学
42	郭贵松	同济大学	59	凌佳杰	南京工程学院
43	董朔	吉林大学	60	罗立伟	天津大学
44	徐浩原	东北大学	61	黄全	南昌航空大学
45	包恒康	江西财经大学	62	王金宇	太原理工大学
46	伍绍铖	武汉大学	63	高铭齐	北京大学
47	王源	哈尔滨工业大学			

二等奖

1	倪赞林	清华大学	17	曹晨	陆军工程大学
2	吴珍谦	华南理工大学	18	廖雪文	陆军勤务学院
3	李雨杭	哈尔滨工业大学	19	王一宁	山东大学
4	苏文	丽水学院	20	侯宇航	兰州大学
5	张再哲	燕山大学	21	张哲弋	四川大学
6	李诚佳	电子科技大学	22	张建宜	战略支援部队信息工程大学
7	乐洋	北京航空航天大学	23	狄时禹	中南大学
8	何鸿光	厦门大学	24	吴增文	山东科技大学
9	陈家鑫	合肥工业大学宣城校区	25	张衡	贵州大学
10	刘聪颖	同济大学	26	胡以奇	重庆大学
11	詹研	华东理工大学	27	王宇轩	浙江大学
12	朱基宏	合肥工业大学	28	杨有为	哈尔滨工业大学
13	潘翔宇	西安交通大学	29	尹泽泉	重庆交通大学
14	刘子文	湖北工业大学	30	刘旭鸿	合肥工业大学
15	阚腾	华中科技大学	31	仲洋宇	北京科技大学
16	吴昊	中国民航大学	32	倪孝泽	电子科技大学

33	刘硕	河南财经政法大学	67	徐勇	东北大学秦皇岛分校
34	汪桥	湖南大学	68	王健	江苏大学京江学院
35	李铭	哈尔滨工业大学	69	任冠龙	郑州航空工业管理学院
36	何骏炜	江西理工大学	70	王敏锐	山东农业大学
37	李钰琪	曲阜师范大学	71	郭广彦	哈尔滨工程大学
38	陈一鸣	浙江大学	72	闫东泽	石家庄铁道大学
39	柯德劲	电子科技大学	73	于劲松	电子科技大学
40	赵南	大连大学	74	亚梦溪	哈尔滨工业大学 (深圳)
41	刘嘉骏	大连理工大学	75	蒋盼	合肥工业大学
42	潘建辉	华南理工大学	76	王海宇	河海大学
43	文豪东	四川大学	77	曾鑫	贵州财经大学
44	李太吉	西北工业大学	78	董泓成	重庆大学
45	陈警伟	兰州大学	79	郭文昊	山东大学
46	王福生	扬州大学	80	薛春伯	北京航空航天大学
47	梁鑫斌	重庆大学	81	孙隽源	哈尔滨工业大学
48	尚子龙	广西大学	82	王智超	吉林大学
49	杨先航	厦门大学	83	刘相宇	上海交通大学
50	李双	华中科技大学	84	邹锦林	广西大学
51	肖霄	长沙理工大学	85	胡梓轩	哈尔滨工业大学 (威海)
52	邹佳昌	吉林大学	86	黄秋阳	国防科技大学
53	王子延	华中科技大学	87	申康威	南昌大学
54	黄增勇	福州大学至诚学院	88	汪菊南	北京航空航天大学
55	张剑炉	青岛科技大学	89	严胜	西安交通大学
56	余瑞璟	浙江大学	90	石祎	东北大学
57	罗昶恺	北京大学	91	殷乔刚	西安理工大学
58	李国燊	广东工业大学	92	刘杰	湖南大学
59	刘官浩	河南科技大学	93	李林欣	合肥工业大学
60	张萌	战略支援部队信息工程大学	94	蔡旭昊	盐城工学院
61	宋璇	华中科技大学	95	胡伟鹏	北京工商大学
62	朱耿辉	燕山大学	96	邓翔凯	桂林电子科技大学
63	章迁	哈尔滨工业大学 (深圳)	97	邹健	华中科技大学
64	陈红艺	天津大学	98	邓越	北京交通大学
65	袁志龙	新疆大学	99	孙裕策	中国矿业大学 (北京)
66	韩铮	太原科技大学			

三等奖					
1	李雨豪	北京师范大学	33	徐选	广西科技大学
2	王勇军	哈尔滨工业大学	34	秦猛猛	中国矿业大学 (北京)
3	马浩然	南京理工大学	35	陈佳斌	西南大学
4	张凯歌	兰州大学	36	徐龙勋	重庆大学
5	刘恩波	华南理工大学	37	聂子雄	南昌大学
6	卢俊	桂林电子科技大学	38	颜斌	南昌大学
7	李青遥	海南大学	39	王鹏	吉林大学
8	郭颖	西安建筑科技大学	40	罗洪博	广东工业大学
9	马广泽	西南财经大学	41	刘豪杰	浙江大学
10	徐书恒	华南理工大学	42	刘森	山西大学
11	吴佩津	华南理工大学	43	李昊洋	重庆大学
12	于志力	内蒙古大学	44	姜乔文	海军航空大学
13	戴锋	武警后勤学院	45	李瑞晨	北京大学
14	谭仁轩	重庆大学	46	唐升	山东科技大学
15	陈一丰	浙江大学	47	胡广富	济南大学
16	苏志强	沈阳建筑大学	48	张繁盛	贵州大学
17	刘意	电子科技大学	49	曾宇	江苏大学
18	李尚宇	海军工程大学	50	周星星	长安大学
19	李晓宇	曲阜师范大学	51	涂捷	空军工程大学
20	陈斌	北京邮电大学	52	韩帅杰	北京邮电大学
21	高靖瑜	山东大学	53	洪世哲	上海财经大学
22	丘竟昆	厦门大学	54	郭涛	中国石油大学 (北京) 克拉玛依校区
23	周劲宇	宁波大学	55	蔡凡茗	内蒙古科技大学
24	李林涛	西安电子科技大学	56	傅炎强	中南大学
25	杨进宇	西安邮电大学	57	李萌	重庆大学
26	吴金泰	云南大学	58	李从明	重庆大学
27	李辉	郑州大学	59	张琦周	杭州电子科技大学
28	杨洪吉	西北工业大学	60	邵一航	天津大学
29	展光辉	北华大学	61	林博达	北京邮电大学
30	解子豪	浙江大学	62	郭锐阳	河南工业大学
31	李钟毓	南开大学	63	江旺	兰州大学
32	刘云林	哈尔滨工业大学	64	张庆达	石河子大学

65	石蕴	河海大学	98	宁磊	西安工程大学
66	覃康朔	内蒙古科技大学	99	赵宏亮	太原科技大学
67	任梓洋	浙江大学	100	蒋同欢	北京大学
68	蒋仕旗	贵州大学	101	刘旋钰	云南大学
69	郭岳林	哈尔滨工业大学	102	徐永超	贵州理工学院
70	张真龙	华侨大学	103	朱先会	河南城建学院
71	于亚杰	上海交通大学	104	周冉	西安电子科技大学
72	吴靖	武汉大学	105	于子豪	东北大学秦皇岛分校
73	唐广	贵州大学	106	徐彦超	海南大学
74	蓝东平	哈尔滨理工大学	107	秦亮	石河子大学
75	董心怡	中国石油大学 (华东)	108	李明	中国矿业大学银川学院
76	贺洋	宁夏大学	109	李硕	云南大学
77	龙富康	中北大学	110	马帅宝	河南理工大学
78	俞谨越	兰州交通大学	111	石佳林	武警工程大学
79	胡岐杰	西北农林科技大学	112	梁炜焜	华南理工大学
80	刘培杰	哈尔滨工程大学	113	陈宇轩	北京航空航天大学
81	惠然	大连理工大学	114	周天寅	东南大学
82	滕其良	苏州科技大学	115	刘思奕	西藏农牧学院
83	秦顺贵	曲靖师范学院	116	杨亚飞	大连民族大学
84	胡志远	兰州大学	117	王浩	山西大学
85	杨松洁	上海大学	118	邱仁怡	中国石油大学 (北京) 克拉玛依校区
86	田静	山西财经大学	119	刘在旺	云南大学
87	刘力帆	哈尔滨工业大学	120	李玉玺	空军工程大学
88	咸世莘	内蒙古大学	121	史怡雯	西安电子科技大学
89	李一鸣	西北工业大学	122	潘旭	南京林业大学
90	李颖杰	重庆交通大学	123	范雨思	延边大学
91	黄欣	陆军工程大学石家庄校区	124	蔡一帆	海南热带海洋学院
92	李睿	河北工业大学	125	李钦昭	中国石油大学 (北京) 克拉玛依校区
93	徐瑞	海南大学	126	刘晓霖	山东师范大学
94	吕健勇	贵州大学	127	张子涵	东北大学
95	谢金利	广西大学	128	王婧	长春师范大学
96	李韵锋	广西大学	129	唐靖武	西藏大学
97	李翘而	黑龙江工程学院	130	李博	西藏大学

131	李川峰	内蒙古大学	135	徐致远	长春理工大学
132	李逸凡	大连理工大学城市学院	136	李豪	郑州轻工业大学
133	袁亚慧	内蒙古大学	137	张竞月	华北电力大学 (保定)
134	刘江艳	西安科技大学			